“十二五”普通高等教育本科国家级规划教材

服装结构设计

男装篇

张文斌　主编

国家一级出版社　中国纺织出版社　全国百佳图书出版单位

内容提要

本书是建立在一定理论高度基础上，且具有良好的可操作性的教材，是高等院校服装专业课程的系列教材之一。

本书介绍了男装结构设计的主要特征，分析了男装结构设计的技术体系及具体方法，并从男子人体的结构和男装款式风格入手，分别对男装造型规格设计、衣身结构设计、衣领结构设计、衣袖结构设计以及男上装整体设计和男裤结构设计进行了详细讲解。书中揭示了服装结构与人体部位形态的对应关系，剖析了平面结构图形与立体服装造型的数学关系，阐述了服装造型的风格、材质、辅件等元素对结构的影响。

通过对本书的学习，可掌握男装结构设计的基本规律，举一反三，触类旁通。

本书为适应服装教学需要，力求在内容和形式上与国际接轨，既可作为服装院校师生的专业教材，也可供服装企业技术人员参考、阅读。

图书在版编目（CIP）数据

服装结构设计. 男装篇 / 张文斌主编. --北京：中国纺织出版社，2017.10（2024.10重印）

"十二五"普通高等教育本科国家级规划教材

ISBN 978-7-5180-3356-0

Ⅰ. ①服… Ⅱ. ①张… Ⅲ. ①男服—服装结构—结构设计—高等学校—教材 Ⅳ. ①TS941.2

中国版本图书馆CIP数据核字（2017）第046851号

策划编辑：华长印　　责任编辑：张思思　张晓芳
特约编辑：彭　星　　责任校对：王花妮
责任设计：何　建　　责任印制：何　建

中国纺织出版社出版发行
地址：北京市朝阳区百子湾东里A407号楼　邮政编码：100124
销售电话：010—67004422　传真：010—87155801
http：//www.c-textilep.com
E-mail：faxing@c-textilep.com
中国纺织出版社天猫旗舰店
官方微博http: //weibo.com/2119887771
三河市宏盛印务有限公司印刷　各地新华书店经销
2017年10月第1版　　2024年10月第4次印刷
开本：787×1092　1/16　印张：20.25
字数：329千字　定价：49.80元

凡购本书，如有缺页、倒页、脱页，由本社图书营销中心调换

出版者的话

全面推进素质教育，着力培养基础扎实、知识面宽、能力强、素质高的人才，已成为当今教育的主题。教材建设作为教学的重要组成部分，如何适应新形势下我国教学改革要求，与时俱进，编写出高质量的教材，在人才培养中发挥作用，成为院校和出版人共同努力的目标。2011年4月，教育部颁发了教高［2011］5号文件《教育部关于“十二五”普通高等教育本科教材建设的若干意见》（以下简称《意见》），明确指出“十二五”普通高等教育本科教材建设要以服务人才培养为目标，以提高教材质量为核心，以创新教材建设的体制机制为突破口，以实施教材精品战略、加强教材分类指导、完善教材评价选用制度为着力点，坚持育人为本，充分发挥教材在提高人才培养质量中的基础性作用。《意见》同时指明了“十二五”普通高等教育本科教材建设的四项基本原则，即要以国家、省（区、市）、高等学校三级教材建设为基础，全面推进，提升教材整体质量，同时重点建设主干基础课程教材、专业核心课程教材，加强实验实践类教材建设，推进数字化教材建设；要实行教材编写主编负责制，出版发行单位出版社负责制，主编和其他编者所在单位及出版社上级主管部门承担监督检查责任，确保教材质量；要鼓励编写及时反映人才培养模式和教学改革最新趋势的教材，注重教材内容在传授知识的同时，传授获取知识和创造知识的方法；要根据各类普通高等学校需要，注重满足多样化人才培养需求，教材特色鲜明、品种丰富。避免相同品种且特色不突出的教材重复建设。

随着《意见》出台，教育部正式下发了通知，确定了规划教材书目。我社共有26种教材被纳入“十二五”普通高等教育本科国家级教材规划，其中包括了纺织工程教材12种、轻化工程教材4种、服装设计与工程教材10种。为在“十二五”期间切实做好教材出版工作，我社主动进行了教材创新型模式的深入策划，力求使教材出版与教学改革和课程建设发展相适应，充分体现教材的适用性、科学性、系统性和新颖性，使教材内容具有以下几个特点：

（1）坚持一个目标——服务人才培养。“十二五”职业教育教材建设，要坚持育人为本，充分发挥教材在提高人才培养质量中的基础性作用，充分体现我国改革开放30多年来经济、政治、文化、社会、科技等方面取得的成就，适应不同类型高等学校需要和不同教学对象需要，编写推介一大批符合教育规律和人才成长规律的具有科学性、先进性、适用性的优秀教材，进一步完善具有中国特色的普通高等教育本科教材体系。

（2）围绕一个核心——提高教材质量。根据教育规律和课程设置特点，从提高学生分析问题、解决问题的能力入手，教材附有课程设置指导，并于章首介绍本章知识点、重点、难点及专业技能，增加相关学科的最新研究理论、研究热点或历史背景，章后附形式多样的习题等，提高教材的可读性，增加学生学习兴趣和自学能力，提升学生科技素养和人文素养。

（3）突出一个环节——内容实践环节。教材出版突出应用性学科的特点，注重理论与生产实践的结合，有针对性地设置教材内容，增加实践、实验内容。

（4）实现一个立体——多元化教材建设。鼓励编写、出版适应不同类型高等学校教学需要的不同风格和特色教材；积极推进高等学校与行业合作编写实践教材；鼓励编写、出版不同载体和不同形式的教材，包括纸质教材和数字化教材，授课型教材和辅助型教材；鼓励开发中外文双语教材、汉语与少数民族语言双语教材；探索与国外或境外合作编写或改编优秀教材。

教材出版是教育发展中的重要组成部分，为出版高质量的教材，出版社严格甄选作者，组织专家评审，并对出版全过程进行过程跟踪，及时了解教材编写进度、编写质量，力求做到作者权威，编辑专业，审读严格，精品出版。我们愿与院校一起，共同探讨、完善教材出版，不断推出精品教材，以适应我国高等教育的发展要求。

中国纺织出版社
教材出版中心

前言

服装纸样设计是服装专业的重要专业课程，其动手能力是服装专业学生最重要的技术能力。无论是服装艺术设计专业还是服装工程专业的学生要想将自己的构思付诸实践、将纸面的设计构成为实际的造型都要通过结构设计和立体裁剪这两种技术手法来实现，因而欧美称之为“Pattern Design”，日本称之为“服装构成”，我国称之为“服装结构设计”。

既然称之为设计，其技术内涵应建立在构成服装的各种元素的、有选择的、随款式而变的、最优化的组合上，而不是固定程式的一款一套公式的表达，这就是前者可称之为“设计”而后者只能称之为“裁剪”的缘故。当然，这种设计是在款式外轮廓造型正确的情况下，将其通过制板转化为平面化的图形。这些图形的数量、形状、相互关系等元素的最佳表达，便是结构设计的内涵。

要使服装专业的学生掌握结构设计的能力，必须通过准确到位的教学与严格的训练，而准确到位的教学则必须建立在有一定理论高度且有良好可操作性的教材基础上。本书致力于胜任这样的任务，在揭示服装结构与人体部位形态的对应关系上，在剖析平面服装结构图形与立体服装造型的数学关系上，在阐述服装造型的风格、材质、辅件等元素对结构的影响上都做了认真的努力，力求讲透基本概念、基本原理、基本方法，使学生能够掌握规律、举一反三、触类旁通。本书所承当的重负使著者诚恐，恳请服装教育界同仁们不吝赐教。

本书由东华大学张文斌教授、刘冠彬教授共同撰写，张文斌编写本书第五、六、七、八、九章，刘冠彬编写第一、二、三、四章，全书由张文斌教授统稿。参加编写技术工作及效果图绘画的有杨帆、欧明祥、安潞等人。

编著者

2016.6

教学内容及课时安排

章/课时	课程性质/课时	节	课程内容
第一章 （1课时）	理论知识 （8课时）		• 绪论
		一	男装结构设计课程概述
		二	男装结构设计技术体系
		三	男装结构设计方法
第二章 （1课时）			• 男子体型特征与测量
		一	男子人体结构
		二	服装的男子人体参数和测量获取
		三	中国男子体型的差异与细部尺寸
		四	男女体型的差异
第三章 （2课时）			• 男装的发展与款式风格
		一	男装的发展历史
		二	国内外男装产业简介
		三	男装款式风格
第四章 （4课时）			• 男装造型规格设计
		一	服装效果图、造型图与结构图的对应关系
		二	男装规格设计原理
		三	服装规格设计
第五章 （6课时）	应用与实践 （32课时）		• 男裤结构设计原理与方法
		一	裤装造型结构
		二	男裤原型结构
		三	男裤造型结构设计原理
		四	男裤结构设计
第六章 （4课时）			• 男装衣身结构
		一	基础纸样
		二	男装衣身结构平衡
		三	造型、结构、工艺立体配伍
		四	男装肩部造型的立体处理
		五	衣身平衡的立体处理

续表

章/课时	课程性质/课时	节	课程内容
第七章（8课时）	应用与实践（32课时）		• 男装衣领结构
		一	男装衣领造型分析
		二	基础领窝结构原理
		三	立领结构
		四	翻折领结构
		五	衣领实例分析
		六	男装衣领、衣身、衣袖的整体对条格
第八章（8课时）			• 男装衣袖结构
		一	衣袖结构种类
		二	袖窿—袖山结构设计
		三	袖山结构
		四	袖山与袖窿的配伍
		五	袖身结构设计
		六	连袖、分割袖结构
第九章（6课时）			• 男装整体设计
		一	宽松风格
		二	较宽松风格
		三	较合体风格
		四	合体风格

注　各院校可根据自身的教学特色和教学计划对课程时数进行调整。

目录

理论知识——

绪论

课题名称： 绪论

课题内容： 1．男装结构设计课程概述。

2．男装结构设计技术体系。

3．男装结构设计方法。

课题时间： 1 课时

教学目的： 使学生掌握男装结构设计的宏观特点。

教学方式： 运用 PPT。

教学要求： 1．以服装学的视野分析男装结构设计的性质。

2．全面认识男装结构设计的特点。

课前（后）准备：

课前了解与男装设计相关的知识。

第一章　绪　　论

本章从服装结构设计的课程性质入手，介绍男装结构设计的主要特征，分析男装结构设计的技术体系，详细讲解男装结构设计的具体方法，构架以结构设计思维为核心，以造型、结构、工艺配伍为系统思想的男装结构设计体系（图 1–1）。

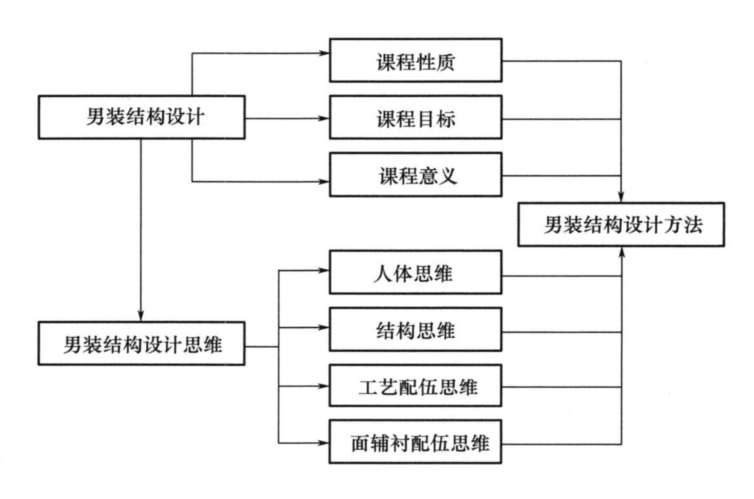

图 1–1　男装结构设计体系

第一节　男装结构设计课程概述

一、课程性质

服装学是一门跨学科的综合性学科，研究领域包括：以人的社会着装行为、时装变化与社会环境变化的关系为前提的社会学范畴；以历史学、民族学、考古学等为前提，研究人体与服装、人与时尚关系的哲学范畴；以服装的造型、生产、新型材料的开发、纺织品设计等多个领域为前提的服装构成学范畴；在社会经济中，对服装的作用、服装的商业性进行研究的商业范畴。

其中，服装构成学的研究范畴包括多个方向：以纺织品设计、服装款式设计、服装结构设计等为基础的服装设计造型方向；与使用材料相关的服装材料学方向；对服装服用性与人体生理关系进行评价的服装卫生学方向；以服装管理为基础的服装管理学方向等（图 1–2）。

服装设计造型学由款式设计、结构设计、工艺设计三部分组成。结构设计作为服装设计

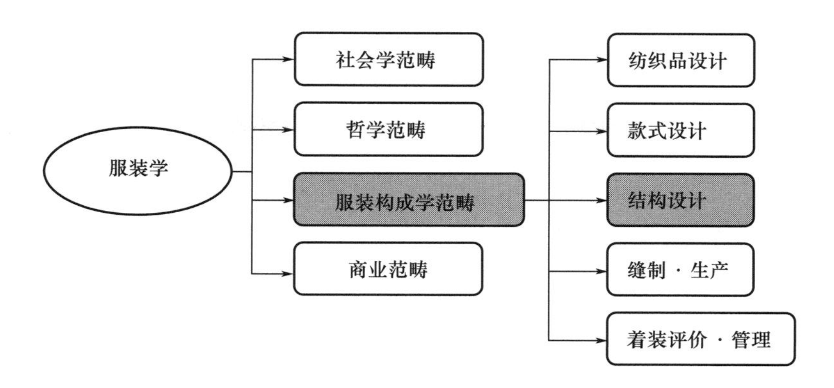

图 1-2 服装学的学科体系

的重要组成部分，既是款式设计的延伸和发展，又是工艺设计的准备和基础。一方面，结构设计将款式设计所确定的立体形态的服装廓体造型和细部造型分解为平面结构，揭示出服装细部结构形状与数量的关系、整体与细部的组合关系，并修正款式设计中不可分解的部分，改正费工费料不合理的结构关系，使服装造型臻于合理完美；另一方面，结构设计又为缝制加工提供成套规格齐全、结构合理的系列样板，为部件与整体的搭配以及各层材料的形态配伍提供必要的参考，同时为工艺设计提供明确的设计思路，有利于制作出能充分体现设计风格的服装。因此，结构设计在整个服装设计造型中起着承上启下的作用。

服装结构设计是高等院校服装专业的专业主干课程之一，是研究服装立体形态与平面构成之间的对应关系、服装装饰性与功能性的优化组合以及结构的分解与构成规律和方法的课程。服装结构设计的理论研究和实践操作是服装设计造型的重要组成部分，其知识范畴涉及服装材料学、流行学、数理统计学、服装人体工学、服装图形学、服装 CAD、人体测量学、服装造型学、产品企划、服装生产工艺学、服装卫生学等学科，是一门艺术和技术相互融合、理论和实践密切结合且偏重于实践的课程。

二、课程目的与任务

1. 课程目的

男装结构设计是在学习女装结构设计的基础上，通过理论教学和实践操作的基本训练，使学生能够系统地掌握男装结构的构成原理，并能灵活掌握男装结构设计思维和具体设计操作，其过程包括：

（1）熟悉男子人体体表特征与服装结构中点、线、面的关系，地区、年龄、体型的差异与服装结构的关系，成衣规格的制定方法和表达形式。掌握男子体型和女子体型的本质差别以及结构设计中造型处理的差异性。

（2）理解男装结构与男子人体曲面的关系，掌握服装适合人体曲面的各种结构处理形式、相关结构线的吻合、整体结构的平衡、服装细部和整体之间形态与数量的合理配伍的关系。掌握男装造型的结构处理和工艺处理的有效配伍的具体方法。

（3）掌握男装基础纸样的结构构成方法，应用基础纸样并根据衣身平衡等设计原理进行各类男装及其衣领、衣袖等各部件的结构设计。

（4）培养学生具有综合分析服装效果图所表达的服装的结构组成、部件与整体的结构关系、各部位比例关系以及具体部位规格尺寸的能力，使其具备从 3D 到 2D、从款式造型到纸样结构转换的能力，根据不同体型差异和不同造型风格进行结构构成设计的能力，以及从结构设计图到工业纸样的设计能力。

2. 课程任务

男装结构设计课程在学科分类中隶属于纺织科学与工程，与其他专业课程相比更需强调严密的科学性与高度的实用性相统一。一方面，服装结构设计脱胎于劳动密集型的服装产业，在很多方面偏重经验而进行定性分析，故服装结构设计课程的教学必须加强基础理论的研究，提高定性分析的科学性；另一方面，服装结构设计是一门与生产实践有密切联系的实用学科，具有很强的应用性、技术性。因此，服装结构设计课程的教学必须加强实践环节，提高学生的实际操作能力，通过一定时间的实践应用才能使理论知识得到深入理解和牢固掌握。

三、男装结构设计特点和要求

服装结构设计从技术操作层面上讲，是指对设计师所设计的造型进行规格设计、解决造型的技术方案、制板、样衣制作和样板修正的整个过程。男装结构设计是整个服装结构设计体系的重要组成部分。男装具有在结构上较强调功能性、在形式上较遵循程式化、在穿着上较讲究严谨性的显著特点。结构设计的方法与手段正是男装的特点在结构设计中的具体体现。男装和女装的结构设计在以下几个方面有本质区别。

1. 男装的款式特征

男装造型的最大特征是体现健康、实用、功能、时尚、潇洒，而功能性是男装最显著的特征。外表挺服而简洁，但口袋、配件功能齐全，其功能性的设计细致而周到。

男装的程式化设计：男装的造型款式变化相对缓慢、造型基本程式化。主要表现在材料的程式化、造型的程式化、色彩的程式化、结构的程式化。

2. 男子的体型特征

男子与女子的体型差异极大，主要体现在男体后腰节长大于前腰节长，前、后腰节都较女体低，男体胸部肌肉较女体呈扁平隆起的盆状，背部肌肉厚实，男体肩部较女体宽阔，颈部较粗壮，肩部肌肉厚实，男体的三维（胸围、腰围、臀围）尺寸与女体也有较大差异（具体内容将在第二章中详细讲解）。

3. 男装的工艺和结构的紧密结合

男装的造型构成和女装存在比较大的差异，主要是由男子和女子人体的差异以及男装的产品风格两个因素决定的。女装的造型形态一般都是通过相应的合适的分割线、省道、垂褶、抽褶、折叠等结构形式而构成，因而一般不太需要工艺方法来协助。男装结构简单，往往通过简单的分割、有限的省道等结构形式构成，同时要满足男子多曲面的体型形态的需求，所以男装在结构设计过程中，通过工艺和结构相结合的处理方法是男装特别是礼仪性男装最重要的解决造型的手段和方法。俗话说，男装三分裁七分做，就是强调工艺在男装制作中的重要性。因此，男装结构设计的核心是如何处理样板技术和工艺技术的合理结合。

第二节　男装结构设计技术体系

现代服装结构设计的核心是思维体系的构架，这将是掌握服装构成设计的金钥匙。从服装产品的形成过程及服装结构所处的核心地位来认知男装结构设计的思维体系。产品风格的定位决定服装造型形态和定位人群的体型结构，结构构架所形成的衣片通过工艺制作形成了服装造型，所以纸样设计的思维体系将是影响结构设计的核心（图 1–3）。

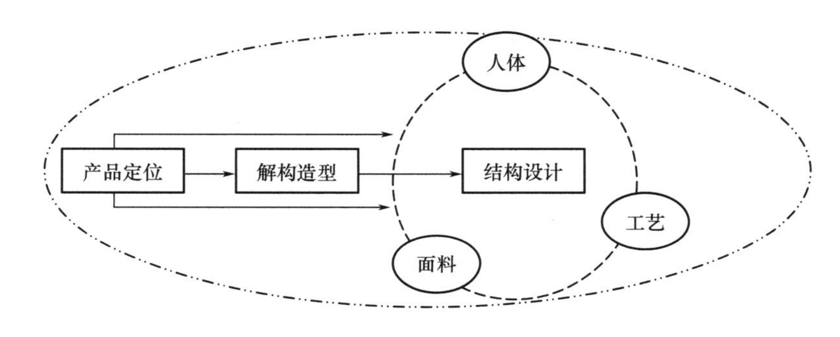

图 1–3　男装结构设计技术系统

一、基于服装结构设计的人体解析技术

服装的服务对象是人体，在进行造型和构成设计中，必须以人体为本。服装设计技术的发展由人体规律的研究水平决定，对人体结构的研究是服装产业的基础研究，决定着服装产业的发展水平，以人为本的设计思维将贯穿整个服装产品的形成过程。

服装生产分为成衣化生产和单量单裁定做式生产两种模式。在成衣化服装结构设计中，心中要有人体的概念，产品定位中消费群体的体型结构和特征、生活方式和生活习惯、体型分类和号型规格参数以及覆盖率等，其核心是以消费群体为对象的结构设计思维。在单量单裁的个体结构设计中，对设计对象在一维尺寸的正确取得、一维尺寸之间的相关性、一维尺寸在个体年龄变化的改变趋势等；对设计对象在二维形态尺寸的把握、二维尺寸形态的控制，二维形态主要人体的各种横截面和矢状面的形状，以及形状在静态和不同的动态的变化规律；对设计对象的三维造型的把握，如背部肩胛骨系统、胸部系统等人体三维曲面和转折面的把握。

二、基于服装结构设计的面料技术

面料是服装形态的主体，面料通过服装结构设计的样板形成不同的轮廓，通过工艺的组合而形成不同的服装造型形态。面料的外观形态和内在性能是结构设计的重要依据之一，所以探讨基于结构设计的面料思想相当有必要。

面料的材料、纱线、织物组织、经纬密度、紧度、后整理内在结构以及对织物所产生的物理和化学性能，将对织物的服装生产所采用的工艺处理产生重要的影响，在工艺上主要体现在缝合、吃势、推、归、拔等方面。在男装结构设计中，面料的加工性能和可塑性将直接影响结构设计。

面料的外观自然属性，也是结构设计中，需要注意的重点之一。

三、基于服装结构设计的工艺配伍技术

工艺不仅仅是作业手段和操作技能，工艺设计更是结构设计的重要组成部分。从几个常见工艺手段的思维角度来认识结构设计中的工艺配伍思想，理清工艺和结构配伍的作业。在男装的结构设计中，工艺思维直接影响纸样的构成。

1. 缝合思维

服装面料形成衣片后，缝和缝之间存在组合关系，这种在长度大小、之间位置、相互形状三者之间客观的关系，就是结构设计的缝合思维。

服装样板中，每条缝和缝之间存在的关系，我们在缝制中都要用对合记号来表示，这种记号用于指导生产。在结构设计中，设计每道缝时，必须理清相关缝道的配伍关系，如缝合关系、长度大小、位置、形状等。

2. 里外层相容思维

根据服装成型状态，里、面之间存在的关系，其中面和里之间存在一定的容量，称里外层相容。其外层、里层在大小和形状上存在较大的差异。为了使缝合部位里外层衣片弧形重叠，形成美观或达到特定的效果，根据材料厚度和缝合部位的弧形状态，对两层或两层以上重叠缝合部位的两侧进行长度和形状的匹配，即里外层相容思维。

服装构成中，衣身、衣袖存在面里关系，同时许多零部件也都存在面里的关系，如衣领、驳头、袋盖等。很多公司仅仅停留在前者的配伍关系，所以产品质量和层次很难提高。在里外层相容处理过程中，里外层的形态差异由以下几个方面决定：

材料厚度：材料越厚，内外径差异越大；反之，就越小。

缝合部位的曲度：层叠弧形的曲度越大，内外径差异越大；反之，就越小。

面里的外径曲率差异性：由于内外径曲率的差异性，缝合形成自然吃势，从而造成长短差异。如领窝和底领之间的关系就是因为曲度不一样而形成自然差量。

3. 吃势形态思维

通过设计两条缝道自然不相等而形成长度的差量，一侧要经过缝缩处理才能达到两侧缝道相等，这种方法称为吃势。

吃势量指两条缝之间长度存在的差量，通过缝合后才能形成所需的立体形态。吃势的关键是面料的性质决定其能否吃（缝缩），所以在结构设计中需要依据服装所选用的材料来设计具体吃势的大小。同时吃势还要考虑吃势量的分配，是在整条缝道上平均分配还是有紧有松的分配。

4. 归—拔凹凸立体思维

为了使缝合部位的造型呈“内凹型”或“外凸型”的立体效果，根据材料的性能和缝合部位的凹凸造型的要求，对缝合部位进行拔开和归拢匹配设计，这种通过归拔手段形成立体形态的思维方法称为归—拔凹凸立体思维。

归拔工艺是服装加工技术中的特殊手段，是结构设计和工艺组合解决服装立体造型的重要思维方法。所谓归拔指利用服装材料的伸缩性能，对缝边进行拉伸或缩短，使衣片局部平面的形态转化为立体形态，从而达到服装立体造型的目的。归拔量的大小须视服装造型要求而定，并受材料质地的约束。一般对应于人体凸出的部位，其归拢服装造型需要凸度越大归拢量就越大，反之归拢量就越小；厚且疏松的面料归拔量大，薄且紧密的面料归拔量小。

男装的结构线受造型的制约，其对应人体凹陷的部位，或需要做出凹陷造型的部位，一般不能像女装那样可随机地进行纵、横、斜、弧分割，使腰部、胸部、背部所需要的造型凹量，分布在这些分割线中，最多在缝制过程中对某条缝道进行拔开熨烫。男装必须将收腰造型所需要的凹量通过更大强度的拉伸，将其转移到两条邻近缝道的中间部位，并在这个部位进行归拢处理，所以男装的凹凸立体感较女装更加依赖归拔工艺技术的运用。

第三节 男装结构设计方法

男装结构设计更多是从构成服装过程的角度来思考设计方法，从服装整体角度来思考男装结构构成设计。不论是平面裁剪还是立体裁剪，都是以人体、设计造型为核心进行的构成设计。

一、以人体三维形态为基础

男子体型和女子体型存在较大差异，所以把握男装的结构设计前提是把握男装的人体体型结构，尤其是三维体型的多曲面立体关系，是结构设计的核心，是结构工艺组合设计的关键。男子在生活中对衣着的动态需求比女子更强烈，因此三维体型不仅要从静态去认知，更重要的是要比女装更重视从动态上去理解和把握，这样才能从原理上理解男、女装结构（形状、数量）的差异。

二、以平面制图为主，以立体构型为辅

男装和女装结构设计核心的区别在于男子和女子体型的差异，以及男装的造型风格和女装的差异性。所以在结构设计中，男装更多遵循程式化的设计模式，更多在工艺细节上进行形态的处理。平面裁剪是一维参数在衣片构成中的运用，立体构型是对三维服装和人体形态组合的具体运用。男装的结构设计更多地采用平面制图的方法，即用原型制图或直接制图的方法在平面的纸张上绘制结构图，这是男装结构设计相对于女装在具体操作上的本质不同。

三、工艺和结构、面料进行优化组合设计

男装结构设计不仅要考虑人体特征、款式造型风格以及控制部位的尺寸，结合人体穿衣的动、静态舒适要求，而且要思考工艺、结构、面料的具体优化组合。在结构设计中，面料本身的原料、织物组织、织物的经纬密度和紧度相关参数以及面料所体现的可缝性、吃势能力、可塑性等均有一定的关联性，并对结构设计的男装造型处理方法及所采取的手段有直接影响。也就是说，工艺设计和结构设计是一个完整的整体，都是在构造服装的造型，这在男装的设计中尤显突出。

☞思考题

1. 从服装结构设计技术体系的角度，阐述男装与女装结构设计有何不同。
2. 从工艺配伍角度谈男装衣袖和袖窿之间缝合的技术过程。
3. 阐述人体、造型、结构、工艺、面料之间的关系。
4. 从男装结构设计的角度，谈对工艺的认识。

理论知识——

男子体型特征与测量

课题名称： 男子体型特征与测量

课题内容： 1. 男子人体结构。

2. 服装的男子人体参数和测量获取。

3. 中国男子体型的差异与细部尺寸。

4. 男女体型的差异。

课题时间： 1 课时

教学目的： 使学生掌握中国男子体型特征与构造。

教学方式： PPT 教学与实物人台示范。

教学要求： 1. 了解男子体型特征及与女子体型的差异。

2. 掌握男子体型测量项目和方法。

3. 了解中国男子体型与服装有关的细部尺寸。

课前（后）准备：

1. 实物人台应贴好人体纵、横标志线，确定标志点。

2. 准备好测量工具。

第二章　男子体型特征与测量

男子体型和女子体型在结构设计角度上存在本质的差异，本章根据男装纸样的设计特点，探讨基于男装纸样设计需求的男子人体知识结构及其获取和运用的方法。从男子人体基本结构、男子人体的参数表达与获取、利用群体思维和比较的技术手段，对男装号型、男女人体差异、男子人体体型地域、年龄差异等方面的学习和把握。

男装的纸样设计与女装相比，对人体把握更需要三维的空间思维以及三维与二维的转变关系。在进行造型和构成设计中，紧紧扣住以人体为本、以人为本的结构设计思维来思考服装结构设计是为人设计的核心内涵。

以人体为本的结构设计思维主要包括以下几种思维形式：

1. **群体思维**

在成衣化的服装结构设计中，设计的对象是一个群体，而群体是由某些具有共同特征的个体组成的。共同特征就是产品的具体消费群体的定位。群体和个体是相对的，群体由具有共同性质的个体组成。

在服装样板或服装结构设计中存在许多误区，这就是没有完全理解群体系统思维理论所造成的。在具体服装结构设计中，公式应用的范围采用、细部尺寸的取值范围的调整等，都应该有大范围的大数据随机抽样测体，以此为基础才能得到既科学又实用的服装尺寸和计算公式。“东华男子原型”是对全国范围内近9000名男子进行二维接触测量与三维非接触测量，而得到的相对科学、合理的男子体型数据，在此基础上建立的“东华男子原型”才能具有普遍的适用性。日本第七代原型被很多学校和公司采用，该原型的背景是通过测量大量的日本青年女子而得到的适合日本青年女性的原型。在具体应用这些数据和公式时，还应考虑以下因素：

产品所定位的人群的年龄范围、所在区域、生活方式等；建立群体标准体型的数据结构，分析定位群体的体型特征；利用覆盖率的思想，进行群体的号型细分。

2. **动态思维**

在服装结构设计中，设计对象是人体。用运动变化的观点分析人体的一维尺寸、二维形态、三维造型，用运动的观点分析人体在时间变化过程的改变，这是基于服装的动态的人体思维。

动态人体的理解是把握人体的核心，这种思想贯穿整个结构设计过程。人体由于具有生命，具有运动，在结构设计中，把人体运动分为生理舒适量和运动放松量。人体生理舒适量指身体内脏生理运动对人体形态所产生的改变，运动舒适量指人体在不同生活方式中骨骼肌肉运动使人体外观形态所产生的变化。所以要根据人体的生活方式来分析人体动态舒适量，分析服装和人体之间的空间关系，分析结构设计技术的技巧。根据研究不同生活方式的动态的人体，研究不同区域的变化是把握结构设计关键的核心所在。

动态思维不仅仅针对变化运动的人体本身，同时还针对不同年龄人体体型变化的结构。在年龄不断改变的过程中，人体的很多一维参数、二维形态、三维造型都发生了很大改变，所以在结构设计中把年龄和人体体型变化结合起来思维，可以使设计更合理、更科学。

3. **立体思维**

人体是多曲面的立体造型，从一维人体的尺寸到二维形状和大小，再到三维立体造型的理解和把握，才是完整的多曲面空间的立体人体。

人体本来就是三维多曲面的不规则形状，从简单的人体一维测量，通过对人体关键的结构点和骨骼点进行测量来了解人体，为结构设计提供相关的一维参数；到二维不同的横截面和矢状面分析人体的二维关系，为结构设计提供处理面和面的构成关系；到对人体三维的把握分析为结构设计解决立体造型提供依据。所以在结构设计中，要做到心中有人，人是由一维组成二维，由二维组成三维，是完整的、封闭的立体形态。一维尺寸结构决定服装造型的参数，二维尺寸体系决定分割线的形成，三维形态决定解决造型的手法和手段。必须具有立体思维才能有效地把握人体造型、服装造型的结构设计。

4. **相关思维**

相关思维指事物之间的相互联系形式。在服装结构设计中，主要是指人体的不同一维尺寸之间存在的联系，两者之间的线性关系。事物之间本来就存在普遍联系，在理解分析人体时要以存在关系的思维来分析。

在服装结构设计中，相关思维是把复杂的人体数据简单化，通过统计的数学工具，将人体相关的一维数字建立起回归关系，使人们能够相对简单地理解把握人体。相关思维推进了服装原型技术的发展，为建立服装设计技术体系做好了铺垫。比例裁剪（胸度法）是利用相关性进行简单的结构设计，后来发明原型、到结构设计理论、到立体和平面的结构设计，都是利用相关性的思维来进行设计。

第一节 男子人体结构

就人体体型而言，由于组成人体的骨骼、肌肉的大小以及皮下脂肪的堆积等均具有个体差异，并且因年龄、性别、种族的差异而存在较大不同。因此，为了制作适合人体形态又便于运动的服装，了解人体的构成要素十分必要。

一、骨骼

人体是由 206 块骨头按照一定的顺序组合构成的。骨骼是支撑人体形状的支架，决定着人体外形，骨骼材质的软硬起着支撑体重、保护内脏器官的作用。骨与骨之间通过韧带、关节或肌肉相互连接，为人体外形构成及动作服务。在进行结构设计时，为使服装更加适合人体，满足人体的基本活动，理解关节等部位的运动规律是十分必要的。

人体骨骼可以分为以下四个部分（图 2–1）。

1. 头部骨骼

头部骨骼包括颅骨和面部骨骼。颅骨可以看作一个椭圆球体，是确定风帽大小的依据。

2. 躯干部骨骼

（1）脊柱：由 7 块颈椎骨、12 块胸椎、5 块腰椎和 5 块骶骨、4 块尾骨等 30 余块骨头通过关节和椎间盘连接而成，形成人体独特的 S 形曲线。脊柱的曲势形成了躯干的基本形态。在颈椎中，第 7 块颈椎骨即后颈椎点在服装结构设计中是一个很重要的点。它是颈部和背部的连接点，也是测量背长、颈围的基准点。

（2）胸廓：胸椎上附有 12 对肋骨，与胸骨相连，形成躯干部的主要形状——胸廓。胸廓形状近似于卵形，上小下大。前面上半部明显向前隆起，后部弧度较小。

（3）肩胛骨：位于躯干背部上端两侧，是形状为倒三角形的扁平骨。肩峰是决定肩宽的测定点之一。两肩胛骨在背部中间形成一凹沟，称之为背沟。人体背部、肩胛骨的活动量比较大，且呈一定隆起形态。

（4）锁骨：指胸部前面的上端呈 S 状稍带弯曲的横联长骨，在解剖学上属于上肢骨骼。锁骨的内侧与胸骨相连，外侧与肩峰相连。端肩或溜肩的体型由锁骨与胸骨连接的角度来

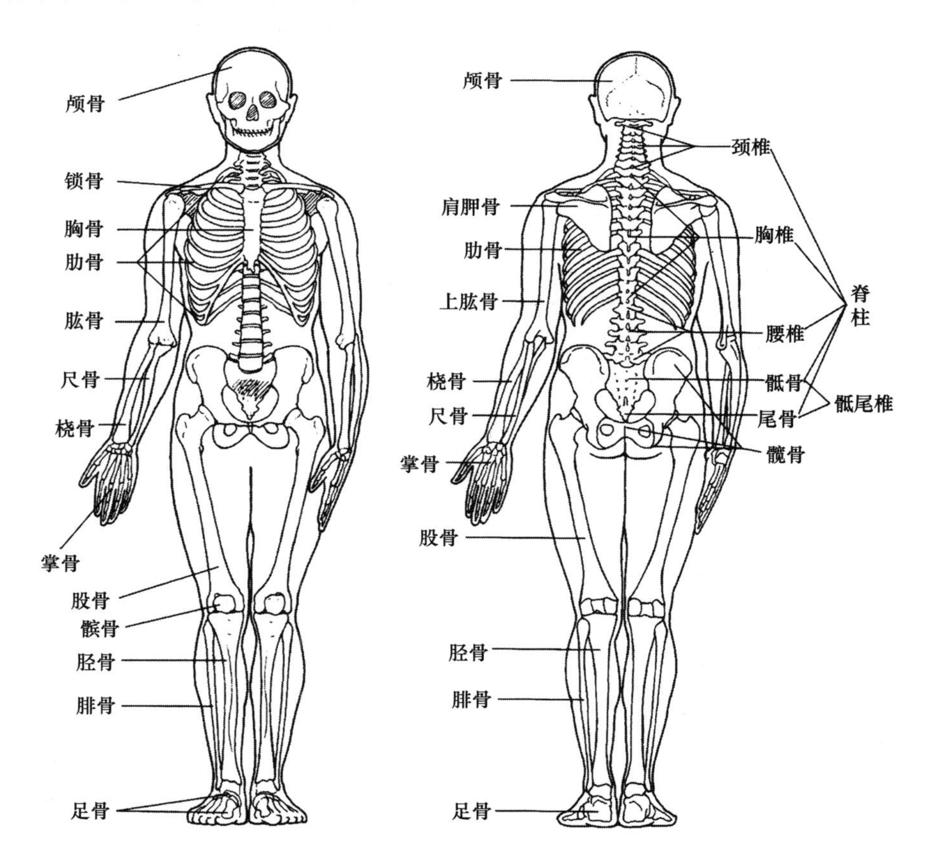

图 2–1 人体骨骼

决定。

（5）髋骨：位于躯干内，在解剖学上属于下肢骨骼，包括形成骨盆的髂骨、前部的耻骨和下部的坐骨。髋骨由脊椎的骶骨连接形成骨盆，在人体骨骼中，骨盆是最能体现男女体型差异的部位。髋骨中的股关节与股骨连接进行下肢运动，活动范围很广，在制作裤子时要充分考虑股关节的构造与运动。

3. 上肢骨骼

（1）肱骨：指上臂的骨骼。肱骨与肩部连接形成肩关节，能进行复杂的运动，与服装结构设计有重要关系。

（2）桡骨和尺骨：指构成前臂的两根长骨。当手臂下垂、掌心朝前时，尺骨和桡骨处于并列状态，外侧为桡骨，里侧为尺骨。尺骨、桡骨和肱骨相连形成手臂，连接部分称为肘关节。肘关节只能前屈，且在手臂自然下垂时，前臂自然向前弯曲，在服装结构设计中是影响袖身造型设计的重要依据。

4. 下肢骨骼

（1）股骨：也称为大腿骨，是人体中最长的骨头。上端与髋骨相连接构成股关节，在外上侧有突出的大转子，是制作下装的重要计测点。

（2）胫骨和腓骨：指构成小腿的骨骼。股骨、胫骨和腓骨之间构成膝关节，位于膝关节前面的薄型小骨头为膝盖骨，其中点是测量裙长的重要基准点。

（3）足骨：包括 7 块跗骨（足踝骨）、5 块跖骨（中足骨）和 14 块足趾骨。脚踝骨是测量裤长的基准点。

二、肌肉

肌肉是构成人体立体曲面形状的主要要素。人体共有 600 多块肌肉，占身体总重量的 40% 左右，它的构成形态与发达程度直接影响人体体型，与服装造型的关系极为密切。人体的肌肉分为骨骼肌、平滑肌、心肌三大类，其中骨骼肌的收缩活动影响人体的运动状态。在表示肌肉位置时，靠近体表部位的称为浅层肌，浅层肌对服装外形有直接的影响。

1. 颈部肌肉（图 2-2）

胸锁乳突肌是人体颈部的浅层肌肉，起始于胸骨靠近锁骨中心处，止于颅骨耳后的乳状凸起处。该肌肉运动时，下颌向前伸出；左、右一侧的肌肉运动时，头会转向反向侧。

2. 躯干部肌肉（图 2-2）

（1）胸大肌：大面积覆盖人体胸部的肌肉，形状像展开的扇形，起于锁骨、胸骨及肋骨的一部分，止于肱骨。手臂上举时，胸大肌处于并列状态；手臂下垂时，则交汇于腋窝前点，成为人体测量点之一。

（2）腹直肌：覆盖在腹部前面的肌肉，通常称为八块腹肌，起于耻骨连接肋骨，呈纵向走势。腹直肌的收缩使躯干呈前屈状态，由于腹部易沉积脂肪，因此成年人腹部往往呈前凸状。

（3）腹外斜肌：包裹腹直肌的腹直肌鞘，始于肋骨并向斜下方延伸，构成侧腹部的肌肉。

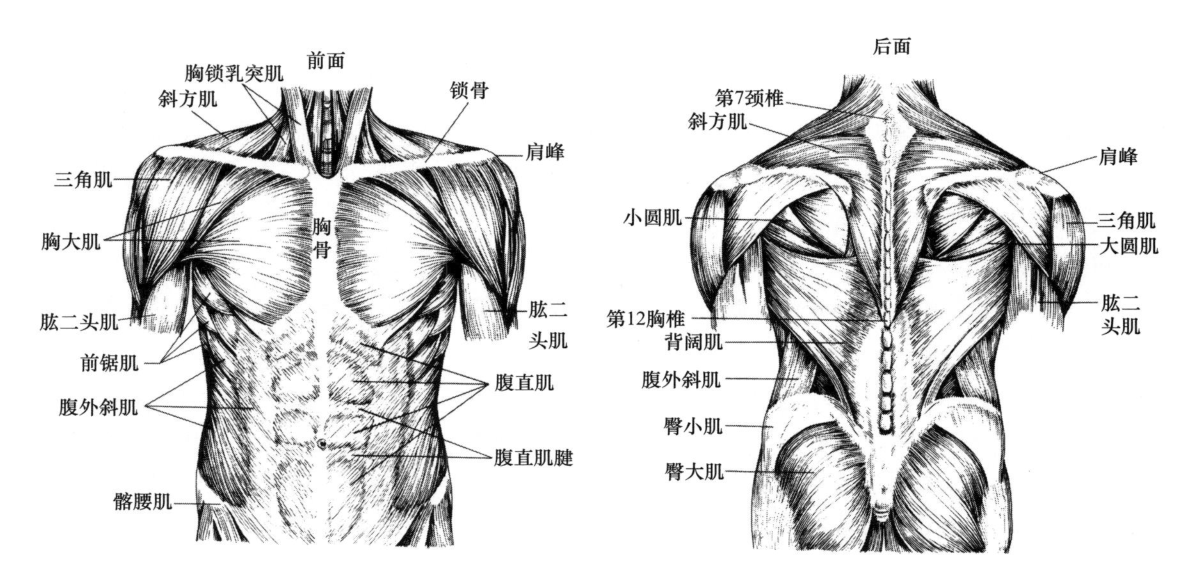

图 2-2 颈部和躯干部肌肉名称

（4）斜方肌：覆盖于背部最浅层、面积较大的薄型肌肉，始于颅骨的后中下端，与颈椎、胸椎相连，止于肩胛骨的肩胛棘上唇及锁骨外侧 1/3 的位置。从体表来看，形成人体肩部的倾斜状态，斜方肌越发达，肩斜度就越大，同时颈侧处隆起越明显。

（5）背阔肌：始于第 8 胸椎以下的脊柱及髂骨，向两侧斜向延伸至肱骨。背阔肌可以控制上肢的上举、内转和上臂的后摆等运动，使背部的活动量远大于胸部。

（6）臀大肌：在解剖学中属于下肢肌肉，是构成臀部形状的肌肉，起于髋骨止于股骨。

3. **上肢肌肉**（图 2-3）

（1）三角肌：起于锁骨外侧和肩胛冈，止于上臂外侧的肌肉，具有控制上臂上举的功能，与胸大肌形成腋窝。衣袖结构中袖山的吃势就是为了吻合三角肌上端的隆起形状而设计的。

（2）肱二头肌：位于上臂前部的肌肉，从肩胛骨开始至前臂桡骨的上部和筋腱膜处。该肌肉运动时，肘部弯曲，肌肉膨胀隆起。

（3）肱三头肌：位于上臂后部的肌肉，起于肩胛骨和上臂上部，止于尺骨的肘处。该肌肉控制肘部的弯曲和伸展。

4. **下肢肌肉**（图 2-4）

（1）股四头肌：位于大腿前部面积较大的肌肉，起于髋骨及股骨上部，止于髋骨及胫骨前上部，主要控制膝关节的弯曲伸展和股关节的弯曲运动。

（2）股二头肌：位于大腿后部外侧的肌肉，主要控制膝关节的弯曲和股关节的伸展运动。

（3）半腱肌与半膜肌：位于大腿后部内侧的肌肉，与股二头肌一样，主要控制膝关节的弯曲和股关节的伸展运动。

（4）小腿的肌肉：小腿部的肌肉主要控制脚踝及足部的运动。腿肚的形态由小腿三头肌（腓肠肌和比目鱼肌）以及附着在跟骨上的跟腱形成，这些肌肉控制足跟的上提运动。胫

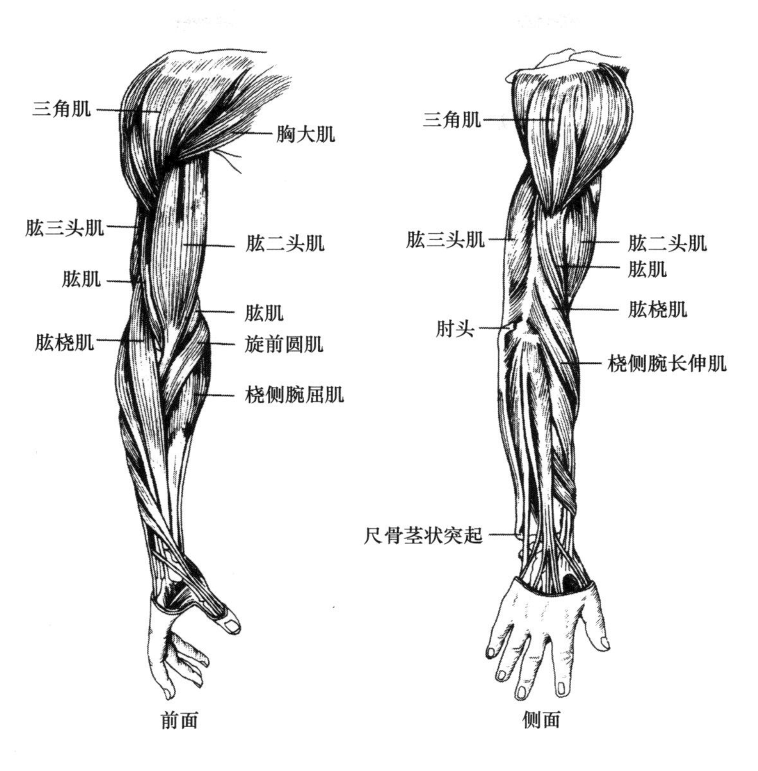

图 2-3　上肢肌肉名称

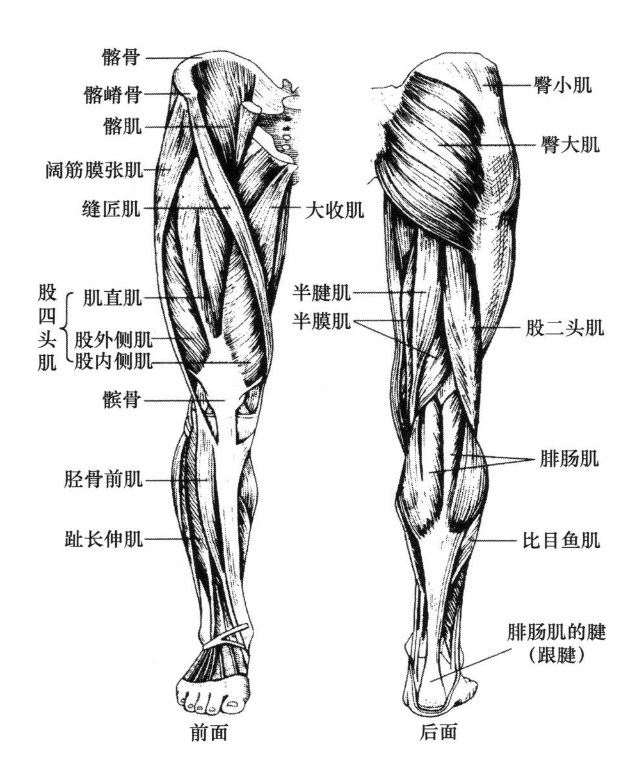

图 2-4　下肢肌肉名称

骨前肌主要控制脚踝的弯曲运动。

三、皮肤

人体的皮肤位于身体最外层，包裹着骨骼、肌肉和内脏，是与外界环境接触的器官，具有保护人体及感知等生理功能。皮肤由表皮、真皮、皮下脂肪三个部分组成。通常，女性的脂肪层比男性厚，因此女性体表面平滑、柔和，富有曲线美。

四、人体的比例

人体的比例是人体结构的基本因素之一，在体型表达、服装款式设计和结构设计中都是必要的参考依据。

从头顶点到下颌中心的垂直距离称为头高，以头高为长度单位划分身高而得到的数值称为头身指数。采用头身指数可以对人体全身及其他肢体高度或长度进行衡量，便于对人体体型的把握。对于亚洲人，常以头身指数为 7 的人体（常称为 7 头身）为标准，我国早有“立七、坐五、盘三”的说法（这里所说的人体比例与时装画的人体比例不同）。7 头身的分割线和人体各部位的关系如图 2-5 所示。

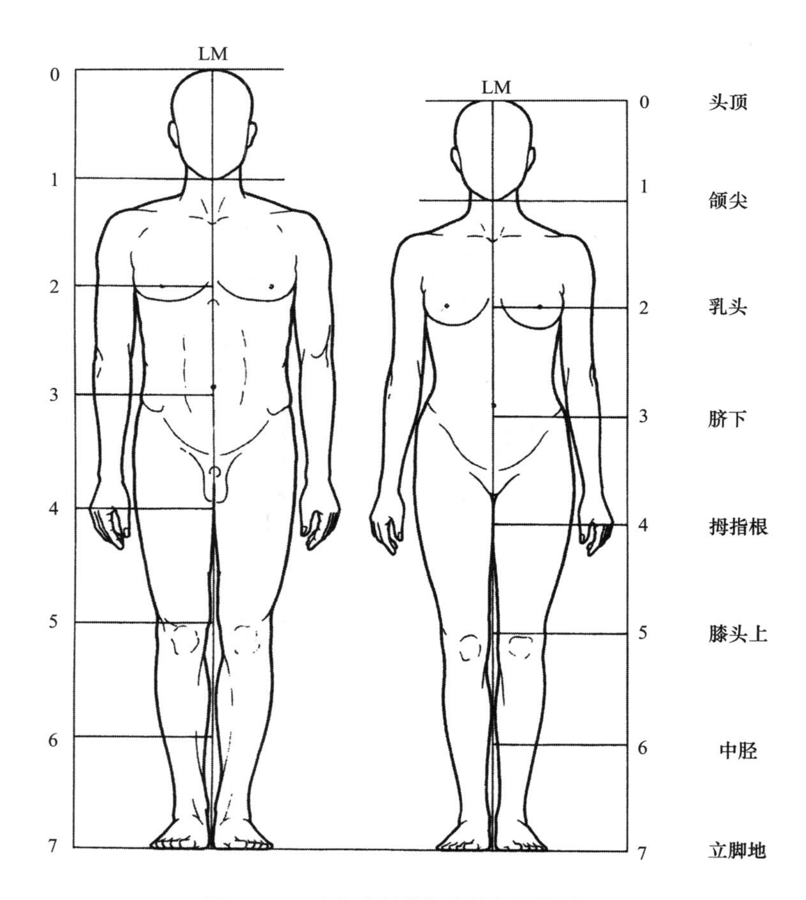

图 2-5　7 头身分割线与人体部位的关系

第二节　服装的男子人体参数和测量获取

为了对人体体型特征有正确、客观的认识，除了作定性研究外，还必须把人体各部位的体型特征数字化，用精确的数据表示身体各部位的特征。在服装设计、纸样设计中，为了使人体着装时更加合适，就必须了解人体的比例、体型、构造和形态等信息，所以，对人体尺寸的测量是进行服装结构设计的前提。本节具体介绍人体的一维参数、二维的截面形态、三维的区域造型。

一、男子的手工量体技术

手工量体技术是男装定做和大规模定制的基本技术，也是服装结构设计的量体基础技术。

1. 人体测量的基本姿势与着装

通常，人体测量是在静态直立状态下进行的。静立时的姿势又称为立位正常姿势，指头部保持水平，背部自然伸展，双臂自然下垂，掌心朝向身体一侧，后脚跟并拢，脚尖自然分开的自然立位姿势。除立位姿势外，也可以根据需要采用其他姿势进行人体测量。

人体测量时，可根据测量目的选择不同的着装方式。如为获得人体本身的数据，通常选择裸体或近裸体的状态进行测量；如用于制作外衣的测量，可以在穿着内衣（T 恤、文胸或紧身衣）的状态下进行测量。

2. 测量基准点

由于人体具有复杂的形态，为获得准确的测量数值，必须在人体上确定正确的测量基准点和基准线，这是获得正确量体尺寸的前提。基准点和基准线应选择在人体上明显、固定、易测，且不会因时间、生理变化而改变的部位，通常可选在骨骼的端点、突出点或肌肉的沟槽等部位。

常用测量基准点如图 2–6 所示。测量时，可以从中选择必要的点，也可根据需要设定新的计测点，对于新计测点需要给出明确的定义。

（1）头顶点：头部保持水平时，头部中央最高点，是测量头高、身高的基准点。

（2）眉间点：头部正中矢状面上眉毛之间的中心点，是测量头围的基准点。

（3）后颈椎点（BNP）：第 7 颈椎突点。颈部向前弯曲时，该骨骼点会突显出来，是测量背长的基准点。

（4）颈侧点（SNP）：颈部斜方肌的前端与肩交点处。从侧面观察位于颈部中点稍微偏后的位置，是测量腰长、胸高的基准点。

（5）前颈窝点（FNP）：连接左右锁骨的直线与正中矢状面的交点，是测量颈根围的基准点。

（6）肩点（SP）：肩胛骨上部最向外的突出点。从侧面观察位于上臂正中央与肩交界处，是测量肩宽、臂长的基准点。

（7）前腋点：手臂自然下垂时，手臂与躯干部在腋前的交点，是测量胸宽的基准点。

（8）后腋点：手臂自然下垂时，手臂与躯干部在腋后的交点，是测量背宽的基准点。

（9）胸点（BP）：乳房的最高点，是测量胸围的基准点，也是服装结构中最重要的基准点之一。

（10）肘点：尺骨上端外侧的突出点。当前臂弯曲时，该骨骼点会突显出来，是测量上臂长的基准点。

（11）手腕点：尺骨下端外侧的突出点，是测量臂长的基准点。

（12）肠棘点：骨盆髂嵴骨最外侧的突出点，即仰面躺下时可触摸到的骨盆最突出的点。

（13）臀突点：臀部最突出的点，是测量臀围的基准点。

（14）大转子点：股骨大转子最高的点，是人体侧部最宽的部位。

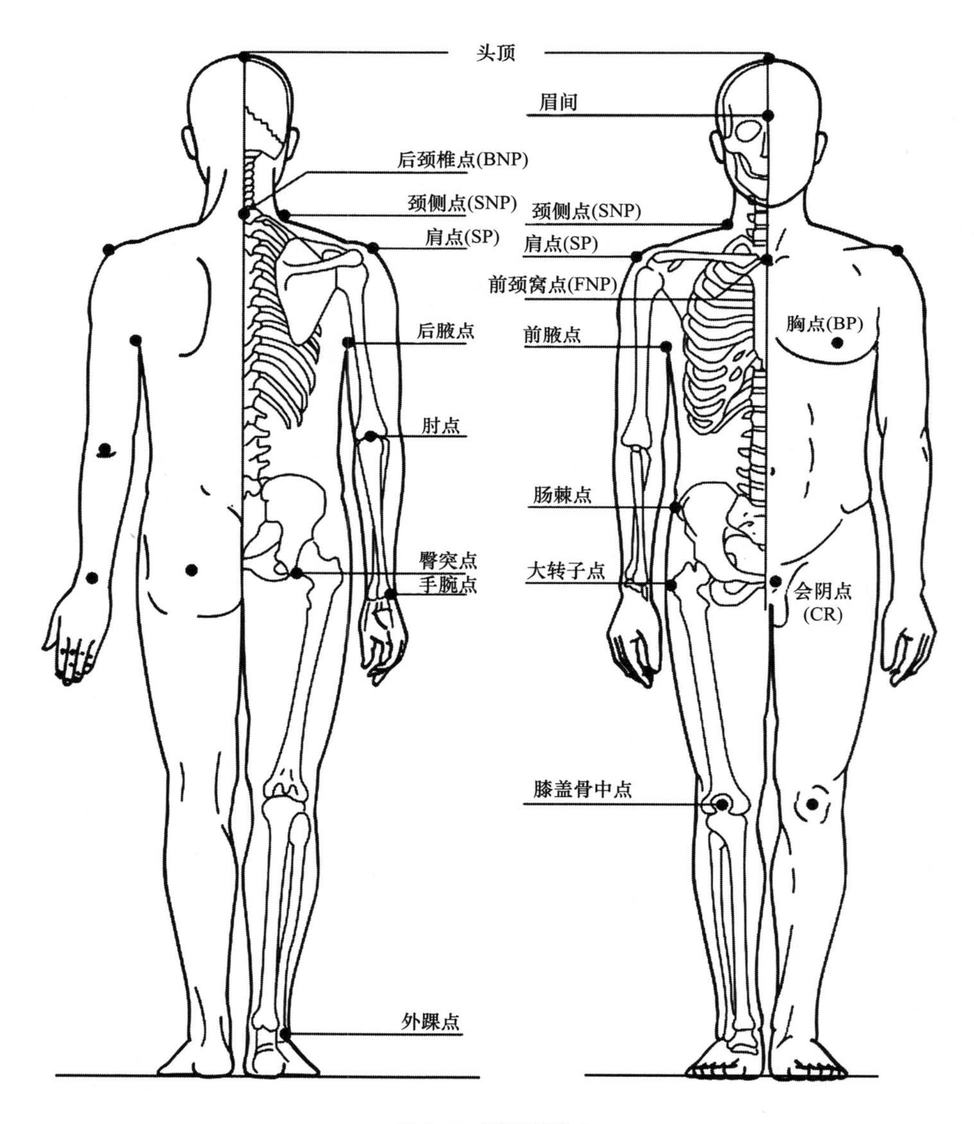

图 2-6 测量基准点

（15）膝盖骨中点：膝盖骨的中点，是测量膝长的基准点。

（16）外踝点：腓骨外侧最下端的突出点。

（17）会阴点（CR）：左、右坐骨结节最下点的连线与正中矢状面的交点，是测量股上长、股下长的基准点。

3. 测量基准线

常用的测量基准线如图 2-7 所示。测量基准线可以根据需要进行选择和设定。

（1）颈根围线：经过后颈椎点（BNP）、颈侧点（SNP）和前颈窝点（FNP）一周的圆顺曲线。

（2）臂根围线：经过肩点（SP）、前腋点和后腋点一周的圆顺曲线。

（3）小肩线：连接颈侧点（SNP）与肩点（SP）的线。

（4）胸围线（BL）：经过胸点（BP）一周的水平线。

（5）腰围线（WL）：经过躯干最细部位一周的水平线。

（6）臀围线（HL）：经过臀突点一周的水平线。

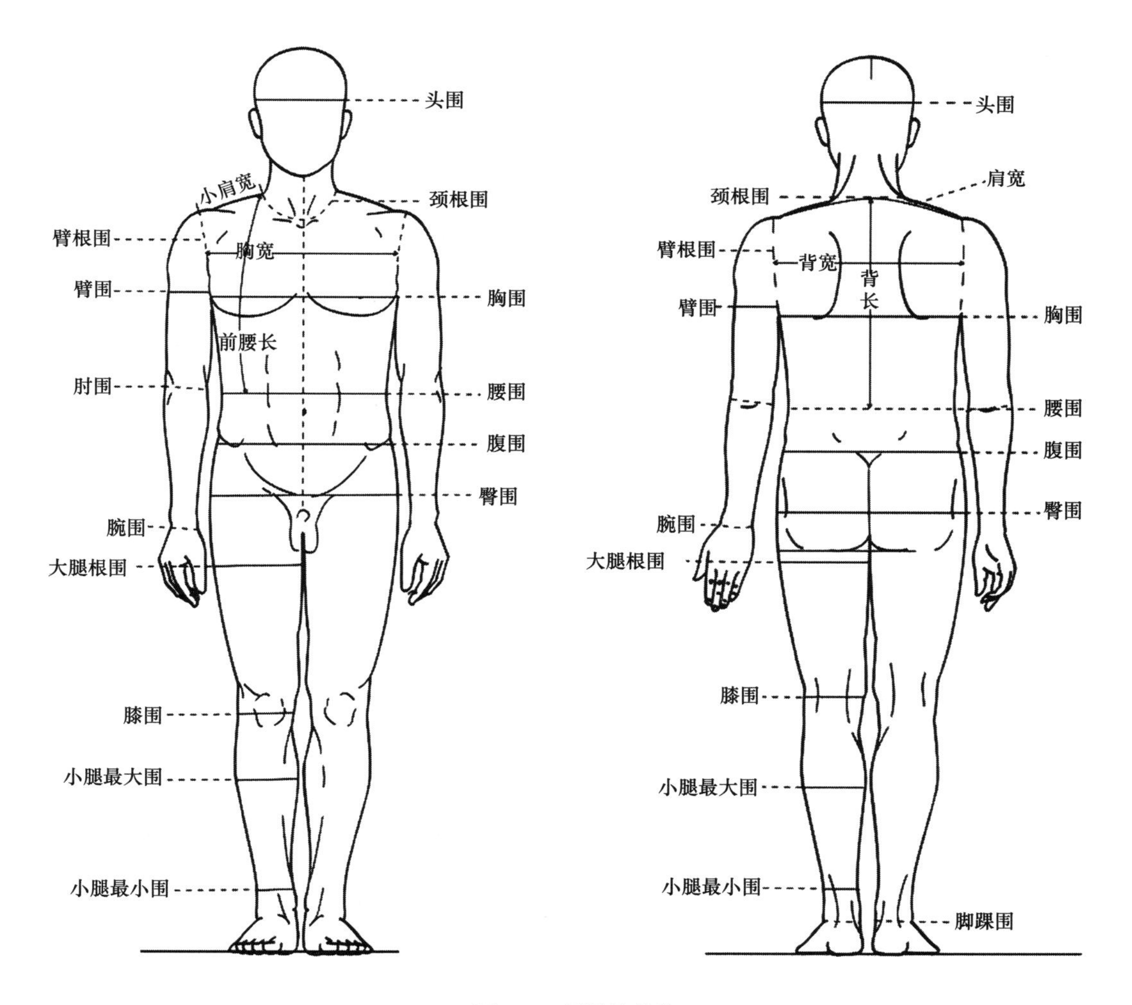

图 2-7　测量基准线

（7）膝围线：经过膝盖骨中点一周的水平线。

（8）脚踝围线：经过外踝点一周的水平线。

4. 测量项目

常用的测量项目如图 2-8 所示，可根据测量目的选择适当的测量项目。

（1）身高：从头顶点至地面的高度。

（2）乳点高：从胸点（BP）至地面的高度。

（3）腰高：从腰围线（WL）至地面的高度。

（4）股下长：从会阴点（CR）至地面的高度。

（5）股上长：从腰围线（WL）至会阴点（CR）的距离。

（6）臀长：从腰围线（WL）至臀围线（HL）的距离。

（7）膝长：从腰围线（WL）至膝盖骨中点的距离。

（8）前腰长：从颈侧点（SNP）经过胸点（BP）量至腰围线（WL）的长度。

（9）后腰长：从颈侧点（SNP）经过肩胛骨量至腰围线（WL）的长度。

（10）乳点长：从颈侧点（SNP）量至胸点（BP）的长度。

（11）背长：从后颈椎点（BNP）量至腰围线（WL）的长度。

（12）臂长：从肩点（SP）量至手腕点的长度。

（13）上臂长：从肩点（SP）量至肘点的长度。

（14）胸围：经过胸点（BP）水平围量一周的长度。

（15）下胸围：经过乳房下缘水平围量一周的长度。

（16）腰围：经过躯干最细部位水平围量一周的长度。

（17）臀围：经过臀突点水平围量一周的长度。

（18）腹围：腰围与臀围中间位置水平围量一周的长度。

（19）颈根围：经过颈侧点（SNP）、后颈椎点（BNP）、前颈窝点（FNP）围量一周的长度。

（20）臂根围：经过肩点（SP）、前腋点、后腋点围量一周的长度。

（21）臂围：上臂最粗部位水平围量一周的长度。

（22）腕围：经过手腕点水平围量一周的长度。

（23）大腿根围：大腿根部水平围量一周的长度。

（24）上裆总弧长：从前腰围线经会阴点（CR）量至后腰围线的长度。

（25）膝围：经过膝盖骨中点水平围量一周的长度。

（26）小肩宽（颈幅）：从颈侧点（SNP）量至肩点（SP）的长度。

（27）肩宽：从左肩点（SP）经过后颈椎点（BNP）量至右肩点（SP）的长度。

（28）胸宽：左、右前腋点之间的距离。

（29）乳间距：左、右乳点（BP）之间的距离。

（30）背宽：左、右后腋点之间的距离。

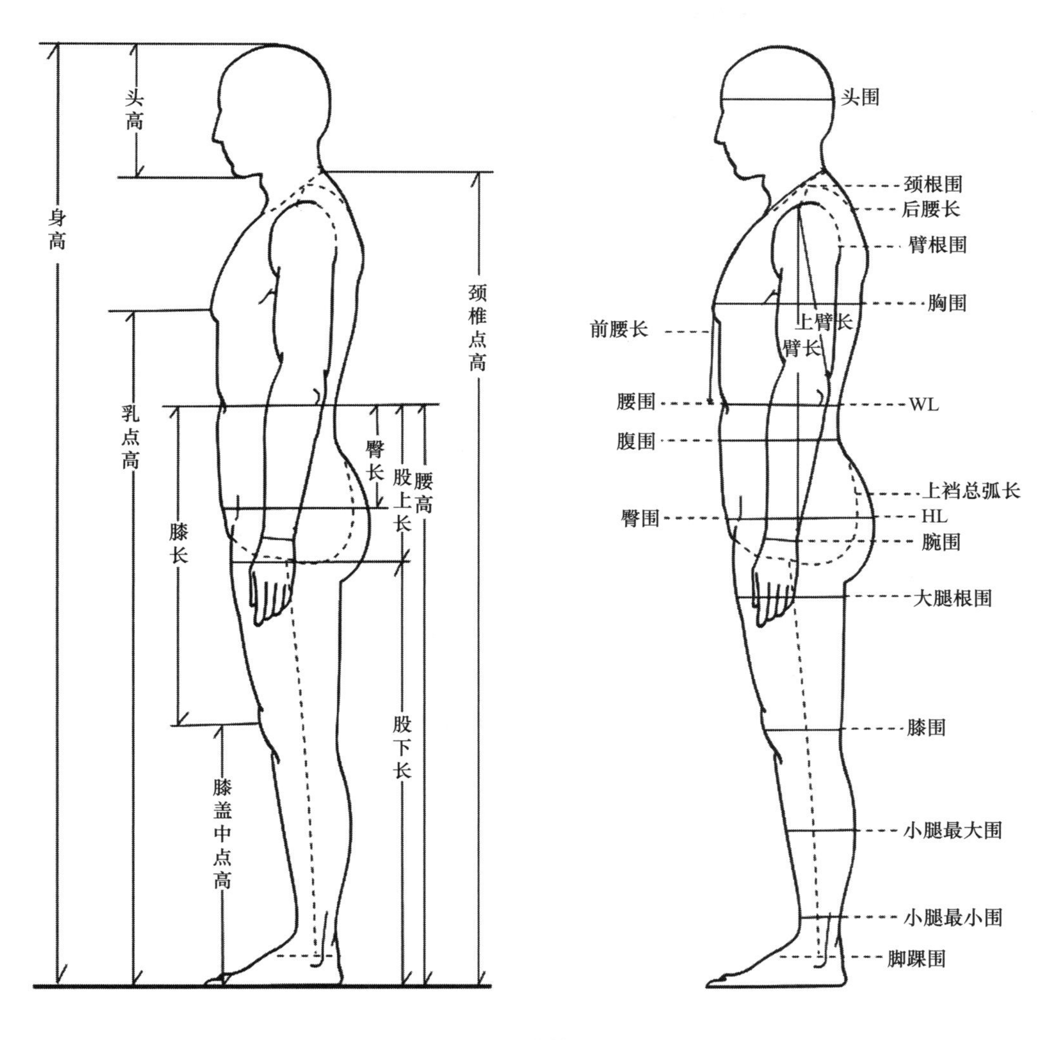

图 2-8　男子人体测量项目

二、男装定制服装测量项目和内容（表 2-1）

表2-1　男装定制服装测量项目和内容

测量项目	定　　义
总长	从后领窝（第 7 颈椎）即衬衫绱领缝合处开始，沿后中线至鞋跟（不包括厚度），自然状态下的尺寸，不加松量。观察并把握人的背面体形状态。或以身高减 22 ~ 23cm 为总长
衣长	1/2 总长为一般标准，但要考虑肩宽、体形等因素，也可参考现在穿的衣服而定（身高在 160cm 以下的人可略长一些）
肩宽	应重视造型与整体的协调，标准的确定方法为：肩倾斜的延长线与双臂下垂状态斜线的交点向内 1.0 ~ 1.5cm 处（身高在 160cm 以下的人可略宽一些）
肩袖长	后领窝中心（第 7 颈椎）经肩端至拇指尖的尺寸（左右）；或至拇指尖的尺寸减 11cm 为设计标准。把握穿着者的肩部倾斜程度以及肩胛骨、肩部胖瘦等状态，综合计入量体表的体形一栏

续表

测量项目	定　义
袖长	从设定的肩宽位置量至腕部骨节处减 1.0cm（衬衫袖子从西服袖口内露出 0.5 ~ 1cm 显得漂亮）
总肩宽	上臂外侧骨作为肩端，从左肩端横量至右肩端（过后领窝下方 2cm 处）
颈围	经第 7 颈椎点水平围量一周的尺寸（实测尺寸加 2.5 ~ 3cm 为松量）
胸围	让穿着者张开双臂，用皮尺通过腋下最上部，水平绕过后背；再让穿着者放下双臂，在其侧前方量出穿着衬衫的尺寸，根据款式进行加放；全面观察穿着者的体形状态，计入体形栏
腹围	在腹部最突出部位（肘部或肚脐上 3 ~ 5cm 处）水平围量一周
臀围	在臀部最突出部位水平围量一周，在裤子外量得，不加松量或稍加松量视款式而定
后腰长	腰带保持水平，从第 7 颈椎点垂直量至腰带位置
前腰长	腰带保持水平，从第 7 颈椎点绕过颈部垂直量至腰带位置。后腰长加 10cm 是正常体，加 11cm 以上是后仰体，加 9cm 以下是前屈体（以腰线水平为前提）
前宽	在胸围线（水平）以上 3cm 处，测量左、右两腋点之间的距离
背宽	胸围线与第 7 颈椎间的中间位置，沿后背测量左、右两腋点之间的距离
袖窿	在衬衫上量出，不加松量或加松量，视款式而定
腕围	手腕关节下围量一周，加松量 2cm 以上
腿围	在大腿最粗处围量一周，在单裤上量得不加松量
下裆长	将裤子上裆提起，从右腿根部沿裤内缝量至脚后跟，减去 2.5cm 为标准。若当时穿的裤长合体，也可直接采用这个尺寸
裤长	确定腰带位置（若腰带位置太高可适度降低，使其自然），从裤子上端沿外侧量至鞋跟上部，减去 2.5cm 为标准。与下裆长一样，若裤脚较宽则裤长要加长（标准裤脚为 24cm）。另外，裤串带上缘至裤腰上端的距离要穿着者确认后再定（标准为 0.5cm）
腰围（净）	在腰骨上部位置水平围量一周
腰围（成品）	系腰带位置的尺寸，因上裆深浅而异，要把握穿着者所希望的腰带位置
上裆	裤长减去下裆长即为上裆尺寸，仅为掌握成衣的尺寸构成（计入另外的量体表）
横裆	腰围尺寸加 11 ~ 12cm，或 1/3 臀围为无褶裤的横裆。①褶裤的横裆为无褶裤加 1.5 ~ 2.5cm。②褶裤再加 1cm 左右，但对讲究的穿着者要商量后决定
裤脚	要考虑造型及协调性，并参考现在穿的裤子，向穿着者推荐，然后作决定（标准为 24cm）
膝围	标准为裤脚加 1cm 左右。但与决定裤脚尺寸一样，可向穿着者推荐，然后作决定（可参考成品服袋的规格表）
扣位	从西服领点至第一纽扣位的尺寸（扣位随流行而变化，另外腹部突出及特胖体形者，可通过调整第一扣位而显得苗条）
西服背心后长	从第 7 颈椎点沿背中央量至腰带下 4cm 处，注意前、后要对称
西服背心前长	从第 7 颈椎点绕过颈部量至腰带扣下 1cm 处即最后一个扣位
落差尺寸	指胸围与腰围的尺寸差

第三节　中国男子体型的差异与细部尺寸

中国由于幅员广阔，民族众多，男子体型的南北东西差异极大，尤其是华北、东北地区与西南、华南地区的体型差异甚大，因而在讨论男子体型细部特征、研究品牌销售对象时，一定要了解各地区男子体型的共性与特殊性。以下各表是东华大学近年来开展的人体科学研究的数据和结论，由于全国范围内南北、东西的差异主要对比区域为华北地区（北京、天津、河北、内蒙古等省市）、西南地区（四川、云南、贵州等省份）、华东地区（上海、江苏、浙江、安徽、江西等省市）三个区域，并将相关省市的人体数据按此分类进行归并，以方便男装的服装设计和品牌销售的应用。

一、华北地区男子体型（表 2–2）

表2–2　华北地区成年男子各年龄段中间体尺寸表　　单位：cm

编号	部位	18 ~ 25 岁	编号	部位	18 ~ 25 岁
1	身高	173.0	15	臀围	94.0
2	下体高	107.0	16	大腿根围	52.5
3	臀围高	82.5	17	膝围	40.0
4	手臂长	58.5	18	臂根围	41.5
5	肘长	33.5	19	头围	59.0
6	背长	43.8	20	上臂围	27.5
7	前腰节长	44	21	腕围	18.0
8	后腰节长	45	22	总上裆围	71.0
9	上裆长	28.0	23	前胸宽	36.0
10	膝高	47.5	24	后背宽	37.0
11	颈围	38.5	25	肩宽	44.0
12	胸围	92.0	26	肩斜角	23.0°
13	腰围	80.0	27	臀沟角	7.0°
14	腹围	83.0	28	臀突角	22.0°

二、西南地区男子体型（表 2-3）

表2-3 西南地区成年男子各年龄段中间体尺寸表 单位：cm

编号	部位	18 ~ 25 岁	编号	部位	18 ~ 25 岁
1	身高	165.0	15	头围	57.5
2	下体高	98.0	16	臀围	89.0
3	臀围高	78.5	17	大腿根围	47.5
4	手臂长	56.5	18	膝围	35.5
5	肘长	31.5	19	臂根围	40.0
6	背长	41.3	20	上臂围	25.5
7	前腰节长	42.0	21	腕围	17.0
8	后腰节长	44.0	22	总上裆围	67.0
9	上裆长	27.0	23	前胸宽	34.5
10	膝高	44.0	24	后背宽	35.5
11	颈围	37.5	25	肩宽	42.0
12	胸围	87.0	26	肩斜角	24°
13	腰围	75.0	27	臀沟角	6.5°
14	腹围	80.0	28	臀突角	21°

三、华东地区男子体型（表 2-4）

表2-4 华东地区成年男子各年龄段中间体尺寸表 单位：cm

编号	部位	18 ~ 25 岁	编号	部位	18 ~ 25 岁
1	身高	170.0	15	臀围	93.0
2	下体高	100.0	16	大腿根围	48.0
3	臀围高	82.5	17	头围	58.0
4	手臂长	56.0	18	膝围	35.5
5	肘长	32.5	19	臂根围	39.5
6	背长	42.3	20	上臂围	26.0
7	前腰节长	43.0	21	腕围	16.5
8	后腰节长	45.0	22	总上裆围	69.0
9	上裆长	27.0	23	前胸宽	35.0
10	膝高	46.0	24	后背宽	36.0
11	颈围	38.0	25	肩宽	43.5
12	胸围	90.0	26	肩斜角	23°
13	腰围	75.0	27	臀沟角	6.5°
14	腹围	78.0	28	臀突角	22°

四、男子体型分类

男子体型分类的国家标准是以胸腰差作为体型组别分类，其分类如表 2–5 所示。

表2–5 男子体型分类

体型组别	Y	A	B	C
胸腰差（cm）	17 ~ 22	12 ~ 16	7 ~ 11	2 ~ 6

根据近几年的男子人体研究和男装产业的新特征，如表 2–6 所示，将成年男子体型分成 Y、A、B、C、D 五种体型，并对年龄层、形态基本特征做了初步的描述。

表2–6 男子体型分类和描述

组别	胸腰差（cm）	形态基本特征
Y	17 ~ 22	年龄一般在 18 ~ 25 岁，胸腰差非常明显，躯干部分瘦且扁平，骨感明显，腰腹部十分平坦，肩点与臀宽的连线呈明显倒梯形，大腿结实且细长，体形轮廓线硬朗
A	12 ~ 16	年龄在 25 ~ 35 岁，胸腰差明显，躯干最宽点为肩点，肩点与臀宽点的连线呈倒梯形，全身肌肉圆润隆起，体形轮廓线转折分明 从侧面看，胸部挺起，腹部内收，胸腹连线内顺；从后身看，肩部结实，臀部肌肉紧张，背部与臀部连线垂直；从横侧面看，胸部至背部横径大于腹部至臀部横径，稍呈倒梯形
B	7 ~ 11	年龄在 35 ~ 45 岁，胸腰差变小，躯干最宽点仍为肩点，但是肩点与臀宽点的连线渐呈长方形，全身肌肉开始松弛，体形轮廓线趋向圆滑 从前身看，胸部挺起，腹部平坦，胸腹连线呈垂直并有外倾趋势；从后身看，肩背部结实，臀部肌肉圆润，背部与臀部连线垂直；从横侧面看，胸部至背部横径约等于腹部至臀部横径，呈长方形
C	2 ~ 6	年龄一般在 45 ~ 55 岁，胸腰差较小，躯干最宽点仍为肩点，但是肩点与臀宽点的连线已呈长方形，全身肌肉松弛，腰部肌肉增多，腰臀宽接近，体形轮廓线柔和 从前身看，胸部丰满，腹部隆起，脂肪堆积，胸腹连线明显外倾；从后身看，肩背部厚实，臀部圆润丰满，背部与臀部连线内倾；从横侧面看，胸部至背部横径小于腹部至臀部横径，呈梯形
D	2 以下	年龄一般在 55 岁以上，胸腰差很小甚至为负数，躯干最宽点仍为肩点，但是肩点与臀宽点的连线已呈长方形，全身肌肉松弛，腰腹部赘肉很多，腰臀宽一致，体形轮廓线柔和 从前身看，胸部丰满，腹部隆起大，脂肪堆积多，胸腹连线明显外倾；从后身看，肩背部厚实，臀部圆润丰满下垂，背部与臀部连线内倾；从横侧面看，胸部至背部横径小于腹部至臀部横径，呈明显梯形状

这种体型划分是根据比较体现人体特征指标中一维参数（胸围、腰围）之间的差量来对人体的体型所做的初步划分，同时根据人群所占的比例关系在年龄层进行了简单的归类，以便在成衣产业中，不同公司定位不同的消费群体在年龄层中的体型关系。实际上，大多数男子人体在年龄变化过程中，胸腰差确实存在一定的改变。随着年龄的增长，男子腰围和腹围增大，而胸围的改变量相对较小，因此胸腰差明显减少。一般情况下，男子的体型随着年龄的增长呈 Y—A—B—C—D 的变化。

表 2–7 所示为各地区体型的分布比例。

表2–7　各地区体型分布

组别	华北地区（%）	华东地区（%）	西南地区（%）
Y	11.3	6.3	1.2
A	44.0	30.9	21.4
B	31.7	41.5	51.2
C	11.1	14.8	19.4
D	1.9	6.5	6.8

比较这三个地区的人体体型可以发现，目前华北地区以 A 体型（标准体型）为主体，而其他地区以 B 体型为主体。相对而言，西南地区的体型分布比较集中，华东地区的体型分布比较均衡。

五、人体胖瘦指数

国际上衡量人体胖瘦的程度，用考普（KAUP）指数、罗尔（ROHRER）指数、维瓦克（VERVAECK）指数、BIGNET 指数、贝马（BMI）指数来衡量（表 2–8）。

表2–8　人体胖瘦指数

体型指数	计算公式	标准值	
		男	女
KAUP 指数	$(W/L^2)\times10^4$	20.0 ～ 23.9	20.0 ～ 23.9
ROHRER 指数	$(W/L^3)\times10^5$	1.29 ～ 1.49	1.30 ～ 1.50
VERVAECK 指数	$(W+B)\times100/L$	82.0 ～ 94.2	81.5 ～ 94.2
BIGNET 指数	$L-(B+W)$	21 ～ 25	20 ～ 24
BMI 指数	W/L^2（m）	18.5 ～ 25	

注　W—体重（kg）；B—胸围（cm）；L—身高（cm），BMI 指数除外。

六、男子人体动态与体型特征参数

服装结构中宽松量和运动量的设计，主要是依据人体正常运动状态的尺度，正确了解人体运动的尺度是服装使用功能与审美功能完美结合的成功设计的需要。

1. *肩关节的活动尺度*

肩关节是人的躯干与手臂相连的关节，是活动量最大的关节（图 2–9）。因此肩关节所对应的服装部位在结构上应增加适当的量。这主要指后衣片的袖窿及袖片部位要有手臂活动所需要的活动松量。

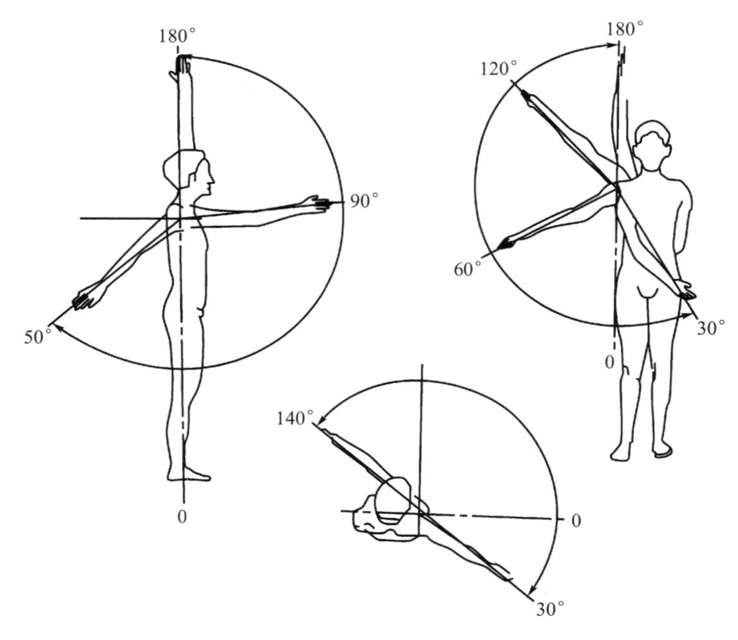

图 2-9　肩关节的活动范围

2. *髋关节和膝关节的活动尺度*

髋关节的活动以大转子的活动范围为准，以向前运动为主，是下装臀部尺寸设计的动态依据。同时也要考虑双腿同时前屈 90° 的坐姿，在下装臀部、裆部的结构上给予适当的活动尺度（图 2-10）。膝关节的活动是单方向的后屈动作，为了适应这种运动特点，一般在裤结构中的中裆处都要留有余地（图 2-11）。如果腿的活动幅度较大，就需要在横裆和裤肥上增加运动量，如武术裤。

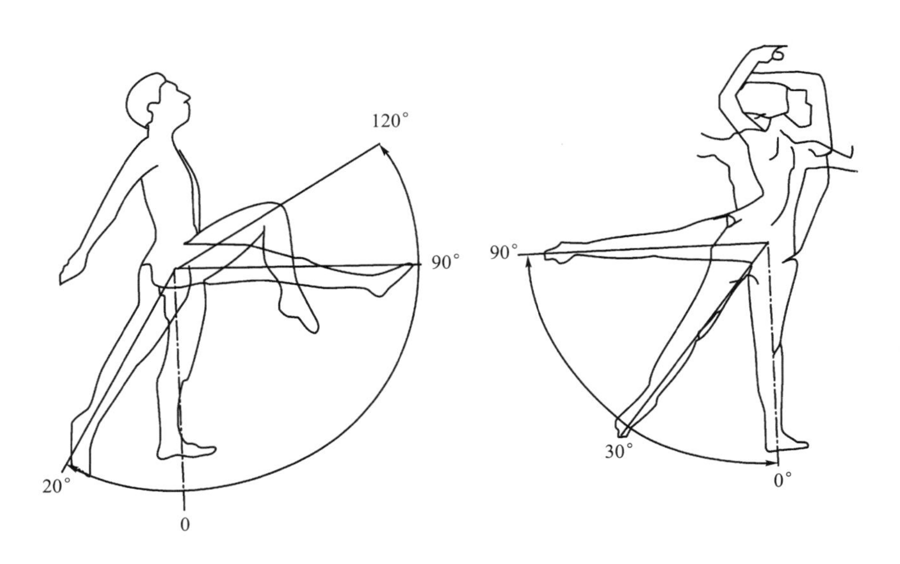

图 2-10　髋关节和膝关节的活动尺度

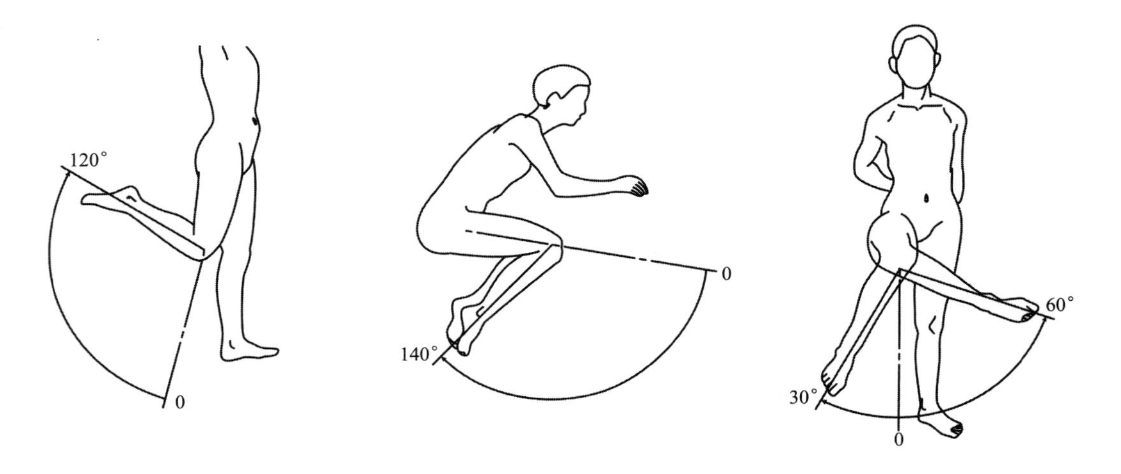

图 2–11 膝关节的活动范围

3. *腰脊关节的活动尺度*（图 2–12）

腰脊关节的活动主要以腰部脊柱的弯曲来达到运动变形的，且人体的腰脊前屈幅度大于后屈幅度，侧屈幅度也不如前屈显著，而且前屈机会较多。因此在考虑运动机能的结构时，一般是在后衣身增加适度的活动松量，而前衣身则注意与之平衡美观，如裤装的后翘、上装后衣身下摆长于前衣身等都是基于这个因素。

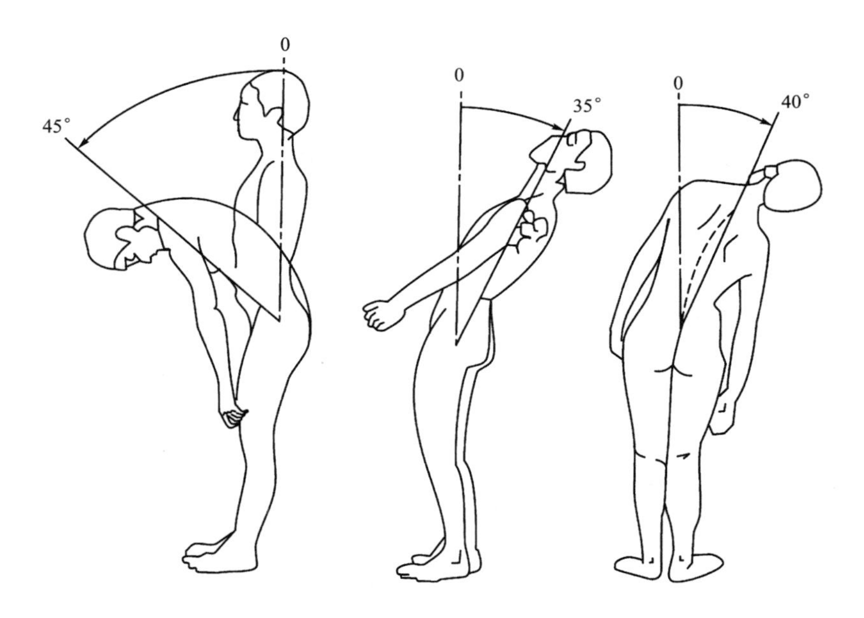

图 2–12 腰脊关节的活动范围

4. *正常行走的活动尺度*（图 2–13）

正常行走包括步行和登高，通常男子标准步行的前后距离为 65cm，此时膝围为 82 ~ 109cm。

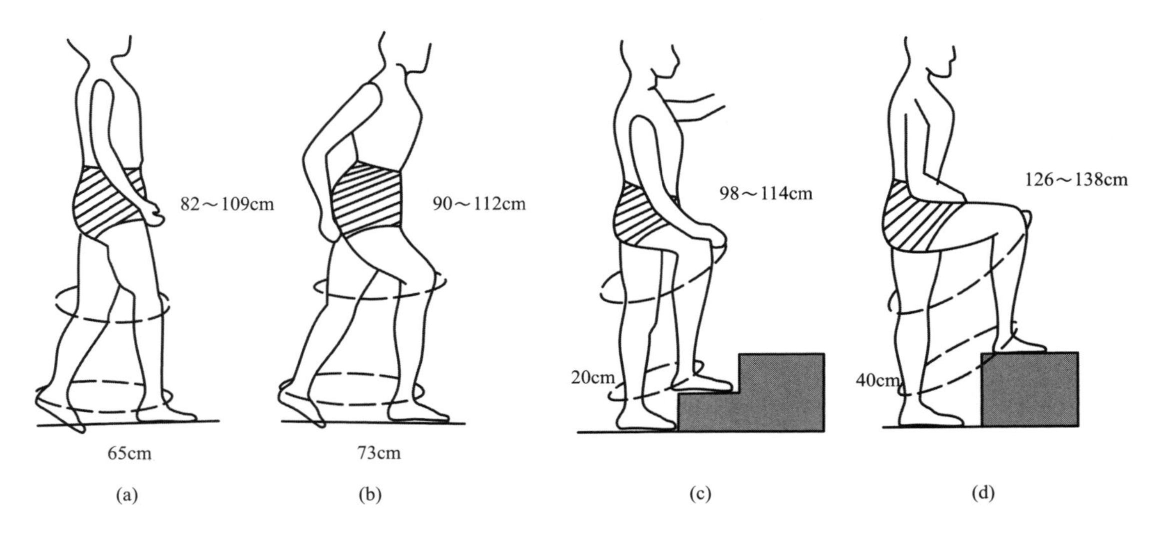

图 2–13　人体不同步行尺度的比较

第四节　男女体型的差异

一、男子与女子

1. 女子

身体较窄，其最宽部位为 2 ～ 2.5 个头宽；

下颌较小，颈部细而长；

背部肌肉少且平缓；

胸部丰满，乳房隆起集中；

腰线较短且明显，腰宽为一个头长，肚脐位于腰线稍下方；

臀部丰满，脂肪堆积且宽阔，盆骨略外张；

大腿平而宽阔，富有脂肪；

臂肌较小且不明显，手较小而娇嫩，腕和踝较细弱，足较小略呈拱形。

2. 男子

身体较宽，其最宽部位为 2.8 ～ 3 个头宽；

下颌较大，颈部粗而较短；

腰线较长且粗壮而不明显；

胸部肌肉平坦隆起如盆状；

背部肌肉发达，肩胛骨突出明显；

臂上部肌肉厚实，肩部显得宽阔；

臀部肌肉较扁平，骨盆呈内收状；

大腿粗壮，富肌肉少脂肪，整体体表曲线变化缓和，肌肉坚挺。

3. **男、女对比分析**

（1）正面形态比较：男体骨骼粗壮，肌肉发达，体表线条硬朗。其中，颈部粗而短，颈根围度较大；肩部宽阔且相对平坦，肩肌强健，肩膀浑厚结实；臀宽较窄，躯干部分明显呈倒梯形；腰宽臀宽较接近，侧腰弧线变化较小，上半身比例相对较大，腰线、背长较长。

女体体表平滑，线条柔和，颈部细而长；肩部窄且斜度相对偏大；骨盆宽大，髋关节处突出，使臀宽变宽，腰臀宽差异较明显，侧腰弧线曲率较大，腰线明显，上半身比例相对较小。

（2）侧面形态比较：在前半身，男体体表曲线变化缓和，肌肉坚挺，腹肌形成结实的胸廓和平坦的下腹，使胸部与腹部的连线呈垂线状；女体由于乳房的隆起，前颈部至胸点、胸点至下胸围形成明显的斜面，造成女体前半身侧面轮廓——腹部因脂肪覆盖，形成缓和的弧面。

后半身躯干部分的曲面主要是由肩胛骨的突起，后背的吸腰、臀部的翘起所形成的。与前半身相反，男体的后半身曲面形状比女体更为明显，这是因为男体的背部肌肉较为发达，肩胛骨突出显著，再加上腰部的横截面主要位于人体侧面轴线的前侧，致使肩胛至腰的背部斜度十分明显。同时由于男体骨盆较小、臀肌发达，虽然总臀围不大，但腰臀距较短，臀翘明显，背部和臀部连线几乎垂直。而女体后半身曲线相对柔和，肩胛骨突起程度小于男体，臀部因脂肪的堆积而显得丰满，且臀围通常大于胸围，使得女体的臀部鼓出背部垂线。

（3）背部形态比较。男体背部骨骼、肌肉较健壮，肩线由于受颈侧部肌肉及臂部肌肉较发达的影响且显得宽且斜溜，腰部至臀部的曲线较平直，整体轮廓呈 T 型。女体背部骨骼、肌肉较纤细，肩部受颈侧部及臂部肌肉较少影响且显得较窄且平直，腰部至臀部的曲线较明显，整体轮廓呈 X 型。

男女体型具体差别对比如图 2-14 所示。

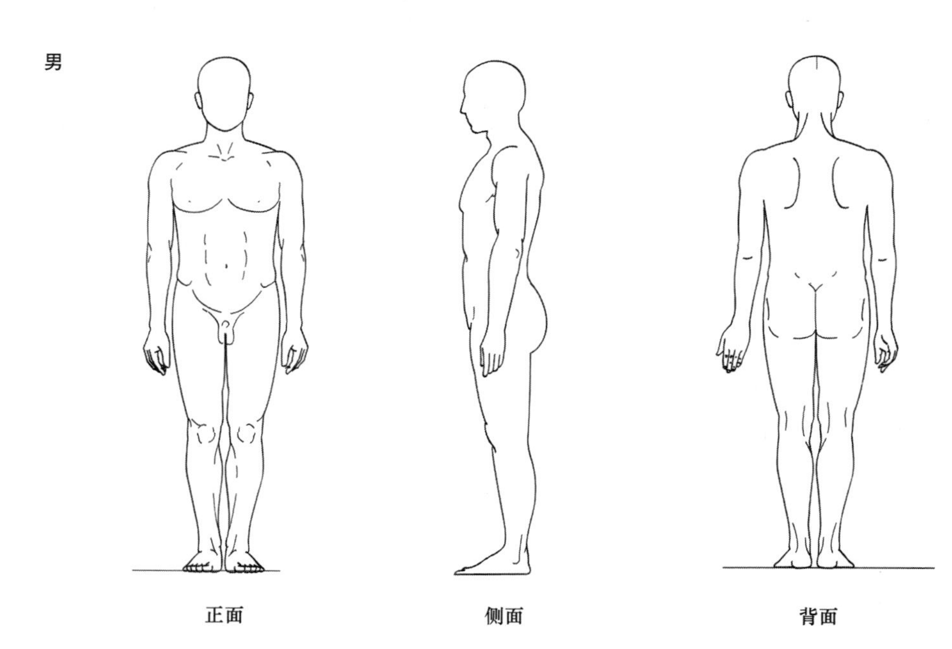

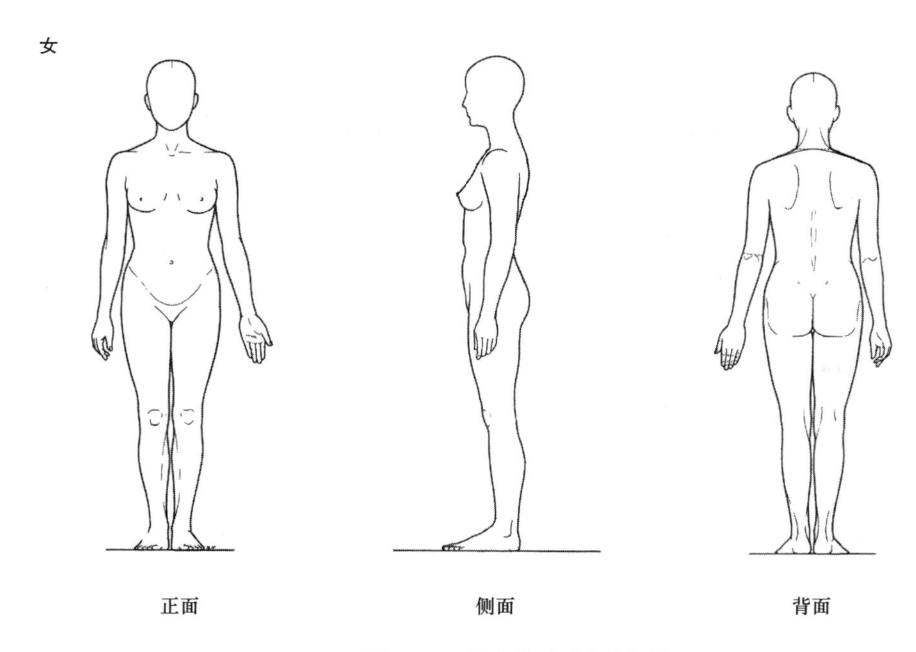

图 2-14　男女体型形态的比较

二、男子体型的年龄差异

男子在出生时其身高与头长之比为 4.14，随着年龄的增长，其头身比由 4.14 逐步增长为 4.5、5.1、6.0，至 12 岁时达到 6.6，至 16 岁时已基本达到成年人的头身比 7.2，至 25 岁时则达到 7.1 个头身，身高大多在 170 ~ 175cm（图 2-15）。

个体男子在成年后，随着年龄的增长发生由 Y—A—B—C—D 的变化，主要是前腰腹部围度的增大的缘故所致。同时男子的前腰节减小、后腰节增大、胸宽减少、背宽增大等一系列人体的相关参数发生了一定变化，有研究表明人体身高也有减小的趋势。

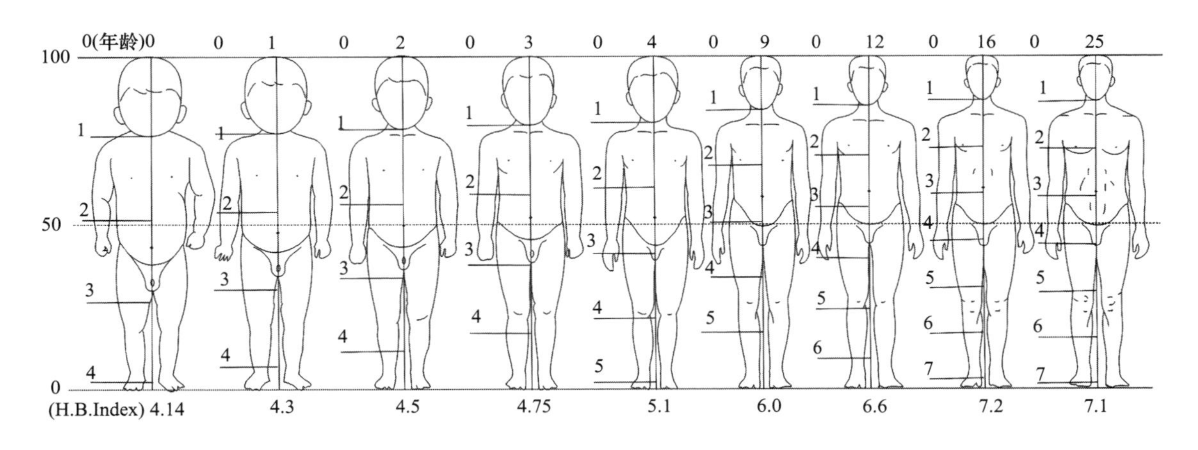

图 2-15　不同年龄的体型比较

思考题

1. 人体的主要骨骼有哪些，与服装结构制图关系密切的有哪些，在结构制图中要作怎样的处理？

2. 简述男子 Y、A、B、C、D 五种体型的划分方法和每种体型的特征。

3. 为什么普通消费者很难挑选出一件令自己满意的合体的西装？根据体型要素进行分析。

4. 量体定做的西装为什么要试穿好几次？

5. 为什么不同地区的尺码号型以及配货比例存在较大的不同？

6. 人体动态运动与服装放松量有怎样的关系？

7. 人体体型分类标准有哪些，如何具体分类？

8. 男女体型的差异主要表现在哪些方面？

9. 人体测量工具主要有哪些？试举几件非接触人体测量工具，并简要比较其优劣势。

10. 男子定做测量的基准点有哪些？了解主要的测量部位。

11. 人体动态尺度参数主要有哪些，具体是什么？

12. 请用体型群体认识方法，简述男装品牌在某地区的中间体确定的方法。

13. 从男装设计角度出发，男装需要哪些尺寸体系？

理论知识——

男装的发展与款式风格

课题名称：男装的发展与款式风格

课题内容：1. 男装的发展历史。

2. 国内外男装产业简介。

3. 男装款式风格。

课题时间：2课时

教学目的：使学生掌握男装的发展历史和款式风格特征。

教学方式：PPT

教学要求：1. 了解男装历史与产业发展。

2. 重点了解西装的设计风格。

3. 重点了解夹克、大衣的设计风格。

课前（后）准备：

搜集查阅有关男装方面的历史及知识点。

第三章 男装的发展与款式风格

本章通过对男装的发展历史和现代国内外男装品牌的认知，来了解现代男装品牌的款式风格和流行趋势，理解男装基本概念和款式风格的内外结构和构成，从服装纸样结构设计的角度来认知服装款式，从解构角度来理解款式的具体规格尺寸，为合理设计纸样做好铺垫。

第一节 男装的发展历史

男装分西式服装与中式服装，其中西式服装以西服套装为典型款式。西服起源于 17 世纪的欧洲，至今已在全球范围内成为男士在各种场合的日常着装。西服之所以长盛不衰，很重要的原因是它拥有深厚的文化内涵，而想要了解西服文化，就不得不重温一下西服的历史（图 3-1）。

西服的始祖：1690 年，究斯特科尔。17 世纪后半叶的路易十四时代，长衣及膝的外衣“究斯特科尔”和比其略短的“贝斯特”，以及紧身合体的半截裤“克尤罗特”一起登上了历史舞台，构成现代三件套西装的组成形式和穿着习惯。究斯特科尔的前门襟纽扣一般不扣，要扣一般也只扣腰围线上下的几粒——这就是现代单排扣西服一般不扣纽扣不为失礼，两粒纽扣只扣上面一粒穿着习惯的由来。

领带的始祖：1705 年，克拉巴特 1670 ~ 1675 年间，克罗地亚轻骑兵作为路易十四的近卫兵在巴黎服役，他们被称为“克拉巴特近卫兵”，其脖子上系一条亚麻布引起人们的效仿而成为男装领口不可缺少的装饰物，这就是现代领带的始祖“克拉巴特”。当时，如何系好这条带子是评价贵族男子高雅与否的标准之一，因此，许多贵族专门雇用从事此项工作的侍从。

长裤是法国大革命的产物：1789 年，法国大革命中的革命者把长裤“庞塔龙”作为对贵族那紧身的半截裤“克尤罗特”的革命来穿用，最初“庞塔龙”的裤长只到小腿肚，后来逐渐变长，1793 年裤长到脚面。到 19 世纪前半叶，长裤的裤腿时而紧身、时而宽松，与传统的半截裤并存。男裤于 19 世纪完成现代造型。

诞生于休息室的现代西服：1853 年，拉翁基·夹克维多利亚时代的英国上层社会，有许多礼仪讲究，特别是夜晚的社交活动，男士必须穿着燕尾服，且举止文雅、谈吐不俗。晚宴过后，男士们可以聚在餐厅旁的休息室小憩，只有在这里，才可以抽烟、喝白兰地、开玩笑，也可以在沙发上躺卧，这时那笔挺的紧裹身体的燕尾服就显得不合时宜了。于是，一种宽松的无尾夹克作为休息室专用的服装问世，这就是“拉翁基·夹克”，产生于 1848 年前后。在相当一段时间里，这种夹克是不能登大雅之堂的，只限于休息或郊游、散步等休闲时穿用。19 世纪后半叶，这种夹克上升为男装中的一个重要品种，当时牛津大学、剑桥大学的学生穿着的牛津夹克、剑桥外套也都是这种造型。

(a) (b) (c) (d)

图 3–1

Estd 1847 HOARE & SONS Estd 1847

THE 1847 FASHIONS

Above: By the mid-1840s the flamboyant elegance of the dandies was forgotten and businessmen were more admired than fops. Day-time wear demanded knee-length

late eighteenth century. The corset, which had been abandoned, except by those with fuller figures, was by now universally adopted once again.

of sleeve during this period. Until the short puffed sleeve, typical of neo-classical style, was very

(e)

(f)

(g)

(h)

(i)

(j)

(k)

图 3–1　现代西服发展史

中国的第一套国产西装诞生于清末，是“红帮裁缝”为知名民主革命家徐锡麟制作的。徐锡麟于 1903 年在日本大阪与在日本学习西装工艺的宁波裁缝王睿谟相识。1904 年，徐锡麟回国，在上海王睿谟开设的王荣泰洋服店定制西服，即全部是用手工一针一线缝制出的中国第一套西装，在当时的情况下，其工艺未必能超过西方国家的制作水平，但已充分显示出“红帮裁缝”的高超技艺，成为中国西装跻身于世界民族之林的先行者。

20 世纪 40 年代的“军服”：1940 年，跨肩式西服。第二次世界大战期间，人们崇尚威武的军人风度，无论男装还是女装，都流行军服式。自 1940 年前后起，男装流行 Bold look，所谓“Bold”是大胆的意思，其特点是用厚而宽的垫肩大胆地夸张和强调男性那宽阔、强壮的肩部，与之相呼应，领子、驳头及领带也都变宽，前摆下角的弧线也变得方硬。裤子宽松肥大，上裆很长。

英国田园式的流行：20 世纪 80 年代是一个复古的年代，随着世界经济一度复苏，西方传统的构筑式服饰文化又一次受到重视。20 世纪 70 年代末的倒梯形西服这时又回到传统的英国式造型上来，但与以往不同的是人们在这个传统造型中追求舒适感，胸部放松量较大，驳头变大，扣位降低，而且单件上衣与异色裤子的自由组合很受欢迎。人们在稳重的传统造型中追求无拘无束的休闲气氛，以在宽松舒适的休闲味西服中寻找传统美的感觉。在这种背景下，英国用粗花呢制作的“田园式”西服非常时髦，从此，休闲西服日渐兴盛。

西部风格的流行：根植于 19 世纪闯荡美国西部的牛仔形象，同时兼具墨西哥和南美的服饰风格，流行于 20 世纪 30 年代和 40 年代的美国。

西服也称西装，从广义上，应指“西式的”“欧美的服装”。但在我国，人们多把有翻领和驳头，三个衣袋，衣长在臀围线以下的上衣称为“西服”。这显然是我们对于来自西方的服装的称谓。

第二节 国内外男装产业简介

以商务类为代表的男装产业，在欧美地区第二次世界大战后基本走过了三个发展阶段：复兴期、高潮期及衰退期。复兴期主要指20世纪50～60年代之间，在此时期内，欧美随着战后重建以及新兴产业的发展，各个国家的居民消费水平逐日递增。商务往来的加剧也增加了男士商务领域服装的发展，在此阶段内，消费者逐渐厌倦了烦琐的社交礼仪，古板而昂贵的西装也随之改良。黑色不再是男装的主打色彩，而穿着的阶层也突破了旧有的框架成为人人可穿的日常服装，是人们在日常办公中的主要服装［如dunhill（登喜路）品牌，开始抛弃老旧的传统绅士服装，开发简单而低价的男装］。高潮期则是在欧美经济极速发展的20世纪70～80年代。随着欧美经济成为世界的主流，在文化领域和消费领域中也成了其他国家的"楷模"。在这个时期内，欧美国家已经走出了商品匮乏期，消费高档化与品牌化逐步形成，现今大多数国际男装品牌在此时形成了快速发展，在完成了原始积累后进而开始步入国际市场［如ARMANI（阿玛尼）品牌，创立于20世纪70年代，成长和发展于80年代］。衰退期是欧美消费者在家庭经济达到一定程度后，需求多样化的表现。进入20世纪90年代后，欧美的中产阶级逐步成为社会的消费主流阶层，在更加注重生活质量与人生追求的思想下，消费观念也逐步从工作重心转向家庭与健康。因此，在欧美市场中西装的消费日趋下降。从90年代中期开始，着装的个性化、时尚化浪潮泛起，传统古板的商务服装也受到了冲击。到21世纪初，美国已无规模型的西装生产企业，欧洲传统的男装生产也开始向低成本的亚太地区转移。

男装纸样设计，必须从品牌风格的角度来认知产品的风格，从品牌的定位、产品风格来了解世界著名的男装。

一、ARMANI（阿玛尼，意大利）——意大利绅士

1973年，ARMANI建立了自己的品牌。这个意大利品牌的风格很少与时髦有关。事实上，在每个季节，它们都有一些适当的可理解的修改。因为设计师阿玛尼相信，服装的质量更甚于款式更新。

阿玛尼的男装没有拘谨、做作之感，融入了美国校园中便装和运动装的随意，而面料与色彩遵循意大利传统的含蓄精致。不同明度、灰度的无彩色系让人们感叹它能将灰色变幻出无穷意味的能力。

二、BURBERRY（巴宝莉，英国）——起源于防水布的纯正英伦品牌

BURBERRY的历史可以上溯到19世纪，1909年，BURBERRY确定了统一商标：盾牌象征着"保护"，武士手持旗帜上的"PRORSUM"是拉丁语前进的意思。

BURBERRY以前一直是个较为实用的品牌，在维多利亚后期和爱德华七世初期，几乎

为所有户外运动生产专门的防水服和猎装。后来，该品牌成功转型为时尚品牌，带有浓郁苏格兰风情的格子图案于 1924 年注册成商标，成为其代名词。

三、Calvin Klein（CK，美国）——极简休闲美国风

该品牌创始人 Calvin Klein 是极简主义的先驱者，提倡 Less is more（少即是多）。他的男装采用与传统相悖的男装织物，多选用含有最先进技术生产的超轻合成纤维的织物，甚至柔顺细软、悬重性强的女装面料。款式上西装较长，腰部收紧，肩部宽但柔和，加上别有趣味的直筒裤等。

四、CERRUTI（切瑞蒂，意大利）——战后意大利男装典范

CERRUTI 原名叫 Cerruti1881，融合了创始人家族姓氏和创始年份。这个从精致高品质面料起家，现在成为意大利男装业鼎鼎大名的代表品牌，严谨中透着自然，以流畅的线条、舒适的视觉与穿着感受而著称。

五、GUCCI（古驰，意大利）——身份与财富的象征

这个 80 多年来一直以生产高档豪华产品而著称的品牌，尤其是近三四十年，一直是上流社会消费追逐的热门。

GUCCI 鼓励男人们穿皮装，因为它用中性给了男式皮装和其他男装新的生命：皮装皮质轻软，像一件普通的夹克；紧身设计强调男性阳刚的体型，细节是摒弃琐碎的极简主义，呈现出现代雅皮士风貌。

六、GIVENCHY（纪梵希，法国）——崇尚优雅

清纯优雅的奥黛丽·赫本不知是多少男人的梦中天使，而纪梵希就是她“背后”的那个男人，是她四十余年的形象设计师。纪梵希本人在任何场合出现均展现出儒雅的风度与爽洁不俗的外形，被称为“时装界的绅士”。1973 年，纪梵希正式推出男装，他的男装几乎就是他本人的化身——简洁、清爽、周到、得体、刚柔并济。

七、RALPH LAUREN（拉尔夫·劳伦，美国）——自然、舒适、朴素

1968 年，创始人拉尔夫·劳伦创立了 Polo by Ralph Lauren 公司。“我相信服装最终可以超越时间的限制而存在”是他的设计哲学。他把朴素的经典风格引入时装设计领域，使用天然的或是天然感觉的面料，以自由流畅的剪裁实现朴素的理念。

八、VERSACE（范思哲，意大利）——华丽鲜艳的范思哲

传统的意大利高级成衣在人们心目中的形象是简约、含蓄、黑色与灰色再加上精湛的质地与做工。范思哲却偏偏以鲜艳斑斓的色彩、大胆奔放的设计打造出“花花男人”。

斜裁是范思哲设计中最令人印象深刻的特征，在他的男装中可以看到大量的斜裁和不对

称的运用，给男装打造出性感的味道。

九、HUGO BOSS（波士，德国）——严谨阳刚的德意志男人

在世界的各个地方，有着显要身份地位的高级主管或企业首领在正规或半正规场合里总是能看到这个品牌，这也许正是创始者的初衷。德国式的严谨态度在这个品牌的男装身上得到体现——两粒扣或三粒扣西装、前片打褶的西裤、宽度时有变化但从不失严肃的肩部、细致挺括的衬衫，传递出阳刚味十足的形象。

十、DOLCE & GABBANA（杜嘉·班纳，意大利）——南地中海式的热情浪漫

也许它的二线品牌D&G更被许多年轻人所熟知。DOLCE & GABBANA于1990年1月才推出男装，不过它以其特有的热情、浪漫和性感在刻板的男装界迅速蹿红。硬朗粗犷的线条、泥土色系、黑色与猩红色相配，脖子上系着品牌图案的印花方巾，皮夹克外套，活脱脱一个意大利南部西西里岛的男性形象。今季潮流：DOLCE & GABBANA秋冬男装充满了怀旧的情感、休闲的风格、个性的品位、复古的时尚。粗针毛线衣与浅色牛仔裤相搭配，无论是高领、鸡心领还是开襟款式，都充满了浓浓的怀旧情怀。灰黑色、咖啡色、紫红色成为上装热门的颜色。正装强调修身性与传统风格，而休闲装则以轻松、个性为主，极力打造与众不同的现代男士风范。

第三节　男装款式风格

一、风格综述

男装整体风格相对于女装来说，肩部宽阔，下摆收缩，收腰量少，廓型以T型、H型为主，外轮廓及分割线形状多为直线、折线，极少出现弧度大的弧线，因而男装的设计风格总是以务实、沉稳、简洁、庄重、注重功能等方向为主，以传统男子审美观念为主导，与男性的高大、成熟、刚毅、帅气、宽阔等服饰特征联系在一起，是现代男装设计的主流风格。在中国，这种主流风格的体现尤为突出。以下从西装、夹克、衬衫、T恤、裤装以及服饰配件搭配几个方面来分析说明传统男装设计风格的表现（图3-2）。

二、男装设计风格的表现

（一）按传统男装的设计要素和风格特征分类

1. 古典风格

古典风格发源于欧洲传统文化，带有浓郁的欧洲贵族气息，充满着理性、高雅、华贵、严谨、和谐、精致的唯美风貌。这类服装从合体的廓型、严谨的结构，到优质的面料、谐调的色彩，无一不显示出宫廷王室和贵族主导的男性主义的衣着风格和审美意识。具有代表性的服装有燕尾服、礼服、西装等。

图 3-2　男女装风格差异

2. 阳刚风格

阳刚风格最具男性化特征。服装的设计灵感多来自于战争题材和军服样式，造型简洁而有力度，较多运用 H 型或 V 型廓型。在细节上，大量应用具有男性气概的设计元素，如宽肩设计、大规格口袋的应用、粗犷的线迹、金属拉链及皮靴、墨镜等男性化的装饰。色彩上多选用沉稳的男性化色彩，材料以质地结实、有粗糙肌理感的面料为主。

3. 运动风格

“运动风格是借鉴运动装设计元素，充满活力、穿着面较广的具有都市气息的服装风格。”具有运动符号的男装一直在现代男装中占有重要的一席之地，并伴随着时代发展和观念更新，日益成为传统男装的重要风格之一。这类风格的男装在设计上借鉴运动服的设计元素，同时又可以在运动场合以外的非正式场合穿着，款式简洁实用，多使用面造型和线造型，且多为对称造型。廓型大多以 H 型、O 型为主，自然宽松，便于活动。材料大多采用纯棉针织物及具有良好透气与吸湿功能的面料。在色彩搭配方面，加入许多明亮色，如红色、黄色、蓝色、绿色等高纯度色彩，对比强烈并富有朝气和活力。

4. 休闲风格

休闲风格是以穿着与视觉上的轻松、随意、舒适为主的，适应多个阶层日常穿着的服装风格。休闲风格的线形设计自然、弧线较多，造型简洁，材料多为天然面料，如棉、麻等，强调面料的肌理效果，或者面料经过涂层或亚光处理。

（二）按传统男装具体种类进行风格分类

1. 西装设计风格

西装上衣在男士的日常生活中运用范围非常广泛，其样式是由 18 世纪普鲁士士兵军服逐渐演变过来的，驳领、插花眼、手巾袋、开衩、口袋等款式细节随着历史的发展已逐渐退化演变为装饰设计元素。传统男装设计中的西装可以分为正统西装和运动西装两类。正统西装的基本款式可以分为两大类，一种是平驳领单排扣，有一粒扣、两粒扣、三粒扣与四粒扣4种类别；另一种是戗驳领双排扣，纽扣双排并列，有双粒扣、四粒扣、六粒扣3种类别。口袋流行以双嵌线袋盖为主，备有多个不同功能的口袋。正统西装无论是面料选择还是色彩选择都十分传统，以黑、深藏蓝、黑灰、灰、深咖啡等暗调色彩居多，面料使用的多为毛呢混纺的常规面料或是高档毛料，图案上除了明暗条纹外，还有含蓄的暗格纹。而运动西装其整体结构一般采用单排三粒扣的套装样式，面料除了常见的混纺毛涤面料，疏松的毛质面料也常作为该类西装的面料。颜色多采用纯度较高的深蓝色，纽扣多用金属扣，袖衩装饰扣以两粒扣为主，明贴袋、明线是其工艺的基本特点。在这种程式要求下的局部变化与普通西装相同，但在服装感觉上更为亲近自然。运动西装的另一个突出特点是团体性，它经常作为体育团体、俱乐部、职业公关人员、学校和公司职员的制服。在传统男装中，无论是正统西装还是运动西装，其设计风格上都比较保守，款式的设计往往也只在一些细节处变化，如领型、扣位、口袋形制、运动西装的徽章设计等，从整体风格上体现了传统男装简洁庄重的风格特征。图3–3所示为男西装各部位的名称，图3–4所示为不同风格男西装的正面和背面图，图3–5所示为男西装的挂面和里料配置的形式。

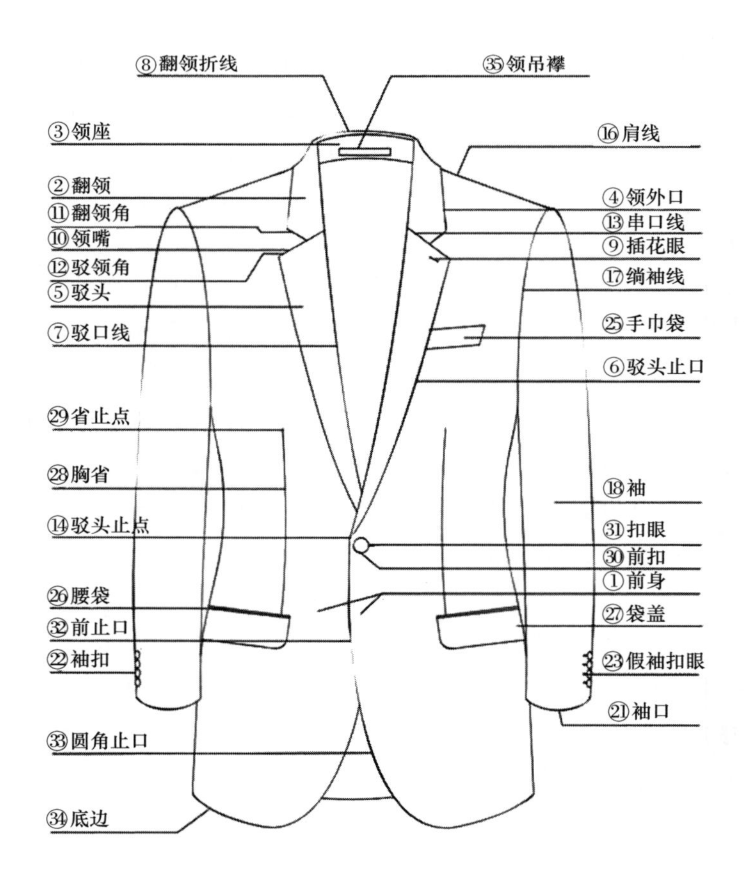

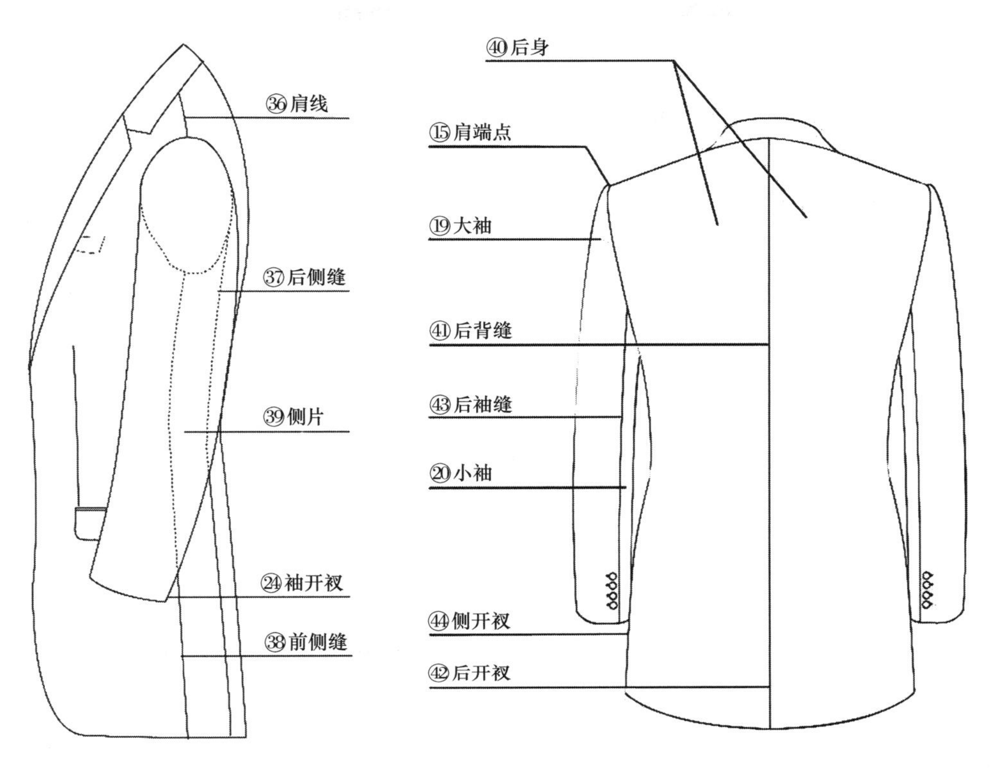

图 3–3　男西装各部位的名称

图 3–4

图 3-4　不同风格男西装的正面和背面图

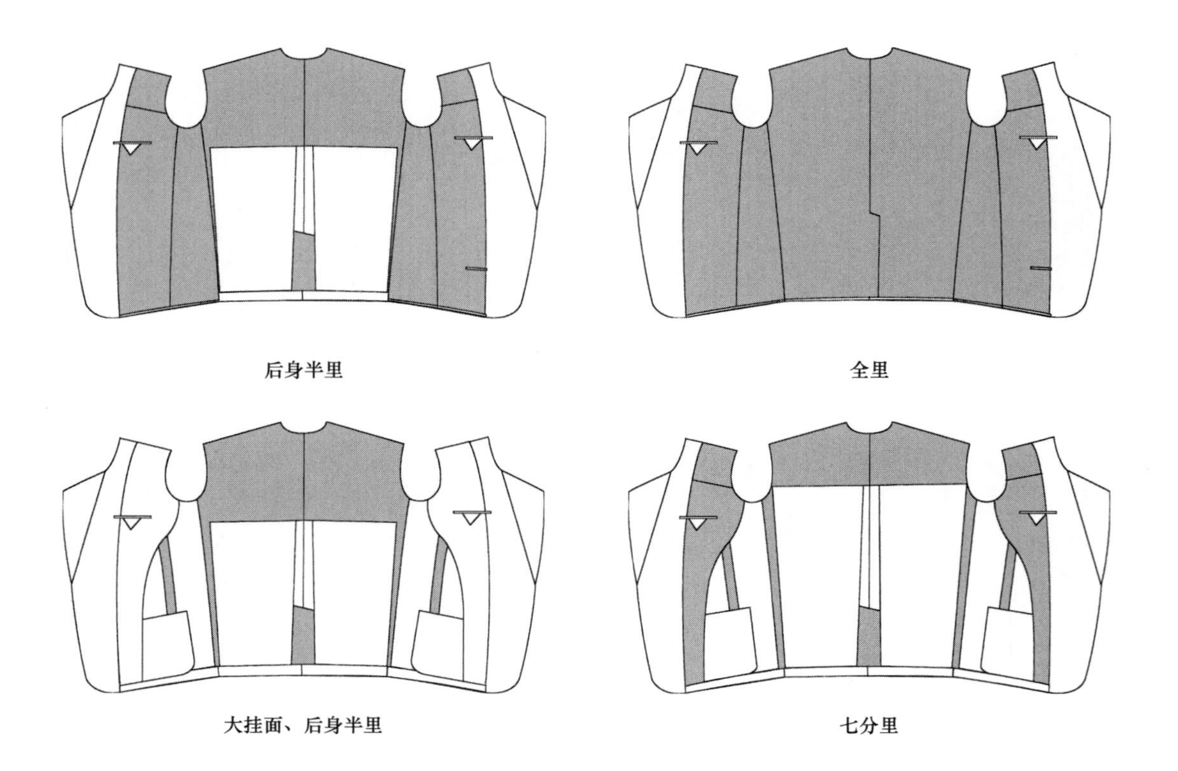

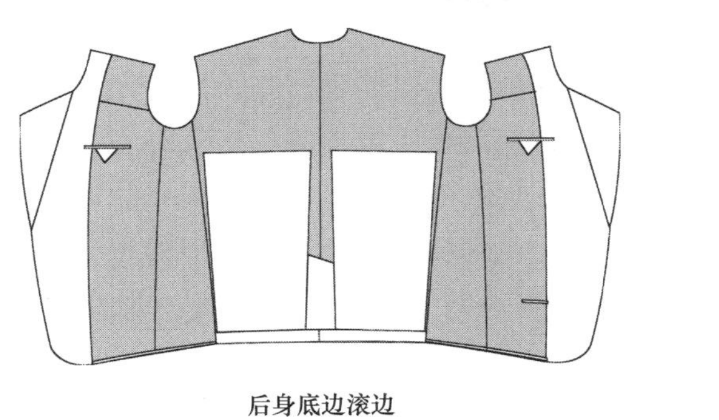

后身底边滚边

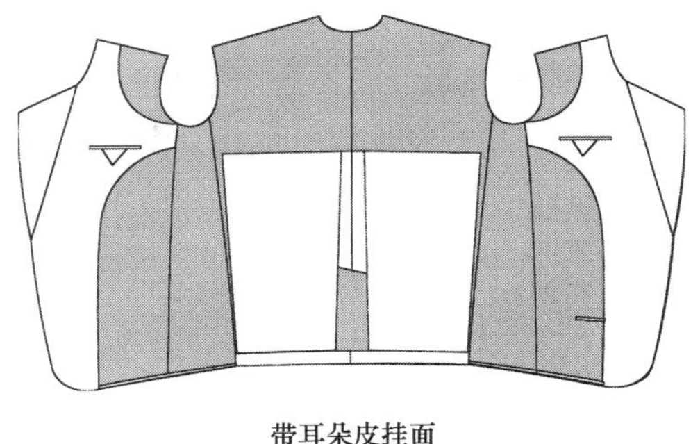

带耳朵皮挂面

图 3-5　男西装的挂面和里料配置的形式

2. 夹克设计风格

传统男装中的夹克最大程度地体现了男装的功能性特征。夹克原指前开襟上衣的一种，其典型的基本廓型为宽肩的倒梯形服装，有克夫并收缩下摆，在功能上防风防雨，穿脱随意方便，是深受各阶层男士喜爱的日常着装。传统男装中的夹克大致可分为运动型夹克和便式夹克。

（1）运动型夹克：其用途主要是在运动中穿着，但也有一部分加入了运动元素，也归纳为运动型夹克。夹克在面料的选择上比较注重防水、防风和良好的透气性。插肩袖设计是运动型夹克的一大特色，为穿着者提供了更多的活动空间，在克夫和下摆处加入橡筋、罗纹织物或可调节按扣，这样其松紧就可以调节，并能够适应更多体形的人穿着（图 3-6）。在

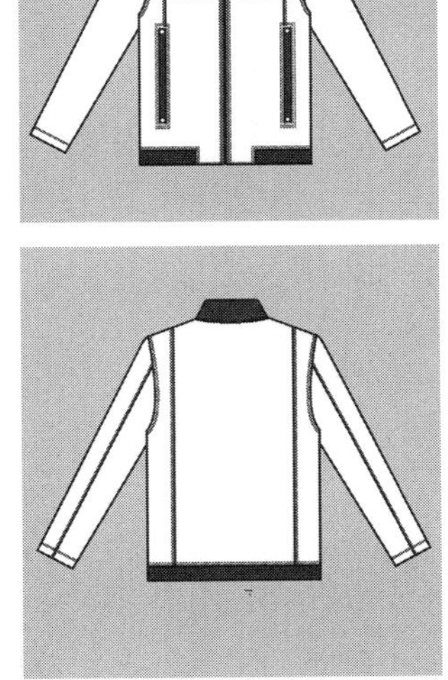

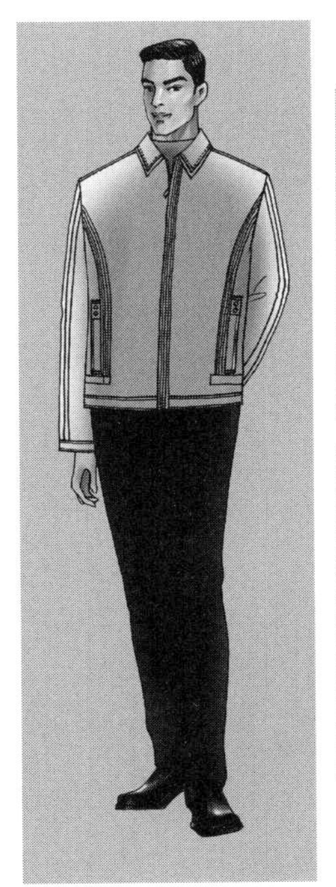

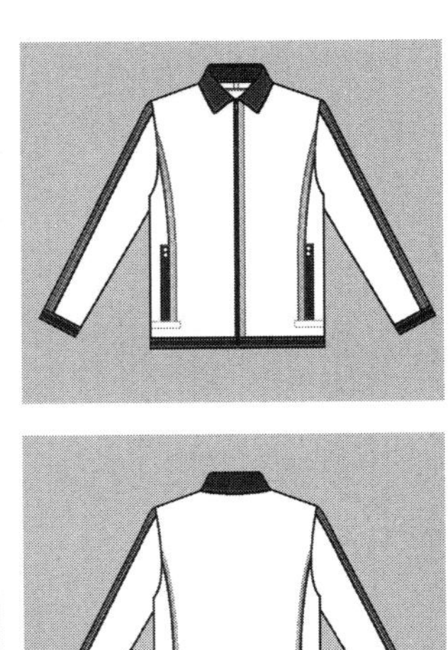

图 3-6　运动型夹克

色彩设计上较西装更为轻松随意，甚至可在衣领、袖口、手臂两侧等局部加入少量鲜艳跳跃的色彩，从而增加运动的兴奋感。一些军用夹克的高实用性和功能性，作为设计元素也可加入运动型夹克中，最典型的如飞行夹克、F1 赛车夹克等，突出了男性的英勇气概。

（2）便式夹克：即日常普通夹克，造型简洁、长度较短，松度较大，便于活动。便式夹克作为一般性衣着表现出平和、随意、轻松的外观。在领型的设计上也较为随意方便，除了常见的小立领、八字领、驳领外，还有连帽式夹克等，更为亲切而又贴近日常生活（图 3-7）。实用性成为专属于夹克的典型局部设计，而门襟内层装拉链、外层是纽扣的形式在便式夹克上的运用更为普遍。其面料的选择范围较为广泛，除了棉、毛、混纺、合成织物等机织面料外，纯棉针织面料、皮革以及绒线编织等材料也在便式夹克中出现。在色彩的选择上，便式夹克由于日常穿着概率较高，一般都选用一些低调的平和色彩，如卡其色、咖啡色、米灰色等低纯度色彩。

3．风衣设计风格

风衣是男士穿着在西服外套外的主要服装之一，按其风格可分为军装式、夹克式、防寒短风衣等几类。

（1）军装式风衣：风格主要有军装形式的英式严谨和保守的特点。衣身主要为双排扣束腰型。领型以关闭式翻领或可敞开可关闭的翻领为主。袋型主要为斜插袋，肩部一般都装肩襻，增加了肩部的英式感（图 3-8）。

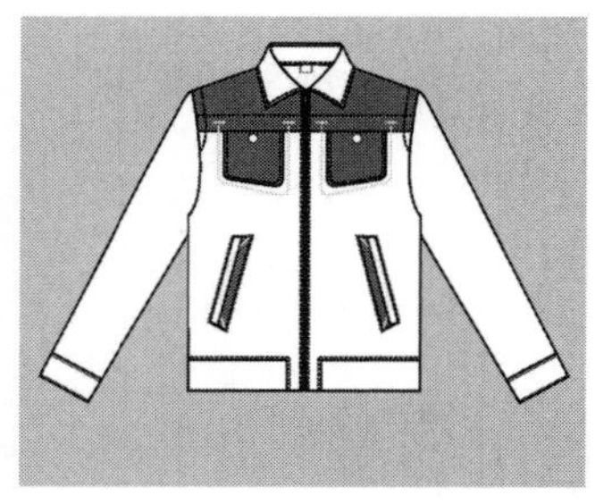
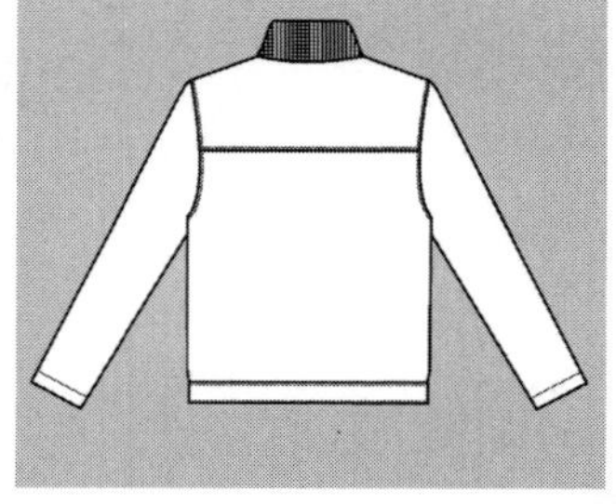

图 3-7　便式夹克

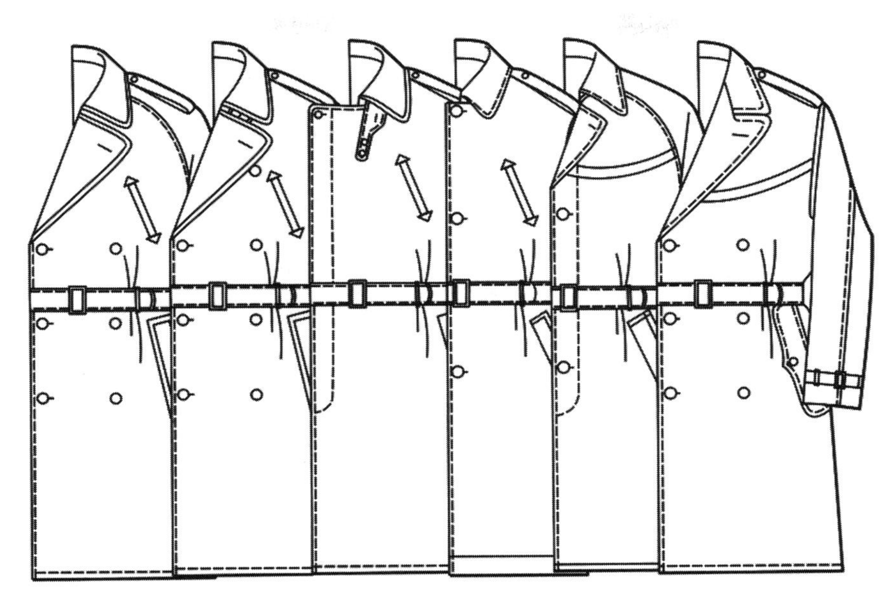

图 3-8　军装式风衣

（2）夹克式短风衣：具有夹克的实用和功能性强的特点。领型多为关闭式的翻领，袖型多为插肩袖、连袖等，袋型以多功能贴袋为多（图 3-9）。

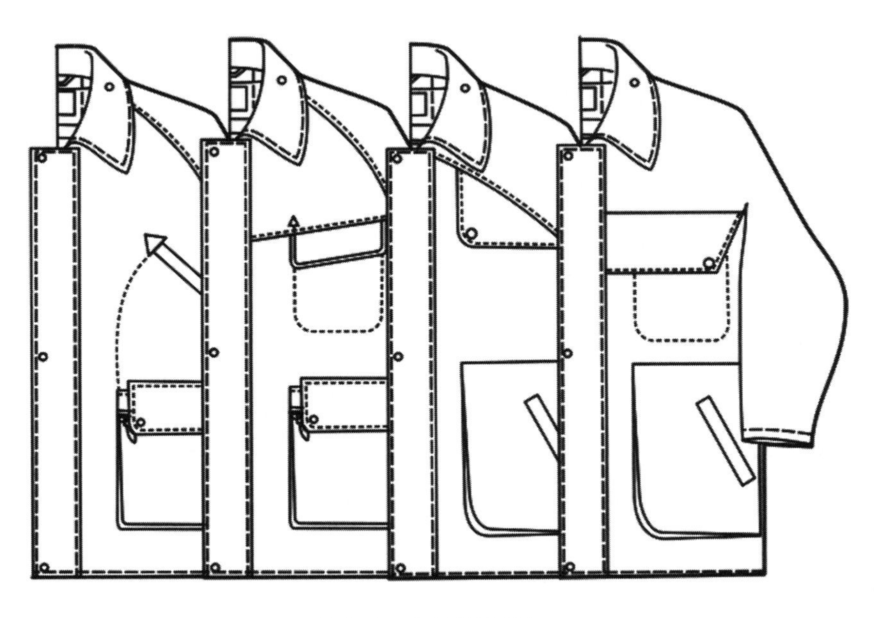

图 3-9　夹克式短风衣

（3）防寒短风衣：一般是用厚呢材料制成，防寒功能强，一般都带有风帽。衣身多采用分割缝，且用宽 1.5cm 左右的装饰线迹加以固定；袖型一般为圆袖且袖山不用吃势；袋型多为有带盖的贴袋（图 3-10）。

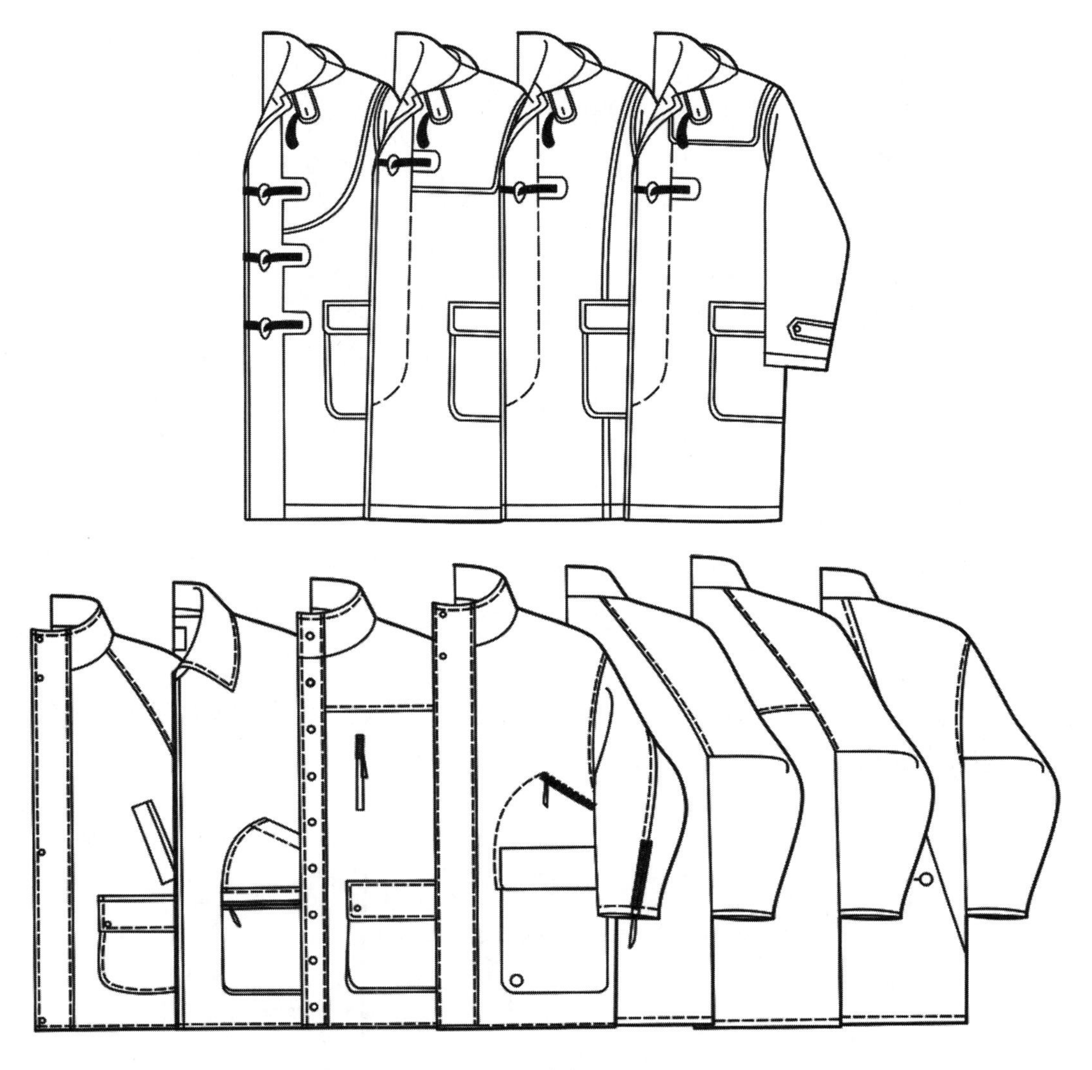

图 3-10 防寒短风衣

4. 大衣设计风格

大衣是防寒服装的主要品种之一，按其风格可分为西装大衣、轻便式大衣等。

（1）西装大衣：衣身廓型多为 H 型，衣长及膝下；领型为翻折领形式的西装领款。胸袋主要采用装有袋爿的开袋，腰袋为双嵌线开袋或有盖衣袋。袖型多为圆袖或中缝圆袖及插肩袖等（图 3-11）。

（2）轻便式大衣：外形风格较西装大衣轻松、随意。领型可为关闭式翻领或翻折式翻领，袖型主要为分割式袖，袋型主要为插袋形式（图 3-12）。

5. 衬衫设计风格

衬衫在男装系统中属于搭配性服装，对服装的整体造型起烘托作用，使服装更加整体协调。现代男装衬衫已经发展为多种穿着形式即内穿外穿皆可，而在传统男装中，衬衫款式的选择与穿着场合及穿着方式有着极大的关系，表现出传统男装的程式化特点。传统男装衬衫

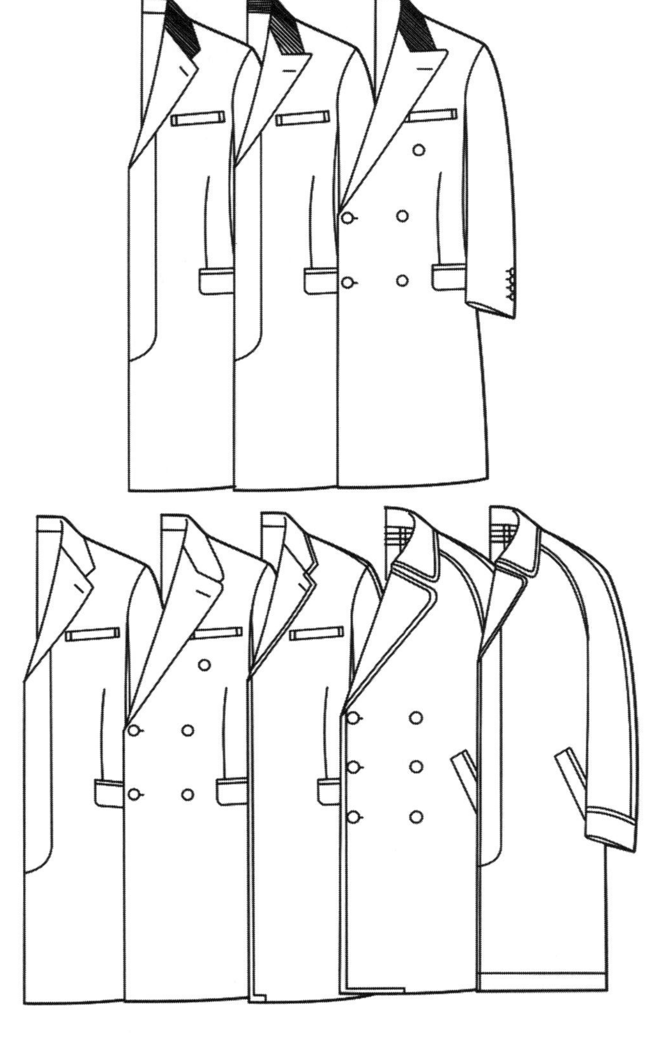

图 3–11　西装大衣

根据用途及款式的不同可以分为礼服衬衫、普通衬衫和休闲衬衫。

（1）礼服衬衫：指特定与礼服搭配的衬衫，这类衬衫讲究合体性与规范性，与礼服的严格礼制规范相吻合。这类衬衫设计幅度变化不大，较为中规中矩。色彩上以沉稳高雅的色调为主，款式设计变化主要集中于领型与前胸，如与晨礼服搭配的双翼领平胸挡衬衫，与塔士多礼服搭配的前胸打褶双翼领或长尖领衬衫（图 3–13）。礼服衬衫的面料较为考究，常采用有丝绸感的高等级精梳细平棉布来体现礼服的正式与高雅。

（2）普通衬衫：这种衬衫的设计是最基础的，变化重点主要在领型上。普通衬衫的常见领型多为大八字领，其长度与敞开角度均走势平缓，适合打领带，其变化主要在长度和角度以及领子细节上。如敞角领，其领子角度在 120° ~ 180° 之间；暗扣领，左右领子上缝有暗扣，领带从暗扣上穿过，领部扣紧的衬衫领讲求严谨，强调领带结构的立体形象，穿着这

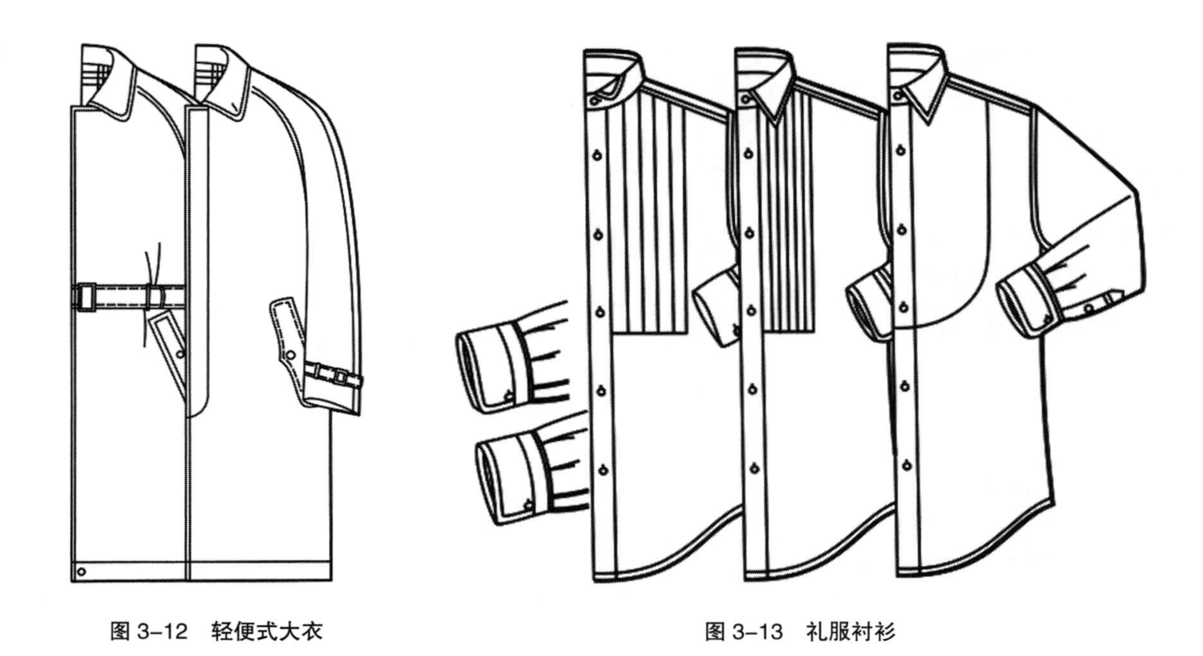

图 3-12 轻便式大衣

图 3-13 礼服衬衫

种领型的衬衫必须打领带，通常打紧密的小领带结，而且不能随意打松领带结，领部才显得服帖。另外，袖克夫也是设计的一个方面，克夫是圆角或直角、克夫的宽窄以及克夫上纽扣的大小和数量都是衬衫款式设计的重要细节。另外，在普通衬衫的左胸部还有一个平贴袋，贴袋外形简洁，面积较小（图 3-14）。普通衬衫在面料、色彩、图案上的选择都较平稳低调，一般为棉质或涤棉面料，色彩通常为经典的白色、沉稳的深色调和含蓄温和的浅色系。除素雅的单色外，还有一些条纹或格纹类的几何图形，给人一种干练稳重的感觉，体现出男性深沉内敛的一面。

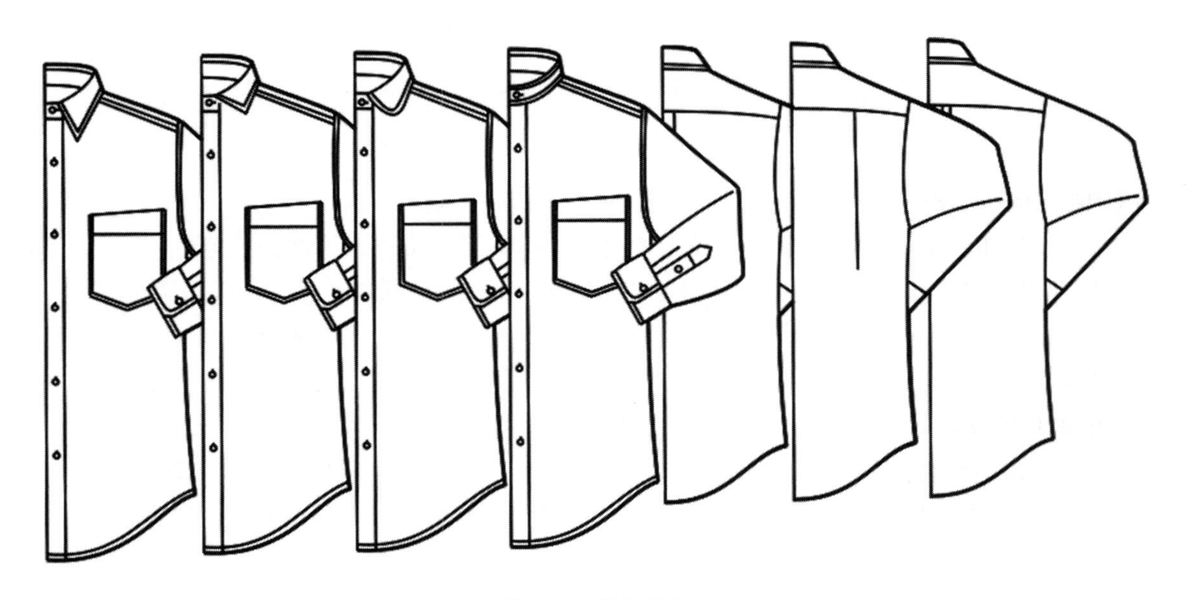

图 3-14 普通衬衫

（3）休闲衬衫：传统男装中的休闲衬衫较礼服衬衫和普通衬衫更为舒适随意，主要指款式宽松、细节设计丰富的外穿式衬衫，其变化主要在克夫、口袋、面料图案的选择上。领口设计一般以翻领为主，也有在领角加上两粒小纽扣的纽扣领衬衫样式。口袋设计丰富，如加大口袋面积、做立体袋、加袋盖等（图 3-15）。而面料的选择范围较礼服衬衫和普通衬衫更为自由，材质一般以棉麻织物为主，除了衬衫常用的细平布外，还有纽扣领衬衫常用的牛津布，平织、纹路较粗，颜色有白、蓝、绿、灰等，大都为淡色，柔软、透气、耐穿，或是色织的条格平布，用染色棉线和漂白棉线织成的衬衫面料，配色多为白与红、白与蓝、白与黑、红与黑等，均经常在休闲衬衫中运用。

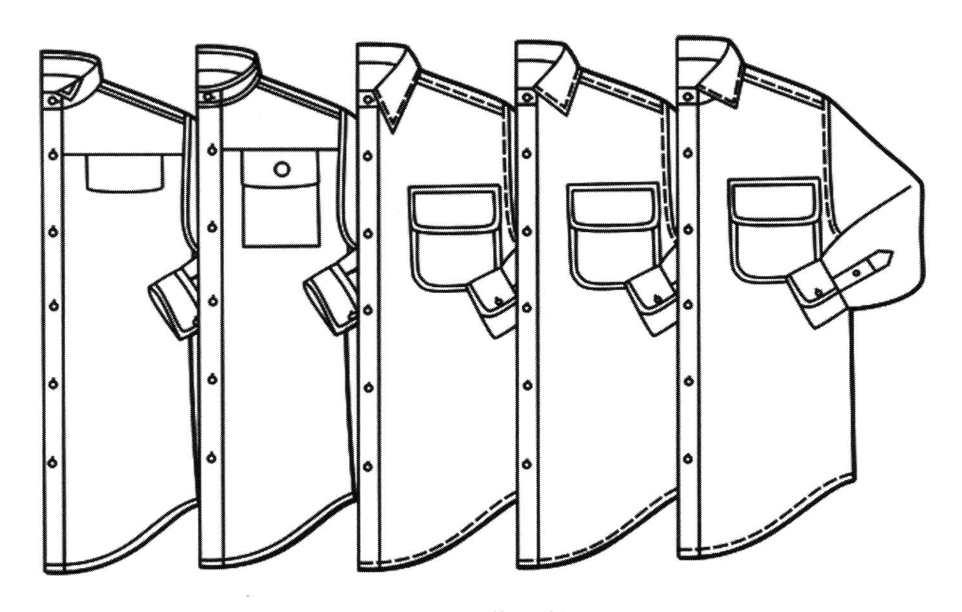

图 3-15　休闲衬衫

6. **西装背心设计风格**

西装背心是穿着在衬衫外面、西装上衣里面的服装。其造型特征是合体紧身、衣长短至腰线附近，但胸围松量只有 4 ~ 6cm 以紧束衬衫，使穿着利落、精干。风格可分为无领、有领，单排扣、双排扣，领款有平驳领、戗驳领、青果领，口袋有有胸袋、无胸袋之分（图 3-16）。

7. **T 恤设计风格**

T 恤最初是船员的服装，原型是白色针织布圆领短袖样式，通过好莱坞电影明星穿着 T 恤健康壮硕的形象，吸引年轻人争相模仿，并使这种服装样式迅速流行。男式 T 恤原型是平面展开呈 T 型的套头衫，常用 T 恤面料称为针织布，这种针织面料具有弹性、透气性、吸汗性强、穿着舒适等特点。如今 T 恤已成为常见的春夏季休闲男装。男式 T 恤款式简单，变化不多，主要款式为 Polo 衫、连帽式、V 型领和圆领，袖子有长袖、短袖、无袖。其面料一般以纯棉为主，还有一些高档 T 恤的面料中加入了丝、毛或者采用丝光棉等材料，使得穿着更加舒适透气。色彩上一般以高雅的素色为主，如白色、浅蓝色、银灰色、黑色等，在图案上

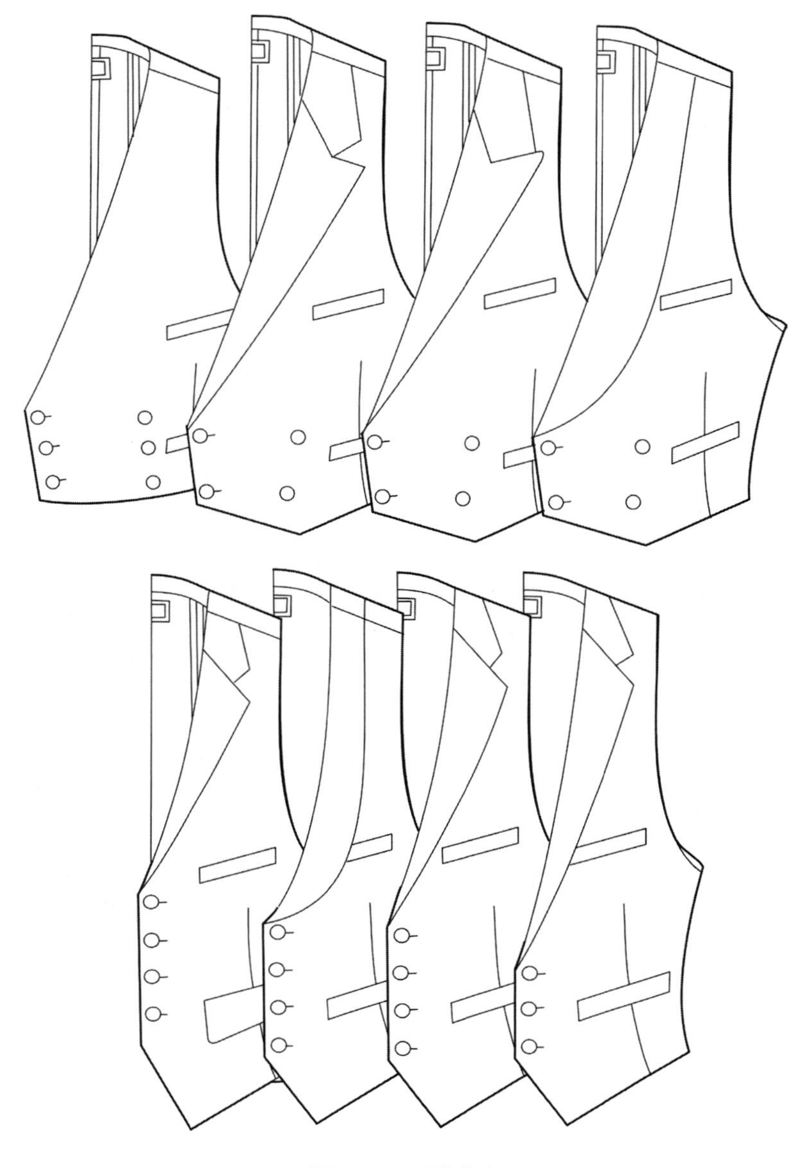

图 3–16 西装背心

多采用格纹、条纹等几何图形。

8. 裤装设计风格

现代传统男装中的裤装作为男士下装的主要形式，种类较多，其传统风格主要体现在西裤这一常用裤装中。西裤典雅正规，造型较合体。一般裤腿正面有烫迹线，从而显得裤腿直挺修长、庄重大方。西裤可以出入正式和非正式场合，其搭配性、组合性、协调性都比较强，所以不同年龄、职业、体形的男性均可以穿着，是一种带有普遍适用性的服装。西裤在男装中相对于其他品类的变化较小，基本形式变化不大，西裤的廓型主要以 Y 型（锥型）和 H 型（直筒型）为主，与齐腰、中腰结构对应。西裤的侧插袋设计主要有三种形式，为直插袋、斜插袋和平插袋。裤后开袋有单嵌线、双嵌线和加袋盖双嵌线袋三种基本袋型。裤腰的褶裥装饰有双褶和单褶两种。一般来说，Y 型裤采用齐腰、双褶、侧直插袋、单嵌线后袋，裤长稍短于标准裤长的结构组合；H 型裤采用中腰、单褶、侧斜插袋、双嵌线后袋以及标准裤长的结构组合。由于 H 型裤装适应性更强，所以各设计元素的组合更为自由一些，但在风格上仍未改变传统男装深沉庄重的特征。面料的选用上除了纯棉，还采用了毛呢、高档纯毛面料等材质。在色彩上的选择则范围较小，多为黑、深藏蓝、黑灰、灰、深咖啡等暗调色彩，图案的选择也基本限于条纹和暗格等沉稳的几何纹样。

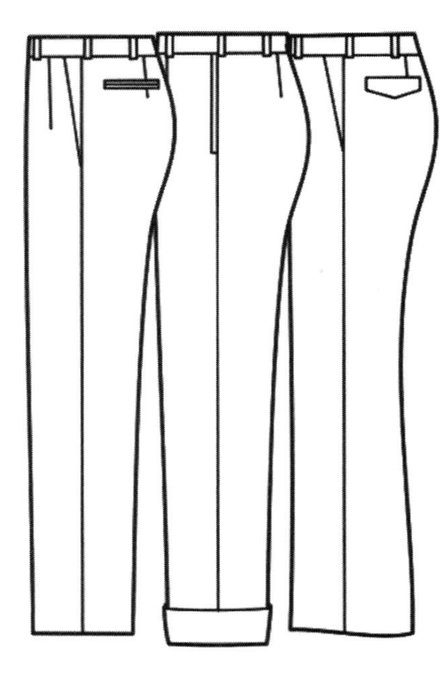

图 3–17　西裤

（1）西裤：是配套西装上衣穿着的裤类。男西裤外观讲究合体、挺括，故其烫迹线清晰、规范。袋型一般为斜插袋和开袋。腰头平挺，缝钉 7 个串带，裤脚口可有平脚和卷脚之分（图 3–17）。

（2）休闲裤：男裤除典型的西裤风格设计外，在腰部（高腰、连腰、低腰）、袋型（开袋、贴袋、插袋等）、裤身（分割、褶方向、省道）等部位都进行各种形式的变型，形成轻松休闲的外观特征，也是男裤的主要风格之一（图 3–18）。

（3）牛仔裤：采用牛仔布（又称劳动布）等硬挺的棉质材料。对裤身进行分割，并在分割缝、口袋边缘、腰头上缉双道装饰线，再经石磨、水洗、砂洗等处理，使其表面带有破旧、磨损、皱褶等风格的造型。牛仔裤是男裤中重要的款式之一（图 3–19）。

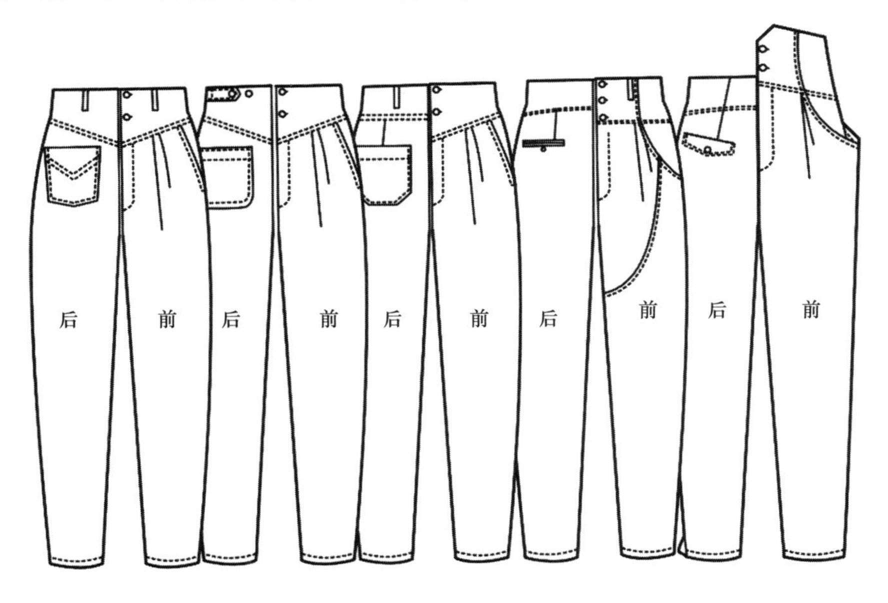

图 3–18　休闲裤

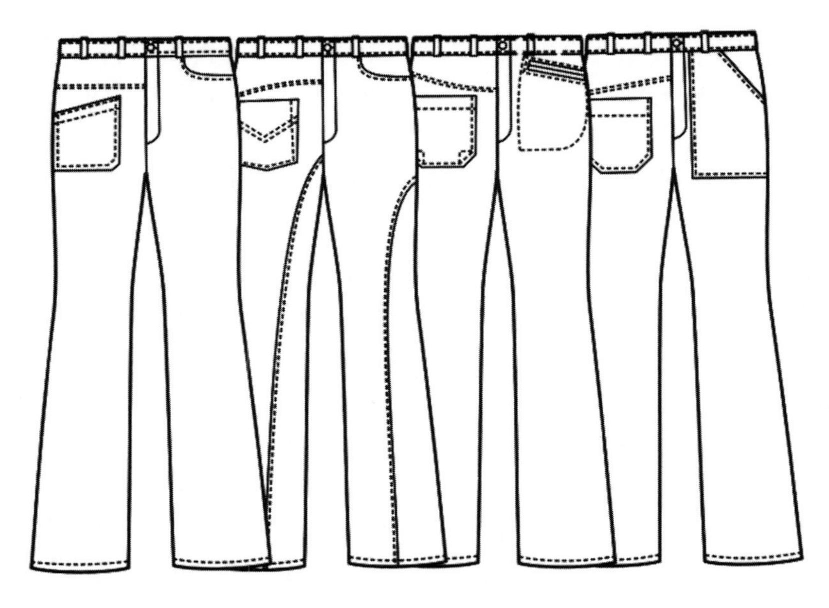

图 3-19 牛仔裤

思考题

1．男装款式风格的总特点是什么？它与女装款式的基本差异是什么？

2．男西装的衣身、领型、袖身造型有何特征？

3．男大衣、风衣有几种分类，其造型特征是什么？

4．男衬衫有几种分类，其造型特征是什么？

5．男裤有几种分类，其造型特征是什么？

理论知识——

男装造型规格设计

课题名称：男装造型规格设计

课题内容：1．服装效果图、造型图与结构图的对应关系。

2．男装规格设计原理。

3．服装规格设计。

课题时间：4课时

教学目的：使学生掌握男装的造型特点及规格设计方法。

教学方式：运用PPT

教学要求：1．从宏观角度分解男装造型特点。

2．掌握男装具体品种及规格设计。

课前（后）准备：

了解男装结构造型的相关知识点。

第四章　男装造型规格设计

纸样设计的依据是服装造型和设计对象人体，造型的规格设计是搭建造型和纸样设计的桥梁。本章一方面通过对服装造型款式的审视与分解，了解整个服装造型的内在和外在的构成；一方面通过对造型的分析和解构，确定纸样设计的规格参数体系和解决造型的数字体系及方法。服装造型款式的审视与分解是观察效果图所显示的款式的功能属性、结构组成和工艺处理方式，剖析款式的结构形式、规格和结构可分解特性、材料性质与组成和工艺处理形式等内容。通过对造型的分析转化为规格参数和解决造型的方案。

样板设计师的水平很大程度上体现在把握服装款式造型及其形态处理的能力上。服装造型数字语言是把握好造型的关键和核心，是样板设计师把握服装形态的核心基础。本章将从造型解构的思维模式来探讨造型的构成以进行男装结构规格参数化的设计（图 4–1）。

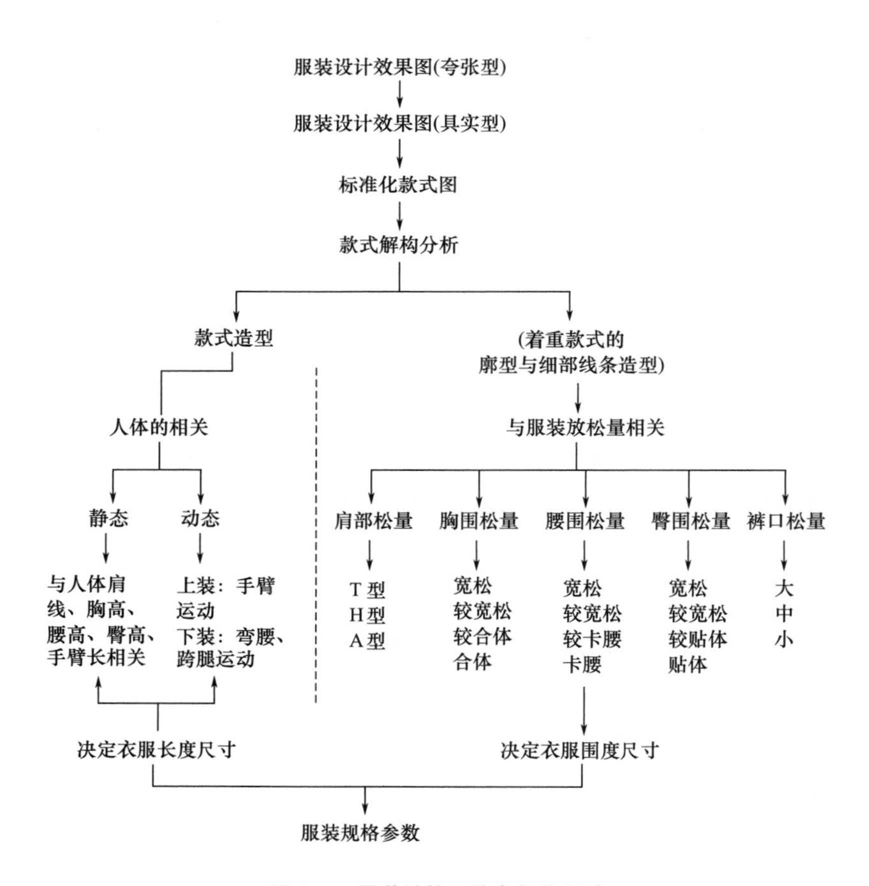

图 4–1　男装结构规格参数化设计

第一节　服装效果图、造型图与结构图的对应关系

一、服装效果图、造型图与结构图的概念

1. 服装效果图

服装效果图也称时装画，是设计师为表达服装的设计构思及体现最终穿着效果的一种绘图形式。一般要着重体现款式的色彩、线条以及造型风格，主要作为设计思想的艺术表现和展示宣传之用（图 4–2、图 4–3）。

图 4–2　运动装效果图

图 4–3　职业装效果图

2. 服装造型图

服装造型图是服装设计部门为表达款式造型及其各部位加工要求而绘制的，绘图形式一般是不涂色的单线墨稿画。绘图要求各部位的比例、造型表达准确，特征具体。

3. 服装结构图

服装结构图是通过对服装的结构分析计算在纸张上绘制出服装结构线，表现服装造型结构组成的数量、形态吻合关系，并将整体结构分解成基本部件的设计图样。

二、服装效果图的审视

服装效果图是设计师对所设计服装款式具体形象的表达，是款式设计部门与纸样设计部门之间传递设计意图的技术文件，包括对款式的线条造型、材料色彩、材料质地、饰品、加工工艺等外观形态的描述与艺术风格的表达。认真审视效果图，对于准确分析造型外观特征与结构之间的关系，深刻理解造型所寓于的艺术风格是十分重要的。

对效果图的审视，包括效果图的类别、款式的功能属性、平视与透视结构、结构的可分解性、材料的性质与组成和工艺处理形式等内容。

效果图的类别有具实类、夸张类和艺术类等形式。具实类效果图的人体头身比例、服装穿着效果均较符合客观实际，其各部位的比例关系处理较好，但某些在平视图上难以表达的结构则需依靠经验加以分析。夸张类效果图的人体头身比例为 1 ： 9，甚至更多，从图上难以直观地理解各部位的比例关系，需先从艺术的角度揣摩其夸张的部位所表达的造型含义，再根据经验去估计各部位的量。艺术类效果图为表现画面的艺术效果，在服装造型上作渲染或虚笔，需要分析图面上哪些是与结构无关的虚构之笔，哪些是与结构有关的功用之处。

款式的功能属性指所设计的服装属何种类型及其主要功能和日常属性。判断款式功能属性的内容，包括判断所设计的服装是表演类、特殊功能类，还是使用类，是外衣还是内衣，是多层还是单层，是上下装分离还是上下装相连，某些部位是附加的还是不可分的等。在大多数场合这些功能是显而易见的，但在夸张类和艺术类的效果图中如果没有说明则需要认真分析。

款式的平视结构指从效果图上可以直接观察到的款式结构。效果图所显示出的款式结构必须包括各部件的外部造型，部件之间的相连形式、穿脱形式的结构，各部位的舒适量等内容。

款式的透视结构指从效果图中难以观察到的款式结构，包括款式表面被其他部位掩盖的部件结构、里布的部件结构、里布与面布之间的组合结构等。这些内容往往需要通过立体透视的想象，结合平面结构的认知，分析出透视结构的几种可能，最后结合款式的功能、材料等因素从中筛选出最合适的结构形式。由于这种结构形式是审视者主观决定的，因此必须与款式整体造型相统一。

并非所有设计的款式造型都是可分解的，也不是所有的造型设计所决定的结构都是合理的，这涉及设计师的技术素质，因此分辨设计图中的结构不可分解部分以及不尽合理部分是审视工作的重要内容，以便在不影响整体造型的基础上进行合理的修正。

材料的性质与组成指组成服装各部件所需要的面、里、辅料的种类，纹样、色彩、毛向、布纹以及关系制品质量的配伍性、可烫性、可缝性和剪切特性等。在服装效果图尚未具体注明材料时，必须认真分析上述内容，分析时还要根据服装整体与部件的外轮廓线所表达出的质感，材料的褶皱、悬垂感、飘逸感，对照织物的风格选择最接近款式造型需要的理想材料。

工艺处理形式一般属于工艺设计的范畴，但在对服装效果图进行审视时也要加以考虑，因为不同的处理形式其结构往往有所不同。如表面缉装饰线与不缉线的缝道所放缝份、连腰裤与不连腰裤的裤长等都会有差异，这就要求审视者对缝道的处理形式、开口的处理形式、部件的连接形式、各层材料之间的组合形式加以分解，以便解决制品工艺处理过程中出现的问题。

三、服装造型图的结构分解

1. 服装造型图的结构分解原则

服装造型图所显示的服装能够通过立体构成或平面构成的方式，图解为基本衣片的特性称为结构的可分解性。设计合理的服装都具有良好的可分解性，如果服装中的某个部位不能图解成衣片，则称该部位结构不可分解。分析服装结构的可分解性可以从下列几个方面进行。

（1）分析服装的穿脱方便性：服装结构必须适应人体自由穿脱的需要，不能阻碍人体穿脱动作和损害衣服外观。需注意的部位有领口、下摆、袖口、腰围等部位，要分析其大小能否允许衣服顺利通过人体头部、肩部、臀部等，如不能则需观察该部位附近是否有开口、褶裥、装橡筋等工艺形式，这些工艺形式所提供的宽松量加上原部位的大小能否使穿脱方便。

（2）分析服装造型结构的合理性：服装造型图分解成平面结构图以后，相关部件的结构图之间是否存在着重叠部分，如若存在则需检查是否存在能使两者分离的结构形式（如省道、分割线等），使两者在重叠部分消失的同时仍能保持衣片形状的完整性，若是则说明该部位结构是可以分解的，反之则说明结构设计不合理。

（3）分析款式造型结构的分解性：款式造型在外形上相互重合的部位，其间是否有充分重合的部分，这个重合部分必须保证在上、下层部位分别缝制后，上层部位仍能充分覆盖下层部位，如果有而且能达到要求，则说明款式结构是可以分解的，反之则是不可分解的。

2. 服装造型图的结构分解程序

款式造型的结构分解是将立体的款式造型图分解成平面衣片的过程，其程序包括控制部位的规格确定、细部结构的计算比例、特殊部位的结构分析、内外层结构的吻合关系等步骤。

（1）控制部位的规格确定：可根据确定服装宽松量的一般规律，将服装的控制部位规格划分为若干等级，然后根据造型图与人体的相互关系而决定服装各控制部位的等级。以男士春秋上装的胸围为例，可根据图上的服装贴体程度划分为三种类型：一般款式，胸围可按 $B+$（10 ~ 15）cm 的宽松量计；宽松款式，胸围应为 $B+$（21 ~ 35）cm；贴体款式，胸围应为 $B+$（6 ~ 10）cm。

（2）细部结构的计算比例：应根据服装所隶属的品种和款式常用的细部规格计算规律，再结合款式某部位的特殊性进行综合考虑。

（3）特殊部位的结构分析：对于服装某些特殊部件的结构一时难以分解的，可先作结构正视图，后作背视图、侧视图，最后作剖视图的程序进行。作正视图与背视图的结构时，应将正面观察款式造型图得到的结构线（省、褶、裥、波浪、分割线等）在基础纸样上标出。作侧视图时，如果设计图中没有标明特殊部位，应根据正（背）视图结构线的变化趋势将两者的结构线在侧面连接，由此形成的结构线便是侧视图上的结构线，如有特殊结构应在侧视图中标出。作剖视图时，应对特殊的结构部位，结合正、侧、背面的结构线特征，通过立体的想象作出透视结构。如果款式造型比较简单，能根据经验推断出整体结构则不需要作剖视图。

（4）内外层结构的吻合关系：使内外层结构吻合的总原则是内层（衬、里布、填充料）结构必须服从于外层（面布）结构，内层材料不能牵制外层材料的动态变形，从而影响服装的静态外观。因此，当外层结构决定以后，内层材料应达到与之吻合一致的目的，多数情况下应与外层材料的结构形式完全相同，或者最终形式虽不完全相同但各部件的尺寸基本相同（当外层材料分割缝较多时，内层材料为求加工方便则采用这种形式）。

四、结构线的特征与设计

结构线是服装结构图的具体体现，其特征以及相互间的吻合是结构设计的重要课题。

艺术特征和工艺特征是结构线的两大特征。艺术特征指结构线的部位、形态、数量的改变所引起的服装造型艺术效果；工艺特征指结构线适合人体体型及加工方便性方面的特性。结构线的吻合指结构线之间的相关特性，包括相互间的形态吻合和数量吻合两方面。

1. 结构线艺术特征与设计

结构线作为线条，随着形状的变化、所在部位的变动、数量的增减，能产生各种形式的艺术效果。在服装的整体设计中，结构线的设计是一项重要的工作。它可以和其他设计因素如衣料色彩、质地、纹样等相互烘托，塑造出变化无穷的款式造型，也能够单独地依靠自身的变化形成各类廓体造型和各种细部造型。

结构线形态的变化能影响整体造型风格的变化。线条在人们的视觉中具有感情，造型不同的线条所表达的感情也不同。直线、夹角成锐角的折线给人以刚强的感觉，波浪状曲线、大弧度曲线给人以轻柔的感觉，直线相交、顶点是小弧度的曲线给人以刚柔并济的感觉。在不考虑其他造型因素的情况下，女装较多采用波浪状和大弧度曲线，因而突出表现了女性美。某些结构线形态的改变能够改变整个服装部件细部的艺术效果，如在袖窿弧线不变的情况下，袖山弧线形态的改变会引起袖山造型的变化：若袖山弧线为尖圆状弧线，则袖山造型为抛物线状；若袖山弧线为低平状弧线，则袖山为平而宽的椭圆造型。分割线是装饰作用很强的结构线，其形态的改变对装饰效果有很大的影响。如在胸部作出横向水平分割线，会给人以沉着、平稳的感觉，将横向水平状改为斜向则会产生运动、活泼的装饰效果。

结构线部位的改变会引起造型变化。结构线的设置及所在部位的确定是根据衣服的造型和功能而定的，确定了结构线所具有的功能作用同时也就确定了其具有的特定装饰效果，因此，结构线所在部位的改变势必会改变其装饰对象的造型。以上装的侧缝为例，在一般的宽松上装中，侧缝所在部位是在腋下的中线附近，腰部造型是较为宽松的；而西服类较贴体型服装，除使侧缝形态较卡腰及在前、后衣身上设置省道外，还须将侧缝向后衣身移动，以使人体的腰部曲线能够充分地显示出来。

结构线数量的变化也会引起造型的变化。单个的分割线和衣缝所起的装饰作用是有限的，为了塑造较完美的造型及某些特殊造型的需要，增设分割线或衣缝线是必要的。如衣袖的袖缝线为一条时，衣袖为一片袖，任凭袖缝怎样弯曲，袖子总是直而不贴合手臂形态；当取两条袖缝时，衣袖为两片袖，只要将袖缝稍弯曲，即可使衣袖造型符合手臂形态。

2. 结构线工艺特征与设计

结构线具有适合人体体型及加工方便的工艺特征，在结构设计中具有重要意义。结构线的设计不但要符合款式造型与功能的需要，而且要做到在保证前者的前提下最大限度地减少成衣加工的复杂程度，以方便单工序的操作，保证流水线的畅通。因此，分析研究结构线的工艺特征是必要的。

采用简单的结构线形式取代复杂的熨烫工艺是结构线的工艺特征之一。服装为适合人体复杂的曲面形态及塑造特定的造型，需利用织物的可塑性对其进行熨烫塑形加工，这种工艺形式相对于缝纫工艺来说要求较高，并费力费时，而如果在有关部位设置省道、分割线等结构线，则可取代熨烫塑形加工，降低工艺生产的难度，便于流水线连续加工，且技术上也较易掌握。女装的结构设计应尽可能将需消除的浮余量或需处理的凹陷量用纸样结构来解决，以尽量减少工艺处理。但男装的结构由于结构线很少，故往往需要通过结构与工艺相配合的方式解决上述量。

结构线的第二个工艺特征是结构线的形态能影响服装加工的外观质量，下面以若干重要结构线为例进行分析：

（1）侧缝：衣身上重要的衣缝，一般设计在前、后衣身接近中间的部位，但从符合人体的角度来看，这样做是不恰当的。因为人体不是前后均等的形态，要将人体上下全部包裹，侧缝线位置应从前、后衣身中间位置偏后，且做成前、后侧缝不一的形态，特别是后衣身要在包覆肩胛骨的隆起与臀部突出部分的同时，又要满足腰部凹进的形态是十分困难的，因此侧缝线宜设置在后腋点附近的部位上。

（2）背缝：指为适应背部隆起、腰部凹进、臀部突出的人体体型而设置的结构线。造型不同的背缝线产生的外观效果也不尽相同：一种背缝线在腰围处收进较多，这样在缝制后需在腰部将缝份拔开，否则会在正面出现不平服现象；另一种背缝线在腰部收进较少，而在臀部放出较大量，这样在整体造型上仍能达到与第一种背缝线相同的卡腰风格，但在加工上则只需通过缝纫便可达到外观平服的质量要求。

（3）肩部：指连接背部和胸部的接合处。由于人体肩部自 SNP 至 SP 的形态呈向前弯曲的形态，因此贴合人体性能好的肩缝线应处于这两个曲面的交接处且呈略向前弯曲的拱形。前肩缝呈凸状，后肩缝呈凹状，这样的肩缝缝合时不需要熨烫归拔即可制成符合肩部的美观形态，因而工艺性能良好。

（4）衣领：领面里侧结构线是在面料质地紧密的衣领上所设置的结构线，其功能是设置后可减少衣领弯曲后内侧形成的多余量。如果用质地紧密的面料作西装或大衣的领面，会在底领部位形成多余的量，影响衣领的外观，要消除这种多出的余量需通过熨烫归拔工艺，缝制时技术要求也高。而在领面的下侧设置分割线后，上下两部位的结构线形状相异，故缝合后领面下侧只有贴近人体颈部所需的量，而结构线附近却无多余的量，领面下侧的外形也很平服。

第二节 男装规格设计原理

一、服装造型图

服装造型图是依据设计对象的人体比例关系，设计造型和人体之间存在的关系，所绘制的符合人体比例空间关系的服装款式图，分别是款式正面图、款式侧面图、款式背面图（图4–4），款式局部工艺分解图、内部构成图等称为标准化款式图。

其特点是：符合设计人体的比例关系（图4–5）、服装造型与人体之间存在的关系、服装本身内部存在的构成关系。将效果图转化为款式图，实质上是去掉艺术夸张、风格形态因子，而转化为以设计对象为依据。服装本身形态和构成为根本的艺术工艺标准化的过程，所以样板师在样板设计过程中，首先要分析和理清服装效果图和所设计的对象，把具实效果图转化为标准化款式造型图，只有在这个基础上才能把造型转化为参数规格，才能设计出服装样板，如图4–6所示为标准化服装造型图与人体之间的关系图。

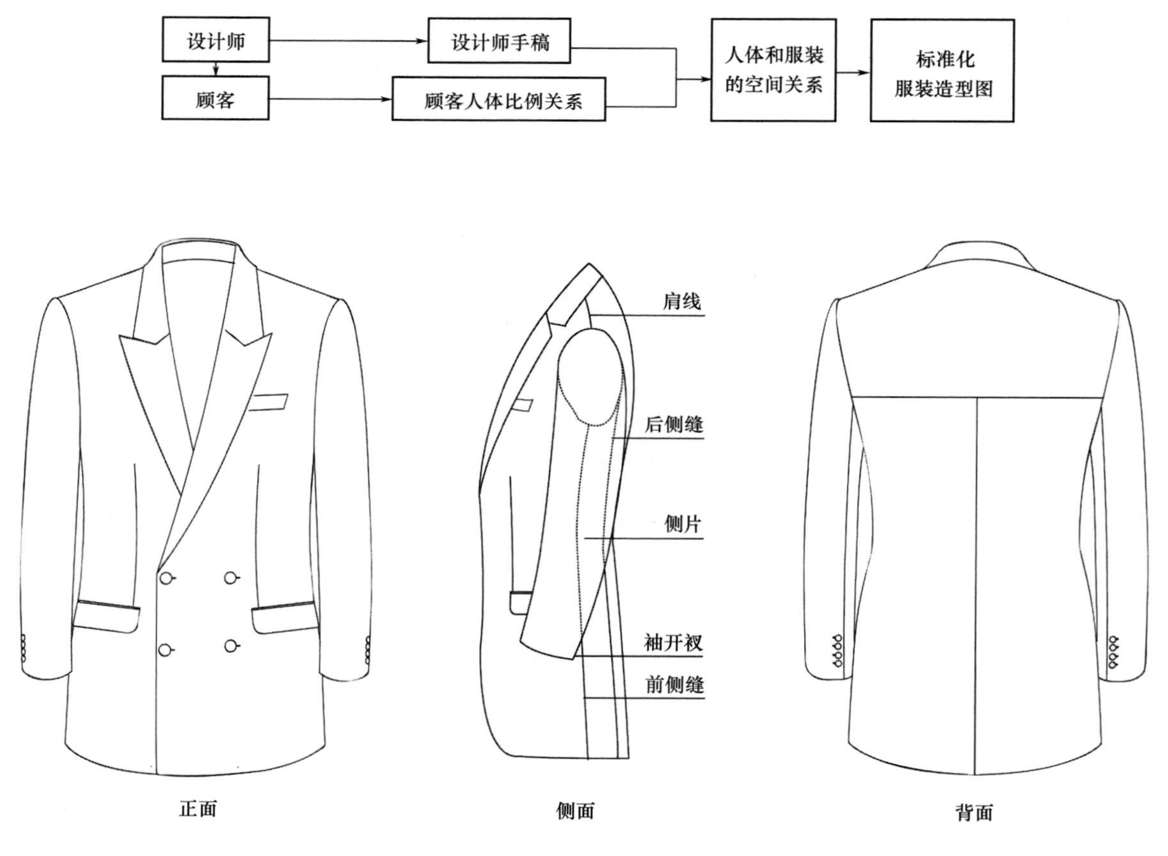

图4–4 服装造型图

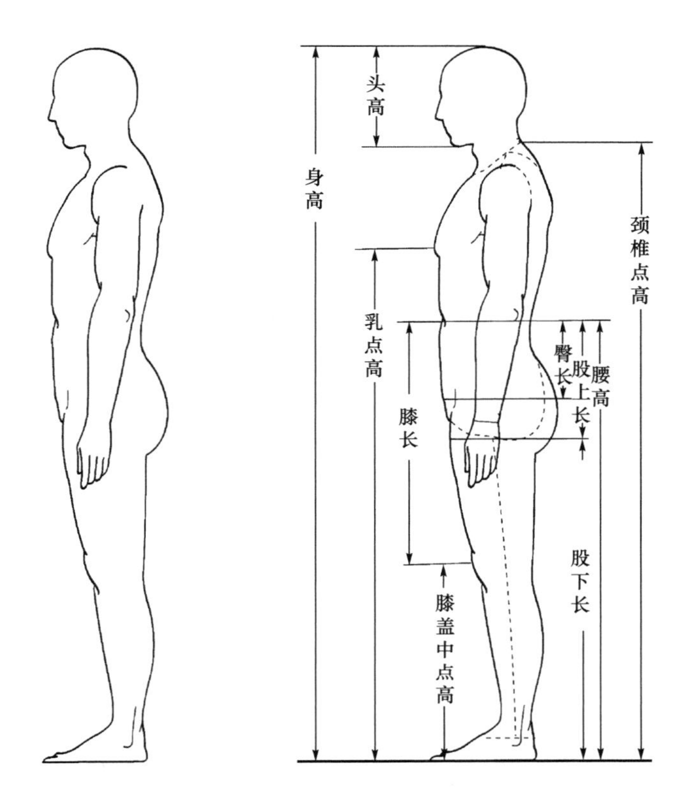

图 4-5 根据设计对象的男子人体比例

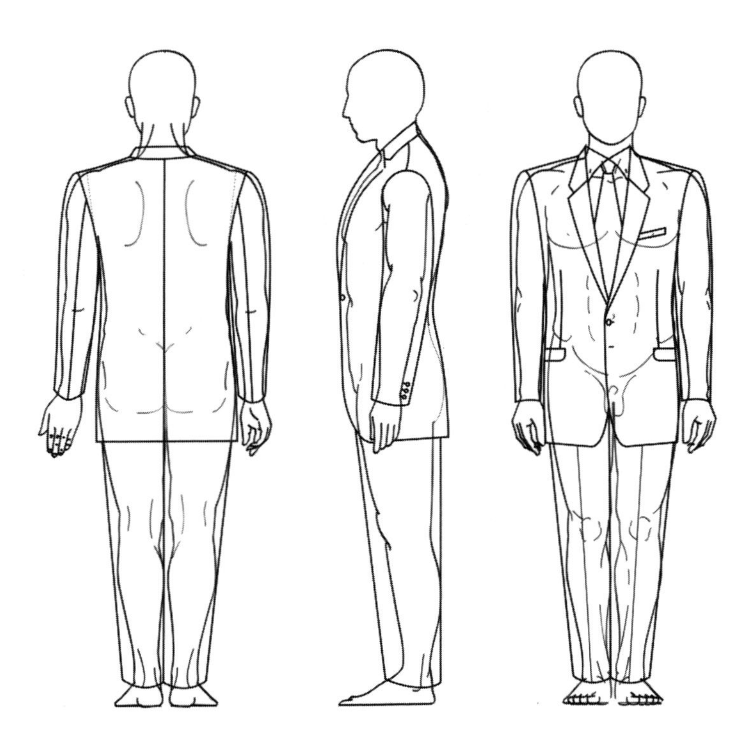

图 4-6 标准化服装造型图与人体的关系

二、服装造型图的规格参数设计

标准化服装造型图的尺寸数字化思想指设计师设计的服装造型转化为标准款式图后，再转化为结构设计参数的思考过程。其主要是对服装的长度指标和局部细节尺寸大小的分析，以人体的尺寸结构为基础，对人体和服装造型之间的位置关系，通过比例关系和参数对应关系，形成标准化服装造型图的规格参数的设计方法。

1. **长度参数的设计**（表 4–1）

表4–1 服装造型的一维尺寸和人体特征参数的对应关系

部位名称	代号	定义	与人体的关系	计算方法
前腰节长	WLL	服装的颈侧点至前腰围线的距离	成衣的前腰节长，在人体前腰节长的基础上进行参数调整	WLL=人体前腰节长+造型参数量+衣服穿着厚度
前袖窿深	BLL	服装的颈侧点至袖窿底点水平线的距离	与人体前腰节长的比例关系（或与人体胸高之间的关系）	BLL=WLL×P_1（P_1前袖窿深与人体前腰节长的比例系数）
前衣长	FCL	服装的颈侧点经过 BP 点至服装底边的距离	与人体前腰节长的大小比例关系	FCL=WLL×P_2（P_2前衣长与人体前腰节长的比例系数）
肘长	EL	服装的肩端点至袖肘线的距离	人体的肩端点至肘点的距离为人体的 EL	衣袖的肘长=人体 EL 长+垫肩厚度
袖长	SL	服装的肩端点至袖口的距离	人体的肩端点至尺骨突点的距离	SL = EL×P_3（P_3袖长与人体肘长的比例系数）

计算方法：

根据人体位置的长度大小和服装的比例关系来确定服装的基本尺寸。根据人体和服装所存在关系，使服装造型能转化为数字参数。以服装衣长为例，分析服装衣长的相关参数计算过程：

判断 WL 的位置 → 定出 SNP 的位置、确定 WLL（前、后）→ 定出袖窿深位置 BLL，确定 BLL 与 WLL 的比例 → 定出前、后衣长线，确定衣长 /WLL=a，则衣长=41cm×a。

2. **放松量的设计**

服装造型的空间形态分析，主要是：

（1）对服装肩部形态的分析，也就是确定肩宽和垫肩厚度的形态。

（2）对服装三维空间放松量大小的分析，即从服装外观的形态来分析三维所设计松量的大小。

从造型角度把肩部的形态分为 H 型、A 型、T 型，其造型数据定义如下：

H 型肩的造型特征：$S_H=S^*+$松量（视款式而定）

A 型肩的造型特征：$S_A=S_H-\leqslant 4$

T 型肩的造型特征：$S_T=S_H+\leqslant 4$

根据人体肩端点和服装造型的肩点之间的关系，以人体的肩线轨道和人体的肩端点之间的造型改变关系，来确定造型数据的数字化。

服装造型风格主要是由三围的具体尺寸来确定，给定确定的设计对象后，三维放松量的大小数字将决定服装的基本造型。胸部宽松量的具体定义如表 4–2 所示。

表4–2　服装造型风格的分类和具体定义

造型风格	外观形态	宽松量模糊区间（cm）
宽松风格	完全掩盖人体胸部曲线	21 ～ 35
较宽松风格	稍显人体胸部曲线	16 ～ 20
较合体风格	显示人体胸部曲线	11 ～ 15
合体风格	充分显示人体胸部曲线	6 ～ 10

腰围放松量：利用角度观察分析，标准化服装款式与人体对应部位的角度存在一定差异，同时也反映了服装造型的胸围与腰围之间、人体的胸围与腰围之间存在关联性。从图 4–7 中可以看出，胸围加放松量和腰围加放松量存在一定的关系，同时胸腰差能充分体现胸腰的造型，通过以下分析可以推断出腰围的放松量。

$B-W$（服装的胸腰造型）

=（B^*+胸围放松量）–（W^*+腰围放松量）

=（B^*-W^*）+（胸围放松量–腰围放松量）

［人体的体型结构］　　［设计量］

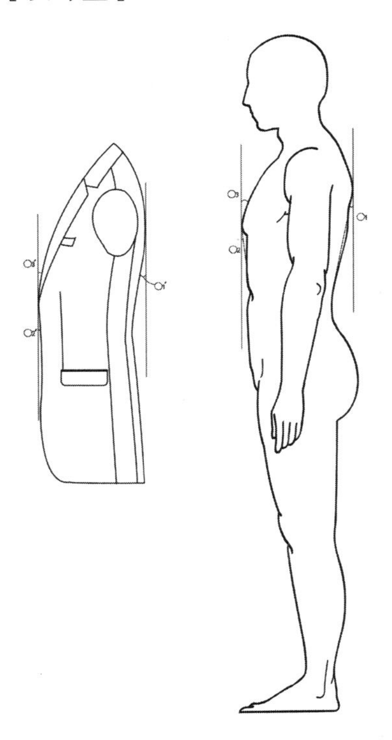

图 4–7　从侧面观察人体和标准化款式图的服装与人体的空间关系

所以只要判断胸部的造型风格和胸腰形态就可以确定腰部的放松量，而胸部的放松量是根据造型风格来具体数据化。胸腰形态的分类和定义如表 4–3 所示，臀部形态的分类和定义如表 4–4 所示。

表4–3 胸腰形态的分类和具体定义

造型风格	外观形态	$B-W$ 模糊区间（cm）
宽腰风格	完全掩盖人体胸腰曲线，胸腰呈直筒型	0
较宽腰风格	稍显人体胸腰曲线	腰部省道数 ×1.5
较卡腰风格	显示人体胸腰曲线	腰部省道数 × ≤ 2
卡腰风格	充分显示人体胸腰曲线	腰部省道数 × ≤ 2.5

表4–4 臀部造型风格的分类和具体定义

造型风格	外观形态	$H-B$ 模糊区间（cm）
贴臀型风格	完全掩盖人体臀部	$(H-B)/2<2$
较外扩型风格	衣身稍离臀部	$(H-B)/2<2\sim4$
外扩型风格	衣身离臀部	$(H-B)/2\geqslant4$

第三节 服装规格设计

男装的规格设计和女装比较接近，同时由于男装款式较经典和传统，则创意性较少，所以男装的规格设计相对比较简单。

一、服装规格的基本概念

在成衣化设计过程中，对服装的控制部位参数进行了相关的控制。主要从长度和围度以及细部尺寸来控制整个服装的基本造型，也是成衣结构设计的基本参数，可分为服装基本规格和服装细部规格尺寸。

服装基本规格包括长度指标、围度指标和宽度指标。

长度指标：衣长、袖长、裤长、上裆长、袖窿深等；围度指标：胸围、腰围、臀围、领围、袖口、裤口等；宽度指标：肩宽、总裆宽等。

二、成衣化男装的规格设计

在生产中成衣规格设计按各细部尺寸与身高 h、净胸围 B^*/ 净腰围 W^* 的相互关系，以效果图（造型图）的轮廓造型进行判断，采用控制部位数值的比例数加放一定松量来确定。大多数男装是程式化的款式，在设计中可以遵循一定的规律。

男装规格设计具体如表 4–5 所示。

表4–5　程式化款式基本规格设计规律

序号	部位名称	公式（cm）	适合类别
1	衣长	$0.4h+$（6 ~ 8）	西装类
		$0.4h+$（0 ~ 2）	夹克类
		$0.6h+$（15 ~ 20）	风衣 / 长大衣类
2	腰节长（WL）	$0.25h+2+$（0 ~ 2）	
3	袖窿深	$0.2B+3+$（1 ~ 2）	合体
		$0.2B+3+$（2 ~ 3）	较合体
		$0.2B+3+$（3 ~ 4）	较宽松
		$0.2B+3+$（4 ~底边）	宽松
4	袖长	$0.15h-$（2 ~ 4）	短袖
		$0.3h+$（7 ~ 9）	长袖夏装
		$0.3h+$（9 ~ 11）	长袖秋装
		$0.3h+$（11 ~ 13）	长袖冬装
5	胸围	（B^*+内衣厚度）+（6 ~ 10）	合体
		（B^*+内衣厚度）+（11 ~ 15）	较合体
		（B^*+内衣厚度）+（16 ~ 20）	较宽松
		（B^*+内衣厚度）+（21 ~ 35）	宽松
6	腰围（W）=（W^*+内衣厚度）+加松量	$B-$（0 ~ 6）	宽腰
		$B-$（6 ~ 12）	稍收腰
		$B-$（12 ~ 18）	收腰
		$B-18$	极收腰
7	臀围（H）	$B-2$	T 型
		$B+$（0 ~ 2）	H 型
		$B+3$	A 型
8	领围（N）	0.25（B^*+内衣厚度）+（15 ~ 20）	
9	肩宽	$0.3B+$（11 ~ 13）	合体、较合体
		$0.3B+$（12 ~ 13）	较宽松
		$0.3B+$（13 ~ 14）	宽松

量体裁衣规格设计：

根据定制对象的体型结构和服装造型风格进行长度和围度的设计。根据规格参数的设计原理，确定服装的规格参数和细部尺寸。

1. 男装衣长的设计基本规律

根据男装款式的基本程式化，以下是经验参数公式，从而确定不同风格服装形态的长度指标（图 4–8）。

规格设计：

身高 – 头长（24 ~ 25cm）= FL

上衣长 = FL × 50%

背腰长 = FL × 30% – 1.2cm

前腰长 = 背腰长 + 2cm

袖长 = FL × 40% – 1.5cm

马甲长 = FL × 30% + 9.5cm

夹克长 = FL × 50% – 7cm

衬衣长 = FL × 50% + 7cm

大衣长 = FL × 75% + 5cm

礼服长 = FL × 75% – 4cm

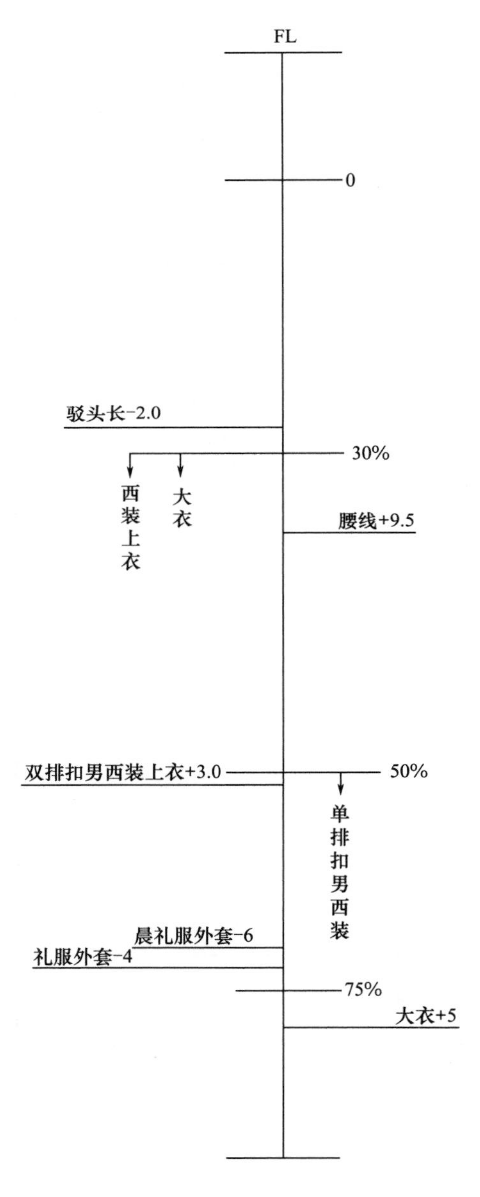

图 4–8 男装衣长的设计基本规律

2. 款式风格进行规格设计的步骤（图 4–9）

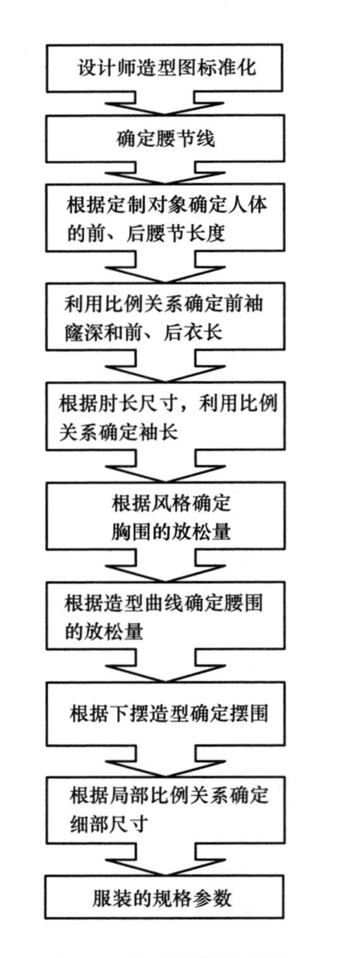

图 4–9 规格设计的步骤

3. **举例说明**

（1）男装较合体款式（图 4–10）：

规格设计：

WLL=45cm

L=45cm × 8.2/5=74cm

BLL=45cm × 3/5=27cm

SL=0.3 × 170cm+8cm+1cm（垫肩）=60cm

B=（92+2+3）cm+（10 ～ 15）cm ⟹ 97cm+13cm=110cm

N=42cm

S = 0.3 × 110cm +（13 ～ 14）cm ⟹ 33cm+13cm=46cm

CW=0.1 × 97cm+4.3cm=14cm

$B-W/2$=5cm

$H-B/2$=0.5cm

（2）宽松风格风衣休闲款式（图 4–11）：

规格设计：

WLL=45cm+1cm=46cm

L=46cm × 5/2=115cm

BLL=46cm × 3.1/5 ≈ 28.5cm

SL=0.3 × 170cm+12cm+0.5cm=63.5cm

B=（92+2+5）cm+（21 ～ 35）cm ⟹ 99cm+31cm=130cm

N=44cm

S=0.3 × 130cm+（11 ～ 12）cm ⟹ 39cm+11.5cm=50.5cm

CW=0.1 × 99cm+7cm ≈ 17cm

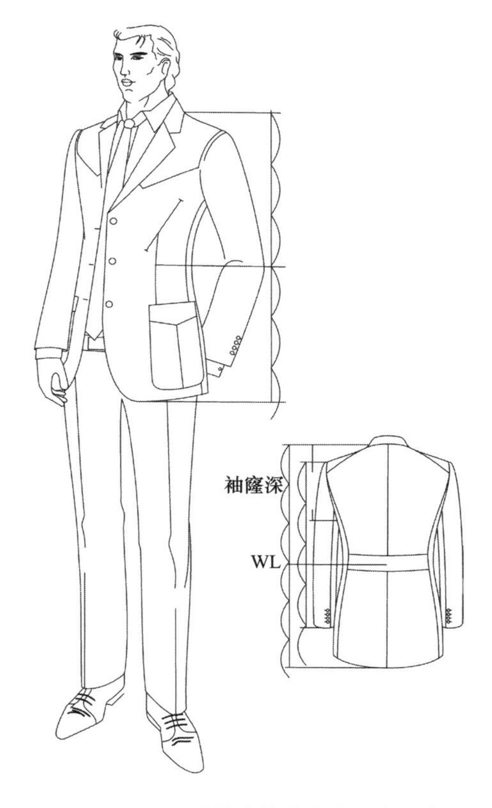

图 4–10　男装较合体款式的规格设计

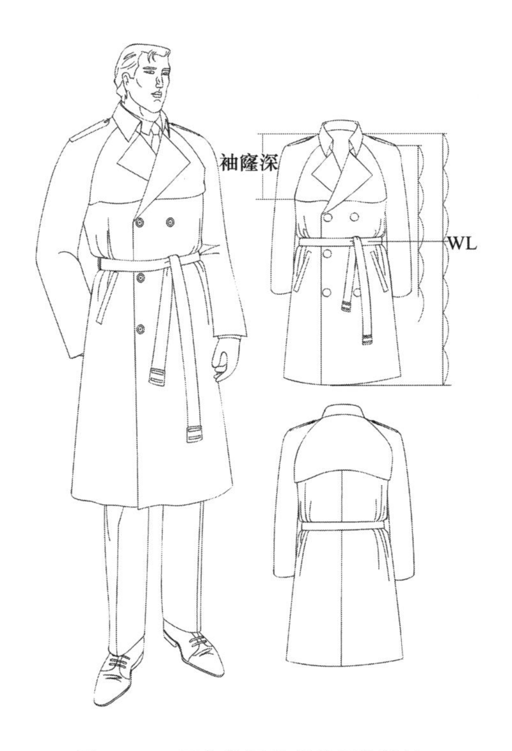

图 4–11　风衣休闲款式的规格设计

思考题

1. 服装造型款式规格的设计依据有哪些方面？

2. 根据服装款式图，简述服装放松量的设计原理和腰围放松量的设计依据。

3. 服装款式的基本规格有哪些？请说明确定方法。

4. 定制服装中，规格参数的设计过程是什么？

应用与实践——

男裤结构设计原理与方法

课题名称：男裤结构设计原理与方法

课题内容：1. 裤装造型结构。

2. 男裤原型结构。

3. 男裤造型结构设计原理。

4. 男裤结构设计。

课题时间：6课时

教学目的：掌握男裤的结构形式及设计方法。

教学方式：板书示范、PPT。

教学要求：1. 掌握男裤的造型特色与结构分类。

2. 掌握裤装结构设计原理与方法。

课前（后）准备：

1. 教师准备若干变形使用的裤装基本造型的样板。

2. 学生准备1∶4的裤装基本造型样板。

第五章　男裤结构设计原理与方法

裤装（Trousers 或 Slacks）是包裹人体下肢腿部的一种服装品类，因便于运动及具有良好的功能性而成为男性的主要服装。本章从裤装的造型分类、规格设计方法、结构设计原理、结构设计实例来认识男裤的纸样设计体系。

第一节　裤装造型结构

裤装的造型多种多样，可根据裤装的宽松程度、裤长、裤身造型等对裤装进行分类。

一、以裤装基本结构分类

1. 按裤装臀围宽松量分类（图 5-1）

合体风格裤装：臀围松量为 4 ～ 6cm 的裤装。

较合体风格裤装：臀围松量为 6 ～ 12cm 的裤装。

较宽松风格裤装：臀围松量为 12 ～ 18cm 的裤装。

宽松风格裤装：臀围松量为 18cm 以上的裤装。

2. 按裤装长度分类（图 5-2）

按裤装的长短可分为超短裤、短裤、中裤、中长裤、七分裤、九分裤、长裤等。

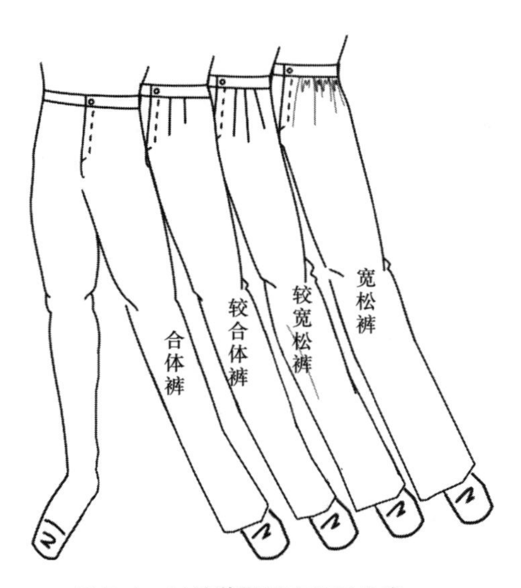

图 5-1　以裤装臀围宽松量分类

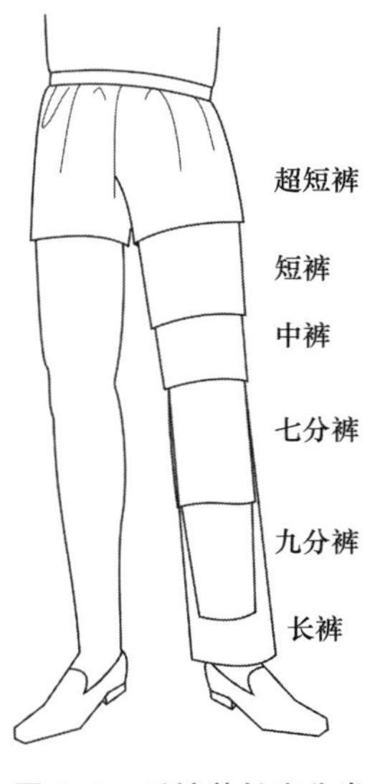

图 5-2　以裤装长度分类

3. **按裤脚口大小分类**（图 5-3）

直筒裤：中裆与裤脚口基本相等的裤装。

窄脚裤：中裆大于裤脚口的裤装。

宽脚裤：中裆小于裤脚口的裤装。

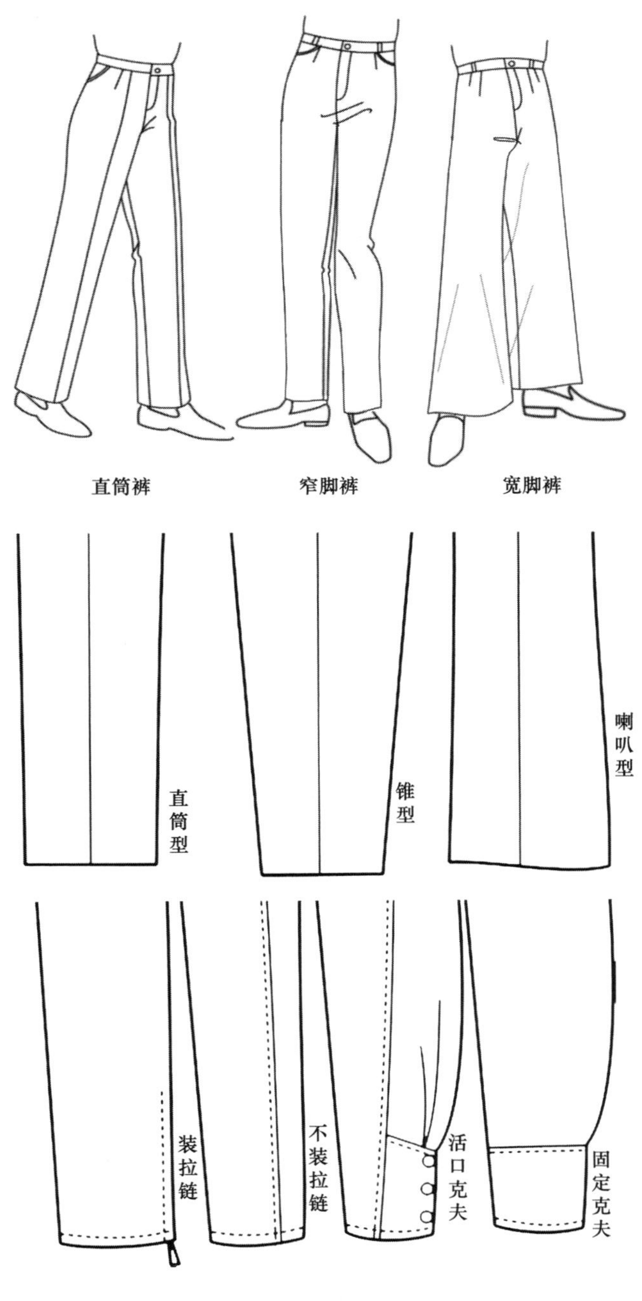

图 5-3　以裤脚口大小分类

二、以裤装造型分类

1. 按裤装造型方法分类

在裤装基本结构的基础上，与其他造型方法相结合可以形成多种多样的裤装变化造型，两者之间的关系可表示为如图 5-4 所示。

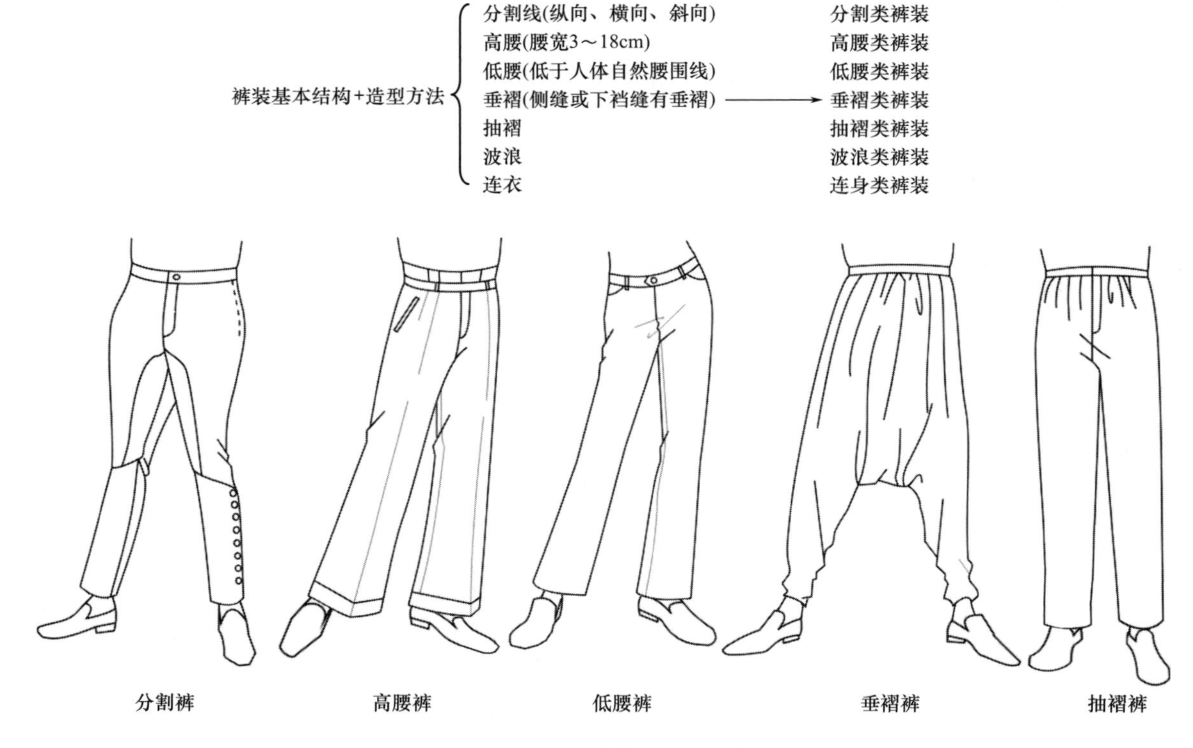

图 5-4 以裤装造型方法分类

2. 按裤装口袋造型分类

（1）裤装前袋造型：前插袋是裤装重要的设计部位，造型富于变化（图 5-5）。

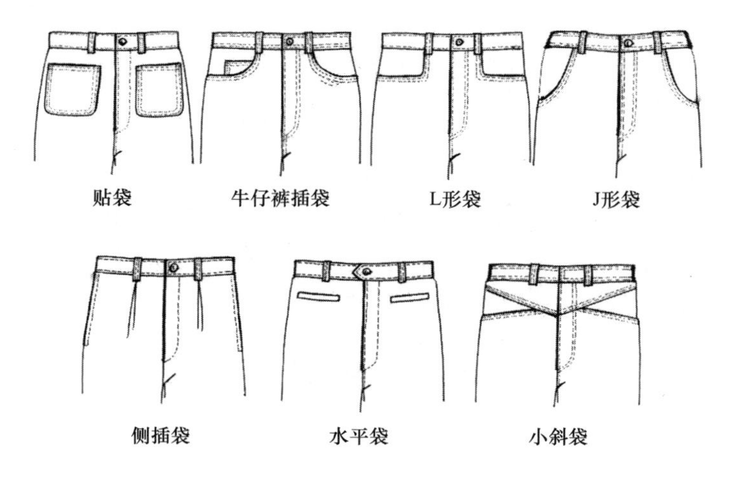

图 5–5　以裤装前袋造型分类

（2）裤装后袋造型：裤装后袋兼具功能性和装饰性（图 5–6）。

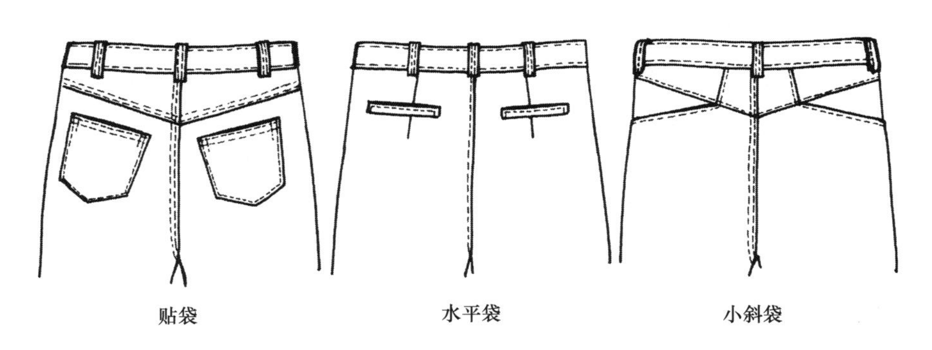

图 5–6　以裤装后袋造型分类

3. **按裤腰造型分类**

裤装中常见的裤腰造型如图 5–7 所示。

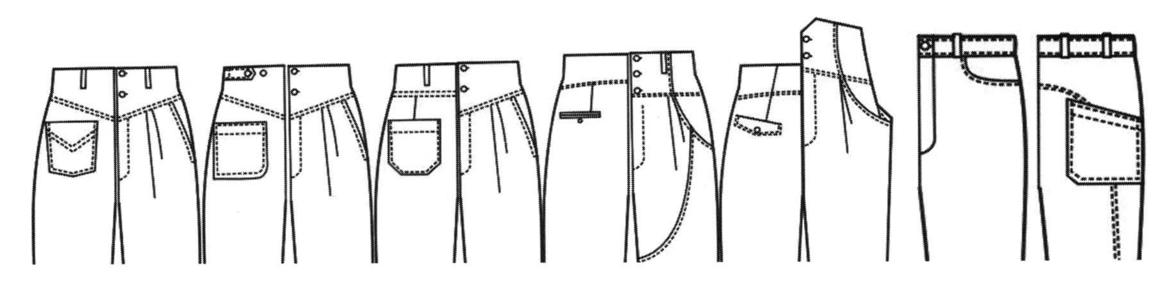

图 5–7　以裤腰造型分类

在裤装的多种分类方式中，按裤装臀围宽松量进行分类是裤装最重要的分类方式，也是裤装结构设计的核心内容。以裤装基本结构为基础，与各种造型方法相结合可以形成各种裤装的变化结构。

第二节 男裤原型结构

一、裤装原型结构线名称（图 5-8）

裤装原型结构图中包括：前裤片、后裤片、裤腰、门襟、里襟等样片。纵向结构线有：侧缝线、前上裆弧线、后上裆弧线、下裆缝、挺缝线等；横向结构线有：腰围线、臀围线、横裆线、中裆线、脚口线等。

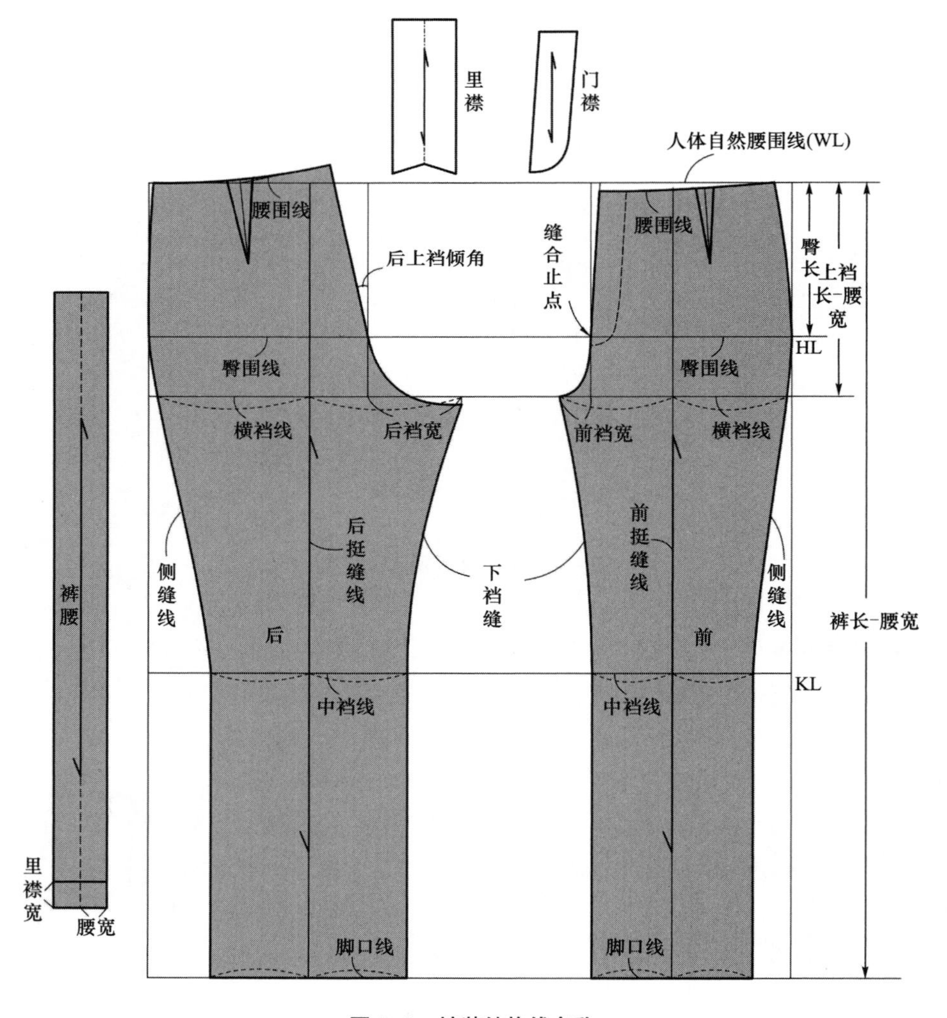

图 5-8 裤装结构线名称

二、裤装原型立体构成（图 5-9）

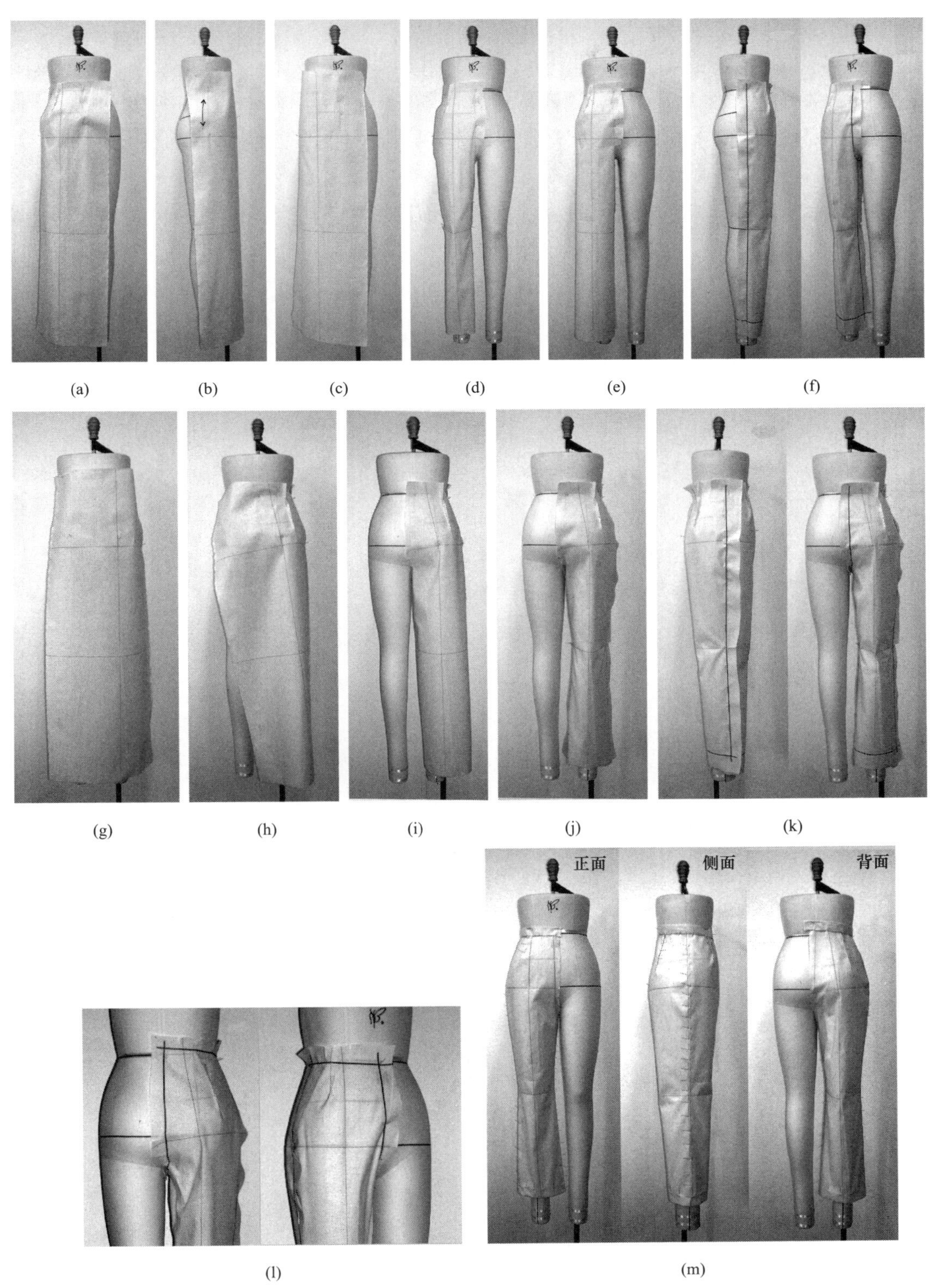

图 5-9　裤装原型立体构成

三、裤装原型结构设计

1. 裤装原型的款式特征

裤装原型是最基本的裤装款式，体现出人体测量的基本信息。款式造型为腰臀部位贴合人体，前、后片各设置 1 个省道，横裆部位较合体，中裆与脚口大小相同，整体裤筒呈直线型与人体腿部较贴合，长度至脚踝处，腰线在人体腰围线处，裤腰为装腰结构。

2. 裤装原型的平面结构

以立体构成获得的裤装原型为基准，采用平面制图的方法直接作出裤装原型的平面结构图。裤装原型的规格设计是以国家标准中男性中间体的人体尺寸为基础，加放人体运动所需的最少松量而确定的。男性中间体的人体尺寸：h（身高）=170cm，W^*（净腰围）=78cm，H^*（净臀围）=95cm。

裤装原型的规格尺寸：

腰围（W）=人体净腰围+最少松量=W^*+（0 ~ 2）cm=80cm

臀围（H）=人体净臀围+最少松量=H^*+6cm=101cm

臀长（HL）=人体臀长=18cm

上裆长=人体股上长+腰宽=27cm+3cm=30cm

下裆长（人体会阴点至外踝点的距离）=73cm

裤长（TL）=上裆长+下裆长=27cm+73cm=100cm

上裆宽=0.15H

脚口（SB）=20cm

后上裆倾斜角=12°

裤装原型的平面结构如图 5-10 所示。

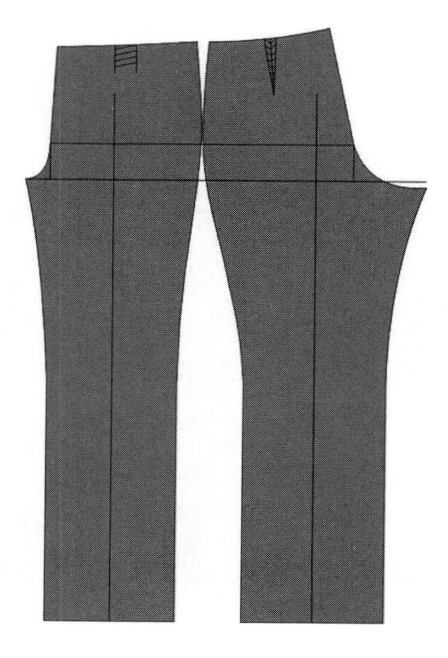

图 5-10 裤装原型结构图

3. **裤装原型的制图过程**

（1）绘制基础线：作水平腰围基础线，根据臀长、上裆长、中裆、裤长分别作臀围线、横裆线、中裆线和脚口线等水平基础线；取 $H/2$ + 总裆宽 + 10cm（前、后裤片之间的空隙量），作纵向侧缝基础线，取前臀围 $H/4-1$cm，后臀围 $H/4+1$cm，前裆宽 $0.04H$，后裆宽 $0.11H$，在前、后横裆中点位置作前、后挺缝线。

（2）前上裆部位：取前腰围 $W/4+0.5$cm，前中心处向内撇进 1cm，前腰中心下落 1cm，前侧缝向内撇进 2cm，其余臀腰差量作为省量，画顺腰围线、前上裆弧线和上裆部位的侧缝线，省道的位置约在前腰围中点偏向侧缝处。

（3）后上裆部位：取后上裆倾斜角 12°，在腰围基础线上取后上裆斜线与侧缝的中点并向后上裆斜线作垂线，确定后上裆起翘量；取后腰围 $W/4-0.5$cm，后侧缝向内撇进 0.5cm，其余臀腰差量作为省量，画顺腰围线、后上裆弧线和上裆部位的侧缝线，省道的位置约在后腰围中点处。

（4）下裆部位。以前、后挺缝线为中心，分别在脚口线上取前脚口 SB－2cm，后脚口 SB＋2cm，前、后中裆分别与脚口大小相同，连接中裆和脚口；用内凹形曲线画顺中裆线以上的侧缝线和下裆缝，注意线条要流畅顺滑。

（5）后裆宽点下落调整：测量前、后裤片下裆缝的长度并将后裆宽点作下落调整，使前、后下裆缝长度相等。一般后裆下落量为 0 ~ 1cm。

（6）绘制裤腰：取腰宽 3cm，腰长为 W+ 里襟宽，裤腰为连裁直线型结构。

（7）加粗外轮廓线：加粗各样片外轮廓线，并标注布纹线、样片名称、主要部位尺寸、对位记号等样片内容。

第三节　男裤造型结构设计原理

裤装要包覆人体的腹臀部、腿部，而人体的腹部是复杂的曲面体，故裤装必须满足人体的静态体型和动态变形的需要。

一、裤装结构与人体静态的关系

裤装结构与人体静态特征之间的关系可从图 5-11 中看出，图上部是人体下体的横截面形状，图中 FW′、BW′、SW′ 分别表示腰围的前中点、后中点、侧点；FH′、BH′、SH′ 分别表示臀围的前中点、后中点、侧点；BR 为人体上裆线、BR′ 为裤装的上裆线。图下部的阴影部分是人体下体的纵截面形状，图中各点分别对应于图上部中横截面的各点。图下部的无阴影部分是裤装结构图，前裤片被覆于人体的腹部、前下裆部；后裤片被覆于人体的臀部、后下裆部。

CRL ~ FL 为裤装下裆，与人体裆底间有少量松量。FH ~ BH 为人体腹臀宽，FH″ ~ BH″ 为裤装裆宽，两者之间有密切吻合关系，并且前、后上裆的倾斜角与人体都有一定的对应关系。如果只考虑裤装的运动功能性，则裤装臀围的松量一般分配为前部 30%，裆宽部 30%，后部 40%，反之考虑装饰性时则会有变化。

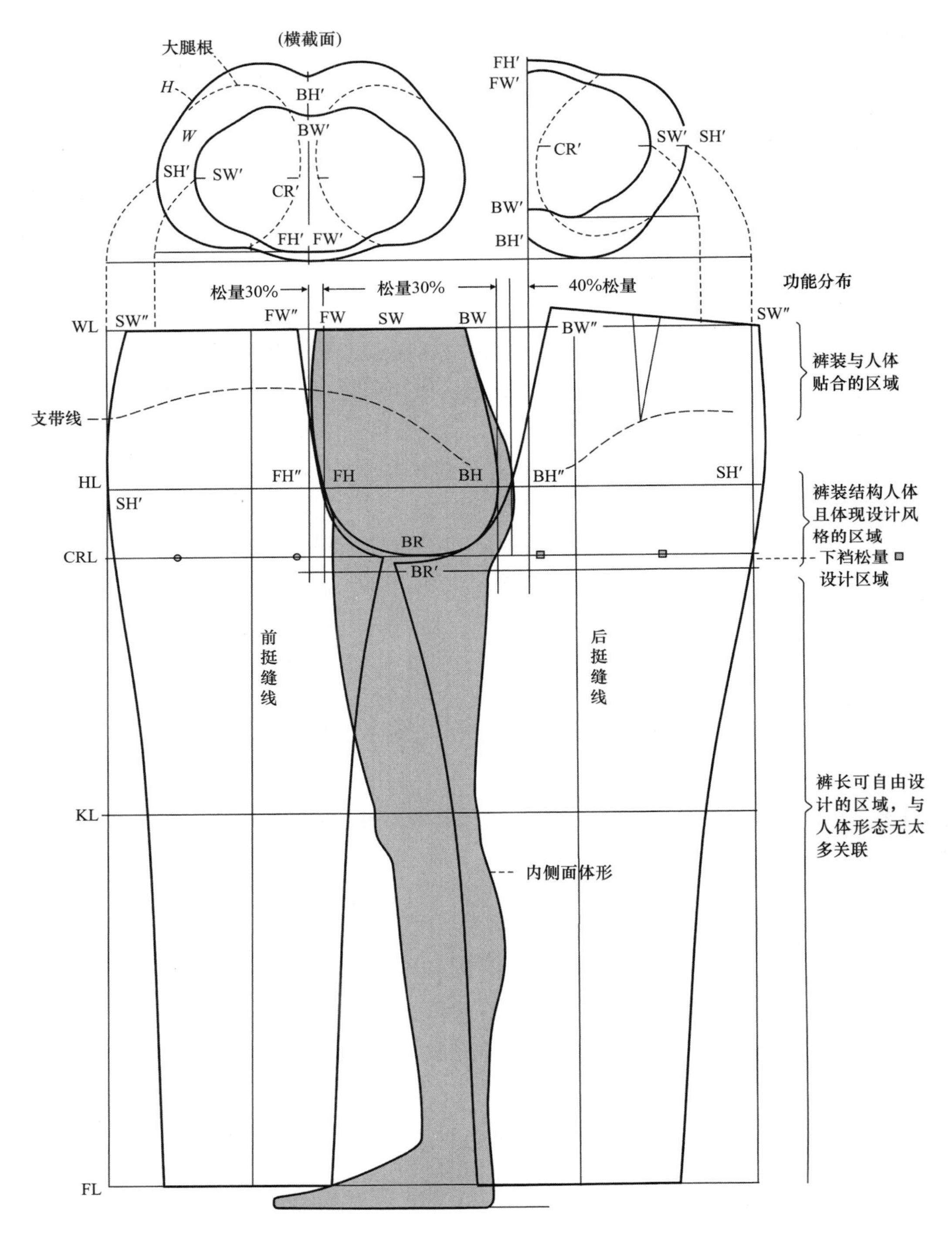

图 5-11 裤装结构与人体静态特征之间的关系

二、裤装结构与人体动态的关系

人体运动时体表形态发生变化，并通过人体体表与衣服之间的摩擦作用引起服装的变形。

人体部位与相对应的服装部位的间隔量不同，服装变形量也就不同，松量大的服装变形量相对较小，反之则大；人体部位与相对应的服装部位所使用的材料布纹不同，服装变形量亦会不同，斜料比横、直料变形量大；人体运动时，内层与外层衣服的摩擦力不同，其变形量亦不同，相互摩擦力小的衣服变形量小。同样材料，相同松量，但服装的结构不同，往往其变形量也不同，这在上装的衣袖部位和下装的上裆部位较为明显。

臀、膝等部位的人体皮肤的变形和服装变形之间的关系如表5-1所示。从表中可以看出，人体皮肤变形与服装变形两者之间有差异，特别是在臀部的差异要达到23%，而在膝部两者的差异最小，这和日常生活中所见到的服装变形现象是一致的，即一方面由于人体膝部经常运动，另一方面皮肤的变形通过摩擦作用充分地转移到服装上，并由此引起服装材料的疲劳，形成不可回复的变形（部分材料的变形可能回复）。

表5-1　人体皮肤变形与服装变形的关系

人体部位	臀部	膝部	
运动方式	上体前倾	屈曲	
伸展方向	斜	纵	横
皮肤伸展 *A*（%）	40	40	25
服装伸展 *B*（%）	17	40	20
A–*B*（cm）	23	0	5

为深入分析服装与人体皮肤变化间的关系，对裤子在穿用中的变形情况进行分析。如图5-12所示为裤子穿用时的变化率和变形方向。从图5-12中可以看出，裤前片大部分部位的变化率为10%～24%，裤后片大部分部位的变化率为16%～24%，变形方向在臀部是横向及斜向变化率大。

图5-13所示为S、M、L三种规格的裤子在膝部的横向和纵向变形图。从图中可以看出膝部的横向、纵向变形程度是S＞M＞L，也就是说规格小的裤子的横向、纵向变形要大于规格大的裤子。

由于人体的臀部非常丰满，臀部的运动必然会使围度增加，因此裤装应考虑臀部变化时所需的松量。各种动作引起的臀围变化所需松量如表5-2所示，显示出臀部在席地而坐作90°前屈时，平均增加量是4cm，也就是说下装臀部的最小松量需要4cm，再考虑材料的弹性，因此最小松量为4cm（材料伸长量）。

腰部的各种运动也会引起腰围尺寸的变化，因此也需要有适当的松量。腰围变化所需的松量如表5-3所示。

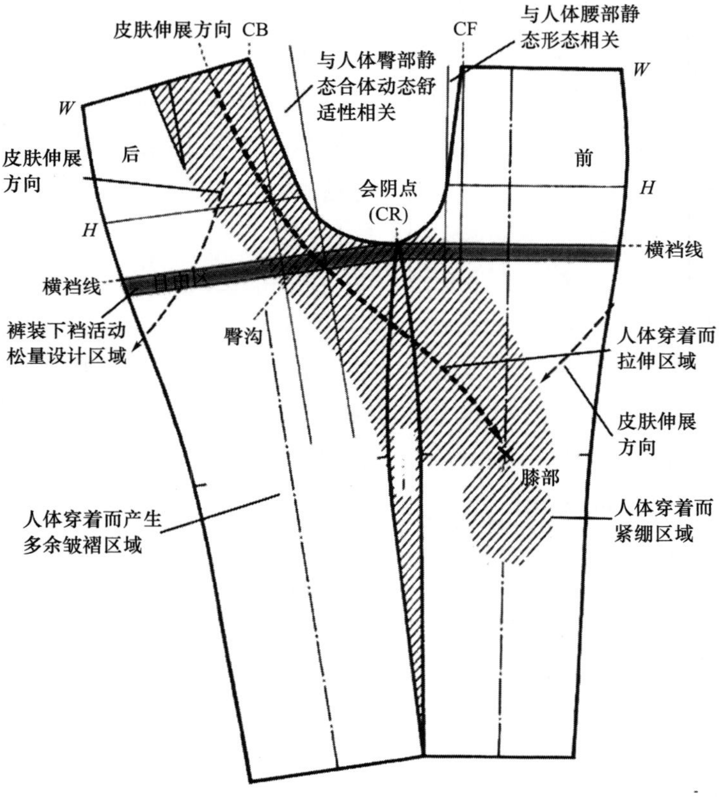

图 5-12 人体动态和裤装结构的关系

表5-2 臀围变化所需的松量

姿势	动作	平均增加量（cm）
直立正常姿势	45° 前屈 90° 前屈	0.6 1.3
坐在椅子上	正坐 90° 前屈	2.6 3.5
席地而坐	正坐 90° 前屈	2.9 4.0

表5-3 腰围变化所需的松量

姿势	动作	平均增加量（cm）
直立正常姿势	45° 前屈 90° 前屈	1.1 1.8
坐在椅子上	正坐 90° 前屈	1.5 2.7
席地而坐	正坐 90° 前屈	1.6 2.9

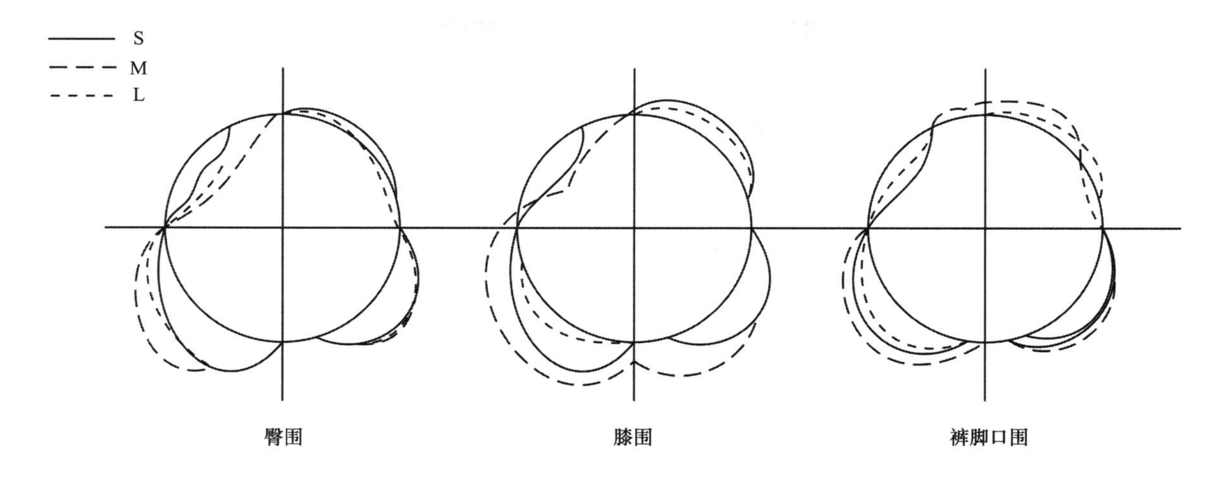

图 5-13　S、M、L 三种规格的裤子在膝部的横向和纵向变形图

因此，裤装松量的设计方案如下：

腰围松量为 0 ~ 2cm，注重外观挺括的款式松量一般为 0；

臀围松量≥ 4cm（材料伸长量）；

上裆松量为 0 ~ 3cm（材料伸长量）。

三、男子腰臀截面和腰臀差的处理技术手段

图 5-14 所示为人体腰围与臀围的截面重合图，图中细实线分别是人体腰围和臀围的截面，粗实线是裤装臀围的截面，O′ 是重合图中假设的曲率中心。以一定角度间隔加入分割线，各区间裤装臀围与腰围的差值即为各部分省量的大小。从图中可以看出，在后中线与前中线附近的省量很少，而在围度曲率变化大的部位（腰侧部位），由于距离较大而使腰围和臀围的差值增大，省量明显增大。因此，省道的位置是由腰围和臀围的截面曲率共同决定的，在前、后中线附近基本不需要腰省，从斜侧面到侧面在腰线处应设置省道。男裤省量的大小较女裤省量小。

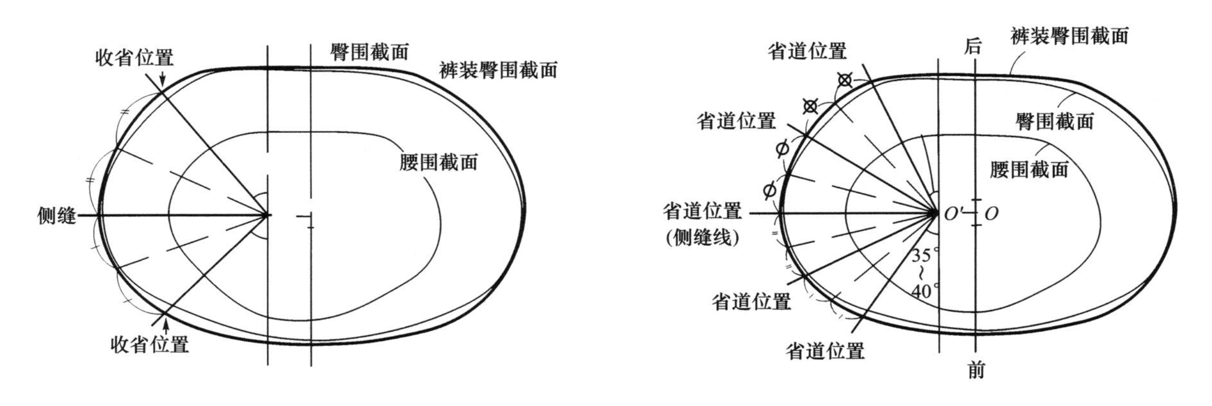

图 5-14　臀腰差收省个数及位置示意图

四、结构设计要素

1. 后上裆倾斜角

设计原理：如图 5-15 所示，根据人体的测量数据，男人体臀凸角（臀部体表在臀凸点与垂直方向的夹角）约为 22°，人体臀沟角（腹臀沟在臀围线上与垂直方向的夹角）约为 7°，由于裤装上裆部位包覆人体的腹臀沟，因此臀沟角对裤装上裆部位结构有直接影响，是设计裤装后上裆倾斜角的依据。以人体臀沟角为参考，通过增大后上裆倾斜角可增长后上裆长，从而增加裤装的运动功能性，并且增大后上裆倾斜角也可有效地消除后裤片的臀腰差，以达到规格设计的要求。根据裤装的不同风格，后上裆倾斜角可设计为：

宽松、较宽松风格裤装为 5° ~ 10°，较合体风格裤装为 10° ~ 13°，其中以静态美为主的裤装为 10° ~ 12°，合体风格以动态舒适性与静态美兼顾的裤装为 14° ~ 16°，运动型合体裤装为 16° ~ 20°。

后上裆倾斜角的取值还受到材料拉伸性能的影响。若材料拉伸性好且主要考虑裤装静态的美观性，后上裆倾斜角应取≤ 12°；若材料的拉伸性差且主要考虑裤装的动态舒适性，后上裆倾斜角取值趋向为 15°。

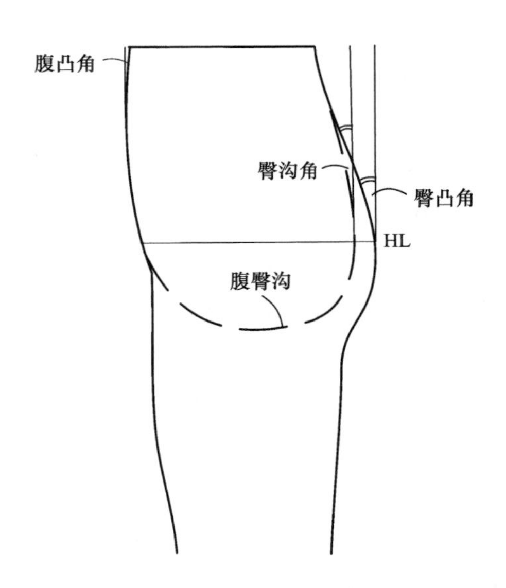

图 5-15 人体上裆部位体表角

2. 前上裆倾斜量

（1）设计原理：如图 5-16 所示，人体腹部呈外凸弧形，根据测量数据，人体腹凸角约为 5°。在裤装结构中，前上裆部位的结构设计主要考虑静态合体性，为适合人体在前中心处增加倾斜角，使前上裆线向内倾斜。

（2）设计方法：设计前上裆倾斜角的结构处理形式是在前中心向内撇进 1cm 左右。在特殊的情况下（如腰部没有省道或褶裥时），为解决前腰臀差，撇去量也可≤ 1.5cm。

宽松类服装≤ 0.5cm，较宽松类服装≤ 0.5 ~ 1cm，较合体类≤ 1 ~ 1.5cm，合体类

≤ 1.5cm。

综上所述，各要素在裤装上裆部位结构设计的关系如图 5–16 所示，其中裤装上裆运动松量 = 后上裆倾斜角产生的增量● + 裆底松量◎。通常，裤装上裆运动松量的处理方法有三种：

①裤上裆运动松量——→后上裆倾斜增量（常用于贴体风格裤装）。

②裤上裆运动松量——→裆底松量（常用于宽松风格裤装）。

③裤上裆运动松量——→部分后上裆倾斜增量 + 部分裆底松量（常用于较宽松、较贴体风格裤装）。

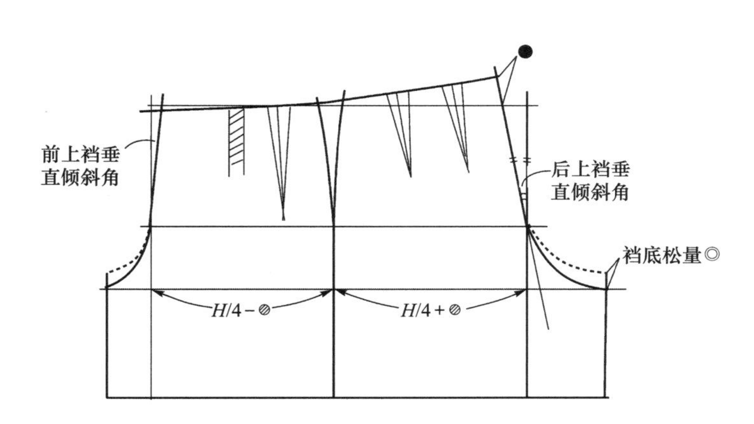

图 5–16　裤装上裆部位结构设计要素

3. **总裆宽及前、后裆宽的分配**

在裤装结构中，总裆宽是以人体腹臀宽为基础进行设计的。一般人体腹臀宽 = $0.24H^*$，对于脚口宽大的裙裤而言，总裆宽 = 人体腹臀宽 + 少量松量，考虑到制图计算的方便性和统一性，常用 H 代替 H^*，一般裙裤总裆宽 = $0.21H$。在裙裤向普通裤装的演变过程中，消除中裆及脚口部位的多余量，使前、后裆宽点分别下落，且两点之间产生一定间隙，因此，一般裤装实际总裆宽的设计可小于裙裤总裆宽，这样不仅可以满足人体穿着的基本要求，而且可减小裤装横裆的尺寸，使造型更加美观。一般裤装总裆宽的取值为 $0.14H$ ~ $0.16H$，即可满足裤装结构功能的要求。

裤装下裆缝的位置即为前、后裆宽的分界，一般前、后裆宽的分配比例约为 1 ∶ 2，在具体应用时可根据款式风格进行适当调整。

4. **挺缝线的造型与位置**

挺缝线也称为烫迹线，是裤装前后裤筒的成形线。裤装挺缝线的造型有两种形式：一是前、后挺缝线均为直线型；二是前挺缝线为直线型，后挺缝线为合体型。

（1）前、后挺缝线均为直线型的裤装结构：前挺缝线位于前横裆中点位置，即侧缝至前裆宽点的 1/2 处；后挺缝线位于后横裆中点位置，即侧缝至后裆宽点的 1/2 处，此类结构为基本裤装结构。

（2）前挺缝线为直线型、后挺缝线为合体型的裤装结构：前挺缝线位于前横裆中点位置；后挺缝线位于后横裆的中点向侧缝偏移 0 ～ 2cm 处，如图 5–17（a）所示。后挺缝线偏移后，对后裤片必须进行熨烫工艺处理。在下裆缝处进行拉伸熨烫，将凹进状的下裆缝拉伸，拔开呈直线状，并将裤身部分向挺缝线处归烫，在侧缝上部进行归拢熨烫呈直线状后向挺缝线处推开，通过熨烫使裤装挺缝线造型成形（将裤装沿挺缝线进行折叠后观察挺缝线的形状），即呈上凸下凹的弧形，凸出部位对应于人体臀部，凹进部位对应于人体大腿部，形成合体型的裤身造型，如图 5–17（b）所示。偏移量与裤后挺缝线的造型有关，偏移量越大，后挺缝线的贴体程度越高。

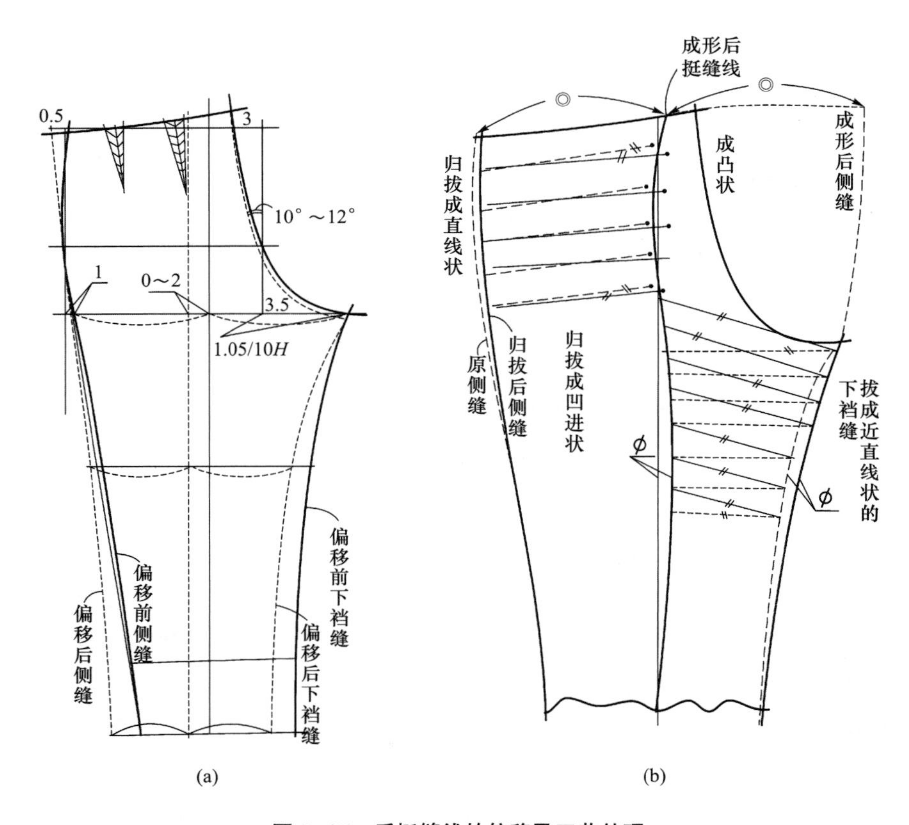

图 5–17 后挺缝线的偏移及工艺处理

对于休闲风格的裤装，挺缝线不需烫出，因此可采用前、后挺缝线分别均向侧缝偏移的结构处理，前挺缝线偏移量为 0 ～ 1cm，后挺缝线偏移量为 0 ～ 1.5cm。挺缝线的偏移可带动中裆和脚口向侧缝方向偏移，使下裆部位的配置空间区域增加，从而增加裤装的运动功能性，并且挺缝线的偏移会影响裤装成形上裆宽的大小，使有效裆宽进一步增大。因此，为增强裤装的合体性可适当减少总裆宽的设计值，对于一些特殊款式（如睡裤），前、后挺缝线的偏移量最大时可使前、后侧缝线呈直线状，因此可将前、后裤片在侧缝处拼合在一起进行结构设计。

5. **男西裤的结构、工艺配伍**

整烫工艺对于服装的最终外形起了至关重要的作用，其中归拔是必不可少的。归拔并不是简单地把缝份分开，而是使服装变得更加立体。归拔工艺的基本原则就是对人体凸出部分的面料采用归缩，对人体凹进部分的面料采用拔开，从而完成服装由平面到立体的转变。男西裤的归拔工艺流程主要如下：

（1）前裤片的归拔：前裤片的归拔部位主要包括前裆、前下裆、前裤腿、前中缝四部分，具体归拔示意如图 5–18 所示。在前小裆 7 ～ 8cm 处进行归缩处理，归缩量为 0.3 ～ 0.5cm。在此处进行归缩工艺后可使裤子的前裆容量增大，使裤子更具立体感。前下裆，在裆底至膝盖位的 1/2 处进行归缩处理，归缩量为 0.6 ～ 0.8cm。同样，在此处进行归缩工艺后也可使裤子的前裆容量增大，使裤子更具立体感。前裤腿，在膝盖位至裤脚 2/3 处进行拔开处理，内外侧拔开量均为 0.5 ～ 1cm。在此处进行拔开工艺主要是根据人体的小腿部外形特征，使裤子更贴合人体。前中缝，沿裤子前中缝将裤片对折，对裤子的前中缝进行整烫处理。在膝盖位附近进行归缩处理，归缩量为 0.3 ～ 0.5cm。同样，在此处进行归缩处理也是根据人体小腿部外形特征，使裤子更贴合人体。

（2）后裤片的归拔：后裤片的归拔部位主要包括后裆、后下裆、后侧缝、后裤腿四部分，具体归拔示意如图 5–18 所示。后裆，在后裆弯处进行拔开处理，拔开量为 0.8 ～ 1.2cm。在此处进行拔开工艺可使裤子的后裆容量增大，增加臀部的活动量，使裤子更具立体感。后下裆，在裆底至膝盖位进行拔开处理，拔开量为 1.2 ～ 1.7cm。在此处进行拔开处理主要是根据人体的大腿部外形特征，使裤子更贴合人体。后侧缝，在臀围线之上进行归缩处理，归缩量为 0.3 ～ 0.5cm。进行归缩处理之后，会使裤子的臀部更加立体。臀围线之下至膝盖位之上进行拔开处理，拔开量为 0.5 ～ 0.8cm。进行拔开处理之后，会使裤子的侧缝更符合人体形态特征。后裤腿，在膝盖位至裤脚 3/4 处进行归缩处理，内外侧归缩量为 0.5 ～ 1cm。在此处进行归缩处理主要是根据人体的小腿部外形特征，使裤子更贴合人体。后中缝，沿裤子后中

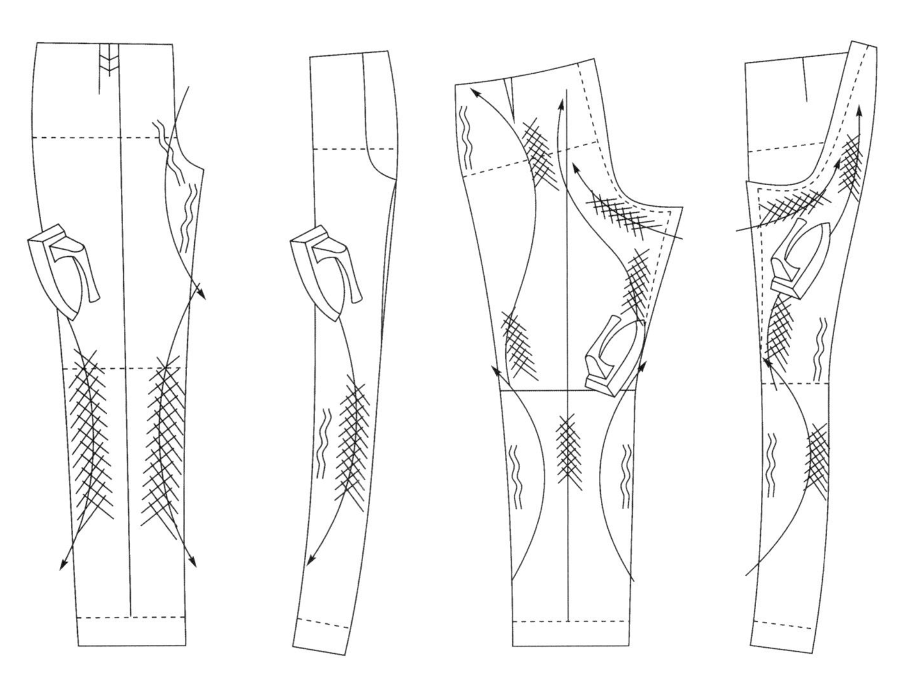

图 5–18 男西裤前、后裤片归拔工艺图

缝将裤片对折，对裤子的后中缝进行整烫处理。臀围线附近进行拔开处理，拔开量为 0.3 ~ 0.5cm。进行拔开处理之后，可使裤子更符合人体臀部曲线。膝盖位之上 7 ~ 8cm 进行归缩处理，归缩量为 0.2 ~ 0.7cm。在此处进行归缩处理，主要是根据人体膝盖位处的形态特征。在膝盖位附近进行拔开处理，拔开量为 1 ~ 1.5cm。同样，在此处进行拨开处理也是根据人体的小腿部外形特征，使裤子更贴合人体。经过归拔处理的前、后裤片拼合在一起后，可以看出裤子的外形与人体的腿部形态特征极为吻合，穿着较为舒适。归拔工艺在西裤制作中的作用是不容忽视的，它可以使服装更加立体、更加贴合人体，满足人体的外形需要。

第四节　男裤结构设计

一、男裤规格参数设计

1. 裤长

根据裤装的造型风格和人体的上裆长大小的比较进行裤长设计。

超短裤：裤长 $\leqslant 0.4h-10$cm 的裤装；

短裤：裤长 $0.4h-10$cm ~ $0.4h+5$cm 的裤装；

中裤：裤长 $0.4h+5$cm ~ $0.5h$ 的裤装；

中长裤：裤长 $0.5h$ ~ $0.5h+10$cm 的裤装；

长裤：裤长 $0.5h+10$cm ~ $0.6h+2$cm 的裤装。

2. 上裆长

在裤装结构中，上裆长指从腰围线至横裆线的距离，与人体股上长有着密切联系。由于人体下肢运动皮肤的伸展，特别是对臀沟部位，需要裤装裆部与人体的会阴点之间具有一定的间隙量（一般≤ 3cm），以增加裤装上裆部的运动松量，这部分区域在裤装结构功能分布中称为自由区，因此，裤装上裆长 = 人体股上长 + 裆底松量 + 腰带宽。裤装上裆长与人体股上长的关系如图 5-19 所示。

根据人体测量数据，男性中间体（170/88A）的股上长约为 26cm，在裤装结构设计中，可以将该量 − ≤ 3cm 作为设计男裤上裆长的依据；裆底松量的设计根据裤装不同风格具有不同的取值范围，宽松风格裤装为 2 ~ 3cm，较宽松风格裤装为 1 ~ 2cm，较贴体风格裤装为 0 ~ 1cm，贴体风格裤装为 0cm。

对于在人体腰围线装腰的裤装款式，裤装上裆长 = 人体上裆长 − ≤ 3cm + 裆底松量 + 腰带宽；对于低腰裤装款式，裤装上裆长 = 人体上裆长 − 低腰量 + 裆底松量 + 腰带宽。

3. 中裆的位置及大小

在裤装结构中，中裆线的位置对应于人体膝盖中点高。根据人体测量数据，人体膝长（从腰围线至膝盖骨中点的距离）约为 57cm，通过调节中裆线位置的高低可以强化裤身的造型风格，如适当提高中裆线位置可使腿部显得更加修长。中裆的大小对应于人体膝围，并且要综合考虑膝部前屈所需的运动松量以及面料拉伸性等因素。

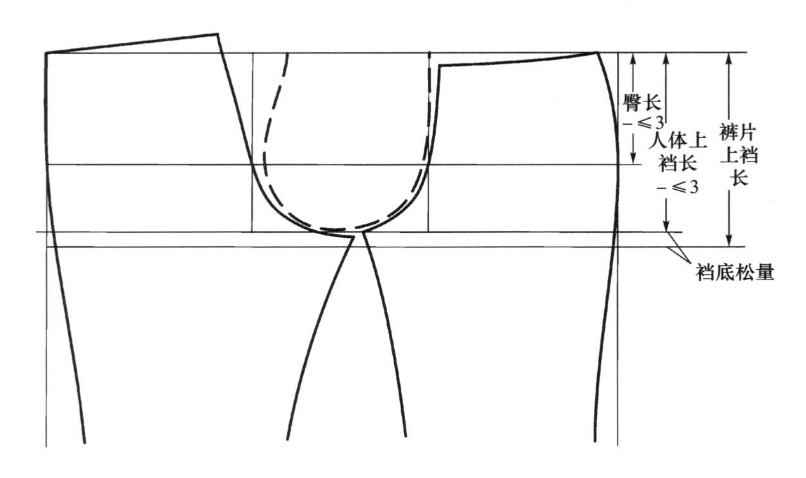

图 5-19　裤装上裆长与人体股上长的关系

4. 腰围松量设计

腰围松量设计是依据腰部前后运动舒适量的大小以及穿着状态时服装的厚度决定的。前腰围的松量比后腰围的松量大得多。在裤装设计中，同时要考虑裤装的腰线在人体的具体位置来进行设计。一般腰围松量设计如下：

合体风格裤装：腰围松量为 0.5 ~ 1cm；

较合体风格裤装：腰围松量为 1 ~ 1.5cm；

较宽松风格裤装：腰围松量为 1.5 ~ 2.0cm；

宽松风格裤装：腰围松量为 2cm 以上。

5. 臀围松量设计

臀围松量设计是依据裤装造型形态和人体臀部运动量的大小两个因素来决定的。臀部运动松量主要体现在后臀，造型松量主要体现在前臀的松量设计。根据风格臀围松量设计如下：

合体风格裤装：臀围松量为 4 ~ 6cm；

较合体风格裤装：臀围松量为 6 ~ 12cm；

较宽松风格裤装：臀围松量为 12 ~ 18cm；

宽松风格裤装：臀围松量为 18cm 以上。

6. 裤脚口大小

直筒裤：裤脚口＝ $0.2H$ ~ $0.2H+5$cm；

窄脚裤：裤脚口≤ $0.2H-3$cm；

宽脚裤：裤脚口≥ $0.2H+10$cm。

二、裤装结构设计

1. 宽松风格

（1）宽松型长裤（图 5-20）：

规格设计：

$L=0.6\times170\text{cm}+1\text{cm}=103\text{cm}$

BR=（27−4）cm+2.5cm+3.5cm=29cm

W=（78+2）cm+2cm=82cm

H=（95+2）cm+（18 ～ 35）cm

=97cm+23cm=120cm

SB=22cm

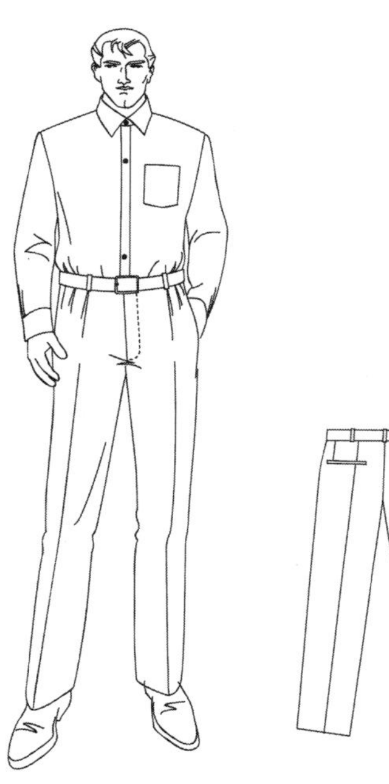

(a) 款式图

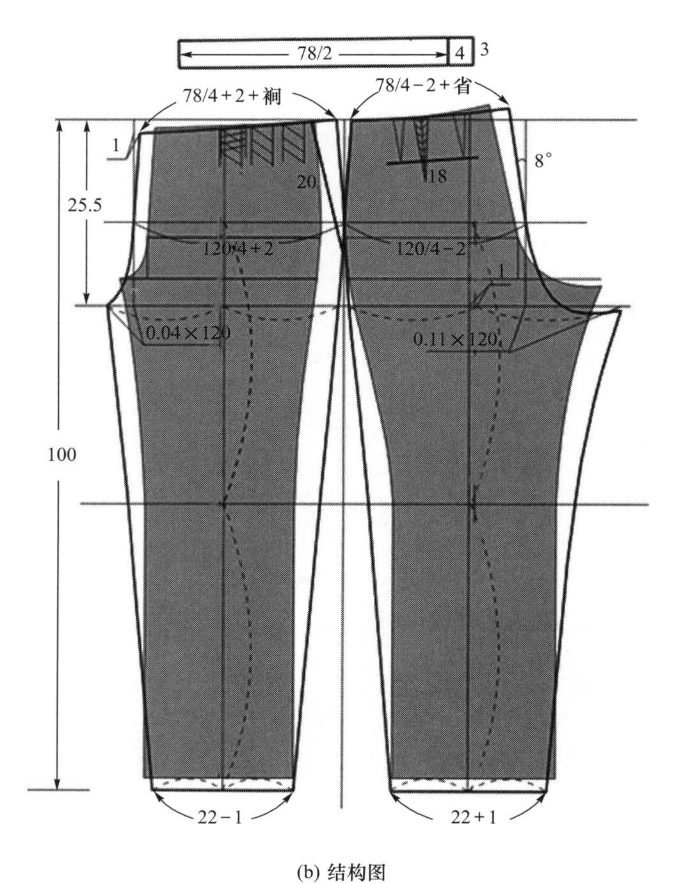

(b) 结构图

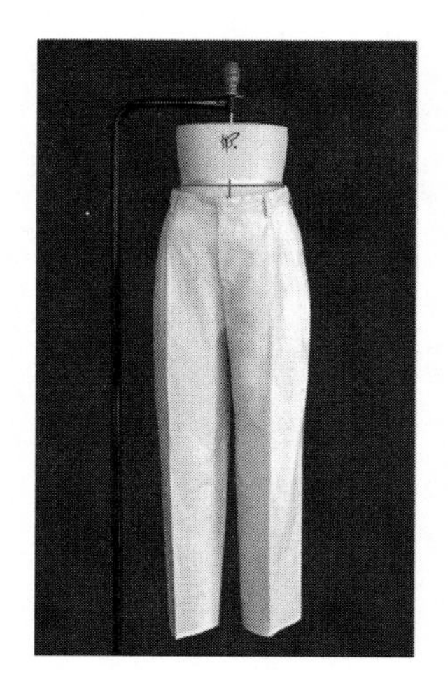

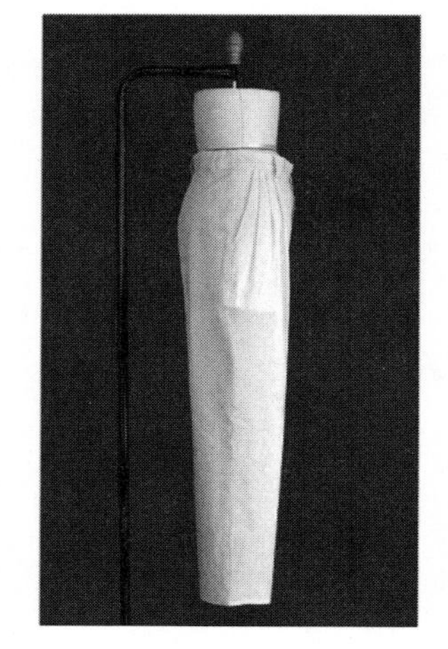

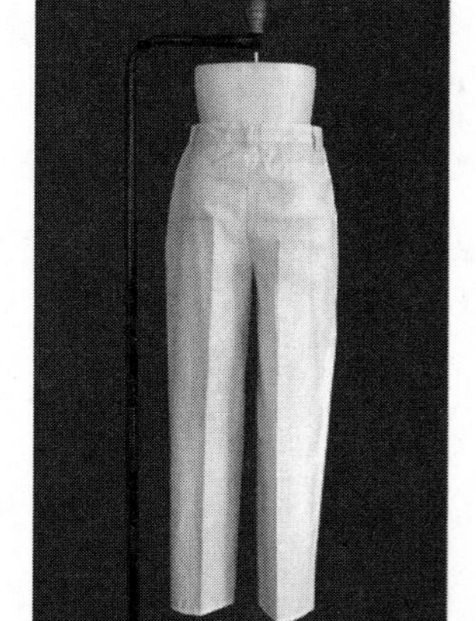

(c) 成衣效果

图 5–20 宽松型长裤

（2）宽松型短裤（图 5–21）：

规格设计：

$L=0.3\times170\text{cm}-3\text{cm}=48\text{cm}$

$BR=（26-3）\text{cm}+2.5\text{cm}+3.5\text{cm}=29\text{cm}$

$W=78\text{cm}+2\text{cm}=80\text{cm}$

$H=95\text{cm}+（18\sim35）\text{cm}$

$\quad=95\text{cm}+20\text{cm}=115\text{cm}$

$SB=28\text{cm}$

(a) 款式图

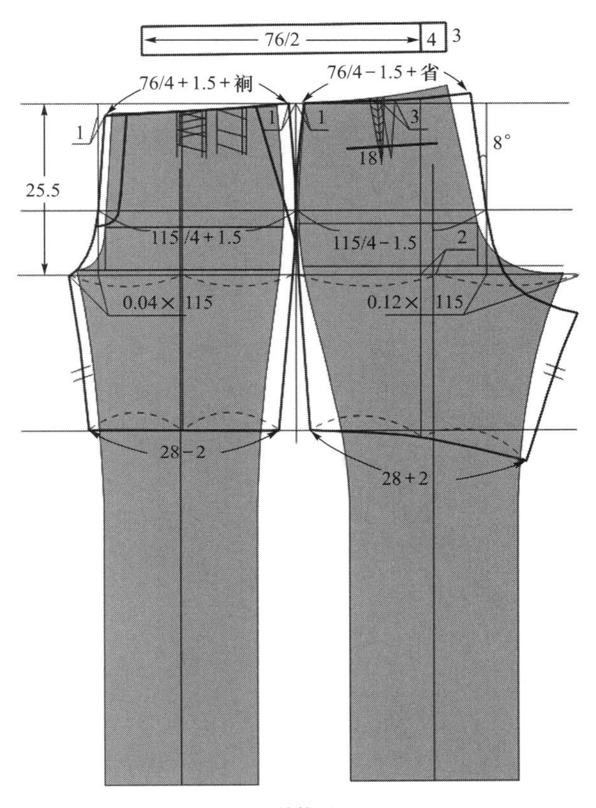

(b) 结构图

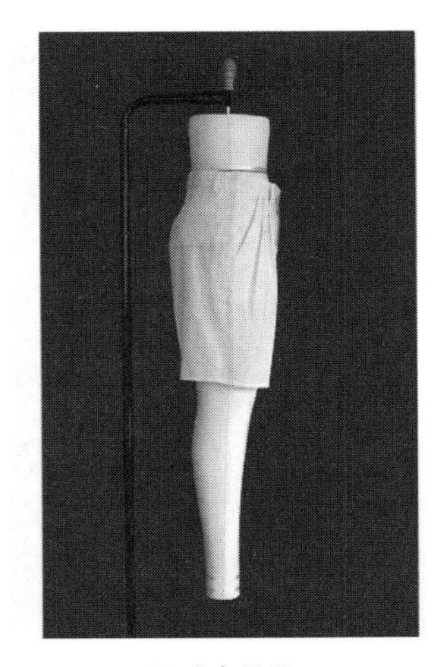

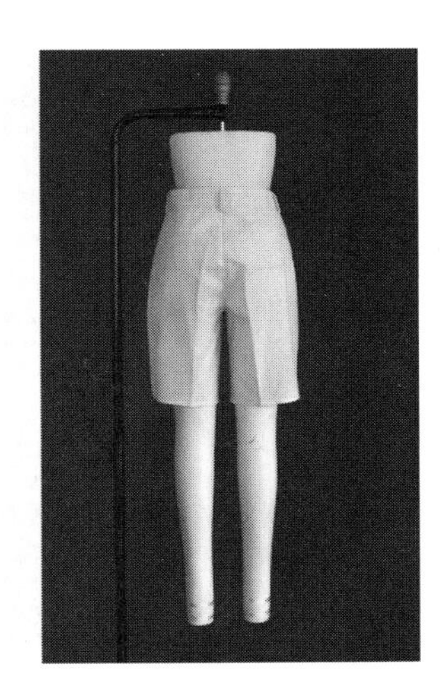

(c) 成衣效果

图 5–21　宽松型短裤

2. 较宽松风格

(1)较宽松型长裤(图 5-22):

规格设计:

$L = 0.6 \times 170\text{cm} + 1\text{cm} = 103\text{cm}$

$BR =(26-3)\text{cm} + 2.5\text{cm} + 3.5\text{cm} = 29\text{cm}$

$W =(78+1)\text{cm} + 2\text{cm} = 81\text{cm}$

$H =(95+1)\text{cm} +(12 \sim 18)\text{cm}$

$= 96\text{cm} + 14\text{cm} = 110\text{cm}$

$SB = 22\text{cm}$

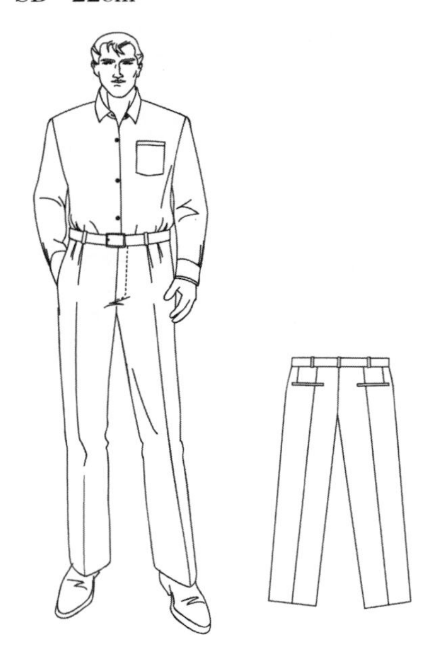

(a) 款式图

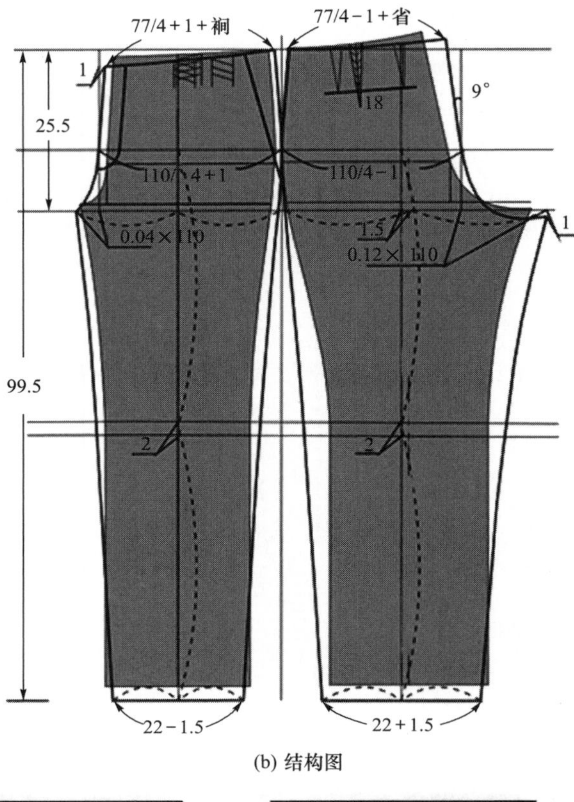

(b) 结构图

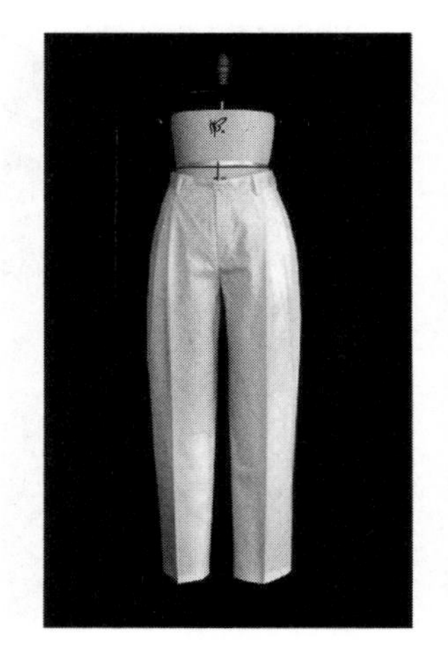

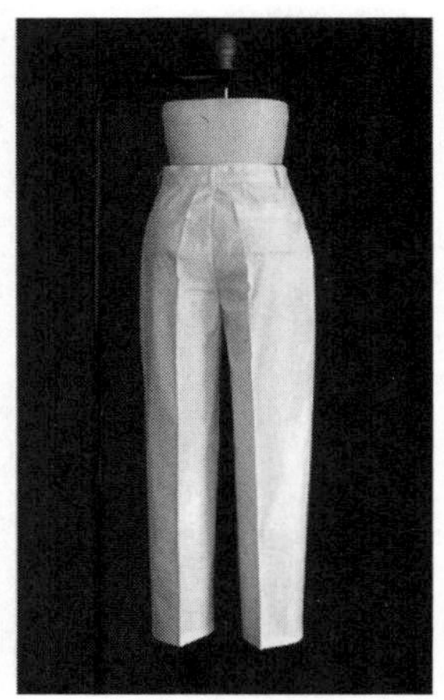

(c) 成衣效果

图 5-22 较宽松型长裤

（2）较宽松型短裤（图 5-23）：

规格设计：

$L=0.3\times170\text{cm}-2\text{cm}=49\text{cm}$

$\text{BR}=(27-4)\text{cm}+2\text{cm}+3.5\text{cm}=28.5\text{cm}$

$W=(78+1)\text{cm}+1\text{cm}=80\text{cm}$

$H=(95+1)\text{cm}+(12\sim18)\text{cm}$

$=96\text{cm}+14\text{cm}=110\text{cm}$

$\text{SB}=25\text{cm}$

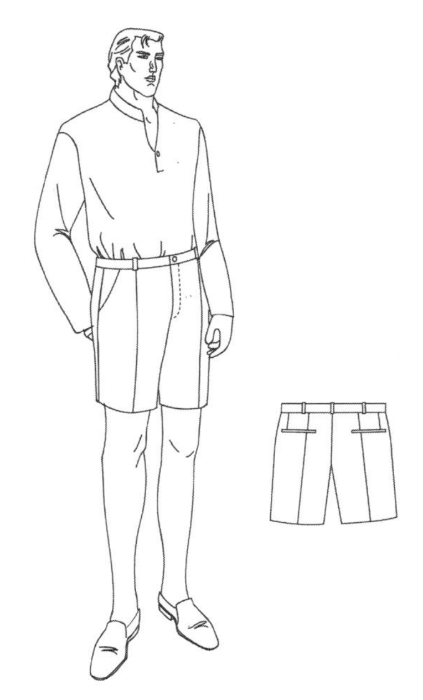

(a) 款式图

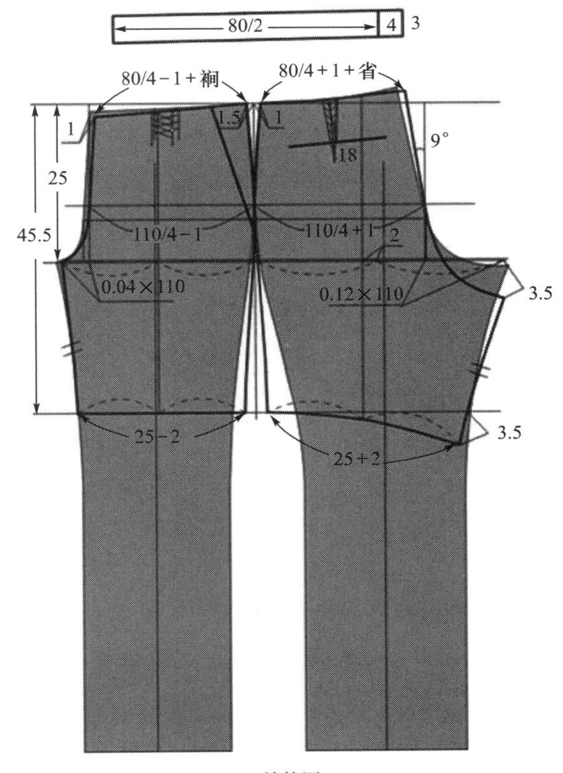

(b) 结构图

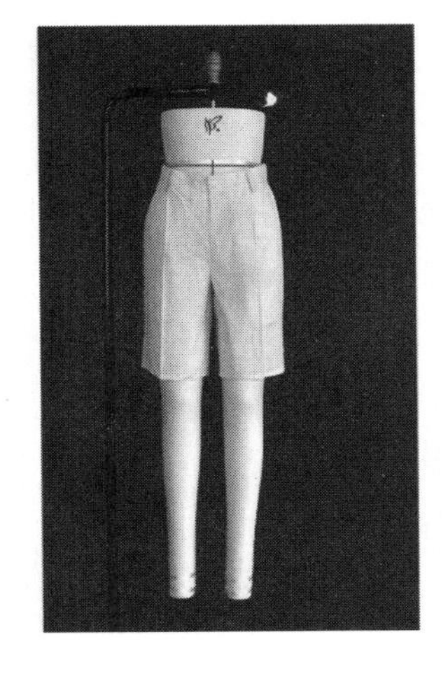

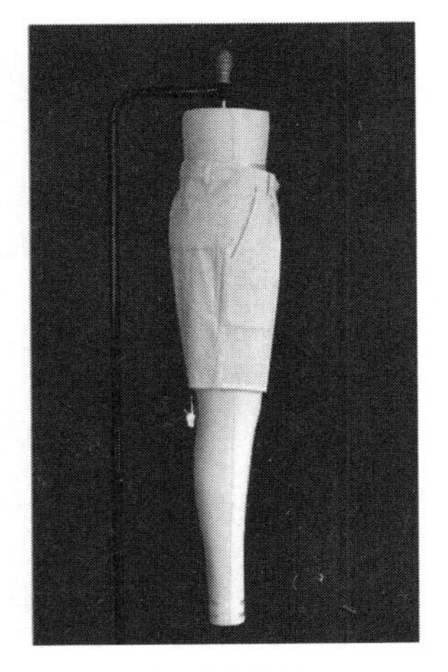

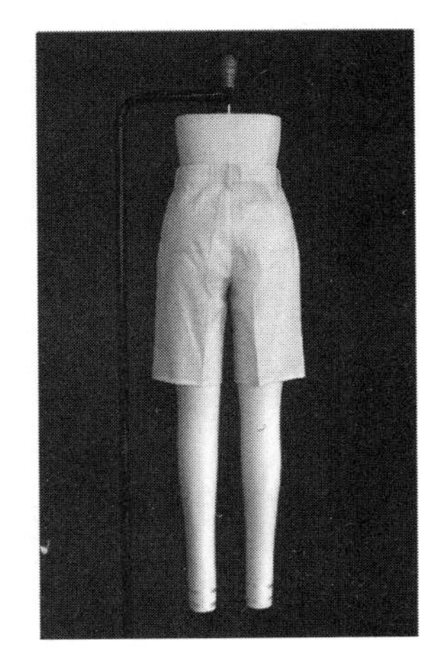

(c) 成衣效果

图 5-23　较宽松型短裤

3．较合体风格

较合体型长裤（图 5-24）：

规格设计：

$L=0.6\times170\text{cm}+2\text{cm}=104\text{cm}$

$\text{BR}=(27-4)\text{cm}+1.5\text{cm}+3.5\text{cm}=28\text{cm}$

$W=(78+1)\text{cm}+2\text{cm}=81\text{cm}$

$H=(95+1)\text{cm}+(6\sim12)\text{cm}$

$=96\text{cm}+10\text{cm}=106\text{cm}$

$\text{SB}=21\text{cm}$

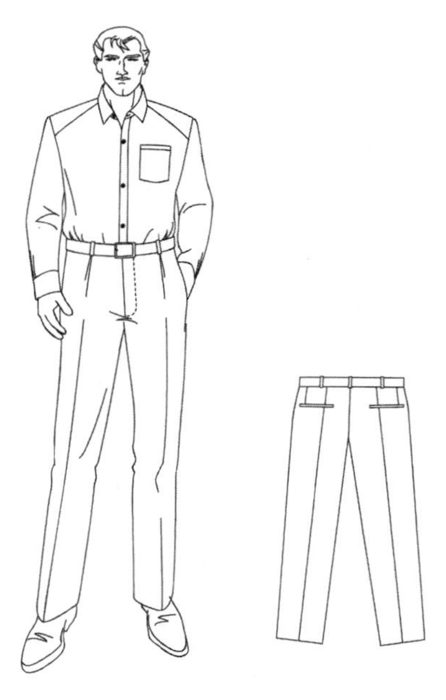

(a) 款式图

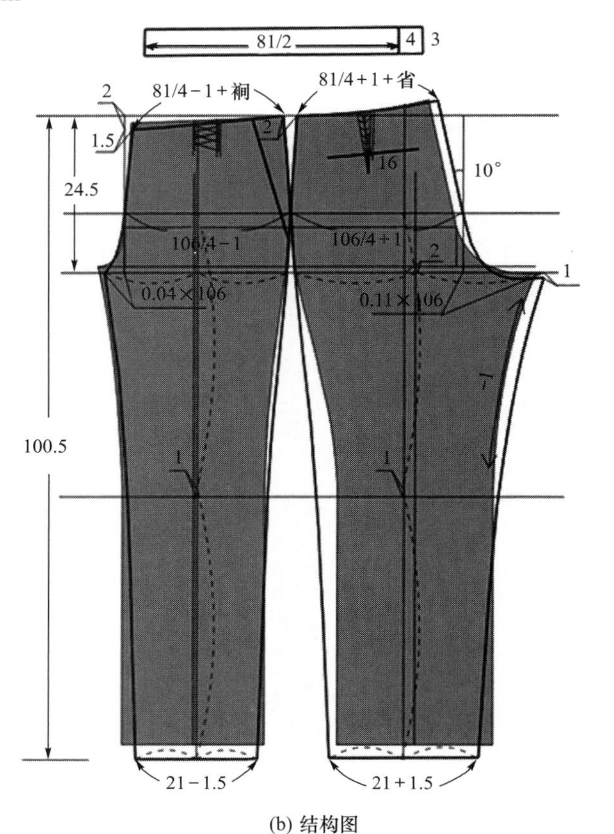

(b) 结构图

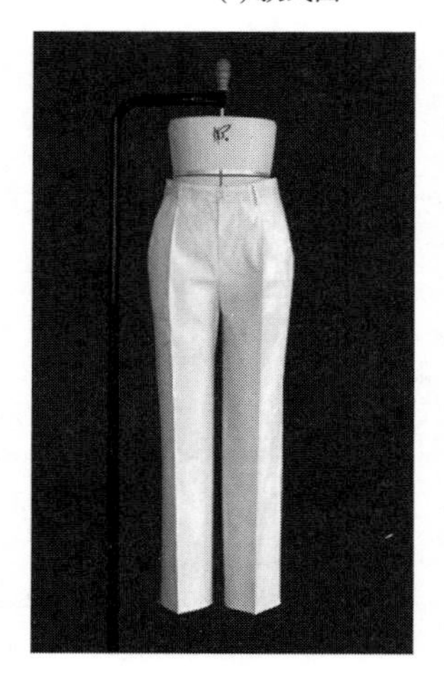

(c) 成衣效果

图 5-24 较合体型长裤

4. 合体风格

（1）合体型牛仔裤（图 5–25）：

规格设计：

$L=0.6\times170\text{cm}-2\text{cm}=100\text{cm}$

$\text{BR}=27\text{cm}-7\text{cm}+4\text{cm}=24\text{cm}$

$W=78\text{cm}+6\text{cm}=84\text{cm}$

$H=95\text{cm}+（4\sim6）\text{cm}=100\text{cm}$

$\text{SB}=21\text{cm}$

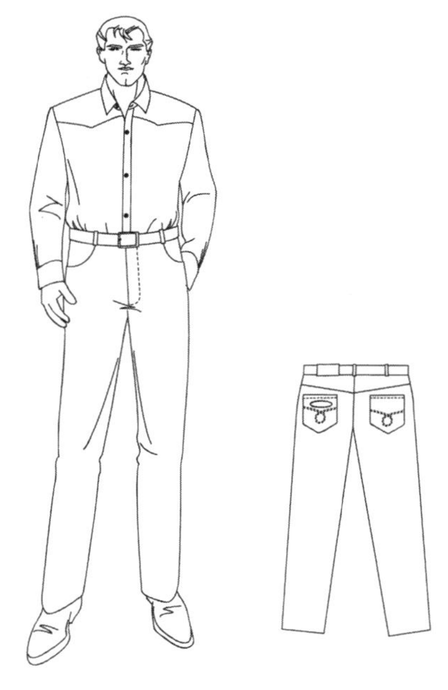

(a) 款式图

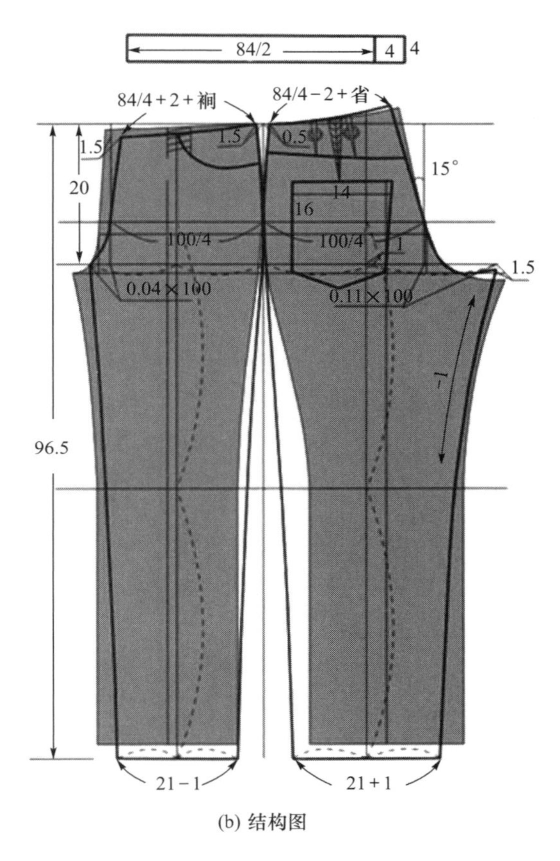

(b) 结构图

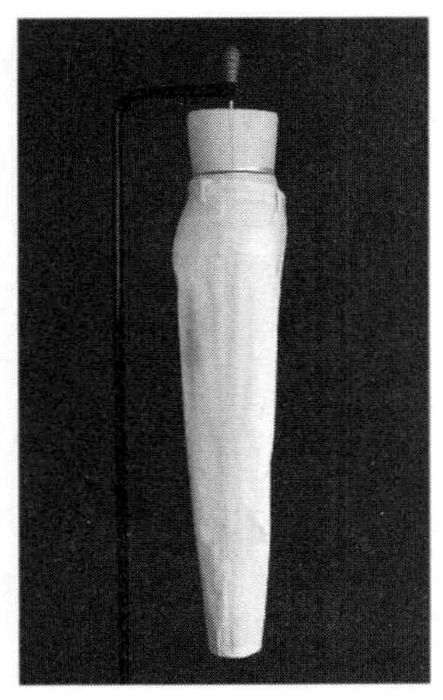
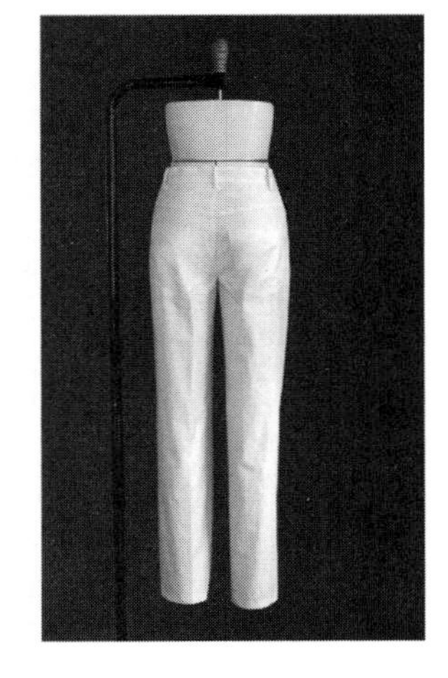

(c) 成衣效果

图 5–25　合体型牛仔裤

（2）合体型长裤（图 5–26）：

规格设计：

$L=0.6\times170\text{cm}+1\text{cm}=103\text{cm}$

BR=（27−4）cm+4cm=27cm

$W=78\text{cm}+4\text{cm}=82\text{cm}$

$H=95\text{cm}+$（4 ～ 6）cm=100cm

SB=21cm

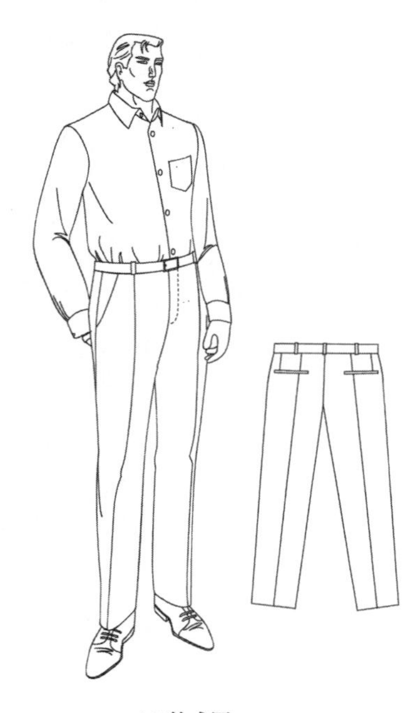

(a) 款式图

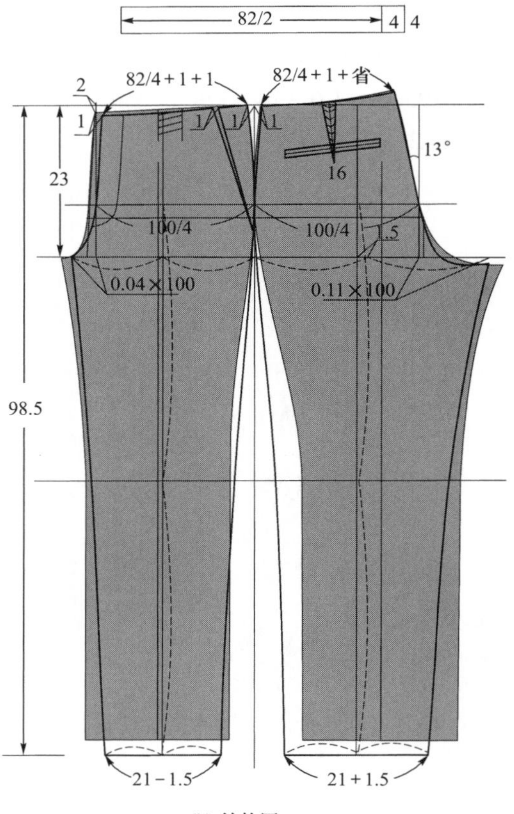

(b) 结构图

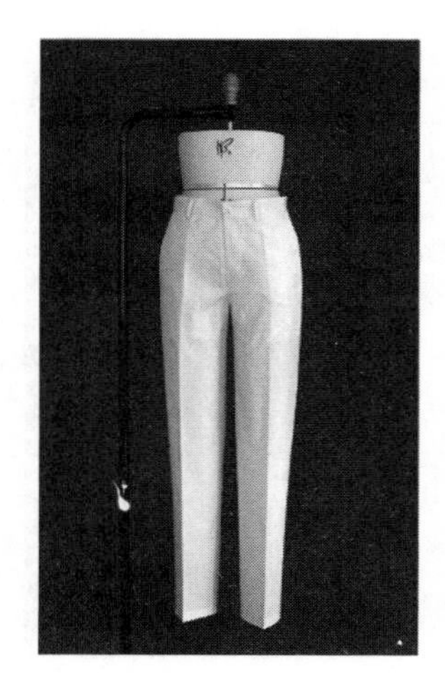

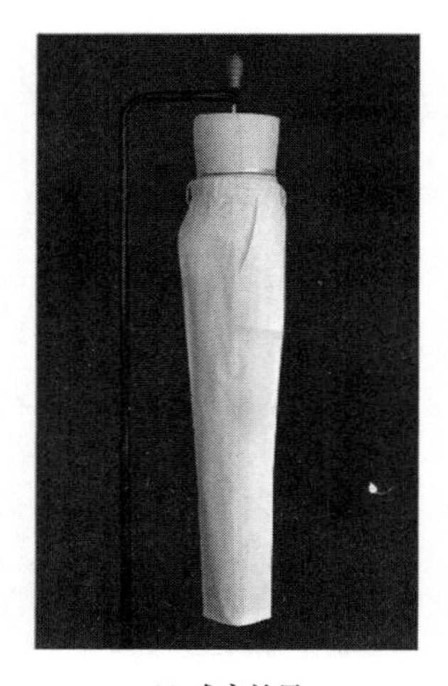

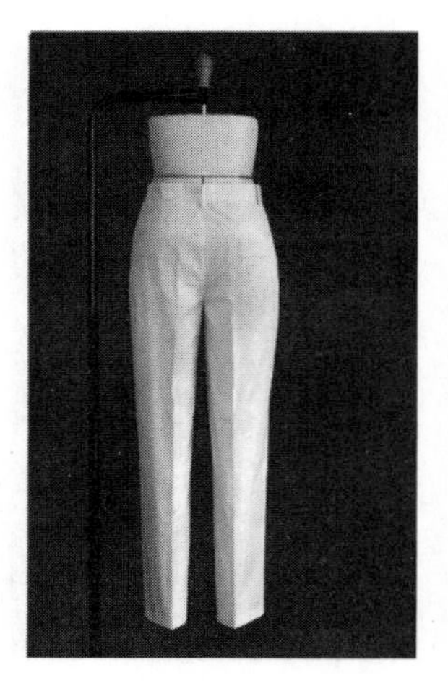

(c) 成衣效果

图 5–26 合体型长裤

三、男裤实例

1. 较合体直筒裤（图 5-27）

规格设计：

$L=0.6\times170\text{cm}=102\text{cm}$

BR=（27−4）cm+4cm=27cm

$W=78\text{cm}+4\text{cm}=82.0\text{cm}$

$H=95\text{cm}+$（6 ~ 12）cm=95cm+11cm=106cm

SB=22cm

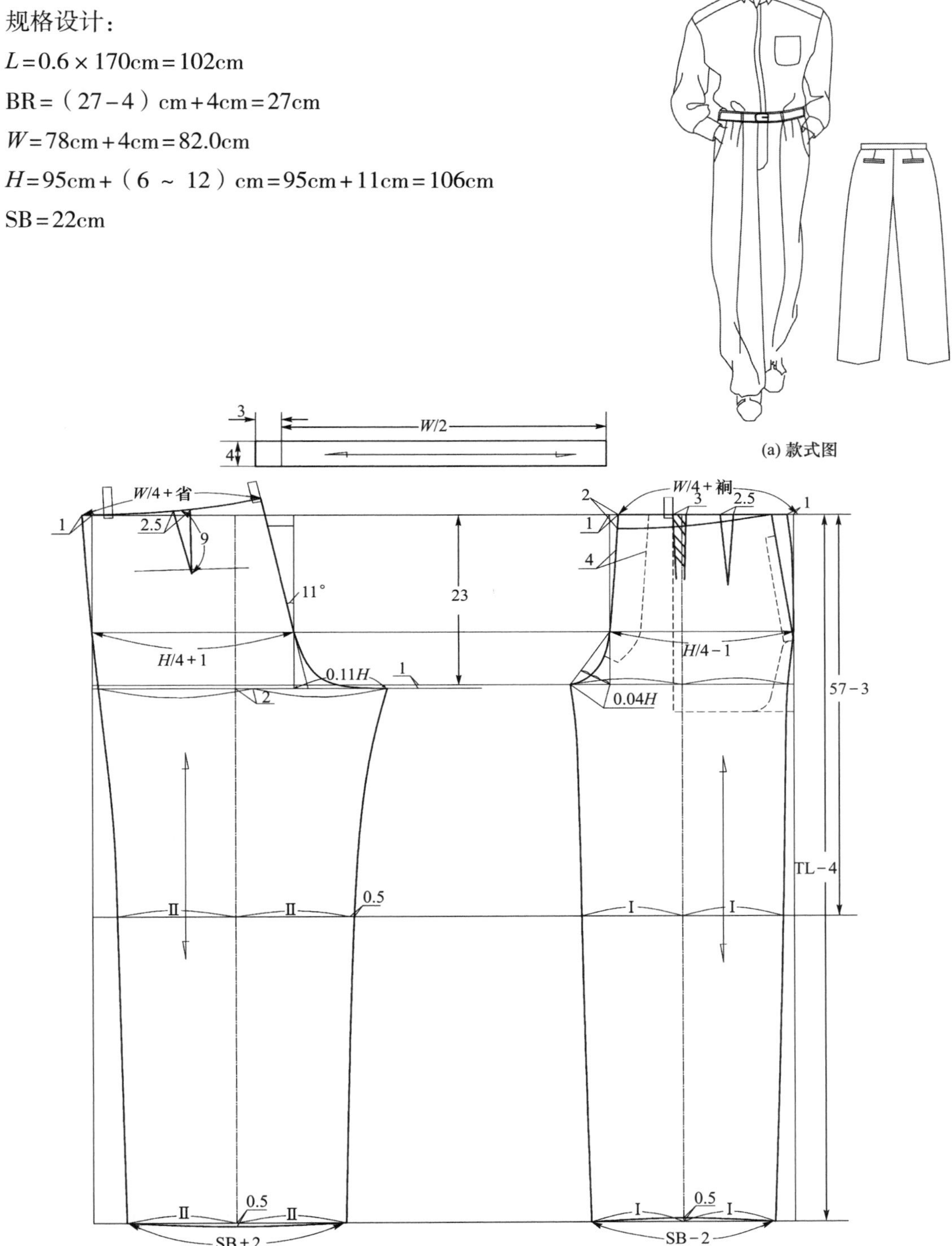

(a) 款式图

(b) 结构图

图 5-27　较合体直筒裤

2. 背带裤（图 5–28）

规格设计：

$L = 0.6 \times 170\text{cm} = 102\text{cm}$

$BR = 27\text{cm} + 4\text{cm} = 31\text{cm}$

$W = 78\text{cm} + 6\text{cm} = 84\text{cm}$

$H = 95\text{cm} +（6 \sim 12）\text{cm} = 95\text{cm} + 10\text{cm} = 105\text{cm}$

$SB = 23\text{cm}$

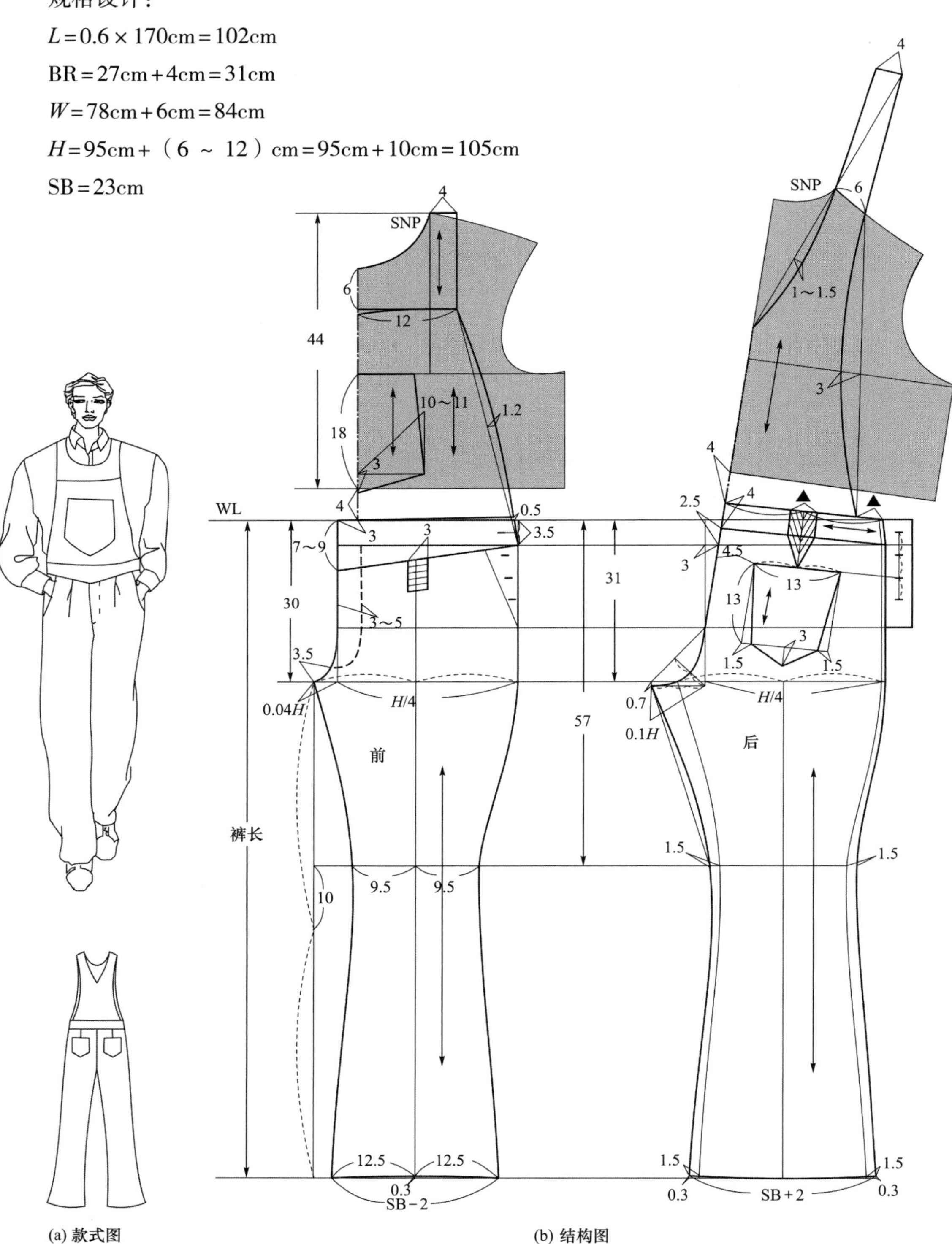

(a) 款式图　　(b) 结构图

图 5–28 背带裤

3. **居家便裤**（图 5-29）

规格设计：

$L=0.6\times170cm=102cm$

$BR=27cm+2cm+4cm=33cm$

$W=78cm+2cm=80cm$（抽褶后）

$H=95cm+$（6 ～ 12）$cm=95cm+11cm=106cm$

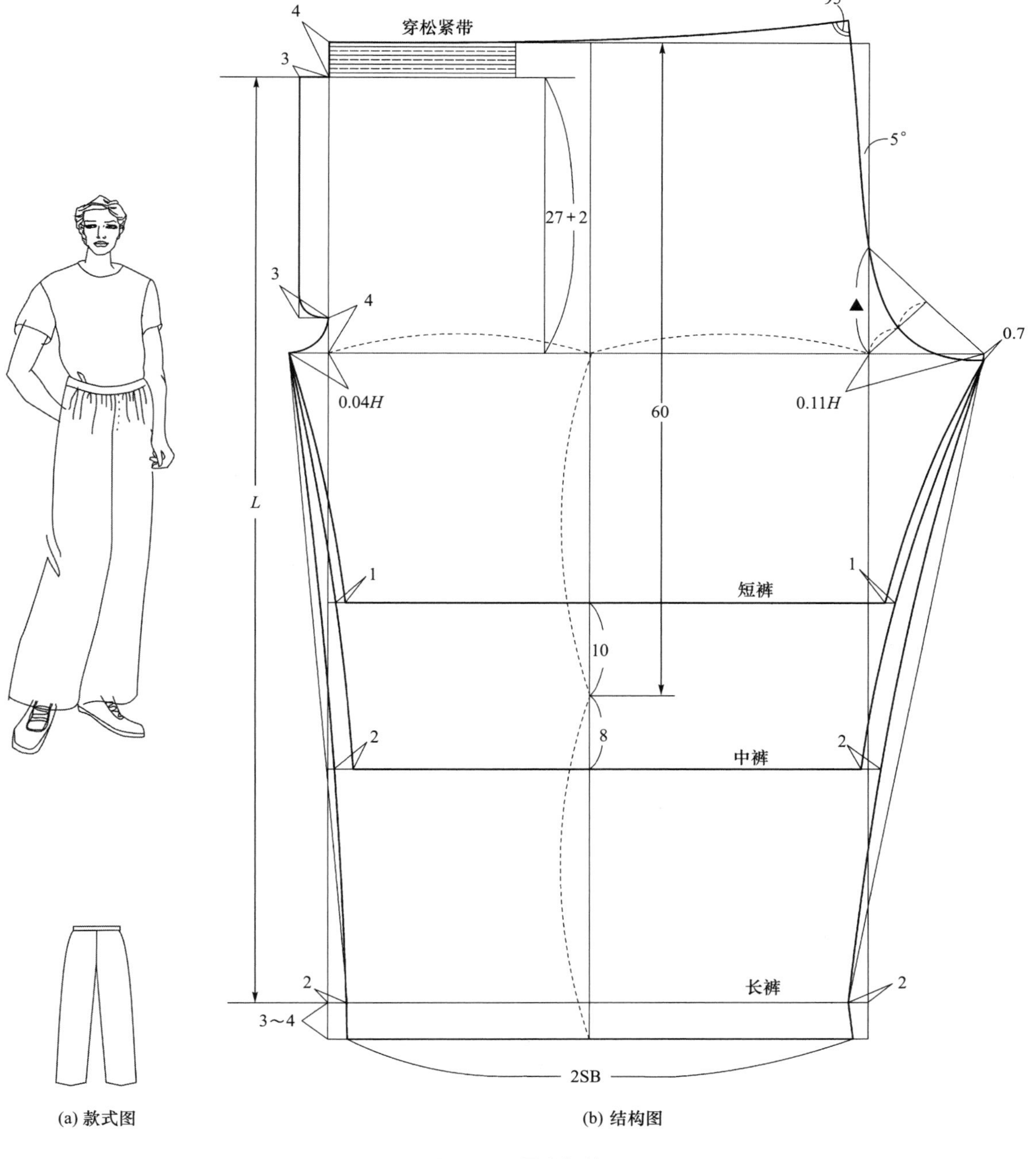

(a) 款式图　　(b) 结构图

图 5-29　居家便裤

4. 晚礼服裤（图 5–30）

$L=0.6\times170\text{cm}=102\text{cm}$

$\text{BR}=27\text{cm}-2\text{cm}+4\text{cm}=29\text{cm}$

$W=78\text{cm}+3\text{cm}=81\text{cm}$

$H=95\text{cm}+（6\sim12）\text{cm}=95\text{cm}+10\text{cm}=105\text{cm}$

$\text{SB}=22\text{cm}$

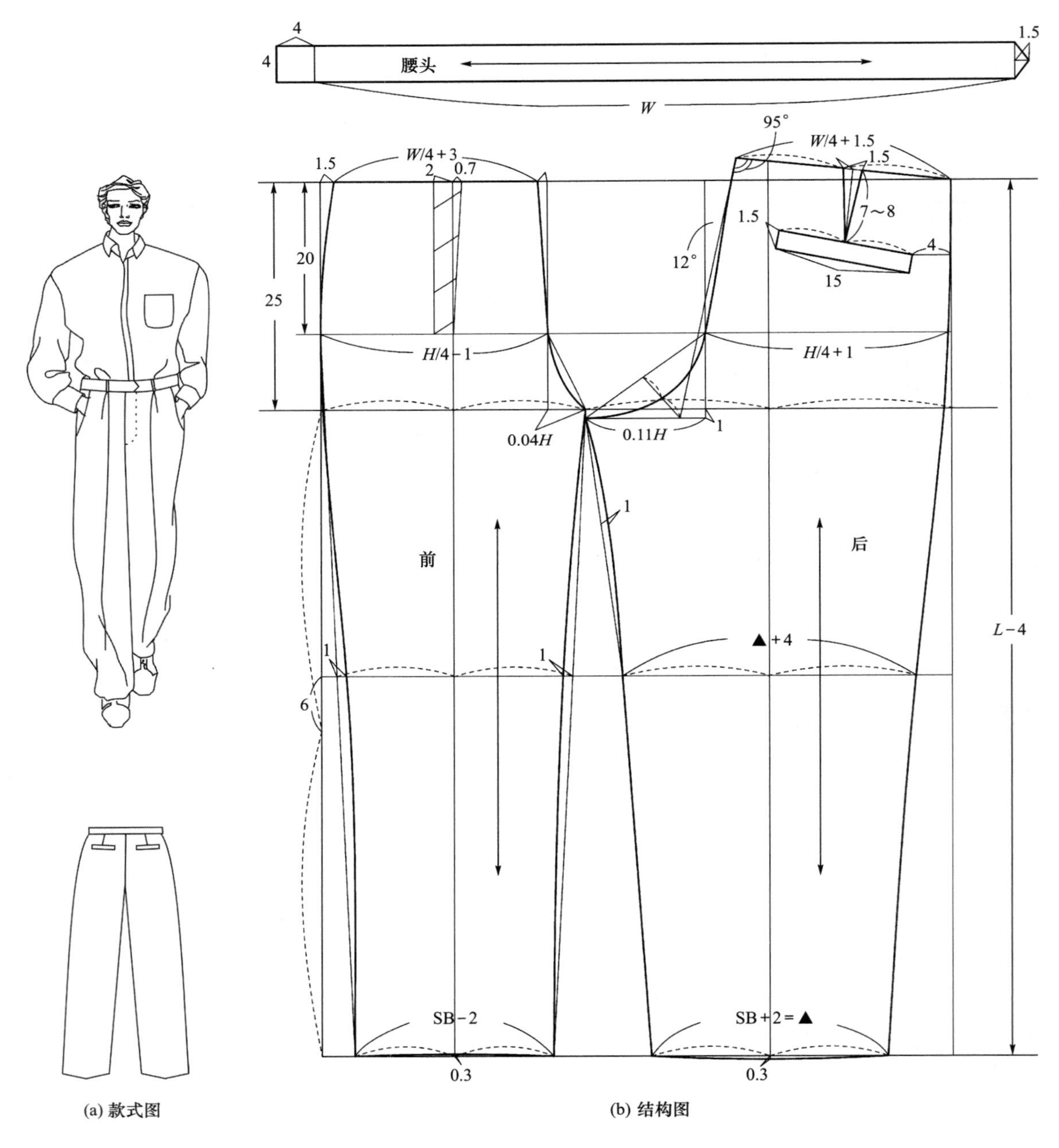

(a) 款式图　(b) 结构图

图 5–30 晚礼服裤

5. **中山装裤**（图 5–31）

规格设计：

$L=0.6\times170\text{cm}=102\text{cm}$

$\text{BR}=27\text{cm}-2\text{cm}+4\text{cm}=29\text{cm}$

$W=78\text{cm}+3\text{cm}=81\text{cm}$

$H=95\text{cm}+（6\sim12）\text{cm}=95\text{cm}+11\text{cm}=106\text{cm}$

$\text{SB}=23\text{cm}$

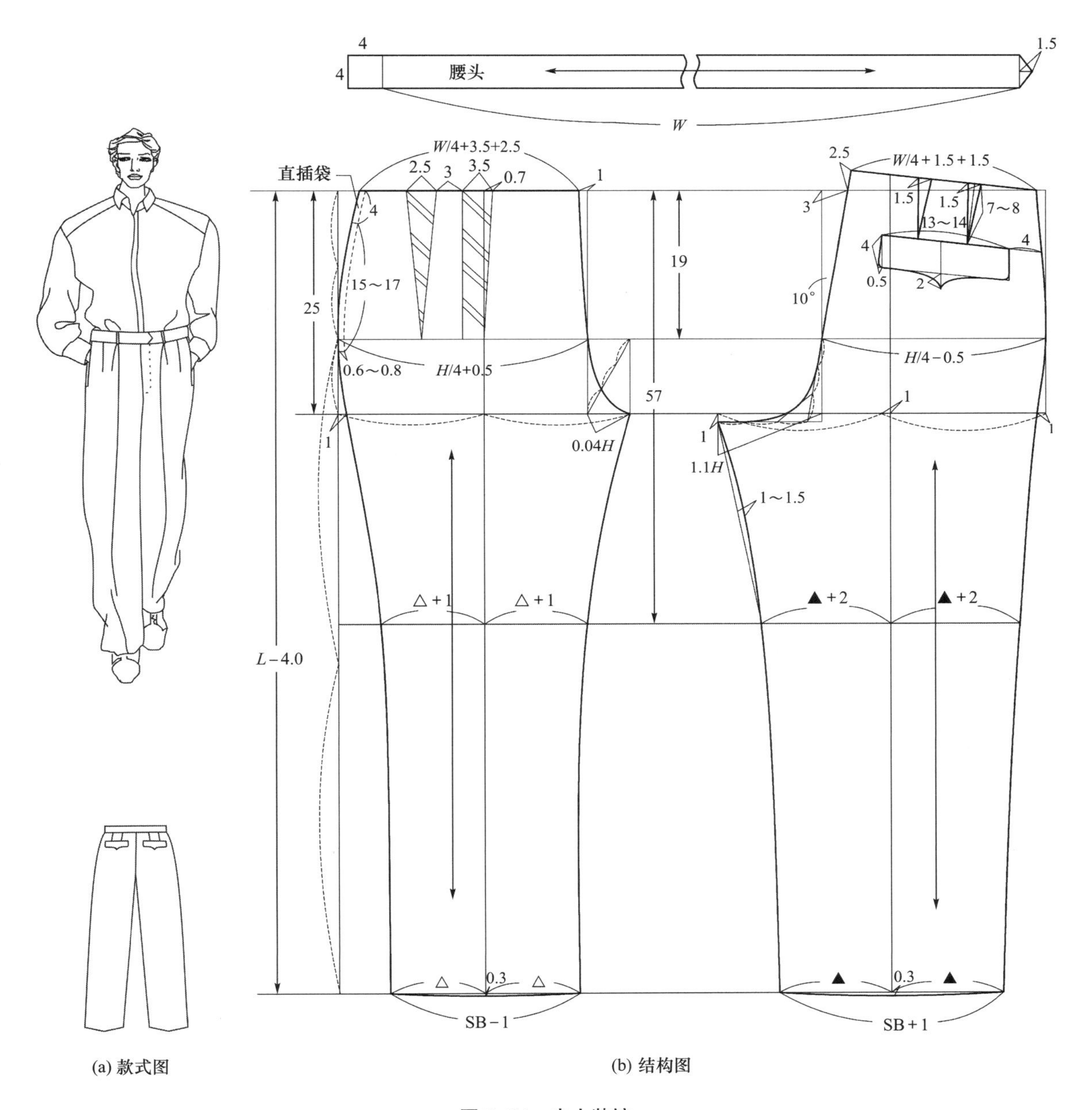

(a) 款式图　　(b) 结构图

图 5–31 中山装裤

6. **中式裤**（图 5–32）

规格设计：

$L=0.6\times170\text{cm}-2\text{cm}=100\text{cm}$ BR＝27cm＋4cm＝31cm

$W=78\text{cm}+4\text{cm}=82\text{cm}$ $H=95\text{cm}+$（6 ～ 12）cm＝95cm＋12cm＝107cm

SB＝25cm

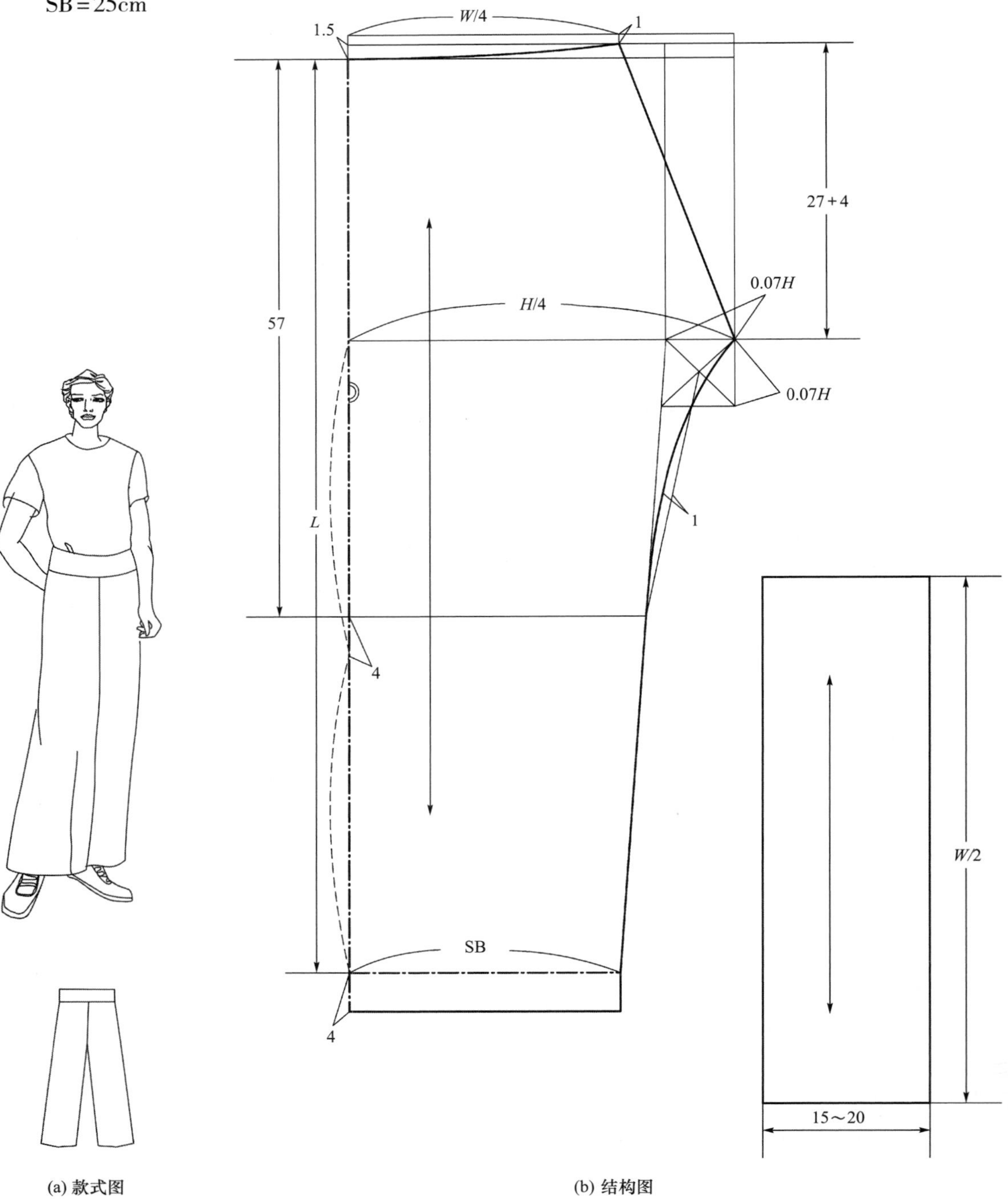

(a) 款式图 (b) 结构图

图 5–32 中式裤

7. 分割裤（图 5-33）

规格设计：

$L=0.6\times170\text{cm}=102\text{cm}$

$\text{BR}=27\text{cm}-4\text{cm}+4\text{cm}=27\text{cm}$

$W=78\text{cm}+4\text{cm}=82\text{cm}$

$H=95\text{cm}+$（6 ~ 12）$\text{cm}=95\text{cm}+8\text{cm}=103\text{cm}$

$\text{SB}=25\text{cm}$

8. 马裤（图 5-34）

规格设计：

$L=0.6\times170\text{cm}=102\text{cm}$

$\text{BR}=27\text{cm}+4\text{cm}=31\text{cm}$

$W=78\text{cm}+2\text{cm}=80\text{cm}$

$H=95\text{cm}+12\text{cm}=107\text{cm}$

SB = 踝骨围

(a) 款式图

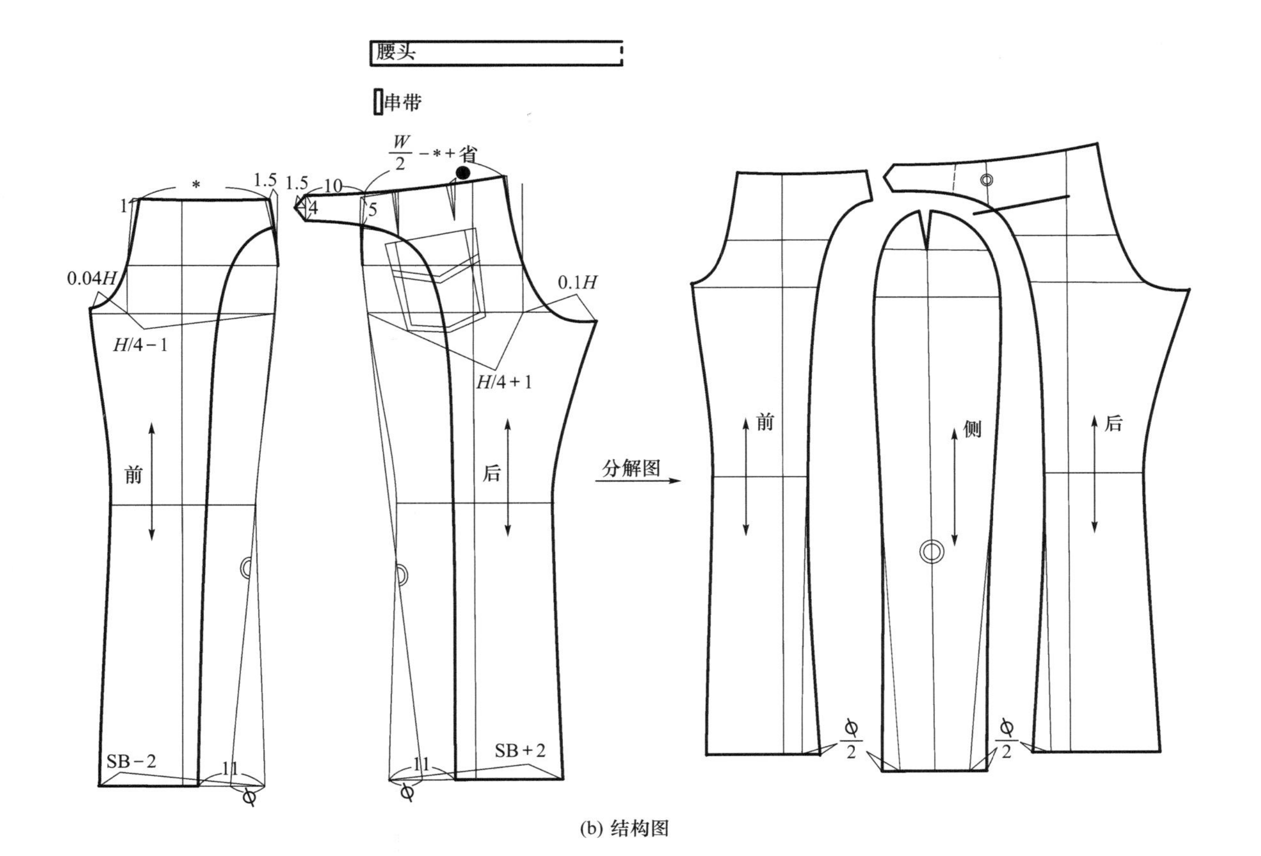

(b) 结构图

图 5-33　分割裤

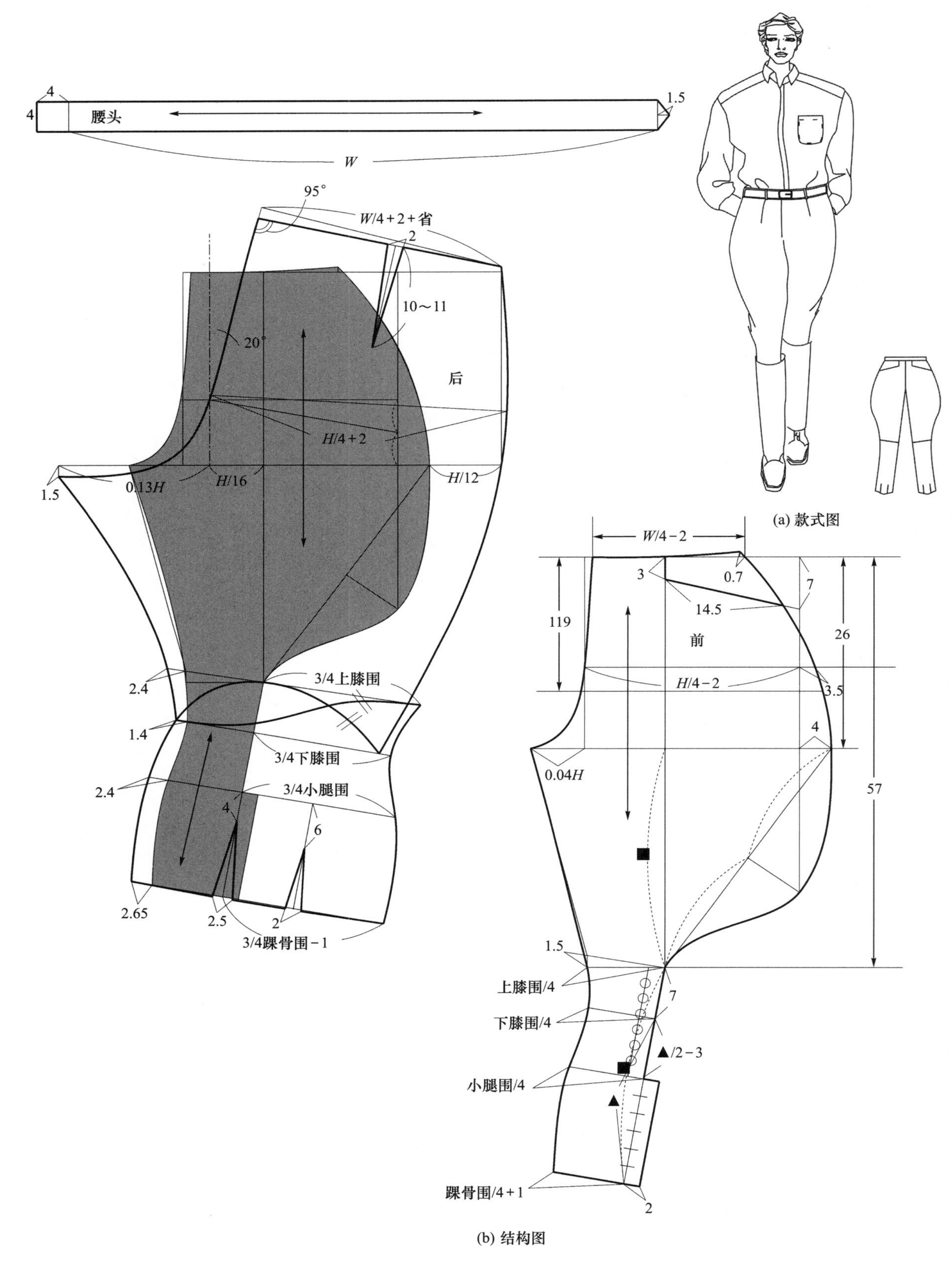

(a) 款式图

(b) 结构图

图 5-34 马裤

思考题

1. 详述男裤原型的立体构成方法。
2. 裤装上裆构造与人体形态和穿着舒适性有何关系？
3. 简述裤装的风格分类及其具体规格设计。
4. 合体风格的静态美为主与动态舒适为主的裤装结构上有何差异？

应用与实践——

男装衣身结构

课题名称： 男装衣身结构

课题内容： 1. 基础纸样。

2. 男装衣身结构平衡。

3. 造型、结构、工艺立体配伍。

4. 男装肩部造型的立体处理。

5. 衣身平衡的立体处理。

课题时间： 4 课时

教学目的： 掌握衣身结构平衡的处理规律和方法。

教学方式： 实物纸样结构变化、PPT。

教学要求： 1. 掌握衣身前、后浮余量消除的各种结构方法。

2. 两种撇胸产生的衣身造型效果。

3. 掌握增加胸部隆起程度的结构处理方法。

课前（后）准备：

学生准备 1:5 的原型纸样若干个，用于上课时按教师指导进行浮余量的消除。

第六章　男装衣身结构

本章从基础纸样入手，利用衣身平衡理论，以造型、结构、工艺配伍为核心，分析男装不同风格衣身结构的构成设计。

男装与女装的衣身设计有着本质上的区别，一方面有女装时装化的衣身分割设计，另一方面有工艺、面料、结构、体型四者合理的配伍设计。

基础纸样是用最简单的纸样表达复杂的男装与人体之间的尺寸参数、造型参数，是理解造型与人体之间关系的工具，是把握好衣身平衡原理并解决造型和衣身配伍的技术手段。由于衣身平衡原理是架构衣身、人体、结构、工艺立体配伍的理论依据，结构、工艺合理配伍是掌握男装造型和人体的舒适、得体和谐的关键。

男装的衣身是覆盖于人体躯干部位的服装部件，由于人体躯干部分起伏变化明显，呈复杂的不规则立体形态。要将平整的面料塑造成符合人体的服装，需要经过由二维到三维的转化过程。从而将结构、工艺有效的组合成丰富而韵动的造型构成。

第一节　基础纸样

一、男装基础纸样基础知识

基础纸样是服装纸样设计的基础图形，是结构最简单且能包含人体最重要的部位尺寸，具有最大覆盖面的纸样。

狭义地讲，基础纸样特指原型类结构构图，是最简单的纸样；广义地讲，基础纸样是所有设计的服装品种中款式最简单的服装纸样。

基础纸样是服装结构构图的过渡形式，并非服装结构图的最终形式。通过对基础纸样的旋转、剪切、折叠、加放松量等变形方法，采用省道、折裥、抽褶、分割、连省成缝等各种结构形式，便可形成所需要的服装结构图。

基础纸样中，包含了服装与人体之间解决造型的信息和方法，是衣身、省、工艺配伍设计的基础。

男装的基础纸样分男装原型和男装基型两类。男装原型是最基本、结构最简单的基础纸样，男装基型是某品种中结构最简单、最常见的款式纸样。

1. 男装原型

根据男装的风格分为梯型原型、箱型原型、箱梯原型。

梯型原型主要用于衬衫、夹克、风衣等宽松类男装结构设计。

箱型原型主要用于西装、马甲等较贴体、贴体类男装结构设计。

箱梯原型主要用于上述两类原型适用范围之外的款式。

2. **男装基型**

基型是根据企业所定位的消费群体体型特征和企业产品风格所设计的基本款式的纸样。

当今许多男装企业都有自己品牌的基础纸样，基础纸样技术是公司的设计技术重要组成部分，是企业对所定位消费群体的自然属性的理解和提炼，是公司产品风格的具体体现。基础纸样技术是企业技术的战略核心和企业竞争的重要方面。

二、男上装原型的立体构成

1. **箱型原型**

从衣片构成角度上讲，胸围线是横纱，胸围线和腰围线之间是长方形；从造型立体角度上讲，胸腰部位之间的空间造型呈箱形状。

（1）规格参数（表6-1）：

表6-1　箱型原型规格参数说明

（B^* 指人体净胸围，h 指人体身高）　　单位：cm

名　称	公　式	说　明
身高	h	人体的身高
胸围	B^*	人体的净胸围
胸围放松量	16～18	在男子箱型衣身的平衡下，男子中间体胸围的基本放松量包括男子生理舒适量、胸宽运动量、背阔肌的运动松量
胸宽	$0.15B^*+4.5$	与人体的净胸围相关联
背宽	$0.15B^*+5.6$	与人体的净胸围相关联
前腰节长	$0.2h+10=44$	与人体的身高相关联
后腰节长	45	与人体的身高相关联
胸高	$0.1h+10$	与人体的身高相关联
前肩斜	18°	与中间体的人体肩斜相关联
后肩斜	22°	与中间体的人体肩斜相关联
前横开领	$B^*/12-0.3$	与人体的净胸围相关联
前直开领	$B^*/12+0.5$	与人体的净胸围相关联
后横开领	$B^*/12$	与人体的净胸围相关联
后直开领	$B^*/36$	与人体的净胸围相关联
前浮余量	$B^*/40=2.3$	与人体的净胸围相关联，集中于胸省处理
后浮余量	$B^*/40-0.3=2.0$	与人体的净胸围相关联

（2）纸样特征：箱型原型的立体构成方法：前衣身部分采用箱型原型的构成方法，即

将胸围线以上的浮余量全部捋至前袖窿处，腰围线形成水平线形式；后衣身部分采用箱型原型的构成方法，即将背宽线以上的浮余量全部捋至后袖窿处并用省道的方法处理。

箱型原型的前浮余量较能直观说明前浮余量的功能性，区别人体造型处理区域和人体立体结构的结合。同时服装胸围线是水平状，又能体现胸腰之间的造型关系。后浮余量，服装背宽线呈水平状，背部造型集中在肩胛骨造型省的处理。

男装箱型原型（东华原型第三版）结构制图如图 6–1 所示。

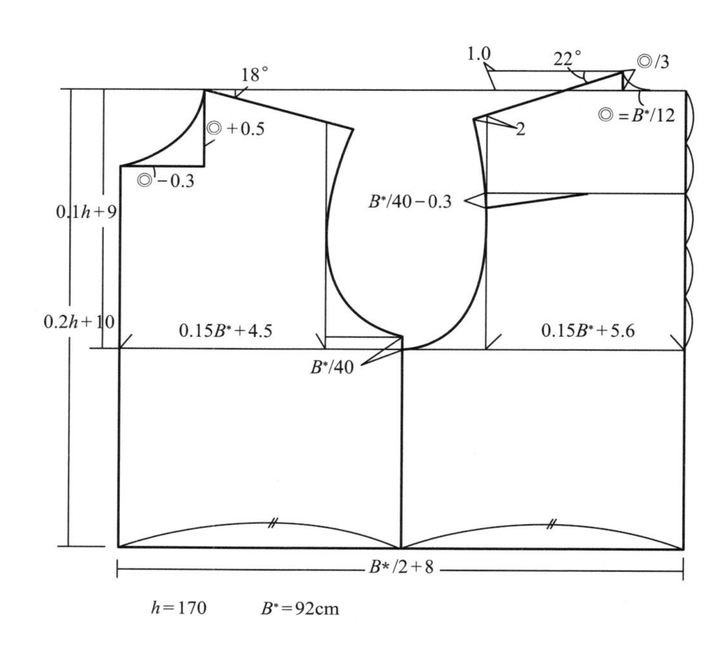

图 6–1 男装箱型原型结构制图

（3）立体构成：男装箱型原型的立体构成过程如图 6–2 所示。

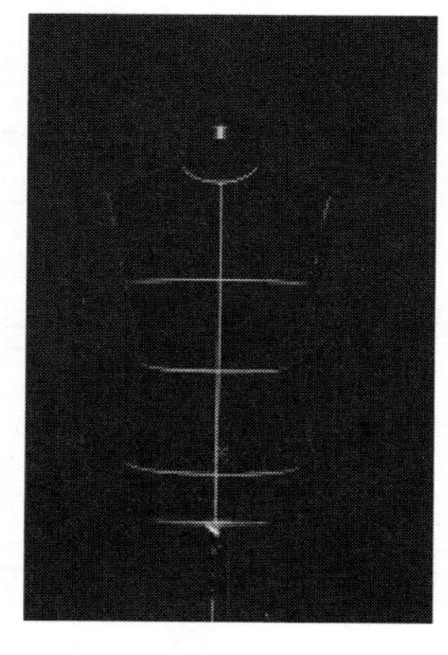

(a) 采用华东地区中间体人台(170/88 A)

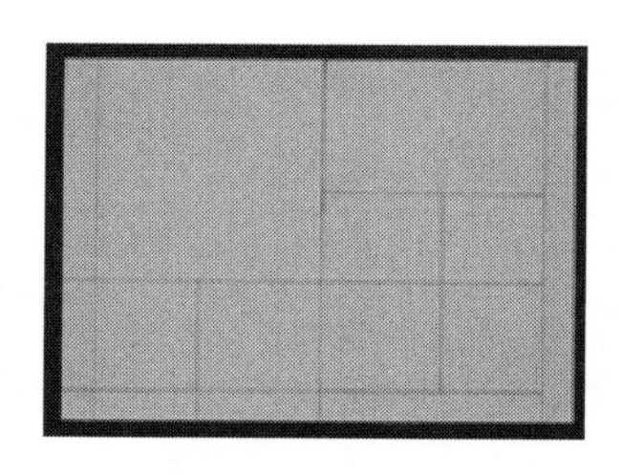

(b) 面料准备(胸围线、腰围线、前后中线、背宽线)

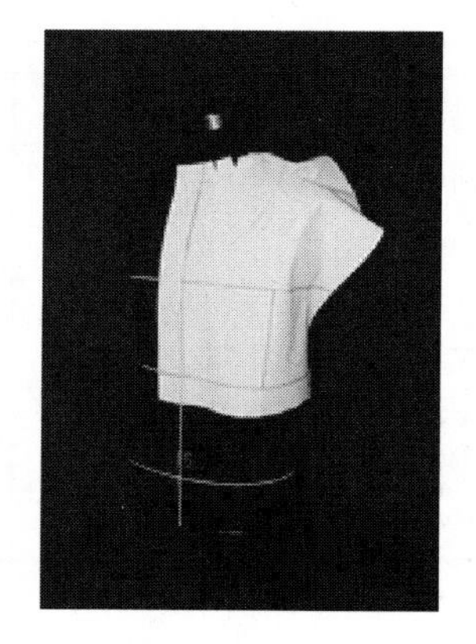

(c) 胸围线水平，前中线对颈窝点和前腰节点

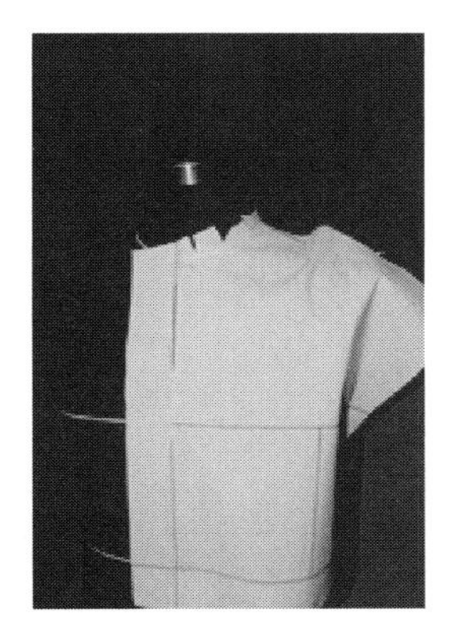
(d) 胸部加放松量

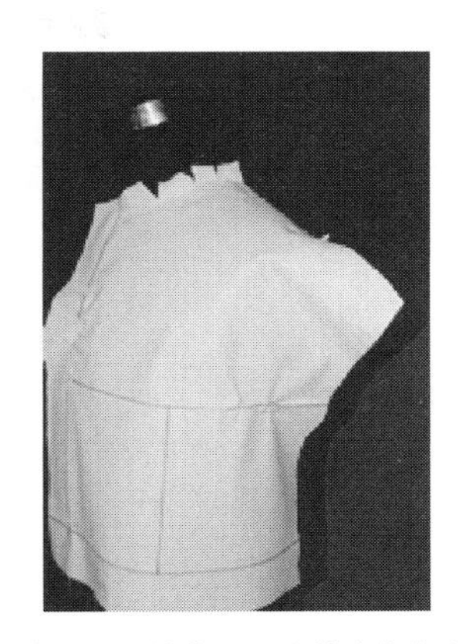
(e) 胸围线保持水平，从前中线往上到颈侧点、肩端点、袖窿，形成前浮余量

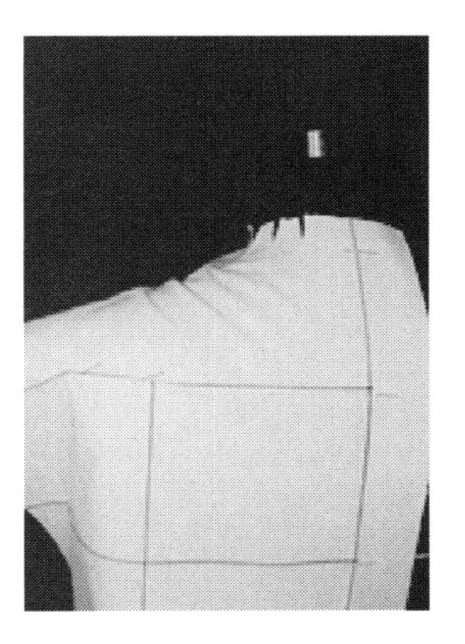
(f) 背宽线水平对正，并加放背部松量，把后浮余量赶至背宽线，并加以固定

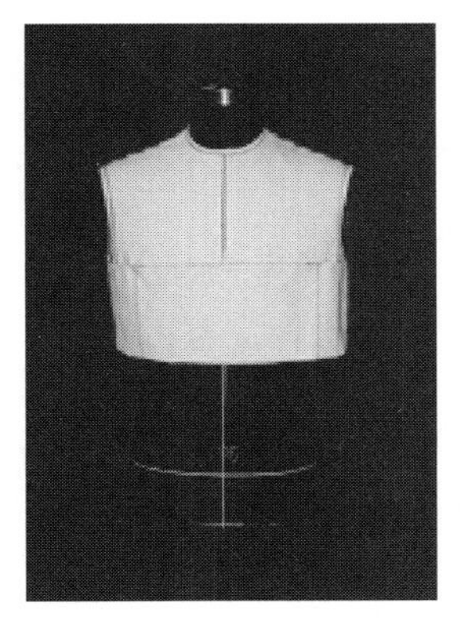
(g) 完成好的前部，胸和腰之间呈箱型状

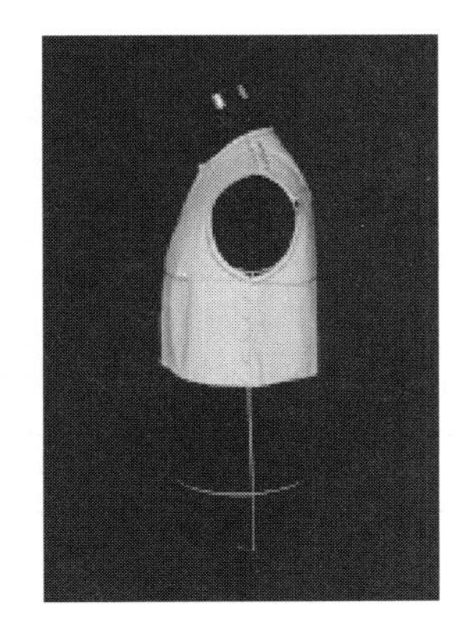
(h) 完成好的侧部，胸围线、腰围线呈水平状

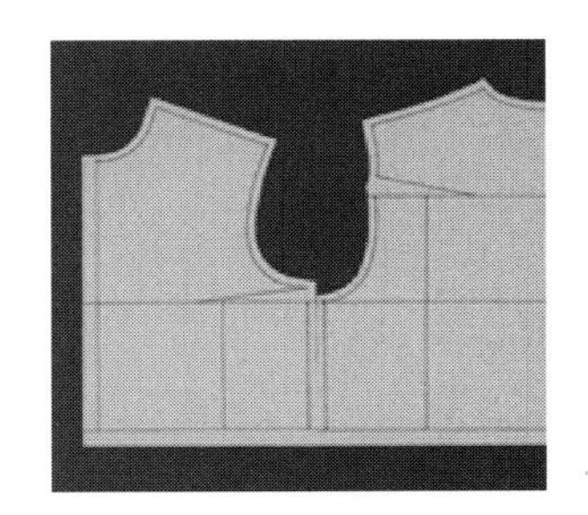
(i) 展平后的样板结构线

图 6-2　男装箱型原型的构成过程

2. **梯型原型**

梯型原型，即前浮余量通过下放的形式处理。根据原型的用途来划分原型，衬衫原型就是根据男装程式化的特点，衬衫是男装的典型服装，根据衬衫的构成原理和浮余量的处理方法来构造一种适合衬衫的基本型。

（1）规格参数（表 6-2）：

表6-2　梯型原型规格参数说明

（B^* 指人体净胸围，h 指人体身高）　　单位：cm

名　称	公　式	说　明
身高	170	人体身高，人体纵向指标与身高有关
胸围	92	人体净胸围，人体横向指标与胸围有关
领围	39	人体净颈根围，横直开领与净颈根围有关
体型	A	胸围与腰围的差量为12～16

续表

名　称	公　式	说　明
胸围放松量	20	在男子箱型衣身的平衡下，男子中间体胸围的基本放松量，包括男子生理舒适量、胸宽运动量、背阔肌的运动松量
胸宽	$0.15B^*+5.8$	与人体胸围有关
背宽	$0.15B^*+6.8$	与人体胸围有关
前腰节长	$0.2h+10=44$	与人体身高相关联
后腰节长	前腰节长+1	与人体体型、身高相关联
前肩斜	20°	与人体肩部的斜度相关联
后肩斜	20°	与人体肩部的斜度相关联
前横开领	后横开领-0.5	与人体颈部围度相关联
前直开领	0.2 领围+0.2	与人体颈部围度相关联
后横开领	0.2 领围-0.3	与人体颈部围度相关联
后直开领	1/3 后横开领-0.2	与人体颈部围度相关联
前浮余量	1.5	前浮余量下放
后浮余量	1.8	在过肩线横向分割收省

（2）衬衫原型纸样特征：梯型原型以男衬衫原型为例，其立体构成方法：前衣身部分采用梯型原型的构成方法，即将胸围线以上的浮余量全部捋至胸围线以下，并在腰围线处下放；后衣身部分采用箱型原型的构成方法，即将背宽线以上的浮余量全部捋至后袖窿处，以后袖窿省的形式处理。

（3）立体构成：梯型原型的立体构成过程如图 6-3 所示。

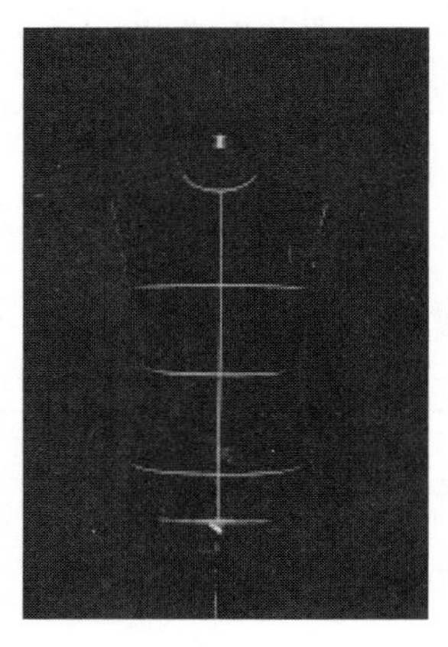
(a) 采用华东地区中间体人台(170/88A)

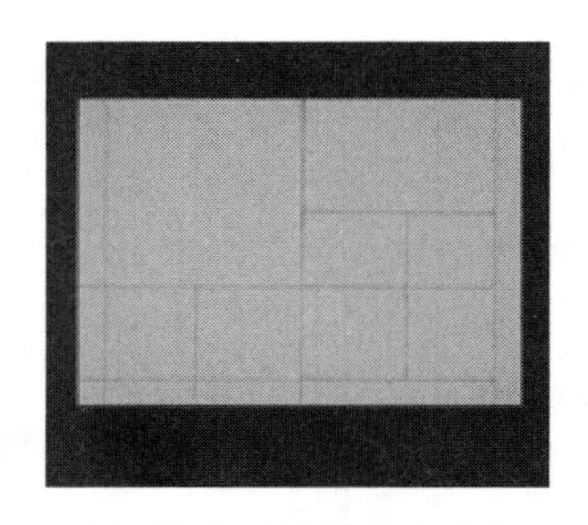
(b) 面料准备（胸围线、腰围线、前后中线、背宽线）

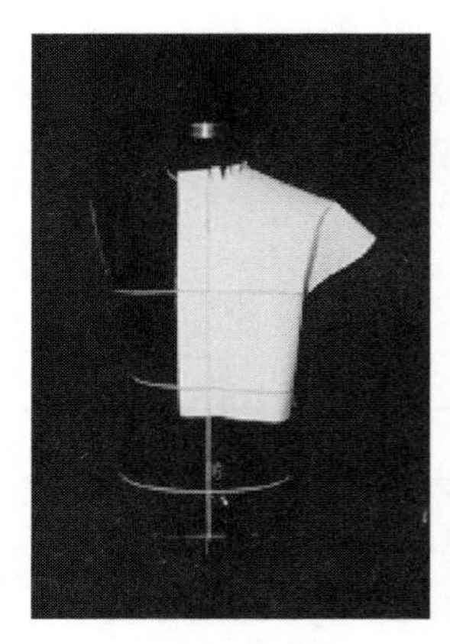
(c) 胸围线水平，前中线对颈窝点和前腰节点，并把胸围的放松量加放在胸宽处

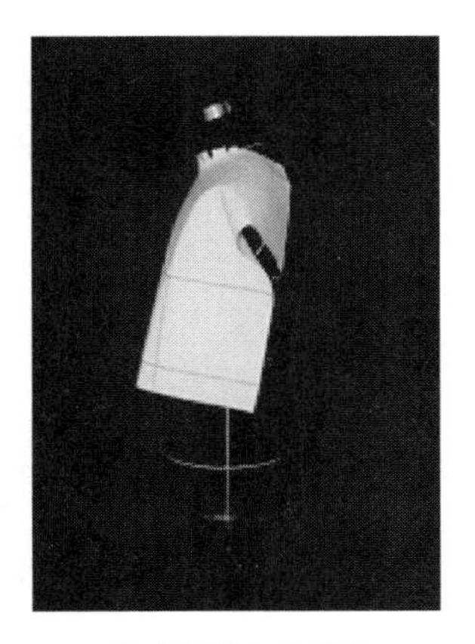

(d) 把前浮余量下放

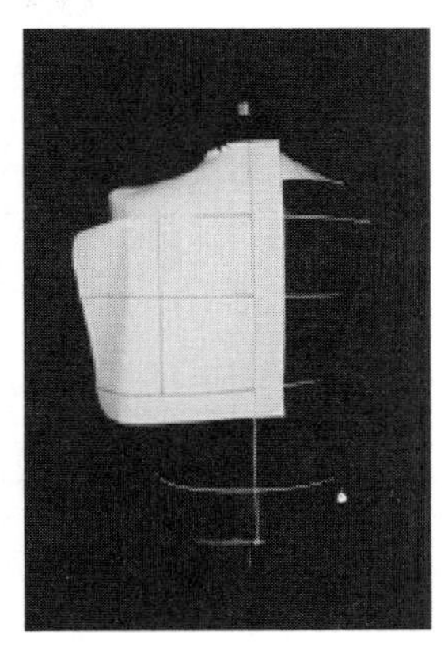

(e) 背宽线保持水平，从后中线往上到颈侧点、肩端点、袖窿，形成后浮余量

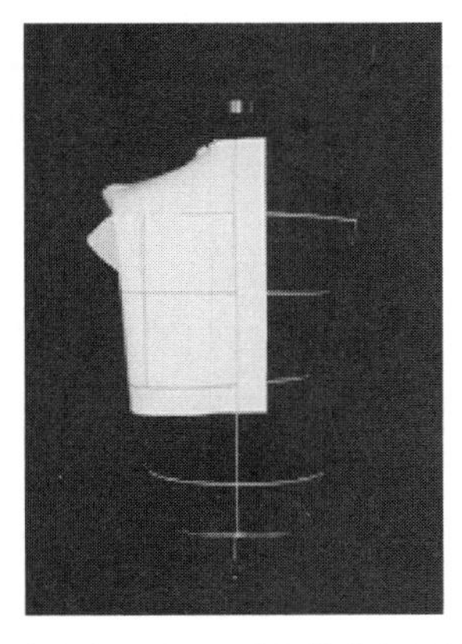

(f) 背宽线水平对正，并加放背部松量，把后浮余量赶至背宽线，并加以固定

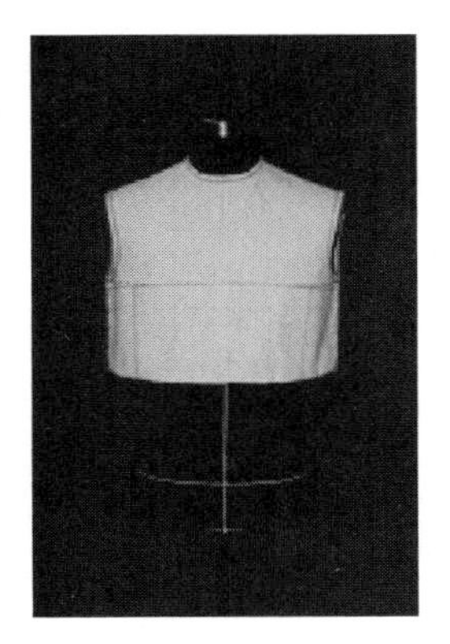

(g) 完成好的前部，胸和腰之间呈梯型状

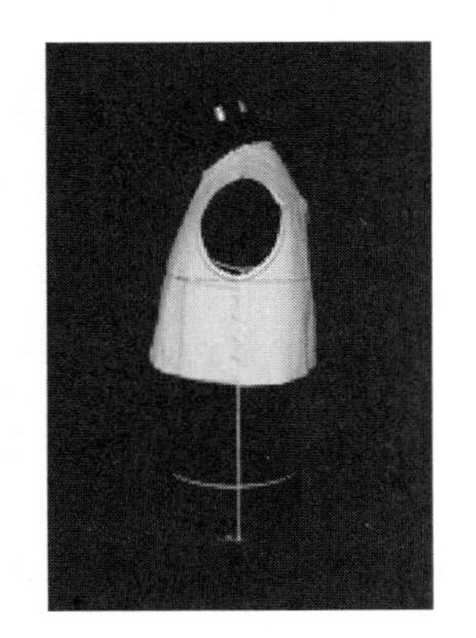

(h) 完成好的侧部，胸围线、腰围线水平下沉

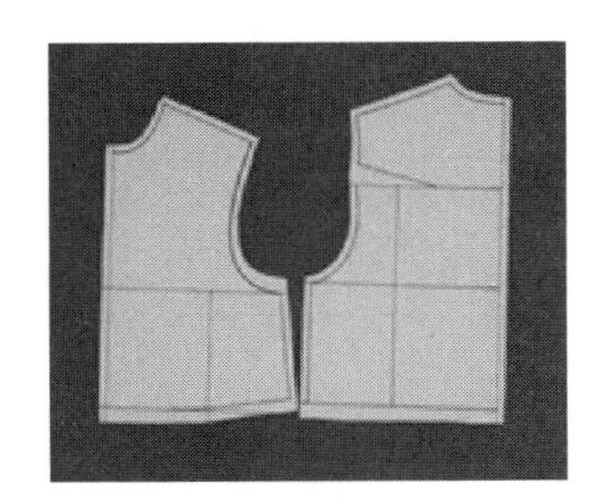

(i) 展平后的样板结构线

图 6–3　梯型原型（衬衫）的构成过程

3. 男西装原型

男西装原型是将箱型原型的前浮余量全部换以撇胸的方式处理，后浮余量改为肩缝缩的方式处理，这样的原型形式可直接运用于西装上衣类，衣身结构设计的过程较方便、简洁。缺点是其形成过程会对前浮余量的消除产生模糊不清的认识。

（1）规格参数（表 6–3）：

表6–3　箱型原型规格参数说明

（B^* 指人体净胸围，h 指人体身高）　　单位：cm

名　称	公　式	说　明
身高	170	人体的身高
胸围	92	人体的净胸围
体型	A	胸围和腰围的差量在12 ~ 16cm

续表

名 称	公 式	说 明
领围	39	人体净颈根围，横直开领与净颈根围相关联
胸围放松量	16	在男子箱型衣身的平衡下，男子中间体胸围的基本放松量，包括男子生理舒适量、胸宽运动量、背阔肌的运动松量
胸宽	$0.15B^*+4.5$	与人体的净胸围相关联
背宽	$0.15B^*+5.6$	与人体的净胸围相关联
前腰节长	$0.2h+10=44$	与人体的身高相关联
后腰节长	45	与人体的身高相关联
胸高	$0.1h+9$	与人体的身高相关联
前肩斜	18°	与中间体的人体肩斜相关联
后肩斜	22° .	与中间体的人体肩斜相关联
前横开领	$B^*/12-0.3$	与人体的净胸围相关联
前直开领	$B^*/12+0.5$	与人体的净胸围相关联
后横开领	$B^*/12$	与人体的净胸围相关联
后直开领	$B^*/36$	与人体的净胸围相关联
前浮余量	$B^*/40=2.3$	与人体的净胸围相关联，在撇门处处理一部分
后浮余量	$B^*/40-0.3=2$	与人体的净胸围相关联

（2）基础纸样特征：男西装原型以箱型原型为基础，即将胸围线以上的浮余量全部捋至前领窝部位，以撇胸量的形式存在，前衣身原型在腰围线处成水平线形式。后衣身部分也以箱型原型为基础，将背宽线以上的浮余量大部捋至后肩缝处用肩缝缩的方法处理。其平面图形如图 6–4 所示。

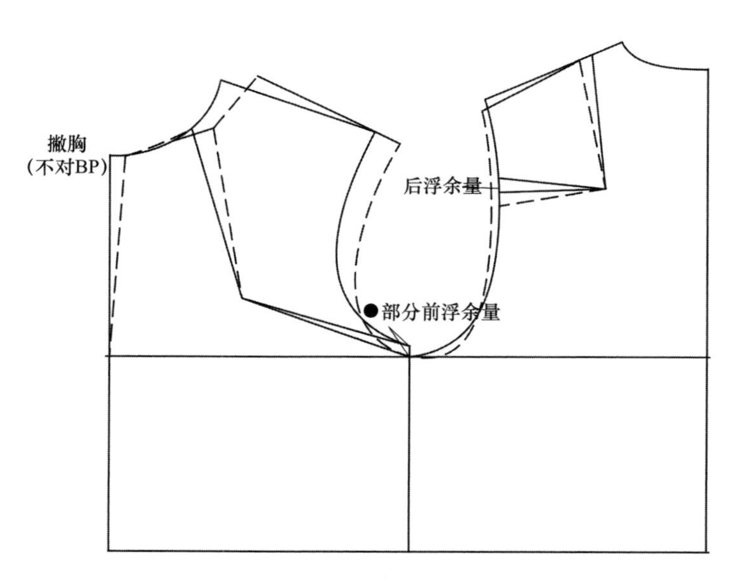

图 6–4 男西装原型

（3）原型立体构成：男西装原型立体构成过程如图 6–5 所示。

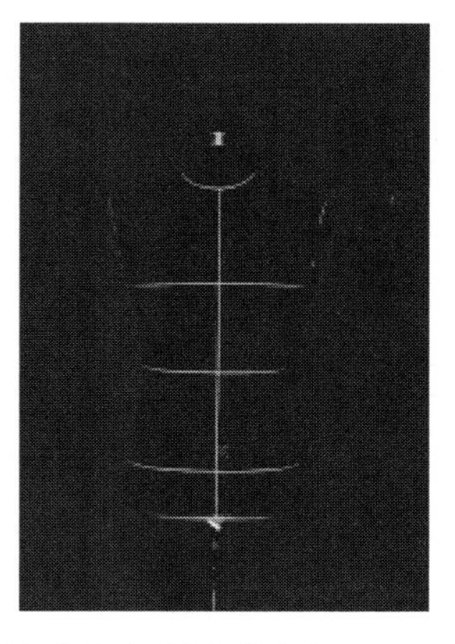

(a) 采用华东地区中间体人台(170/88 A)

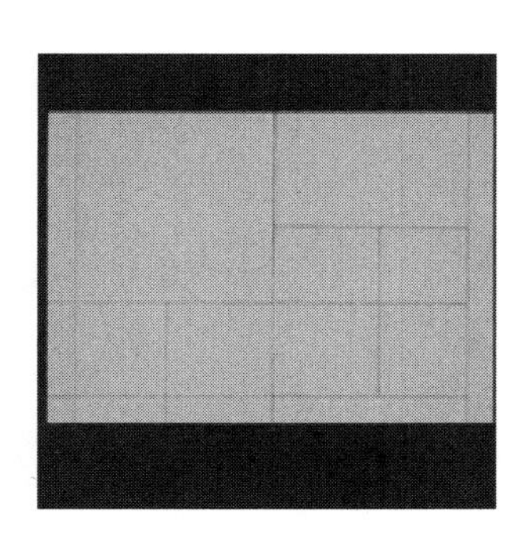

(b) 面料准备(胸围线、腰围线、前后中线、背宽线)

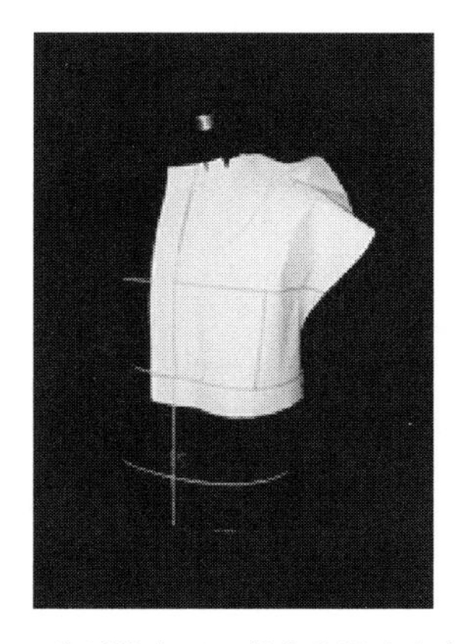

(c) 胸围线水平，前中线顺人台自然到人体的颈窝点

(d) 胸部加放松量

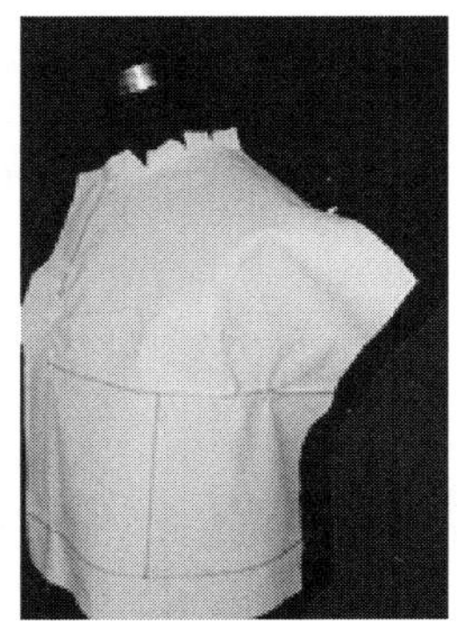

(e) 胸宽线保持水平，从前中线画至侧缝颈侧点、肩端点、袖窿，形成后浮余量

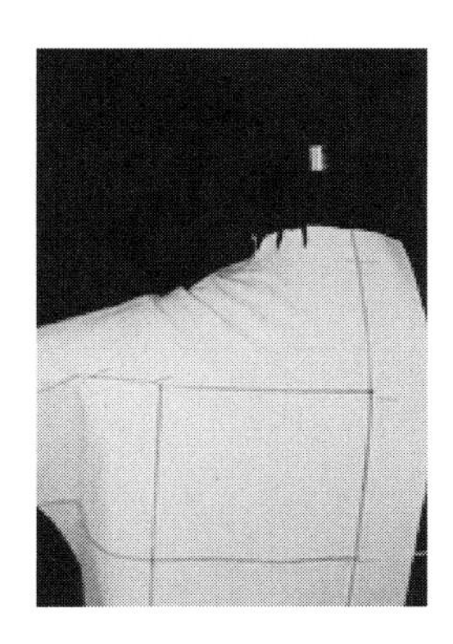

(f) 背宽线水平对正，并加放背部松量，把后浮余量赶至背宽线，并加以固定

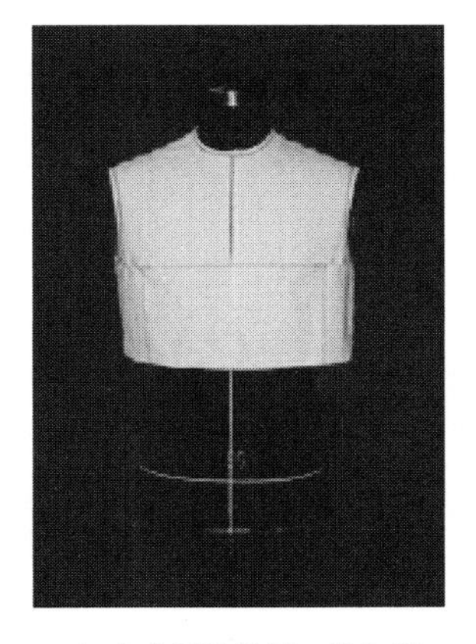

(g) 完成好的前部，胸和腰之间呈箱型状

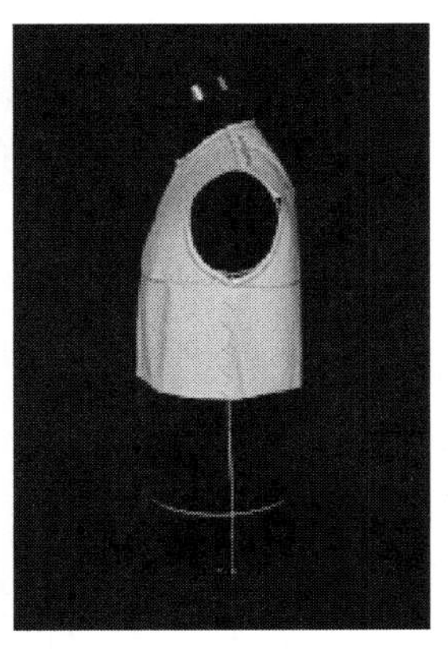

(h) 完成好的侧部，胸围线、腰围线呈水平状

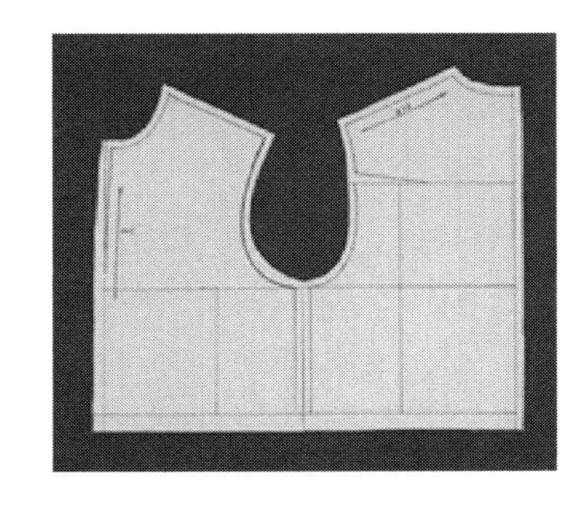

(i) 展平后的男西装样板结构线

图 6–5　男西装原型的构成过程

三、三种原型的相互关系

主要从服装和人体之间以及服装原型的结构线之间存在的关系进行分析。对原型的理解必须建立在原型定位的人群，男装基础纸样是建立在年龄 25 ~ 35 岁的中国男性标准人体，同时该体型覆盖率比较大。探讨三种原型的相互关系，将有助于原型理论的把握和理解（表6–4）。

表6–4 不同原型的理论性比较

	箱型原型	衬衫原型	西装原型	说明
放松量原理	人体的基本运动松量和生理松量	造型松量和基本人体运动以及生理松量	西装人体的基本运动松量和生理松量	胸围、腰围的松量设计是控制服装造型的空间核心参数
前浮余量处理	胸围线水平，前浮余量集中于胸省，前中线直，胸围线水平状	浮余量大部下放、少量浮于袖窿，胸围线一段平、一段斜，前中线直	前浮余量全部转为撇门，胸围线水平状，前中线呈弧形倾斜	前浮余量的处理是解决前衣身平衡的关键，是解决胸部的造型关键
后浮余量处理	背宽线水平，后中线直，后浮余量由袖窿省集中处理	背宽线水平，后中线直，肩胛骨省集中处理	背宽线水平，后中线直，后浮余量大部转入后肩缝，少量浮于袖窿	后浮余量的处理是解决后衣身平衡的关键，是解决背部的造型关键
肩部造型处理	在肩部松量设计，把肩线和人体肩部形状进行相似处理	没有肩部松量设计，肩线简单地利用肩斜来处理	在肩部松量设计，把肩线和人体肩部形状进行较精细处理	由于造型的差异性，对肩线的设计方法存在比较大的差异

第二节 男装衣身结构平衡

服装结构的平衡，指服装覆合于人体时外观形态应处于平衡稳定的状态，包括构成服装几何形态的各类部件与部位的外观形态平衡、服装材料的缝制形态平衡。结构的平衡决定了服装的形态与人体准确吻合的程度以及它在人们视觉中的美感，因而是评价服装质量的重要依据。结构平衡是系统的平衡，是指服装与人体配伍之间的系统力学平衡。

一、衣身结构平衡

衣身结构平衡：指衣服在穿着状态中前、后衣身在腰围线以上部位能保持合体、平整，表面无造型产生的皱褶。在男装中具体体现为衣片纱线横平竖直，松量分布动态均匀。

浮余量：指服装面料覆合于人体，二维的平面面料在三维人体上，保持结构平衡过程中，自然产生的皱褶量，抽象出服装解决造型数值化的具体体现。

前浮余量：指服装面料覆合于人体，二维的平面面料在三维人体上，保持结构平衡过程中，在前身胸围线上自然产生的皱褶量。

后浮余量：指服装面料覆合于人体，二维的平面面料在三维人体上，保持结构平衡过程中，在后身胸围线上自然产生的皱褶量。

构造衣身整体结构平衡，关键是如何消除前、后浮余量，主要有以下三种形式：

1. 梯型平衡

将前衣身浮余量不用省道的形式消除，而是向下捋至衣身底边以下放的形式消除。一般前衣身下放量≤ 1.5cm。此类平衡适用于宽腰服装，尤其是下摆量较大的风衣、大衣类服装。

2. 箱型平衡

前、后衣身在腰围线处处于同一水平，前衣身浮余量用省量（对准 BP 或不对准 BP）或工艺归拢的方法消除。此类平衡适用于卡腰服装，尤其是合体风格服装。

3. 梯型—箱型平衡

将梯型平衡和箱型平衡相结合，即部分前浮余量用下放形式处理，一般下放量≤ 1.5cm；另一部分前浮余量用收省（对准 BP 或不对准 BP）的形式处理。此类平衡适用于较卡腰的较合体或较宽松风格的服装。

男装衣身整体平衡应用主要以箱型平衡和梯型—箱型平衡形式为主。

二、衣身结构平衡要素

衣身结构平衡要素主要有两点：人体净胸围与垫肩量。这两个方面影响着前、后衣身浮余量的计算。

1. 人体净胸围

前浮余量的基本公式 $=B^*/40$，后浮余量的基本公式 $=B^*/40-0.3$cm，这表明胸围越大，前、后浮余量越大，反之越小。

2. 垫肩量

通过实验可知，肩部垫肩量每增大 1cm，对于前衣身来讲，可消除 1cm 的前浮余量；对于后衣身来讲，可消除 0.7cm 的后浮余量。其原理是加垫肩后使胸围线以上部位逐渐趋于平坦，故垫肩对前浮余量的影响为“1× 垫肩量”，对后浮余量的影响为“0.7× 垫肩量”。

三、衣身平衡的造型关系

1. 前、后浮余量的具体量化

前、后浮余量的具体量化是衣身平衡的关键，是结构设计具体运用的重要步骤［图 6-6（a）］。

前浮余量的计算公式 = 前浮余量理论值 - 垫肩量

$=B^*/40-$ 垫肩厚 $=2.3$cm $-$ 垫肩厚

后浮余量的计算公式 = 后浮余量理论值 - 垫肩量

$=(B^*/40-0.3\text{cm})-0.7\times$ 垫肩厚 $=2.0$cm $-0.7\times$ 垫肩厚

2. 前浮余量的消除方法

（1）前浮余量→对准 BP，如图 6-6（b）所示。将前衣身原型浮余量对准 BP，然后将其转移至领口，则前浮余量转入撇胸，常用于正装衣身处理。

（2）前浮余量→不对准 BP，如图 6-6（c）所示。将前衣身浮余量对准前门襟，则转移至前门襟形成撇胸，常用于休闲装衣身处理。

（3）前浮余量撇胸及肩改斜处理，如图 6-6（c）、（d）所示。

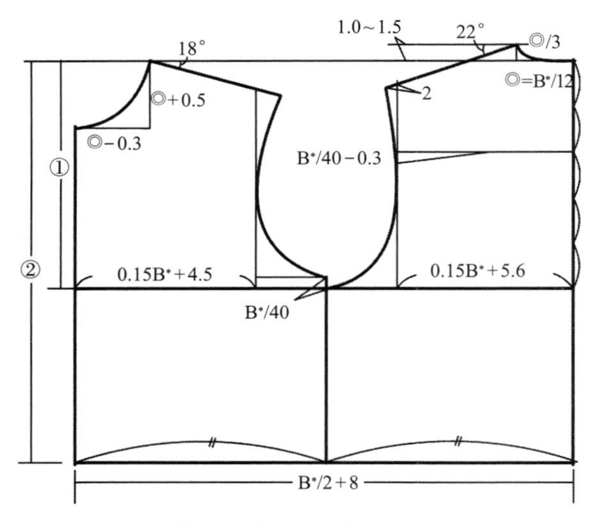

(a) 前、后浮余量已标注的箱型原型

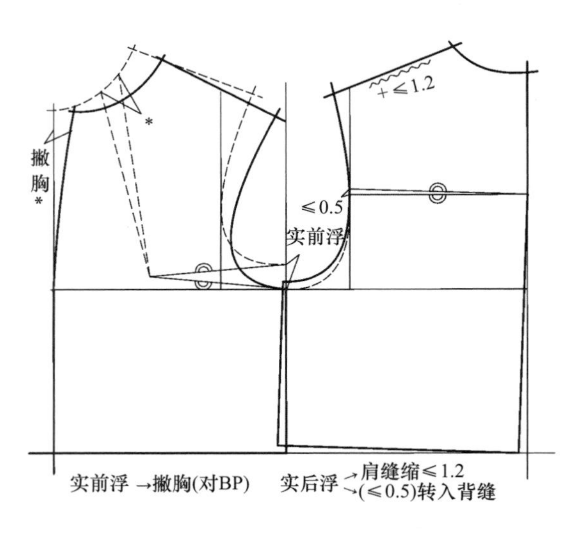

(b) 前浮余量通过撇胸（不对准BP处理）解决一部分，后浮余量通过肩缝缩及转入背缝解决

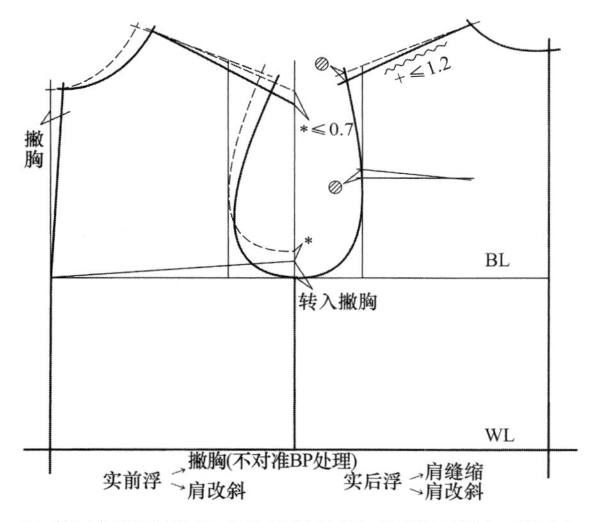

(c) 前浮余量通过撇胸（不对准BP处理）及肩改斜解决，后浮余量通过肩缝缩及肩改斜

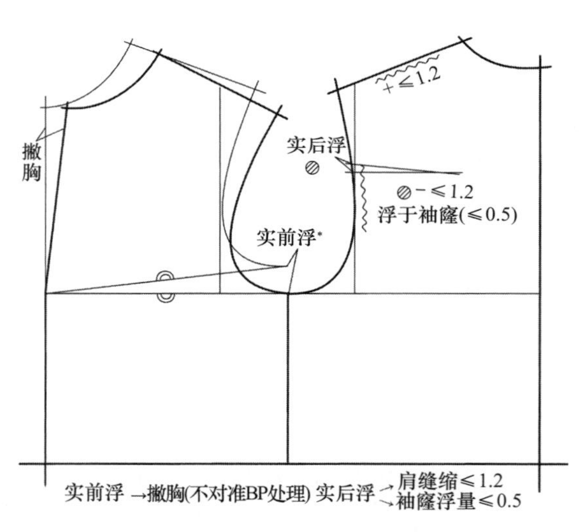

(d) 前浮余量通过撇胸解决（不对准BP处理），后浮余量通过肩缝缩及浮于袖窿

图 6-6 前浮余量的处理方法

（4）前浮余量→拉展胸部隆起量，如图 6-7（a）所示。当浮余量通过撇胸处理后，为使胸部呈隆起状态，可将衣身门襟剪开，拉展≤ 1cm 隆起量，然后如图 6-7（b）所示，在门襟处作归拢处理。

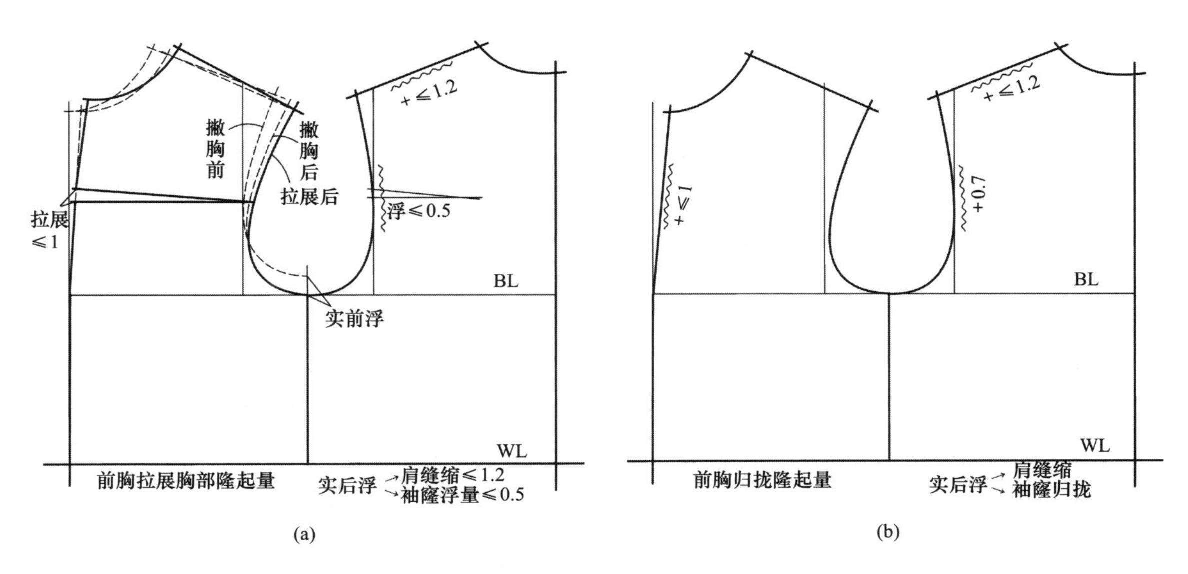

图 6-7　前浮余量通过撇胸 + 前胸拉展胸部隆起量，后浮余量通过肩缝缩及浮于袖窿

（5）前浮余量→如图 6-8 所示。将前衣身原型下放前浮余量，使前、后衣身侧缝在袖窿线处对齐。

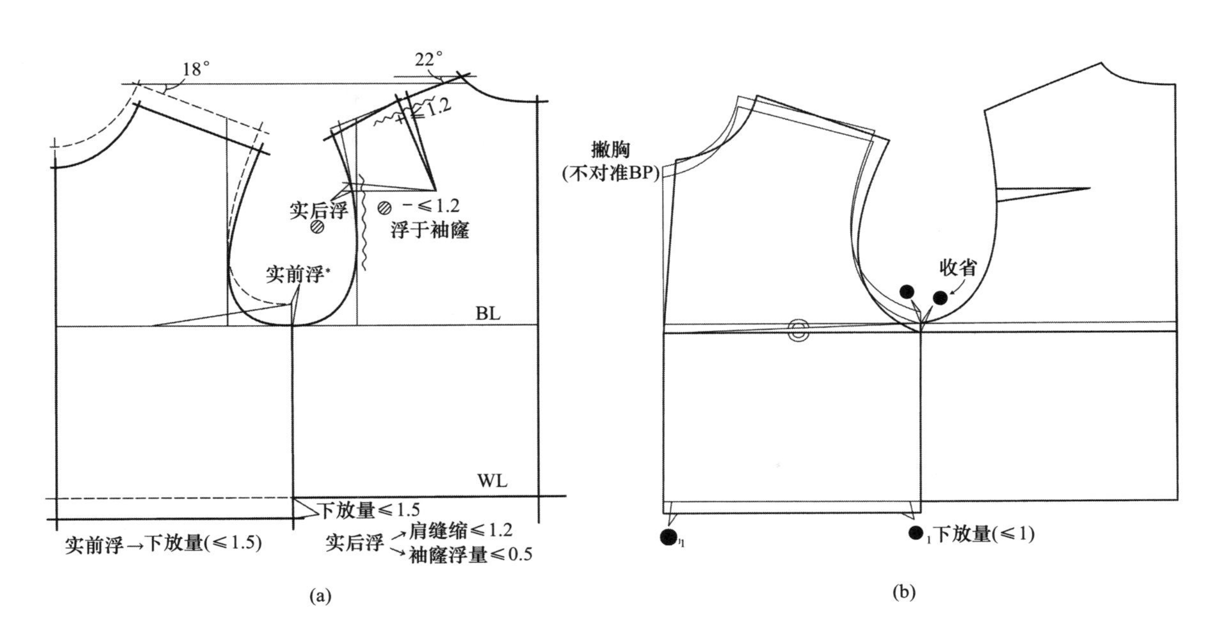

图 6-8　前浮余量处理——撇胸和下放的处理

（6）前浮余量→如图 6-9 所示。将前衣身浮余量通过 BP 转移至门襟，然后在门襟处敷牵条将前浮余量全部或部分归拢。

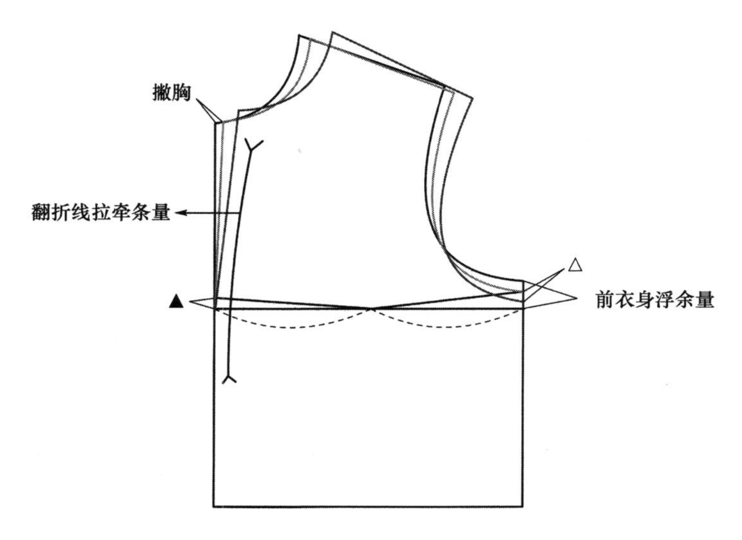

图 6-9 前浮余量处理——撇胸 + 工艺处理

3. *后浮余量消除方法*

（1）后浮余量→肩缝缝缩，如图 6-10（a）所示。将后浮余量用肩部缝缩（分散的肩省）的方法来消除。

（2）后浮余量→浮于袖窿或转入背缝或归拢，如图 6-10（b）所示。

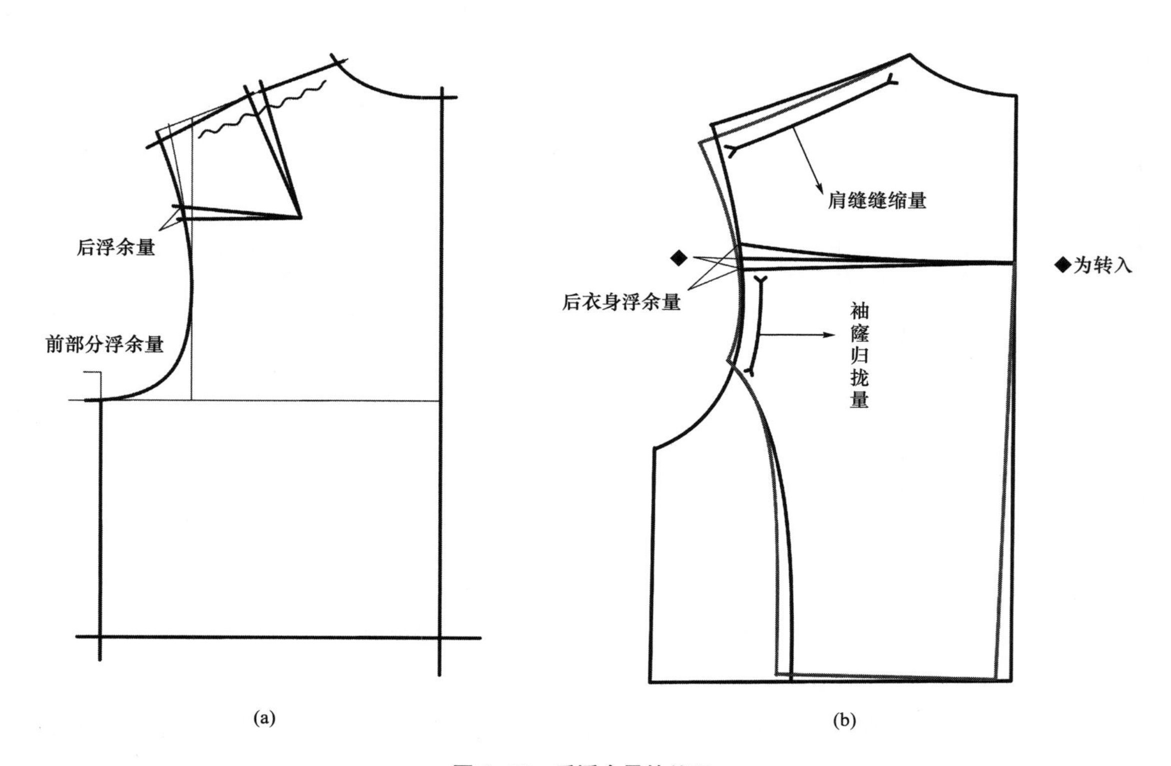

图 6-10 后浮余量的处理

剩余的后浮余量可以转入背缝，或浮于袖窿或用工艺收拢等方法处理。

四、其他因素对衣身平衡的影响

1. 内衣的影响值

由于人体在外衣内部穿有各种层次、厚度的内衣，其纵向厚度会对外衣在胸围线以上前、后衣身肩缝处的长度产生影响，在肩缝靠近SNP处要加放少许松量，如内衣厚为a（$a \leqslant 1$），则在SNP处加放的松量为●=0.1a，在SP处为$\frac{3}{4}$*，在BNP处为$\frac{1}{2}$*。一般来讲，冬季●=0.7～1cm，春秋季●=0.4～0.6cm，夏季●=0，特殊地域在冬季内衣穿着多时，可取1～1.5cm。

2. 材料厚度对穿着胸围的影响

当材料具有一定厚度时，上下衣身重叠后会产生衣服穿着后胸围变小的感觉。此时必须将左、右前门襟处增加材料对胸围的影响值（一般≤1cm），即这个量一定要加放在可增大前胸宽和前领宽的位置上。在后衣身的背缝处若做包缝缝型时，亦应作上述改动。

第三节　造型、结构、工艺立体配伍

二维的服装面料是通过省、缝等结构形式来构成三维的立体造型，省、缝、工艺处理是建立男装造型的基础。男装的构成设计与女装的最大差别是：男装采用最简单的结构线，而使用复杂的工艺处理模式来构造男装的造型，所以男装的结构设计不仅仅是衣片的结构设计，同时也是结构和工艺配伍的设计。本节以造型处理为主线探讨男装的结构和工艺合理配伍的理解。

男装造型构成主要是通过结构、工艺、衬和面的配伍共同组合的系统体系。在本节的学习过程中，必须以整体构型的立体思维来把握西装的造型形态。

一、基本概念

1. 结构处理

把平面的面料构造成立体三维服装造型，通过结构线的分割、省、缝的处理方法，称为结构处理。

2. 工艺处理

把平面的面料构造成立体三维服装造型，通过工艺手段，如推、归、拔、缝缩等处理方法，称为工艺处理。

工艺处理方式有以下几种：

（1）缝缩：工艺造型的重要手段之一，是对缝缩的一边进行缝合以满足需求。

（2）推：工艺造型的重要手段之一，利用服装面料的热可塑性，熨斗沿经纱方向或纬纱方向作用，使经纱或变成斜线，使平面的面料成为立体坡度的形态。

（3）归：工艺造型的重要手段之一，利用服装面料的热可塑性，对缝边进行缩短，使衣片局部由平面状态转化为立体凸起的状态。

（4）拔：工艺造型的重要手段之一，利用服装面料的热可塑性，对缝缩的一边拉展伸长，使衣片局部由平面状态转化为立体凹下的状态。

3. *材料处理*

把平面的面料构造成立体三维服装造型，通过材料的层次和衬料的配伍，来满足造型设计的处理方法。

二、男装造型处理思路（图 6–11）

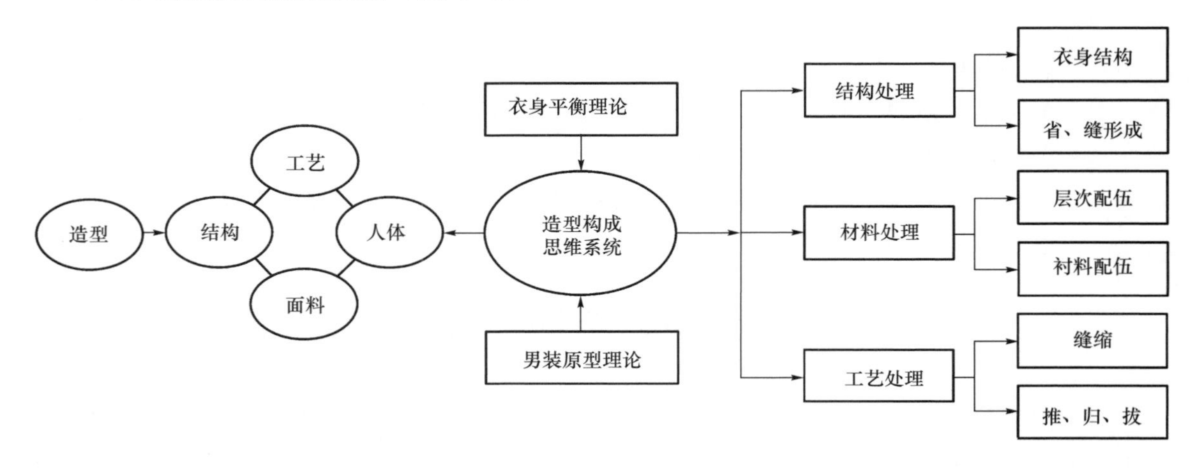

图 6–11 男装造型思路

第四节 男装肩部造型的立体处理

肩部是上装最基础的部位，其他部位通过与肩部不同形式的衔接形成各种风格和形态。对于上装而言，不论是静态的平服美观还是动态的合体舒适，都是靠合体的肩部进行支撑。人体肩部具有支撑服装、体现人体和着装美的作用，肩部造型的设计直接关系到上装整体风格的和谐与表现，对服装造型有至关重要的影响。贴体、较贴体风格的男装造型其肩部的构成设计将直接影响整个造型的衣身平衡，所以肩部的造型立体处理方法是男装设计的关键，同时肩部区域复杂的立体形态将直接影响结构工艺的配伍组合，因此肩部造型的立体处理以得体和舒适为设计的基本准则。

一、男子人体肩部造型的动静状态

1. *肩部的基本构成*

（1）骨骼：形成肩部结构的主要骨骼有：锁骨、肩胛骨、肱骨头等。锁骨外半侧形成的弯曲和前突的肱骨头部形成较大的凹坑，即使有三角肌的填充，凹坑仍然存在，从而使人体前肩部形成凹形曲面（图 6–12）。肩胛骨内侧缘与肩胛棘交点为中心而突出形成较大凸形曲面，又由于肌肉的附着使曲面的曲度增大。延长前肩部形成的凹形曲面和后肩部形成的凸形曲面，逐步转向，在上部对接便形成肩线。

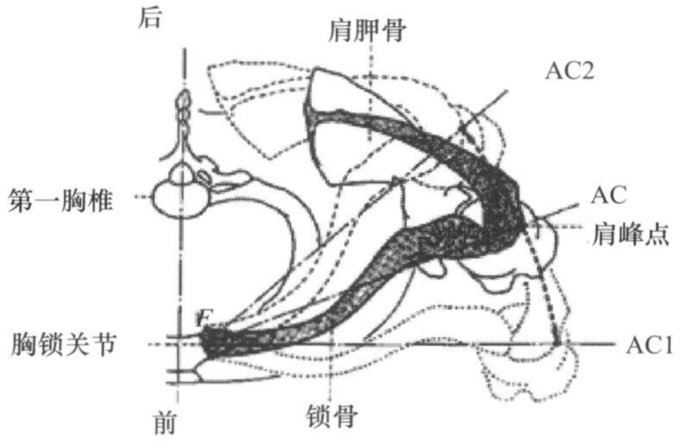

（2）肌肉：有斜方肌、三角肌等。由于斜方肌水平部的肌腹隆起程度的差异，导致人体形成以下三种不同类型的肩型。

后　肩胛骨　AC2　AC　肩峰点　第一胸椎　胸锁关节　AC1　前　锁骨

图 6–12　肩部的骨骼组成

①平面形肩部形态：领围线颈侧点到颈窝前中点间较稳定，肩中部平坦，同时前肩突出不明显，肩棱的前后面平缓，是中性肩型，为男、女常见的类型。

②上凸形肩部形态：肩中部向上隆起，肌肉发达，经过锻炼的男性呈这种肩型的较多。

③下凹形肩部形态：肩中部向下凹进，锁骨内侧的凸出明显， 肩棱呈马鞍形、颈侧点到颈窝前中点间下陷，凹坑与肱骨头前面的皮下脂肪减少部位相连，使肱骨头部朝前方向凸出更为明显。

2. **肩部的立体形态**

肩部的不同形态如图 6–13 所示。

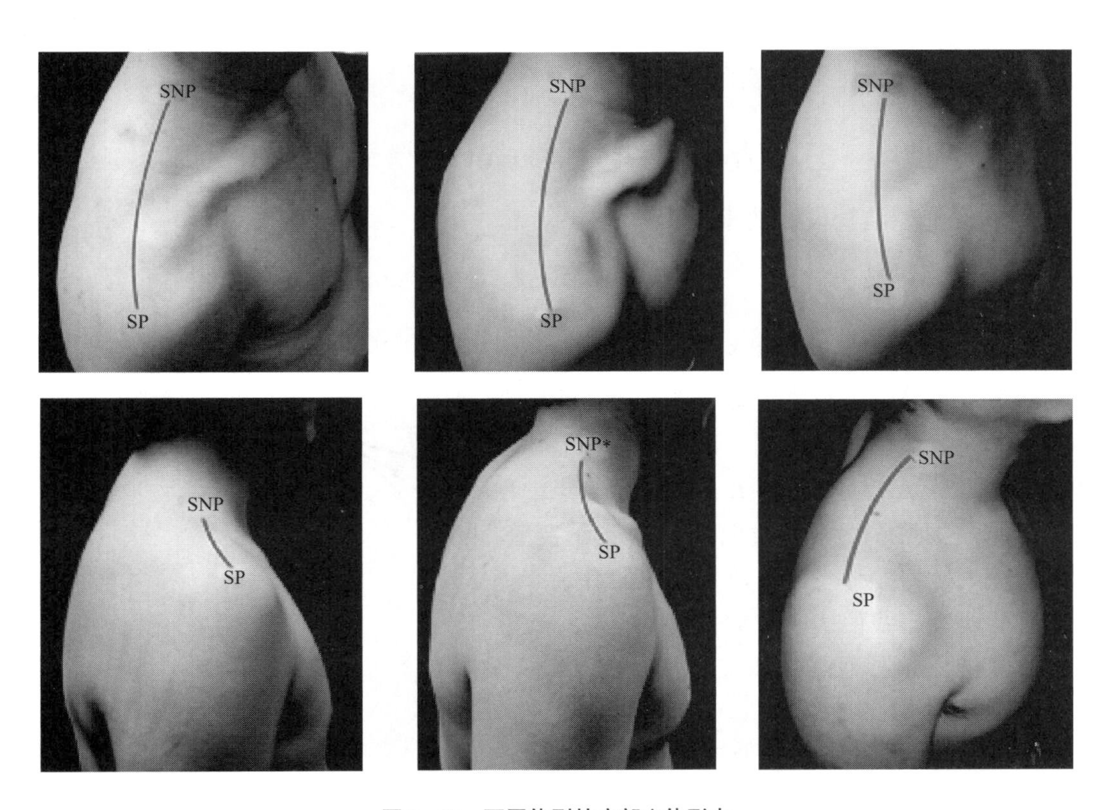

图 6–13　不同体型的肩部立体形态

3. 肩部的动态

人体肩部指前部凸出的肱骨头水平位置经后背肩胛骨的水平位置为下限，到领围线为止的区域。它包括胸锁关节和肩关节。胸锁关节是连接肩和躯干的唯一关节。此关节是多轴性关节，使肩部运动自如且范围增大。在日常生活中，人们经常使用的动作和姿势包括上肢上举、抱胸运动等，均使人体背部产生扩张运动，可见背部扩张运动往往与上肢和肩部运动连成一体。如图 6-14 所示，上肢运动引起背部扩张和皮肤移位，人体肩部动态变化的背部形状。

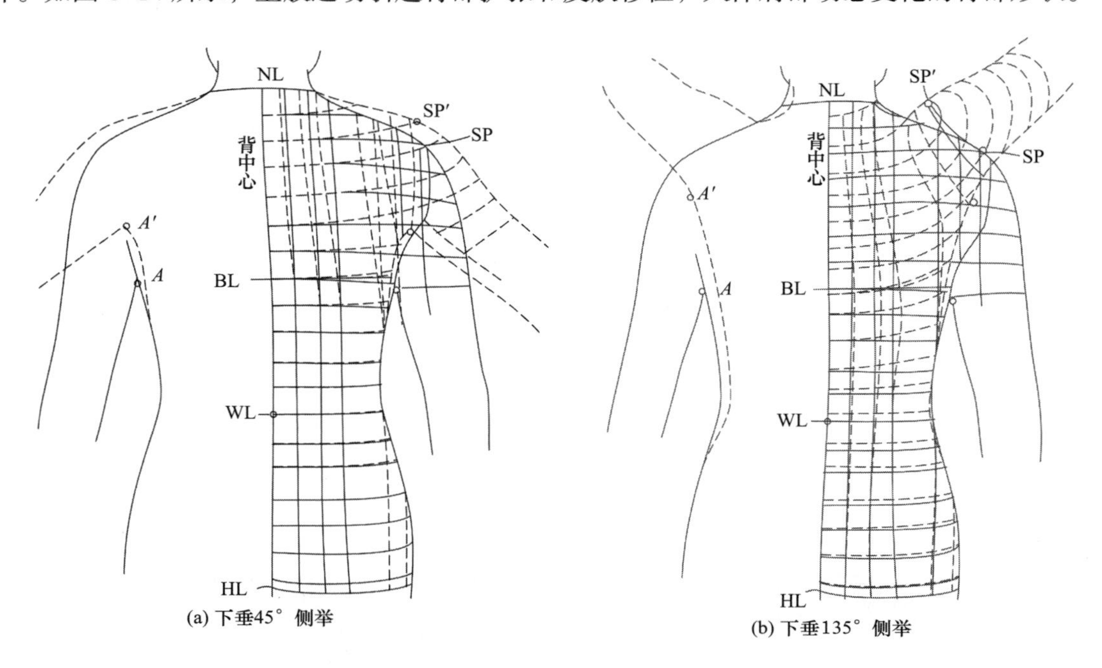

图 6-14 人体肩部向上运动的变化情况

二、肩部造型结构设计要素

1. 肩线造型

如图 6-15 所示，肩线有三种不同造型。1 和 2 为直线型造型。1 的形状是 SNP 点浮起而 SP 点压紧的直线形，将受力点集中在肩部，容易使肩部受力过大，使肩头感到压迫感。反之，2 的形状是 SNP 点压紧而 SP 点浮起的直线形，将受力点集中在领口位置，易造成领口的压力过大。3 是曲线形造型，曲线形状按人体肩颈形设计，适合人体的肩颈部特征，上乘的西装肩线便属于此类，受力较平均地散布在整条肩线上，是最佳的造型。

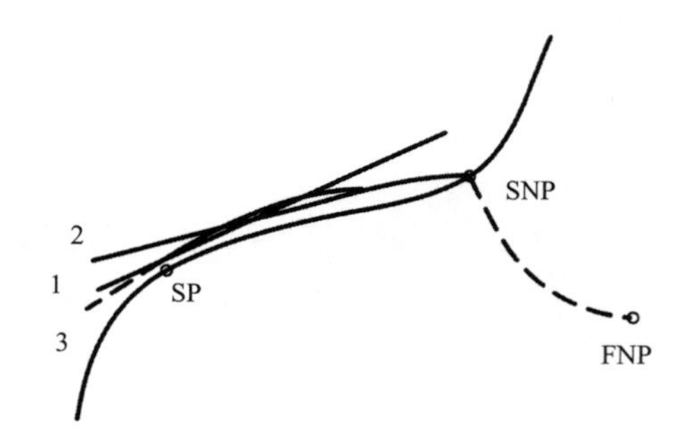

图 6-15 肩线的不同造型

2. 肩部与袖窿的关系

肩部造型与袖窿的关系分为三种：

（1）合体型：如图 6-16（a）所示。特点为肩宽变小、肩斜增大、袖窿深变浅、袖山高增加，着装合体性好但运动性差。

（2）正常型：如图 6–16（b）所示。即按人体肩点 SP 及略平于人体肩斜的袖窿线。

（3）宽松型：如图 6–16（c）所示。特点与（1）恰好相反，着装效果差但有很好的运动功能。

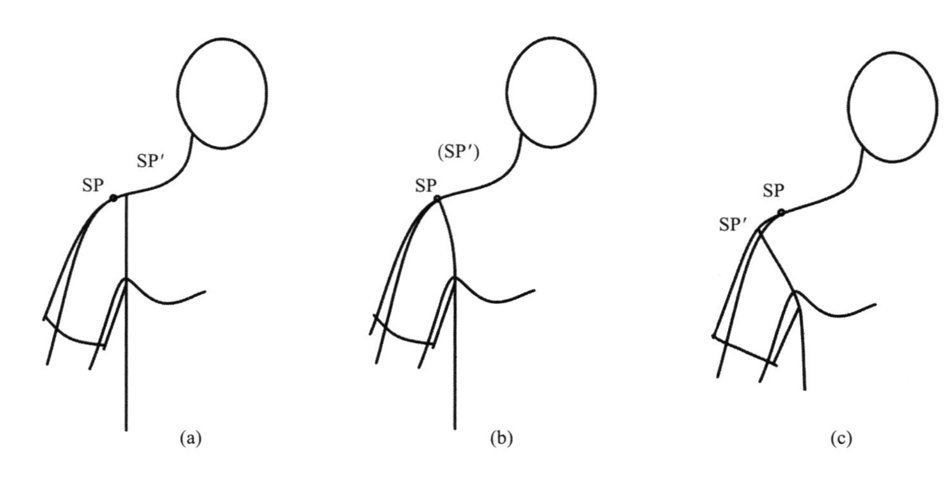

图 6–16　肩部与袖窿的关系

从图 6–16 中可以看出，不同肩部造型的袖窿线位置不同，其运动适应性也不同。

3. 肩斜角

表征肩部形态的最重要的部位是肩斜角度，成年男子的肩斜角度为 12° ~ 30° ，平均角度为 22° 。图 6–17 所示为各种肩斜角的人体合影图，≥ 24° 的肩称为斜肩，斜肩亦称为溜肩；≤ 20° 的肩称为平肩，中国人体中年轻人逐步呈现平肩化特征，此类肩穿着立体结构类型的圆袖类服装最具男性美。

服装肩斜角必须在肩部动态的运动变化中分析，男装的肩斜角一般以 20° 为基础纸样。

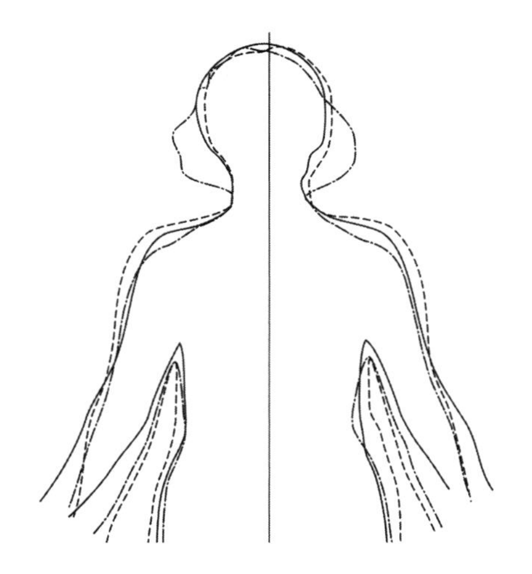

图 6–17　各种肩斜角的人体合影图

4. 肩点范围

肩线无论是站立还是卧床，在各种动作中单肩宽总是呈减小状态，故肩线的设计有以下特点：设计圆袖结构时，衣服肩点位置的设计范围为人体肩点 SP 及 ≤ 2cm 的周边；在设计连袖、分割袖结构时，以袖身衣身抬起，只要衣服肩线不产生过多褶皱的袖结构为好，且衣服肩点可设计在肩线任何位置，故连袖、插肩袖、半插肩袖等袖结构优于圆袖结构。

5. 肩部松量

肩部松量要满足肩部和手臂运动所需要的运动量。手臂向前运动所需要的松量，手臂向后甩所需要的松量，手臂向上抬举肩部的改变量。如图 6–18 所示，图中的阴影是满足肩部所需要的基本运动量。所以在男装的结构中，肩部的构成设计是以肩部形态和肩部运动松量为

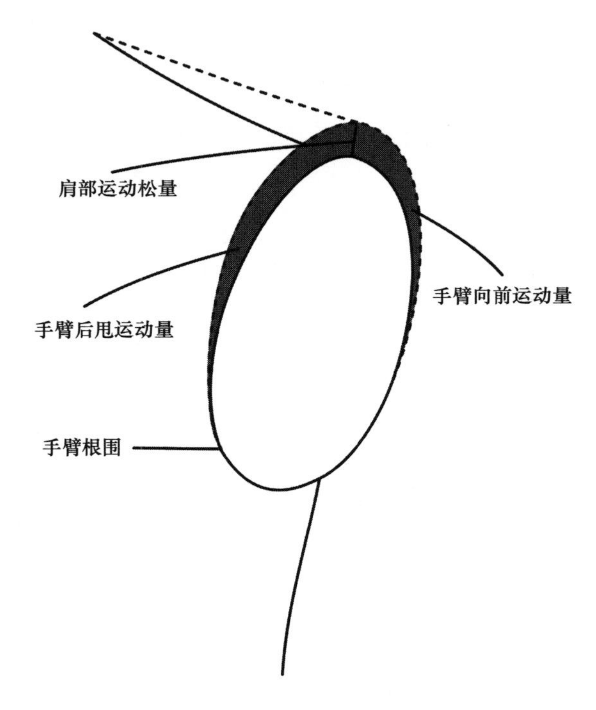

图 6–18 肩部松量说明图

基础的设计。

三、合体型衣身肩型设计思路

整体设计原则：

（1）满足男子的人体参数和服装造型结构基本参数。

（2）满足男子的动态舒适性。

（3）缝缩工艺有效组合设计。

（4）满足男子的造型和谐动静之美。

1. 肩部控制参数设计

（1）前肩斜和后肩斜的关系：男子体型的一般平均肩斜角度为 22° ，在衣身设计中，减少 2° 以满足人体的活动松量。总肩斜角度是 40° ，而肩端点自然偏后，设置前肩斜角度为 18° ，后肩斜角度为 22° 。

需要把肩部作为一个整体来分析，前、后肩斜可以自然分配，宽松或较宽松的服装可以通过肩斜的大小进行设计分配。

（2）肩宽、前后小肩宽的关系：肩宽由上臂外侧肩端，从左肩端点横量至右端点（过领窝下方）。

成衣的肩宽：根据人体肩宽、造型风格和人体的关系来确定。在人体肩宽的基础上进行加或减。

前片小肩：根据人体的肩点位置来确定。

后片小肩：根据前片小肩的大小和吃势造型来确定。

（3）垫肩与肩斜的关系：垫肩的作用主要是修饰人体肩部的缺陷，完成服装的肩部造型。将高低肩、溜肩等非标准肩垫高至标准形态，或是根据服装造型垫高肩部。高垫肩与人体肩部的形态、结构及功能相符，但在一定程度上影响了服装穿着的舒适性。通过垫肩来改变服装的整体轮廓并增添一种趋势性的边缘感。通过垫肩和衣身组成了新的空间组合，对肩斜产生了一定的影响。其中前肩斜、后肩斜，同时肩线形状存在一定的改变。在“衣身结构平衡要素”中已详细说明。

2. 形态工艺参数设计

（1）肩线形状设计：肩缝是结构线很重要的缝，不仅影响肩的功能，同时影响装袖的难易。男装肩线的形态基本有三种，第一种为直线肩型，如图 6–19（a）所示，主要用于宽松风格衣服的衣身；第二种微圆弧肩型，如图 6–19（b）所示，主要用于较为合体衣服的衣身；第三种为后倾肩型，肩线向后偏 2cm 左右，如图 6–19（c）所示，主要用于男西装肩线。

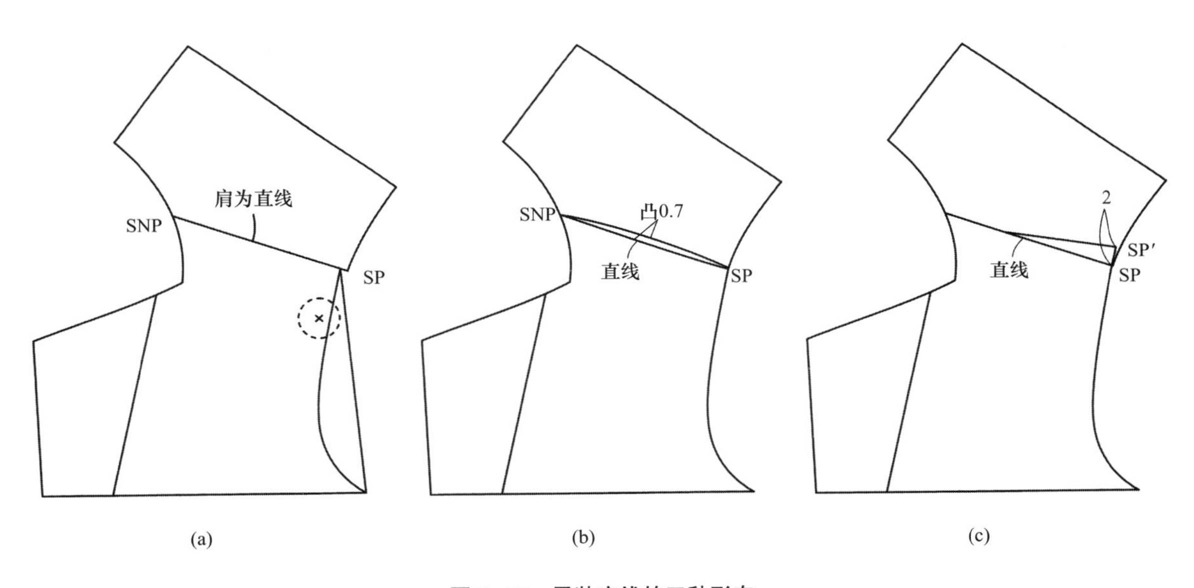

图 6–19 男装肩线的三种形态

（2）前、后肩线的工艺处理：前肩线拔开、后肩线归拢。

（3）肩线缝合工艺配伍：

①如图 6–20 所示，前片肩缝均分出 A、B、C，定出四个区域。

②在后片上确定对应点 A'、B'、C'，其中吃势分别为 $\leqslant 0.4$cm、$\leqslant 0.4$cm、$\leqslant 0.4$cm、$\leqslant 0.4$cm 四个区域。

③吃势缝合量化分配。整个缝合设计过程如图 6–20（c）所示，肩线缝合后使 A' 对 A，B' 对 B，C' 对 C，SP' 对 SP，这样的肩线吃势均匀自然，符合男体肩形对应的肩缝要求。

(a) 前片对位说明

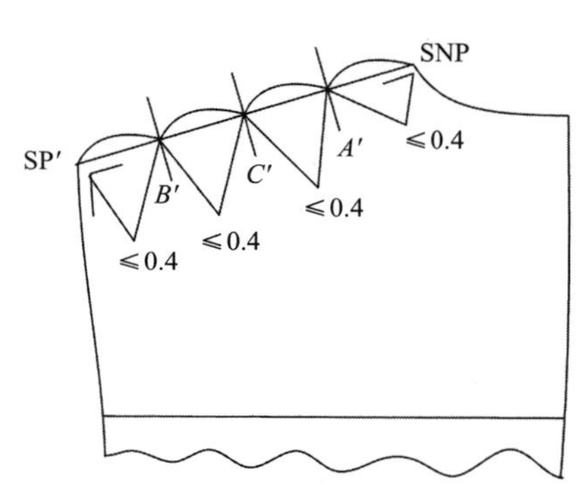

(b) 前后吃势大小的分配和对位点确定

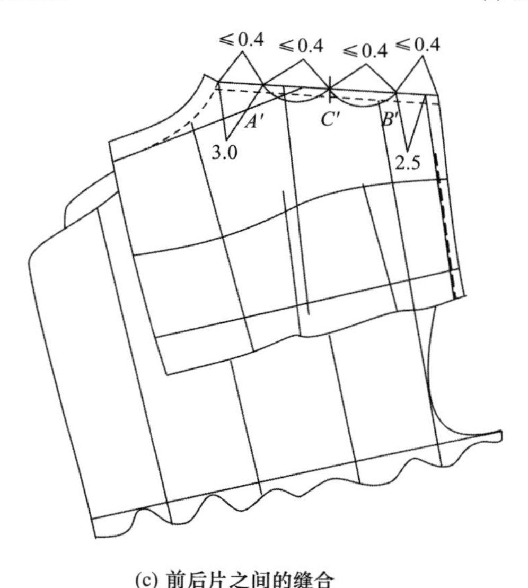

(c) 前后片之间的缝合

图 6-20　肩线缝合工艺配伍说明

第五节　衣身平衡的立体处理

由于男装和女装的设计要求不同，男装中的胸省处理是不以突出省的外观表现为着眼点的，而只发挥它的功能。在男装结构上把省隐藏于缝线之中或通过工艺进行处理，以满足人体和造型形态的配伍。把握男子胸部形态规律和解决造型的技术手段是架构男装胸部造型的关键所在。男装背部造型处理比女装复杂得多，主要原因如下：

（1）男子人体背部凸起度比女子大得多。

（2）男子人体背部的运动状态比胸部的运动变化更为复杂。

（3）男装造型的款式分割简单，解决造型的手段更趋向于工艺手段。

在本章第二节中已分析了男装衣身平衡中前浮余量和后浮余量的基本理论。

本节将从造型、工艺、结构配伍性等方面探讨胸部造型和背部的立体处理。所谓立体处理就是对平面的面料进行三维形态的构造，一方面从符合人体形态的造型，另一方面从服装本身的造型角度来分析设计技巧和方法。

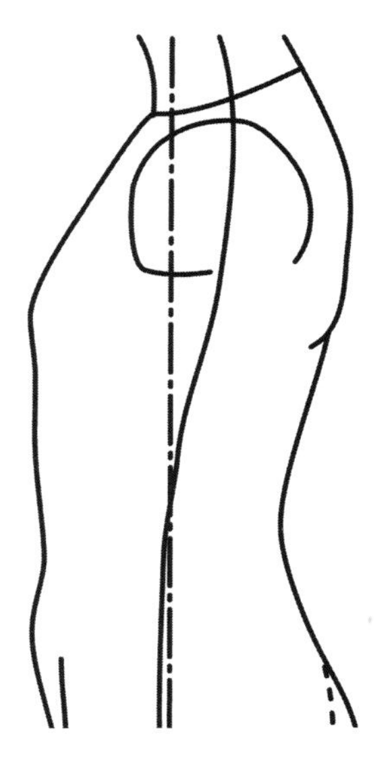
图 6-21　男子侧面形态

一、男装胸部形态立体配伍设计

1. 胸部的立体形态

男子胸部呈圆台状，不同于女子的圆锥状胸部。男性人体的胸部呈浑圆厚重形，无明显的凸起，如图 6-21 所示。男性胸部的骨骼，主要包括由脊柱和 12 块胸椎骨组成的胸廓及肩胛骨。肩胛骨在背部稍微隆起，加上背部肌肉的附着而形成复杂曲面，使男装在背部不易紧密贴合，因此男装的胸部也是合体性设计的一个重点。男性胸部相对比较平坦，胸高点 BP 在第 4、第 5 肋骨之间。从颈根部位至胸围线之间呈较平坦的盆状曲面形态。

2. 动态的胸部运动结构

由于人体上肢的运动，如图 6-22 所示，大多是引起背部的扩张，而胸大肌一般为收缩，在胸围放松量的设计和分配以及男装袖窿结构形状的设计与女装有比较大的区别。

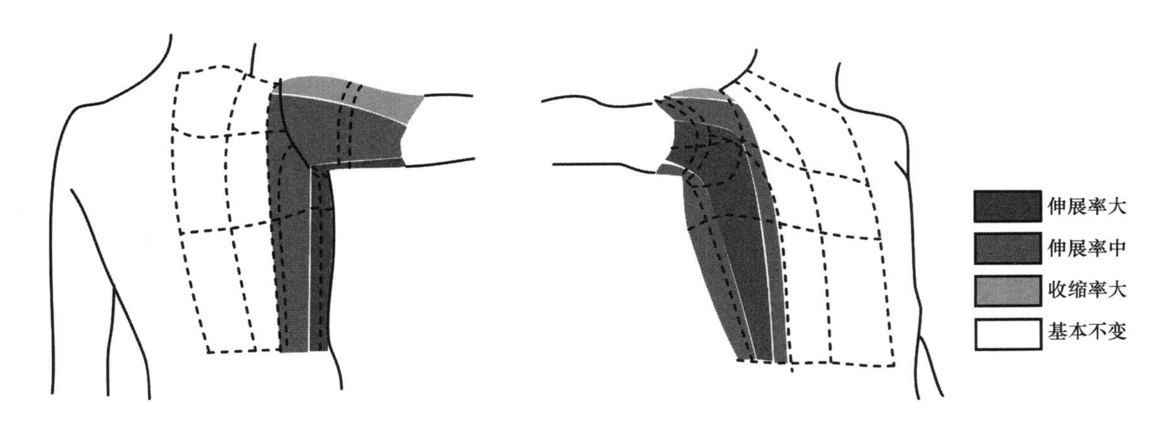

图 6-22　男子动态运动变化说明

3. 胸部造型结构立体设计

根据本章第二节的衣身平衡理论，把胸部造型处理量化为前浮余量的处理，而前浮余量的处理在男装结构设计中，有立体设计结构手段和立体设计工艺手段。

（1）撇胸：男装设计中的另一重要因素。撇胸指衣领口在前中线处撇进的部分，撇胸是立体结构设计处理前浮余量的重要手段之一。

解决机理：男子体型在前胸处存在一个胸坡角，从前颈点 FNP 作胸围线连线，与该部位的垂直线之间形成胸坡角。根据测定，正常男性的胸坡角为 20°。由于胸坡角的存在，前颈点处需要一个类似省道的撇胸，以适合人体结构，使服装前胸部位更加合体、自然，撇胸量一般为≤ 1.5cm。

①撇胸方法一（图 6–23）：自然撇胸的处理方法以 *A* 点为基础点，将前浮余量 ≤ 1.5cm，通过 *A* 点转移至门襟处形成≤ 1cm 的自然撇胸。这样的撇胸方法消除了浮余量但衣服胸部呈平坦状，一般常用于休闲类服装中。

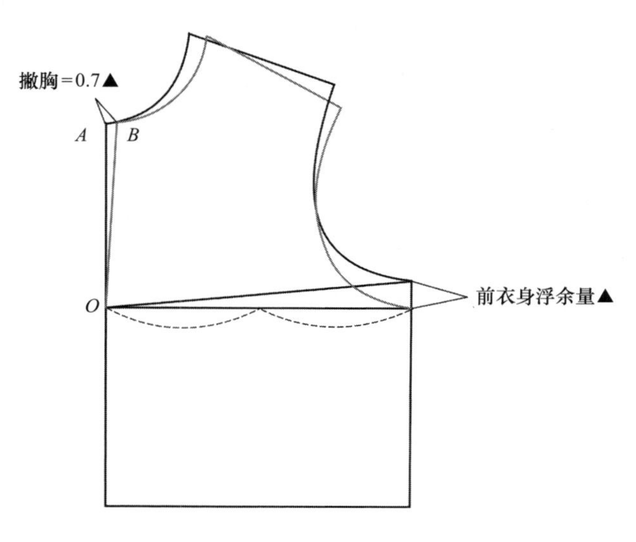

图 6–23 撇胸方法一

②撇胸方法二（图 6–24）：如需较大的撇胸量，可将前浮余量转至领口进行处理，这样可增大撇胸量，使肩部的前冲肩量增大，一般常用于正装中。

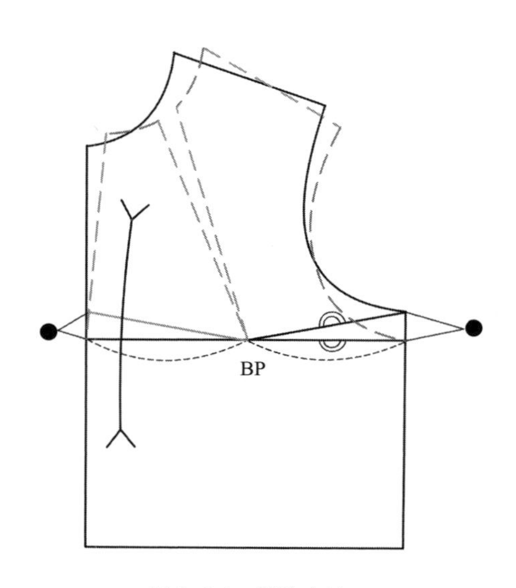

图 6–24 撇胸方法二

③撇胸方法三（图 6–25）：如经自然撇胸处理已将前浮余量全部消除，但由于衣服胸部

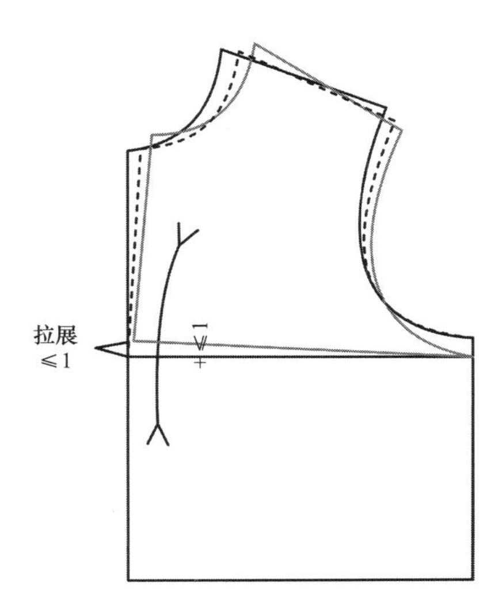

图 6-25　撇胸方法三

隆起的造型需要，可以采用在门襟处剪开，拉展≤ 1cm 的量。这个量便形成了超过自然撇胸的撇胸量，但这个量必须通过拉牵条归拢门襟的方法消化掉，这样做将使衣服胸部增加立体感，一般在男子正装如西服类服装上使用。

（2）工艺处理：男装前浮余量的形成是由于男子人体多曲面和不规则的前提，以及男装的程式化款式结构，所以在设计胸省时存在比较大的局限。前浮余量的处理运用工艺手段来解决这种矛盾，主要有牵条缝缩、腋下吃缝及推归拔工艺组合等手段进行立体设计。

①牵条缝缩：牵条工艺在男装工艺设计中运用较多，牵条有两个作用：

保型：保持所使用部位形态在缝合中不产生形变。使用部位的纱线方向往往和牵条的纱线接近或一致。

塑型：通过牵条的作用，利用缝缩的手段处理前浮余量，塑造形态的作用主要在翻折线处。

②腋下吃缝：前浮余量的处理还可以在腋下侧片以吃缝形式解决一部分，为形成立体的胸部形态，在腋下进行适当的吃量，对美化胸部造型有一定的作用。

4. **男装衣身平衡前浮余量的优化胸部造型设计**

（1）衣身平衡的前浮余量理论说明：人体胸部的多曲面结构，从胸部角度上分析可以抽象为几个面来理解：胸围线以上斜面角度，主要通过撇门和工艺推的方法解决造型；胸部在胸围线附近的不规则性可通过牵条缝缩处理使衣身曲面光顺；并根据胸省和腰省的结合处理，从结构上解决部分前浮余量。在工艺处理上，以保证衣身平衡为基础进行归拔工艺处理。实质上，根据横平竖直的原理，在胸部区域的结构造型处理后进行工艺设计处理以进行造型工艺设计。推，主要是解决两个平面之间面的关系；归，是使平面成为凸面；拔，是使平面成为凹面的手段。

（2）结构工艺配伍的前浮余量的优化处理：男装的前浮余量处理与女装的处理存在很大的差别，男装不仅仅是通过结构处理，而是把结构、工艺有效优化组合来处理。撇门的大小、驳头牵条、袖窿归拢等每种处理的都是量化的体系。

（3）衬、面组合的前浮余量的立体处理：衬，是为了面的立体造型构成，男西装的衬布由黑炭衬、毡衬、挺肩衬等组成，这些衬要配合面布来构成西装的立体造型，必须通过衬布收省、边缘归拢以及熨烫而形成浑圆的立体造型。

二、背部造型的立体处理

背部造型处理，是男装衣身平衡的重点。

1. 男子人体的背部动静结构

男装的背部结构不仅是肩胛骨突出的立体形态，更重要的是男装的背部动态结构。男装的背部动态结构如图 6–26 所示。

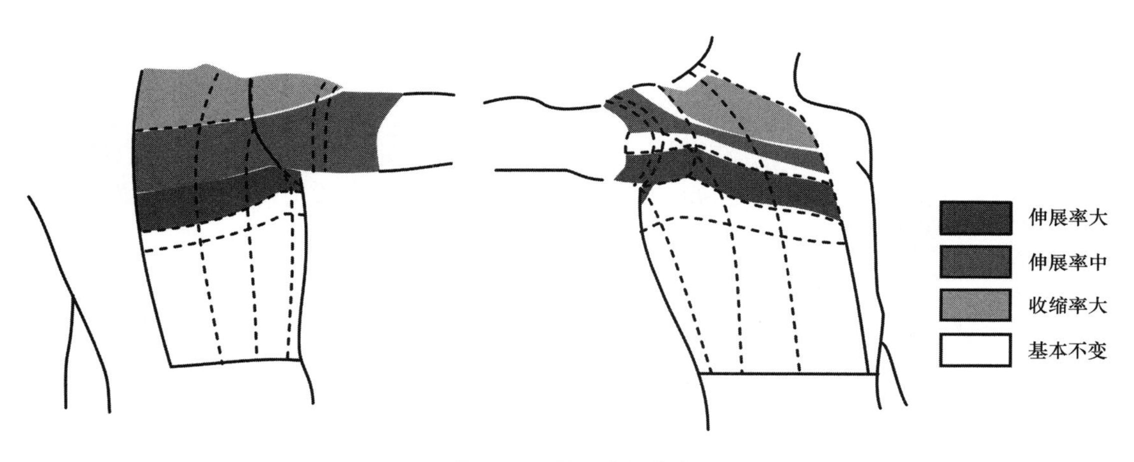

图 6–26 男子背部动态结构

2. 男装背部立体设计的技术手段

根据本章第二节中的衣身平衡理论，把背部造型处理量化为后浮余量的处理，而后浮余量的处理在男装结构设计中，有结构手段和工艺手段两种。

（1）结构手段：

①肩胛骨省：在男装衣身平衡中，后浮余量的核心实质上就是肩胛骨造型省的形成和处理，常采用肩部横向分割线的形式。

②褶裥：利用褶裥解决背部松量和背部造型。

（2）工艺手段：

①肩缝吃势：把大部分后浮余量转移到肩部，进行吃势处理（图 6–27）。

②袖窿归拢：部分浮余量在袖窿进行归拢处理（图 6–28）。

③转入背缝：将肩缝缝缩处理不了的后浮余量转入背缝处理（图 6–29）。

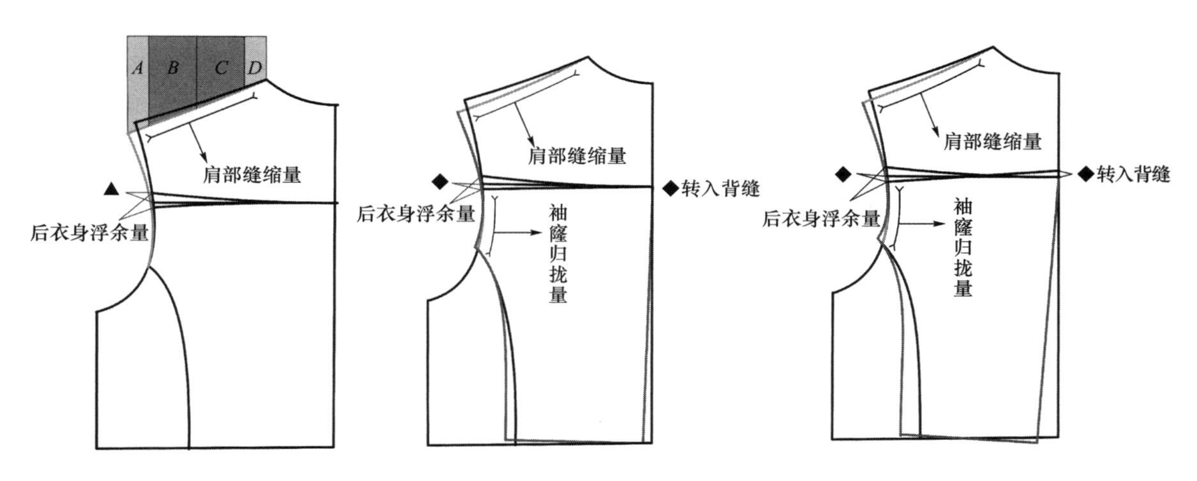

图 6–27　后浮余量在肩部缝缩处理　图 6–28　后浮余量在肩部和袖窿处工艺处理——缝缩　图 6–29　后浮余量转入背缝处理

④归拔推的组合：将归、推、拔工艺组合处理肩部和背部造型（图 6–30）。

3. 男装背部结构优化设计

（1）动态优化设计：人的躯体与上肢运动时，从前述人体运动的表面变形分析可知，上肢与躯干的接合处是上体运动变形的主要部位，尤其是人体背部的运动变形量最大，分析该部位的变形与衣服松量的处理对提高上衣的运动舒适性至关重要。

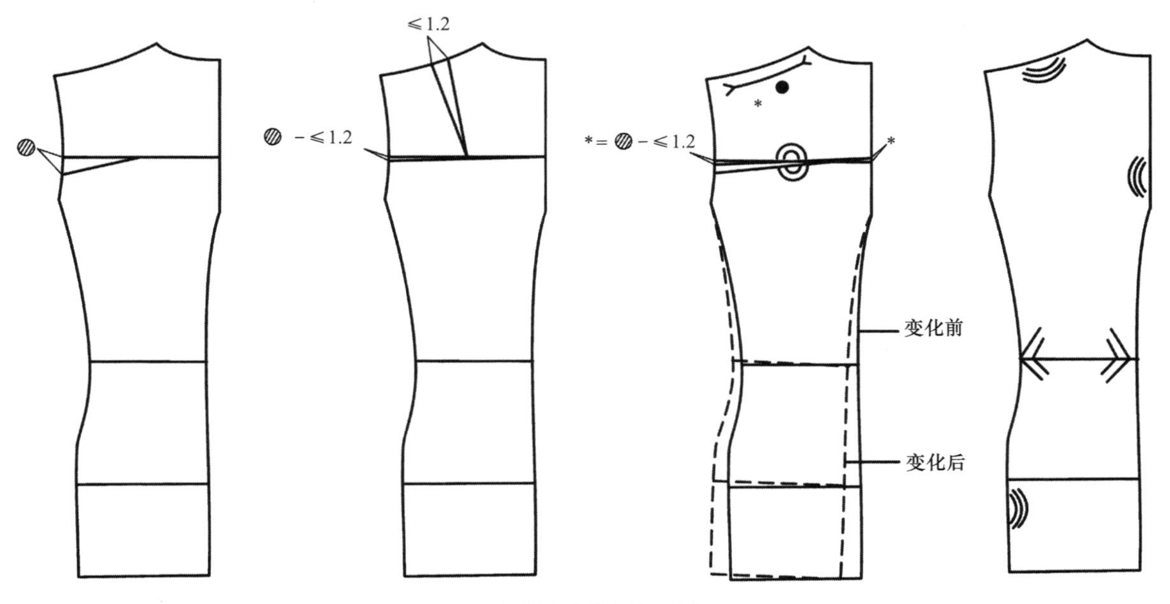

(a) 后浮转入肩缝缝缩及背缝

图 6–30

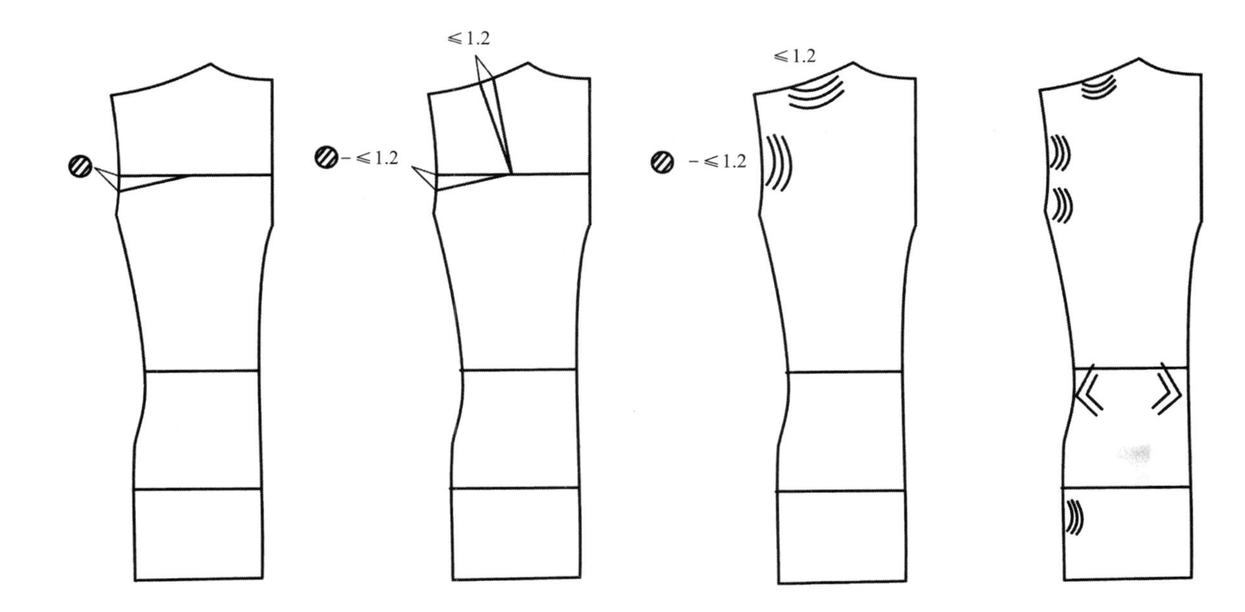

(b)后浮转入肩缝缝缩及袖窿收拢

图 6–30 后背缝造型优化组合处理

在男体裸体表面敷贴薄膜后，将背部纵向画出 *a*、*b*、*c*、*d* 四条水平线（图 6–31），其中 *a* 位于 BNP 下 7cm 处，*b* 距 *a* 2.5cm，*c* 距 *b* 2.5cm，*d* 位于后腋点，用未拉伸线法，在 *a*、*b*、*c*、*d* 四个部位的左右点敷上未拉伸线，上肢作静止下垂、水平前举、两上肢交叉水平前举、180° 上举四种动作。观察运动前后的未拉伸线长度之比，即为背部各部位的运动变形量。其变形值如表 6–5 所示。

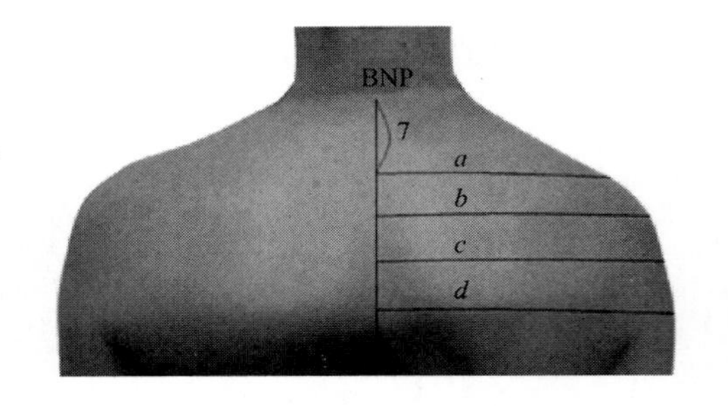

图 6–31 背部动态拉伸线法的实验

表6–5 背部各部位的运动变形值 单位：cm

运动部位	下垂	水平前举	两上肢交叉水平前举	180° 上举
a	18.3	+0.2	+2.7	−1.8
b	17.5	+1.8	+4.2	+0.7
c	17.8	+1.7	+4.2	+1.7
d	17.0	+3.3	+5.5	+6.0

（2）男子背部运动变形的结构处理技术（图 6–32）：人体背部变形量在原理上的结构处理可用两种方法可以解决。一是将变形量放在袖窿处，即在 *a*、*b*、*c*、*d* 所对应的袖窿部位处理，一般袖窿线要圆顺，故很难完全消化各部位的最大变形量；二是在背部将各变形量加

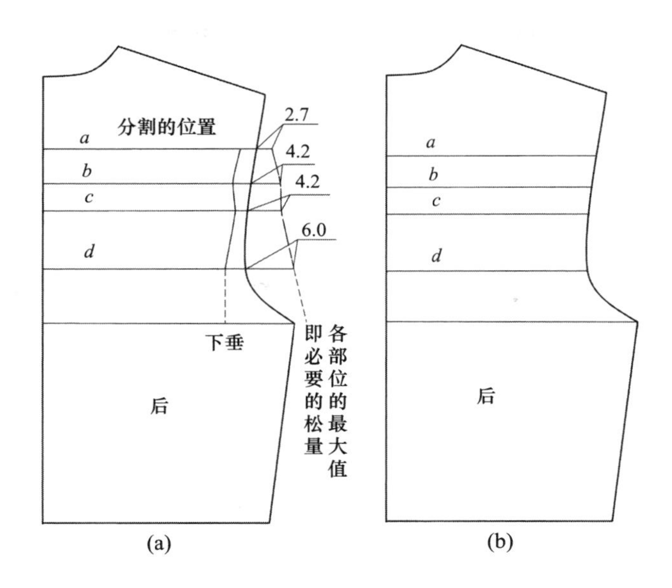

图 6-32　背部优化结构设计

以解决，一般只考虑解决 d 部位的松量，因其量最大，此量解决了，其余量亦可解决。

（3）背部变形量的处理方法：人体背部变形量在结构上处理的方法可有下列几种（图6-33）：

① 在袖窿底部和侧缝处解决一部分量，另一部分量在后袖山上解决。

② 背中线处作褶裥，褶裥量 = 最大变形量 = d 部位的变形量。

③ 后背两侧作褶裥，褶裥量 = 最大变形量 = d 部位的变形量。

④ 在袖窿处放出最大变形量，且将侧缝放出，使侧缝与袖窿成 90° 左右，一般用于宽松服装的结构处理。

⑤ 在后衣身处放出松量，使松量 ≥ 最大变形量（d 部位的最大变形量）。

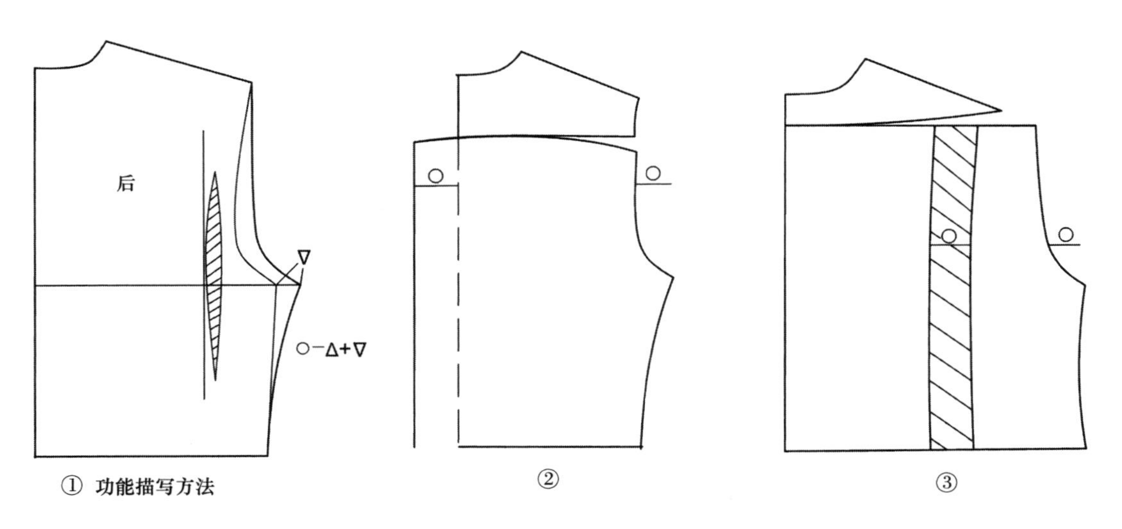

图 6-33

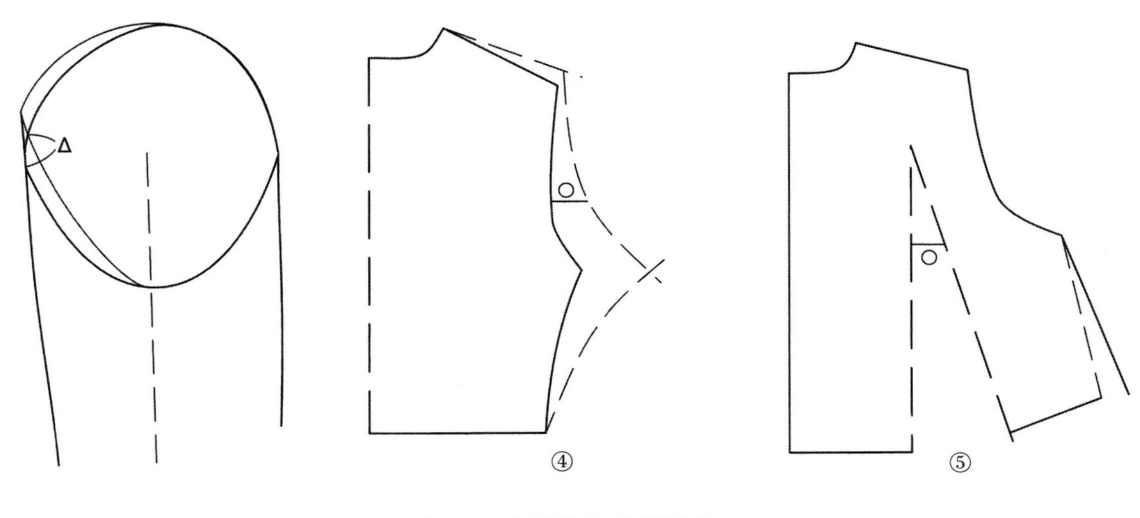

图 6-33 根据造型的纸样变化

三、腹部造型的立体处理技术

男装为解决腹部肥满凸出的体型，以收肚省帮助衣身腹部形成饱满状。

肚省的设计原理：如图 6-34 所示，衣身上增加一个肚省，同时肚省设在口袋的位置，不影响整体的外观设计。这是男装结构设计比较巧妙的一种方式。

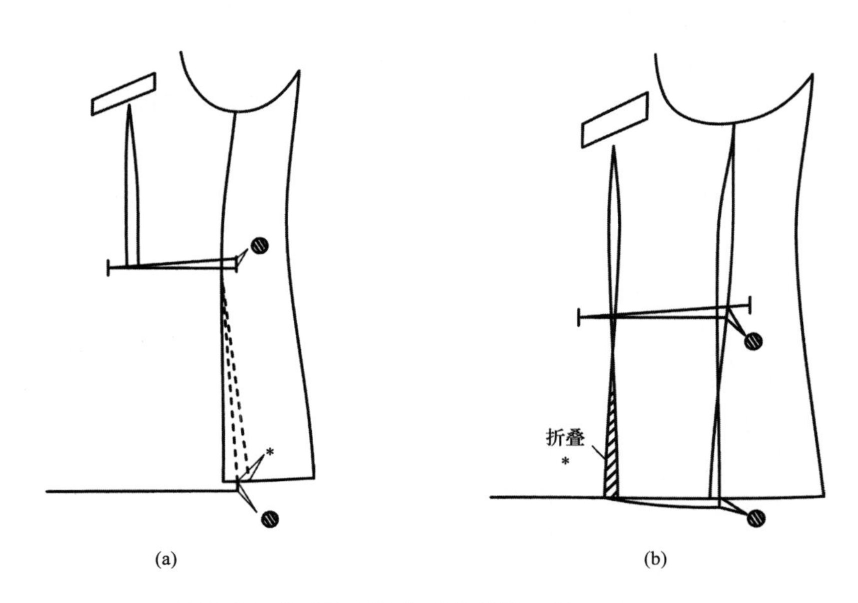

图 6-34 肚省的设计（⊘为肚省量≤ 1.5cm）

四、面、里造型的立体配伍处理技术

男装结构理论体系中，立体配伍是很重要的一部分，主要体现在挂面与衣身、衣身的面与里衬、衣领的面与里衬、衣袖的面与里衬、口袋带盖等方面，因此系统地分析立体配伍很有必要。

在服装造型的形态处理中，层次之间的造型处理是对衣身结构平衡和造型形态处理的重要组成部分。如服装的挂面与衣身、领面与领里、衣身面与衣里衬的配伍关系、层次的结构构成设计是影响产品品质的重要方面。塑造立体造型的形态手段和方法是通过缝的设计，运用长度差异和形状差异来构造造型形态。

男装结构和工艺配伍理论体系，面、里的合理配伍，使缝合部位的上、下层衣片弧形重叠、形态美观或达到所规定的造型效果。根据材料厚度和缝合部位的弧形以及所呈现的曲面形态，即弧形重叠部位的内、外径配合要求，对两层或两层以上重叠缝合部位的两侧缝边所进行的长度差异和形状差异的设计，称为面、里造型的立体配伍设计。

通过设计两条缝自然不相等，形成长度的差量和形状存在的差异，经过工艺吃势处理从而解决服装形态的方法。在结构设计中，通过对缝的大小差量和形状差量的设计，也就是以吃势量的设计来解决服装造型形态。同时，需要依据服装所选用的材料，设计吃势具体的大小。

配伍设计主要是通过配伍对象的大小形状结构、材料的厚度、配伍对象的轮廓曲率、内外层的曲率差异来确定其大小和形状的差异。同时需考虑面、里衬在整个造型构造形态中所起的作用，通过三者整体来塑造服装的形态。

1. **配伍设计的技术方法**

（1）分析基本样板的形状和表达外观的形态。

（2）进行因素分析。

（3）确定形状设计和数量配伍。

2. **举例挂面与衣身的配伍**

在挂面配伍设计中主要进行如下程序（图 6–35）：

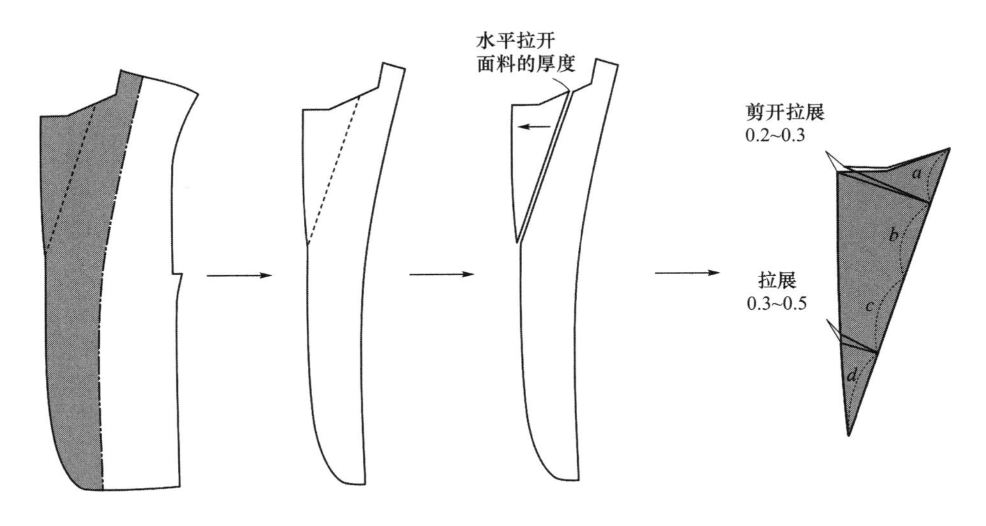

图 6–35

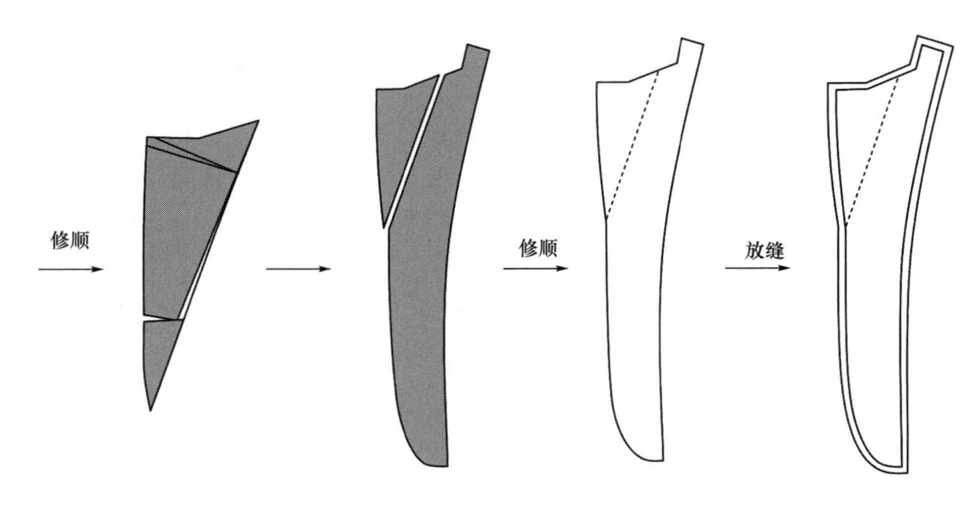

图 6-35　男西装挂面的形成过程

（1）在前身样板上提取基本挂面样板。

（2）切开翻折线增加面料的厚度。

（3）翻折线分成四等分，分别标注 *a*、*b*、*c* 点。

（4）*a* 点垂直拉展 0.2 ~ 0.3cm，*b* 点保持不变，*c* 点拉展 0.3 ~ 0.5cm。

（5）修顺。

（6）放缝。

挂面与衣身的配伍说明如图 6-36 所示。

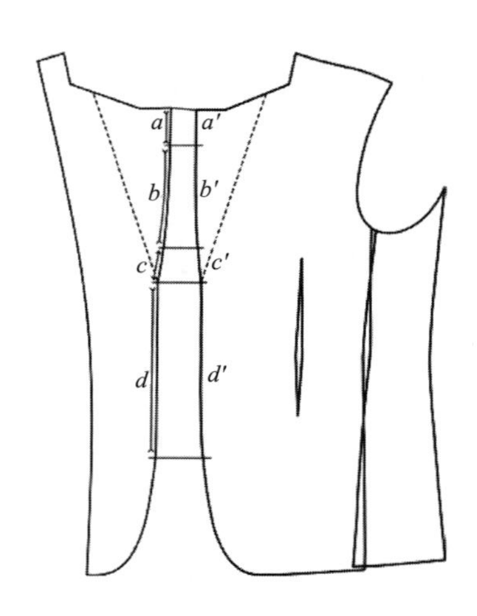

图 6-36　挂面与衣身配伍说明

五、缝缩的立体构型技术

1. 缝合吃势立体造型

由于男装的很多款式都是采取程式化设计，因此通过牵条的工艺手段和线段之间的缝合来构造造型。缝合通过吃势、牵条是为了缝合，所以通过对牵条的使用来分析缝缩成型。

2. **利用牵条缝缩**

在构造造型过程中，牵条的方向、宽度都是以构型为原则，如图 6–37 所示为男西装的牵条在衣身上的位置分布图。

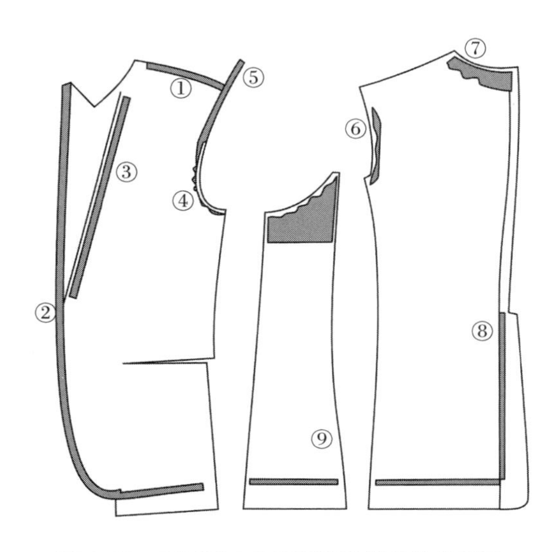

图 6–37　男西装衣身不同部位牵条的位置图

思考题

1. 男装前浮余量消除的方法有几种？消除前浮余量的具体数值是多少？
2. 男装撇胸有哪几种形式，其构成的衣身造型有何不同？
3. 男衬衫的衣身怎样形成结构平衡？
4. 男休闲服的衣身怎样形成结构平衡？
5. 男装肩部怎样处理后浮余量，其数值分配如何？

应用与实践——

男装衣领结构

课题名称： 男装衣领结构

课题内容： 1．男装衣领造型分析。

2．基础领窝结构原理。

3．立领结构。

4．翻折领结构。

5．衣领实例分析。

6．男装衣领、衣身、衣袖的整体对条格。

课题时间： 8课时

教学目的： 掌握衣领结构设计的原理及各类方法。

教学方式： 实物纸样剪裁变化，并在人台上立体展示，PPT。

教学要求： 1．了解衣领结构种类。

2．掌握单立领、翻立领的结构设计方法。

3．掌握风帽结构设计。

课前（后）准备：

准备1∶4的基础衣身，以其为基础做出衣领结构，并记笔记。

第七章　男装衣领结构

本章主要介绍男装所涉及的衣领分类，探讨具体衣领结构设计的方法和技巧。从造型角度、三维转二维的构成思维，学习掌握衣领的构造原理，重点讲解翻折领的面、里、衬配伍关系。

第一节　男装衣领造型分析

一、男装衣领的结构分类

男装衣领按其本质而言可以分为以下几种类型（图 7–1）。

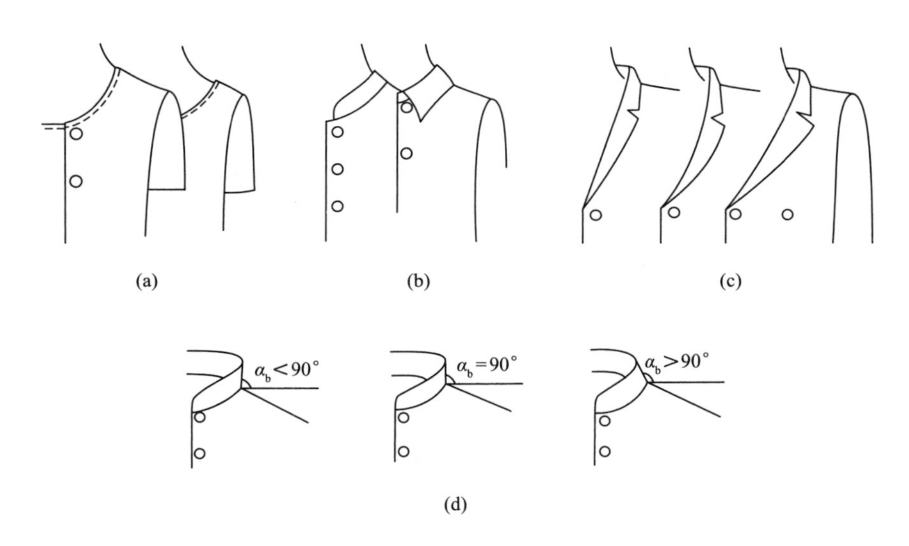

图 7–1　衣领类型

1. **按衣领基本结构分类**

（1）无领：亦称领口领，即无领身部分，只有领窝部位，并且以领窝部位的形状为衣领造型线。根据构造有前开口型和贯头型两种［图 7–1（a）］。

（2）有领：指有领身部分的衣领，包括立领和翻折领。

①立领：领身包括领座和翻领两部分，且这两部分是分离的，是依靠缝合而相连的衣领。立领又可分为单立领和翻立领两种，其中单立领的衣领只有领座部分，翻立领的衣领包括领座和翻领两部分［图 7–l（b）］。

②翻折领：领身包括领座和翻领两部分，但两部分用同料相连成一体。根据其翻折线在前衣身的形状，又可分为直线状、圆弧状、部分圆弧部分直线状等三种翻折领。

当前领座 =0 时，衣领称驳折领；当前领座≠ 0 时，衣领称连翻领；当后领座≤ 2cm 时，衣领亦称单贴领［图 7–1（c）］。

2. 按衣领领座侧部形态分类

立领和翻折领都存在领座侧部形态的问题。所谓领座侧部形态，指领座侧部（SNP 点）与水平线之间的倾斜角（简称侧倾角）。每一种衣领都存在侧倾角小于、等于、大于 90° 的类型［图 7–1（d）］。

领座侧倾角小于 90° 时，衣领与人体颈部疏离，不贴颈。

领座侧倾角等于 90° 时，衣领与人体颈部较贴近。

领座侧倾角大于 90° 时，衣领与人体颈部贴近［图 7–1（d）］。

掌握衣领的结构设计方法，首先要从本质上了解它们之间的从属关系，剖析基本衣领的构造，了解在基本衣领上附加各种造型手法后的变化结构。以人体为基本结构，把握衣领的整体造型。

二、衣领的构成因素（图 7–2）

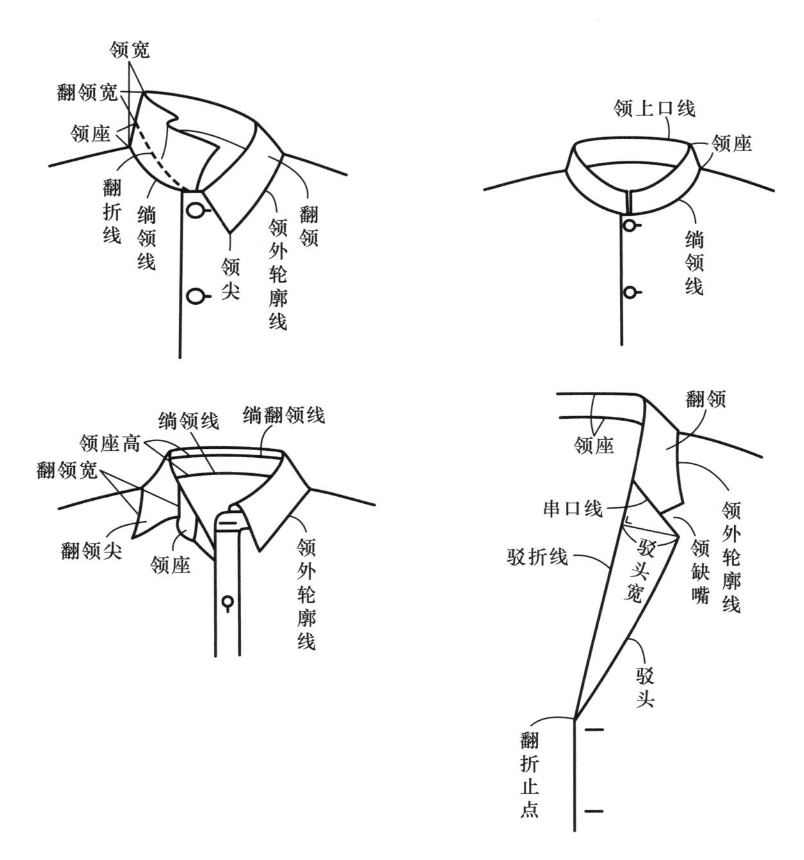

图 7–2　衣领构成

1. 衣领构成的四大部分

（1）领窝：衣领结构的最基本部位，是安装领身或独自担当衣领造型的部位。

（2）领座：可以单独成为领身部位，或与翻领缝合、连裁在一起形成新的领身。

（3）翻领：必须与领座缝合或连接成一体的领身部分。

（4）驳头：衣身与领身相连，且向外摊折的部分。

2. 衣领构成的其他因素

（1）绱领线：亦称领下口线，领身上需与领窝缝合在一起的部位。

（2）领上口线：领身最上口的部位。

（3）翻折线：将领座与翻领分开的折线。

（4）驳折线：将驳头向外翻折形成的折线。

（5）领外轮廓线：亦称领外口线，是构成翻领外部轮廓的结构线。

（6）串口线：将领身与驳头部分的挂面缝合在一起的缝道。

（7）翻折止点：驳头翻折的最低位置。

第二节 基础领窝结构原理

基础领窝，亦称原型领窝，是衣领结构设计的基础。任何衣领结构都必须先作出基础领窝，然后在此基础上进行结构变化。

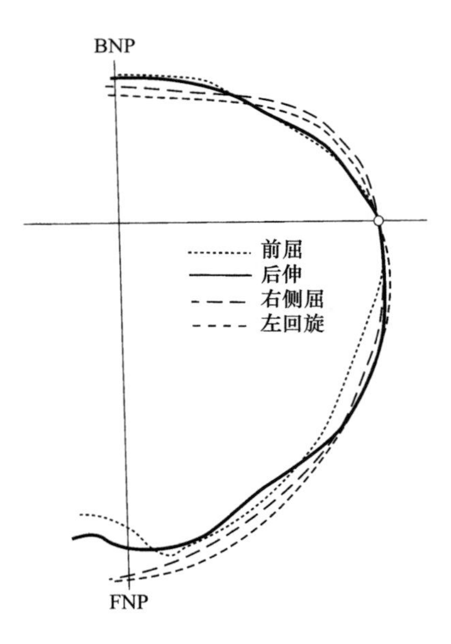

图 7–3 基础领窝结构原理

基础领窝的人体属性：在人体上确定衣领安装的部位，即领窝部位。接近各种衣领安装部位的人体部位，自颈椎点（BNP）经过颈侧点（SNP）至前中点（FNP），这样形成的颈围线称为基础领窝。将基础领窝加大、变形后才能构成具体款式的领窝。

基础领窝的静态特征和动态特征略有差异。由于稍微前倾的颈部有僧帽肌和胸锁乳突肌，其运动使颈部作前后屈、侧屈以及回旋运动。据资料统计，颈部回旋运动时，左方最大可达 74.2°，右方最大可达 74.2°；侧屈运动时，左方最大为 43.0°，右方最大为 41.9°；前屈运动时，最大为 49.5°；后屈运动时，最大为 69.5°。这些运动伴之部位尺寸的变化和皮肤的伸展收缩，使颈围线也发生变化，但这样的变化数值较小，只在 FNP 和 BNP 两点附近产生动态变化（图 7–3），一般不作调整。故基础领窝的设计按净胸围 B^* 的回归关系式进行确定。这个回归关系只体现人体静态的颈围值，而将动态颈围值忽略。

第三节　立领结构

立领是衣领的重要种类之一，其防护、保暖及装饰功能是服装设计中常需考虑的。立领在男装中的中式服装和衬衫设计上运用较多，特别是单立领，由于其结构简单、掩蔽部位少，故结构设计有一定的难度。

一、立领结构的种类

立领结构的种类有两种，即基本结构和变化结构。

1. 基本结构

（1）单立领：只有领座部分，没有翻领部分。其分类依据领侧水平倾斜角（简称领侧角）α_b、领前倾斜角（简称领前角）α_f 可分为：

α_b、$\alpha_f < 90°$，外倾型单立领［图 7–4（a）］；

α_b、$\alpha_f = 90°$，垂直型单立领［图 7–4（b）］；

α_b、$\alpha_f > 90°$，内倾型单立领［图 7–4（c）］。

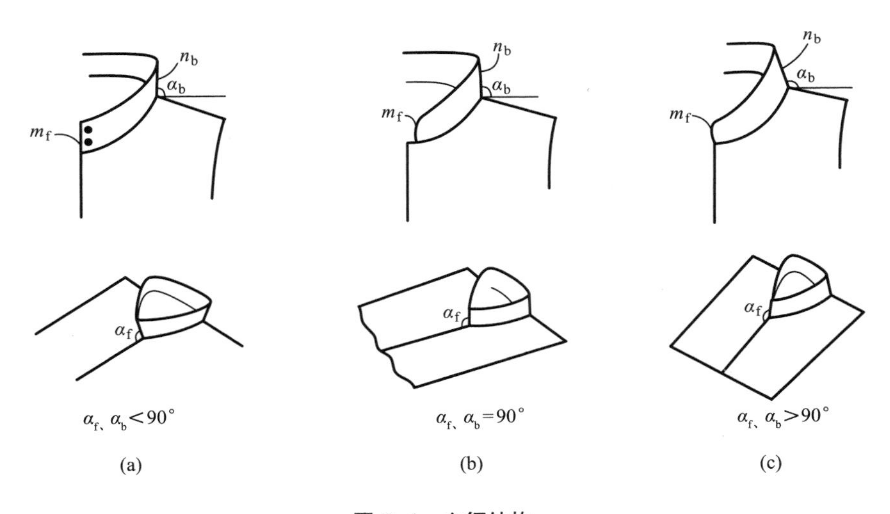

图 7–4　立领结构

（2）翻立领：领座部分和翻领部分通过缝制连接成一体。由于翻领部分掩盖领座部分，故其领座部分一般作成 $\alpha_b \geqslant 90°$ 的形状，领上口线形状可有直线形、圆弧形和半圆弧半直线形。

2. 变化结构

连身立领：领座部分与衣身整体或部分相连，可分为：

前领座与衣身整体相连，后领座与衣身整体相连；

前领座与衣身部分相连，后领座与衣身整体相连；

前领座与衣身部分相连，后领座与衣身部分相连等形态。

二、立领结构模型

如图 7–5 所示，其中（a）为立领的立体结构图，虚线为基础领窝线。当领侧倾角 $\alpha_b >$ 95°（人体领侧倾角）时，基础领窝线需开大：基础领窝线前中线的开低量需按领款的实际造型位置而定。（b）为衣身展平后而立领仍是立体形态的结构图。（c）为衣身与领身都展平的结构图，从图中可以看出立领结构设计的整体过程是将穿着状态的 3D 衣身和立领，先将衣身展平为平面状态，在展平过程中位于 SNP 附近的区域，衣身的表面由于材料厚度的因素而会出现压缩状态；然后再将衣领展平为平面状态，在展平过程中，立领的下口线应为实际领窝弧长 +0.3cm，而上口线应为基础领窝弧长 $+\frac{n_b}{3}\times 0.5$（cm），当然图形前部会受到造型的制约，而后部则会受到 α_b 大小的影响。

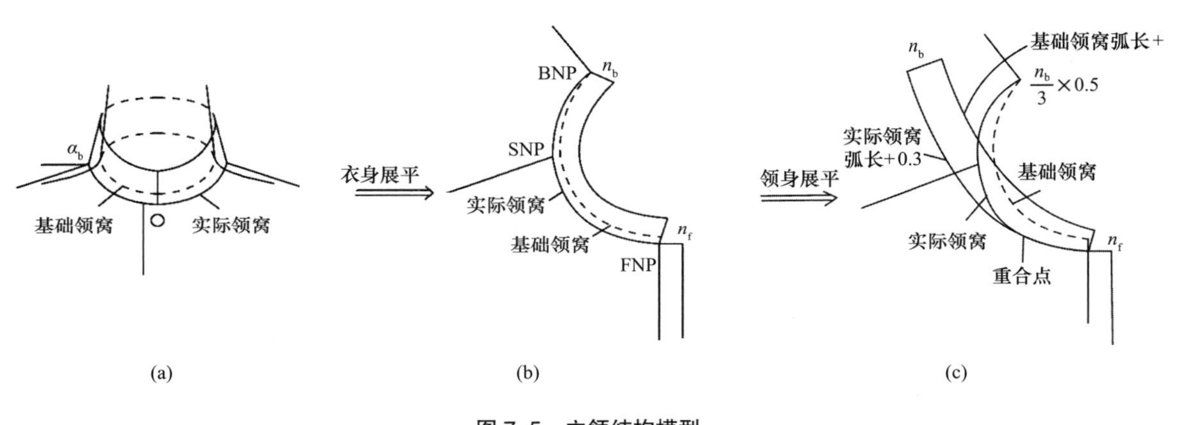

图 7–5 立领结构模型

三、立领结构设计元素

立领结构设计所涉及的重要元素，按造型决定结构本质的因素有下列方面。

1. 领座侧倾斜角

领座是立领的基本部件，其侧部倾斜角 α_b 决定了立领轮廓造型和领座侧后部的立体形态。

领座侧倾斜角 α_b 分为三种形态：

$\alpha_b < 90°$，领座侧后部向外倾斜，与人体颈部分离；

$\alpha_b = 90°$，领座侧后部与水平线垂直，与人体颈部稍分离；

$\alpha_b > 90°$，领座侧后部倾向人体颈部。

在三种形态中第二、第三种使用频率较大，冬季服装及正规类服装常采用第三种角度。第一类形态多用于夏季服装或非常规造型的服装中。

2. 领座前部造型

领座的前部造型，包括领座前部轮廓线造型、领座前倾斜角和前领领窝线形状。

前领轮廓线造型可分为以下两种形状：

（1）领上口线形状为圆弧形，如图 7-6 中（a）所示。

（2）领上口线形状为直线形，如图 7-6 中（b）所示。

领实际领窝线的位置与领座前倾斜角存在紧密关联，一般以领座实际领窝线与基础领窝线之间的差值表示（图 7-7）。

前领实际领窝线位置包括：

（1）当 $\alpha_f > 90°$ 时，前领实际领窝线低于基础领窝线。

（2）当 $\alpha_f \leq 90°$ 时，前领实际领窝线位于基础领窝线。

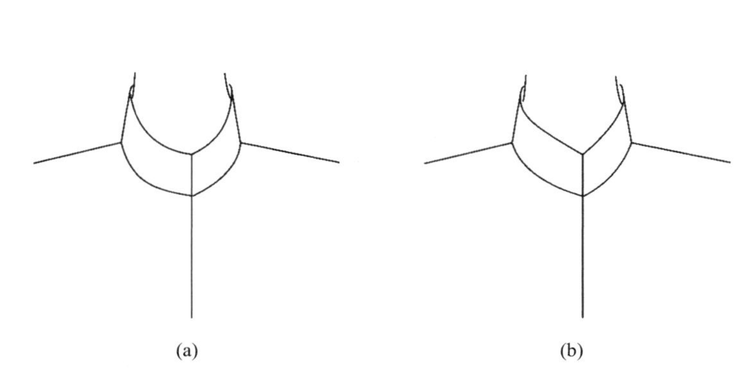

图 7-6　前领轮廓线造型

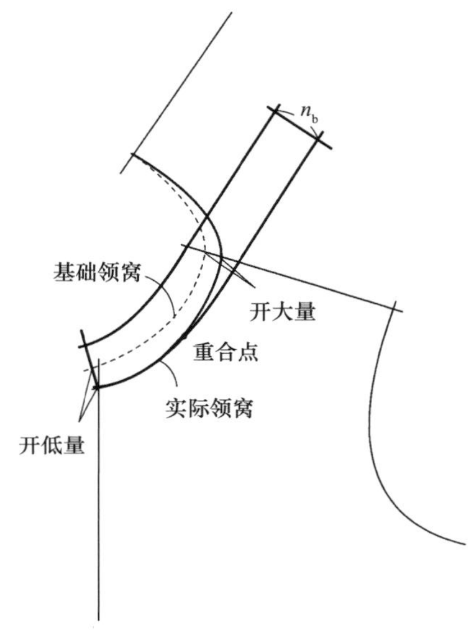

图 7-7　前领实际领窝线位置

前领领窝线既是结构线也是构成立领的造型线。

当立领装在与人体颈根围相吻合的领窝线上，立领高度不超过 4cm 时，可将原型衣身上的基础领窝线作为立领的领窝线。

当立领高度大于 4cm 时，可将基础领窝开深、开宽，然后将领窝线画顺。由于前领窝线与前领造型紧密相关，在设计立领结构时，必须认真观察前领窝形状，如图 7-8 所示为部分前领窝线形状。

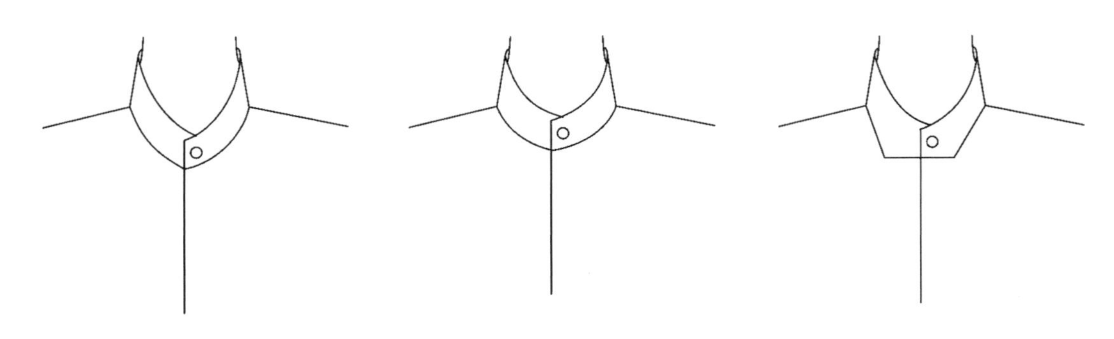

图 7-8　部分前领窝线形状

3. 翻领外轮廓松量

翻领外轮廓松量，指翻领外轮廓线在领座结构图上应该展开的量。翻领和领座在立领结构模型中的关系如图 7–9 所示。

$DC=n_b$（领座后宽），$DE=m_b$（翻领后宽），$BF=m_f$（翻领前宽），$BF'=m_b$，$BA=n_f$（领座前宽）。考虑翻领的外轮廓松量时，首先将其理想化，使 $BF'=DE=m_b$。从图中可以看出改变 BF 为 BF' 对侧后领部松量没有影响，BF' 和 BF 的差异只是体现在翻领前部的造型差异上。

如图 7–9（c）所示，BNP′ ~ E ~ F' 的弧线是翻领理想结构中翻领的外轮廓线在衣身上的轨迹，由于基础领窝的领窝宽（深）每增大 n，其周长增加 $2.4n$，故 BNP′ ~ E ~ F' 弧线的轨迹长度较 BNP ~ SNP ~ FNP 弧线要长 2.4 △（△为图中 E ~ SNP 的长度）。分配到整个轨迹中，侧后部分配 1.5 △，经过近似处理为 $1.5(m_b-n_b)$，即翻领的外轮廓线松量只要考虑在整个翻领外轮廓线上增加 $1.5(m_b-n_b)$ 的松量，在翻领前领部只要按造型画准便可［图 7–9（b）、（d）］。

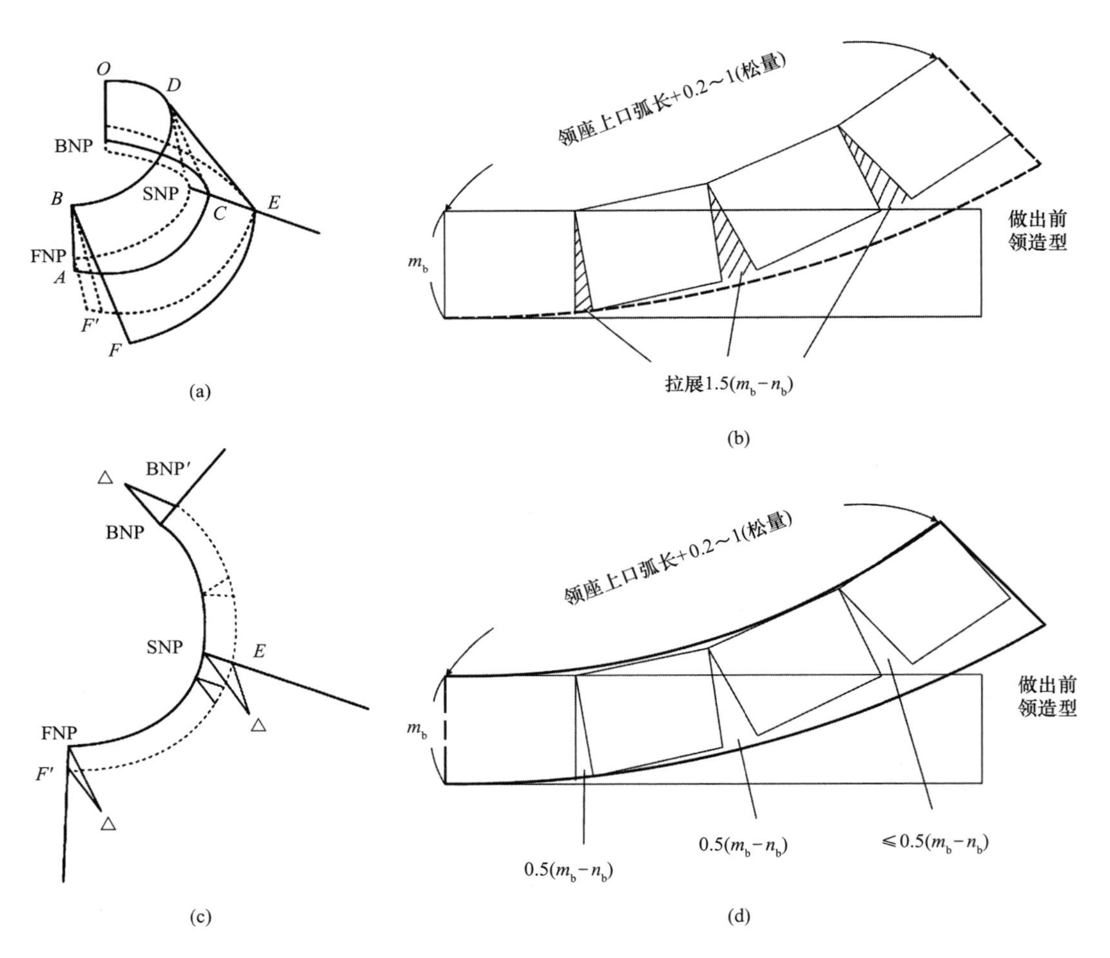

图 7–9 翻领外轮廓松量

四、单立领结构设计

1. 结构设计方法

单立领结构设计的方法有：领窝外制图的分开制图法、领窝上直接制图法以及实验制图法等，但由于分开制图法在作图原理上不科学，故不在此介绍。

直接制图法（图 7–10）：

（1）如图 7–10（a）所示，修正基础领窝使后领窝宽为 $N/5-0.3$cm＝⊘，前领窝宽为⊘ -0.6cm，后领窝深为⊘ /3－0.2cm，前领窝深为⊘ ＋1.0cm。

（2）如图 7–10（b）所示，作垂线 A 至 SNP，根据领侧倾角 α_b 和 n_b 的实际值，在衣身上得到实际领窝线 B 点，使 $AB=n_b$，AB 与水平线倾斜角为 α_b。

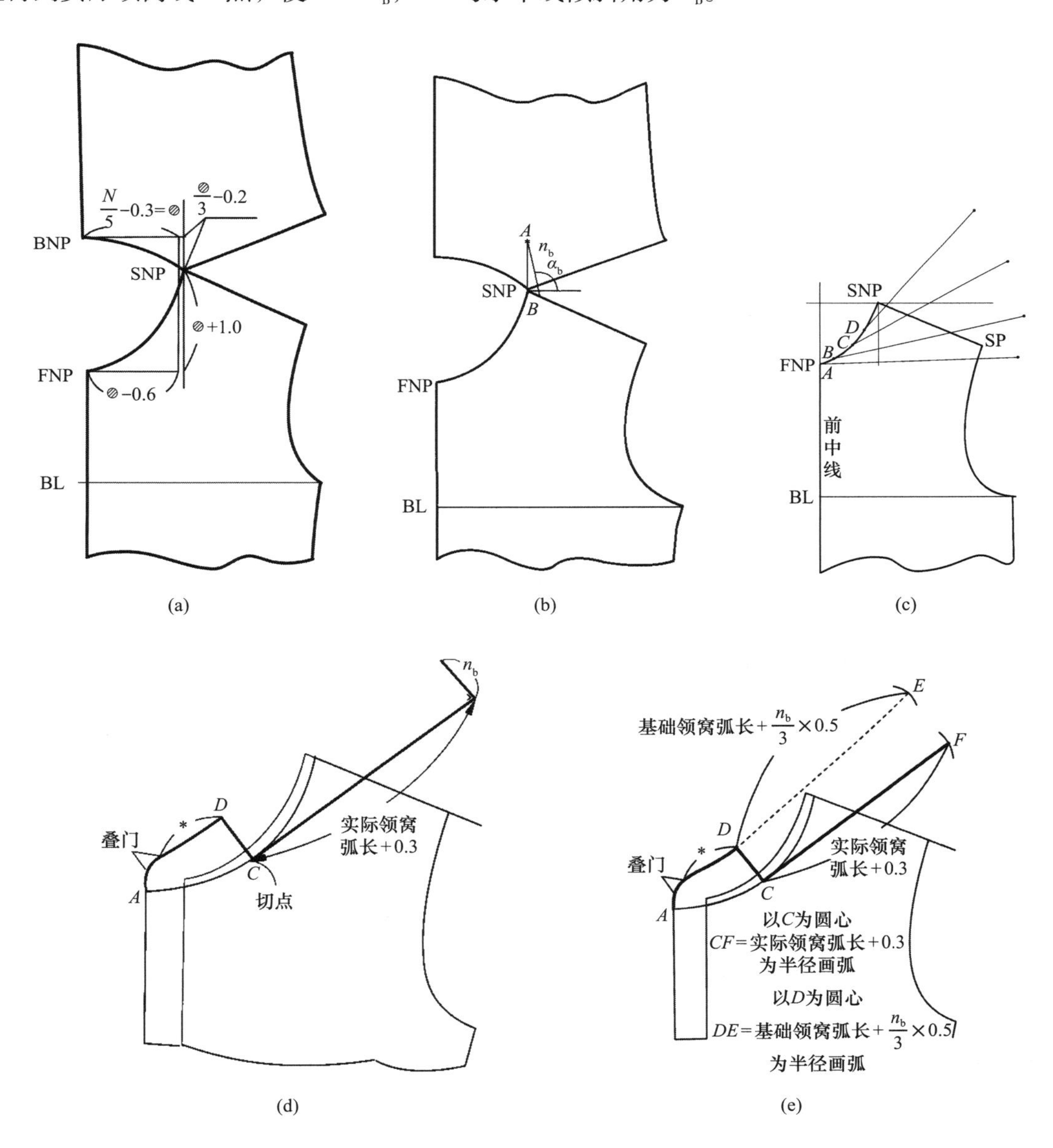

图 7–10

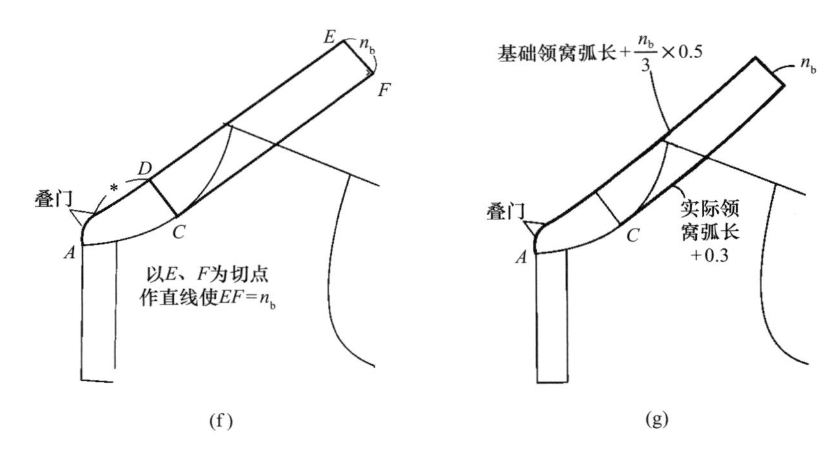

(f)　　(g)

图 7-10　单立领直接制图

（3）如图 7-10（c）所示，在实际领窝线上作切线，注意切点的位置与领前倾斜角 α_f 有关。

若 α_f 趋向 90°，在效果图上表现的前领部与衣身不处于一个平面，故此时切点可作在 FNP 的位置上；

若 α_f 趋向 180°，在效果图上表现的前领部与衣身处于一个平面，则领身与领窝线相切的切点可作在前领窝长的 2/3 处，前领部平贴的程度越大，与前衣身处于一个平面的部位越多，则切点位置越趋向于前领窝长 2/3 处。反之，则切点位置越趋向于 FNP 位置。

（4）如图 7-10（d）所示，作出领前部造型，注意领上口线的形状（直线形或弧线形），领前部上口线 AD=*。过 C 点作前领窝切线，长度为实际领窝弧长 +0.3cm（绱领时领身的松量）。

（5）如图 7-10（e）所示，以 D 点为圆心，以基础领窝弧长 +$\frac{n_b}{3}$ ×0.5（cm）为半径画弧。

（6）如图 7-10（f）（g）所示，以 C 点为圆心，以实际领窝弧长 +0.3（cm）为半径画弧，以 D 点为圆心，基础领窝弧长 +$\frac{n_b}{3}$ ×0.5（cm）为半径画弧；在以 C 点为圆心作的圆弧和以 D 点为圆心作的圆弧上作切线，切点分别为 E、F，使 $EF=n_b$。

（7）检查后领部的形状：

当 $\alpha_b \leqslant 90°$ 时，后领部应呈向下口倒伏的形状；

当 $\alpha_b > 90°$ 时，后领部应呈向上口卷曲的形状。

若不相符，则应将前部实际领窝线减小或开大直到形成所应有的后领部形状。

2. **实例分析**

（1）领前部为直线形的单立领：

已知：单立领款式如图 7-11 所示，N（领围）=37cm，n_b=3.5cm，α_b=95°，n_f=3.5cm。

制图方法：

①按 α_b=95°、n_b=3.5cm，在基础领窝上作实际领窝线的后、侧部［图 7-11（a）］。

②在前基础领窝处，按效果图所示的领前部实际领窝的具体位置，定出实际领窝的前部

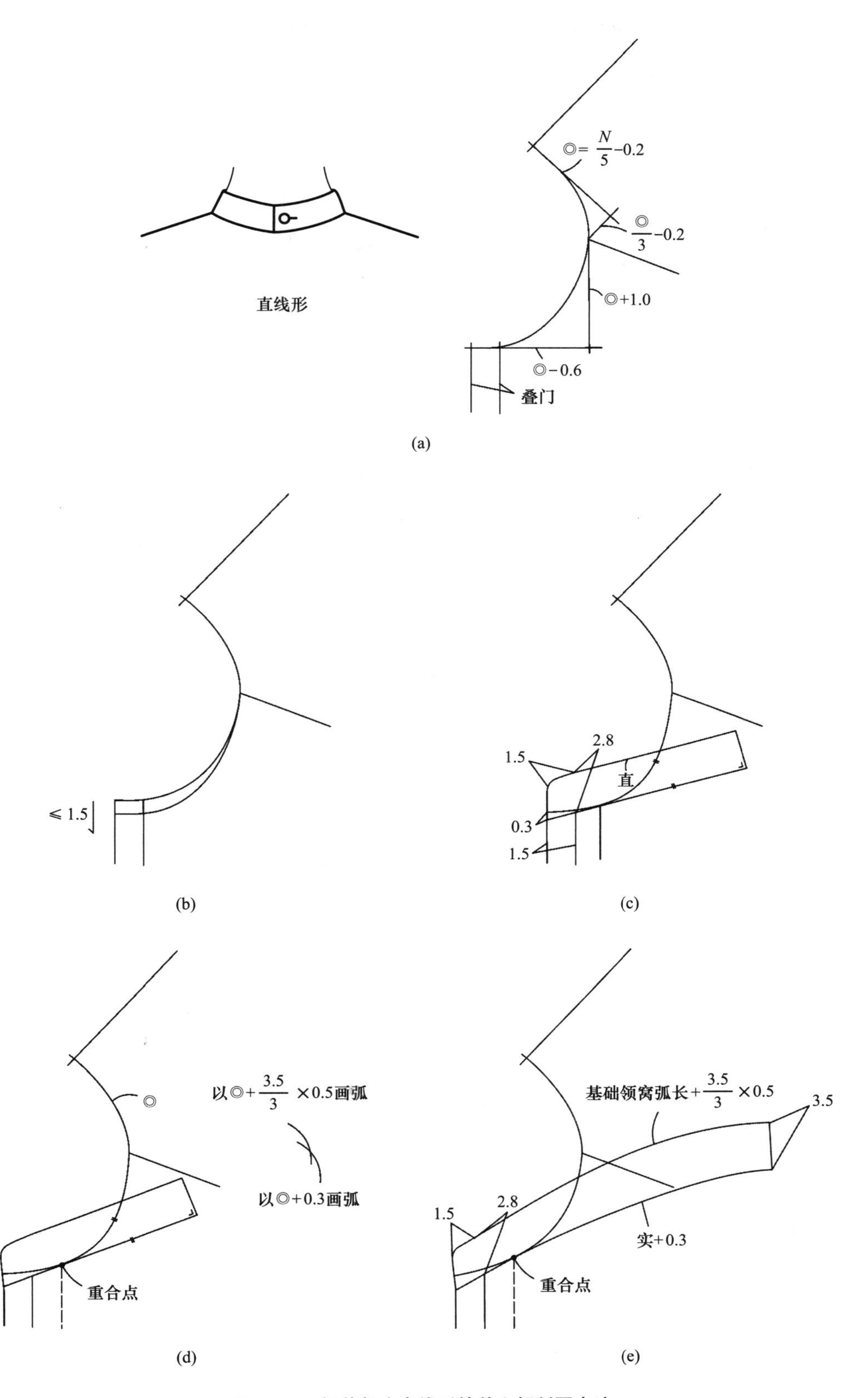

图 7-11　领前部为直线形的单立领制图方法

位置及领前部造型［图 7–11（b）］。

③在前领窝处作切线，使切线长=实际领窝弧长+0.3cm，作垂线 n_b=3.5cm［图 7–11（c）］。

④领上口线作等于基础领窝弧长+$\frac{3.5}{3}$×0.5（cm）的弧，并作两弧的切线长=n_b=3.5cm［图 7–11（d）、（e）］。

（2）领前部为圆弧形的单立领：

已知：单立领款式如图 7–12 所示，N=40cm，n_b=4cm，α_b=100°，n_f=3.5cm。

制图方法：

①按 α_b=100°、n_b=4cm，在基础领窝上作出实际领窝线的后、侧部［图 7–12（a）］。

②在前实际领窝处，按效果图显示的领前部实际领窝的具体位置，定出实际领窝的前部位置及领前部造型［图 7–12（b）］。

③在前领窝处作切线，使切线长=实际领窝弧长+0.3cm［图 7–12（b）］。

④领上口线以基础领窝弧长+$\frac{3.5}{3}$×0.5（cm）画弧，画顺领身［图 7–12（c）］。

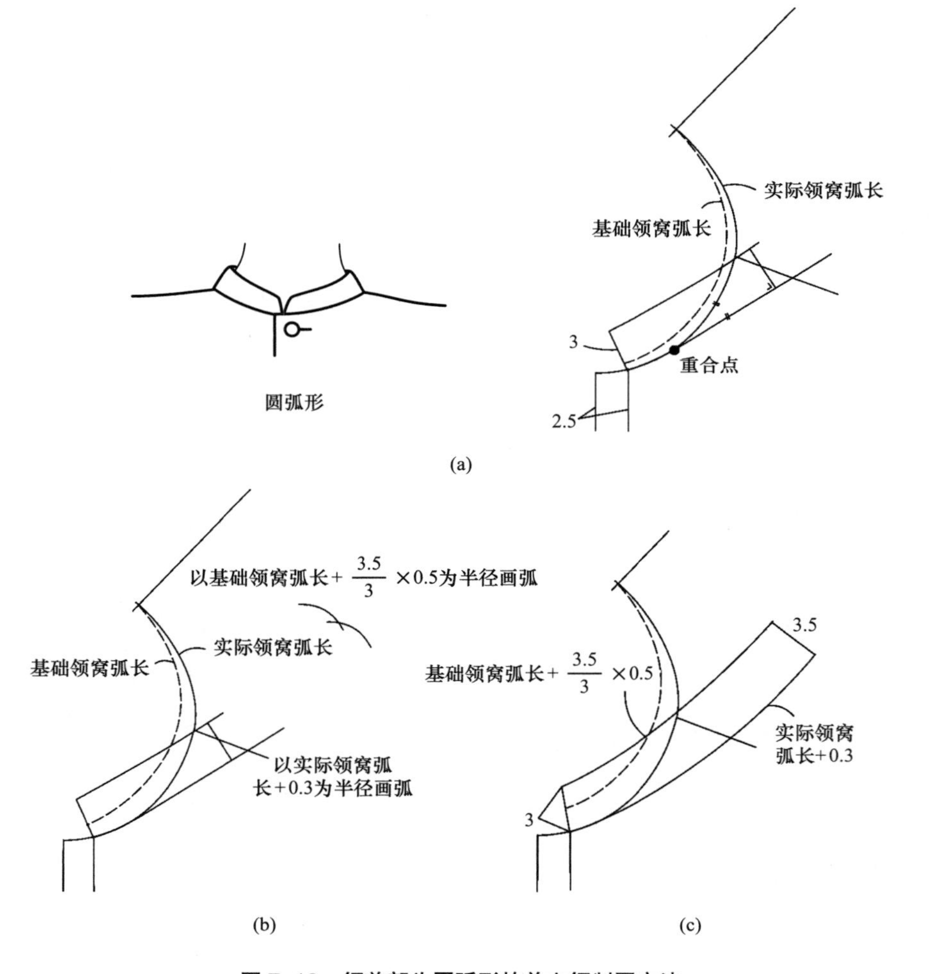

图 7–12 领前部为圆弧形的单立领制图方法

五、翻立领结构设计

1. 结构设计方法

翻立领是领座与翻领缝合成一体的立领，如中山装领、衬衫领、风衣领等。在结构设计中，领座的设计方法与单立领相同，翻领的设计方法依据前述的翻领制图法，其制图步骤如图 7–13 所示。

（1）按 α_b 及 n_b 定出实际领窝线的后、侧部［图 7–13（a）］。

（2）按领前部造型定出实际领窝线的前部位置与造型，在实际领窝线上作切线，切点位置按 α_f 或实际领窝线与基础领窝线间的距离而定，切线长 = 实际领窝弧长 +0.3cm，将领座进行折叠，使上口线长 = 基础领窝弧长 + $\frac{n_b}{3}$ ×0.5（cm）［图 7–13（b）］。

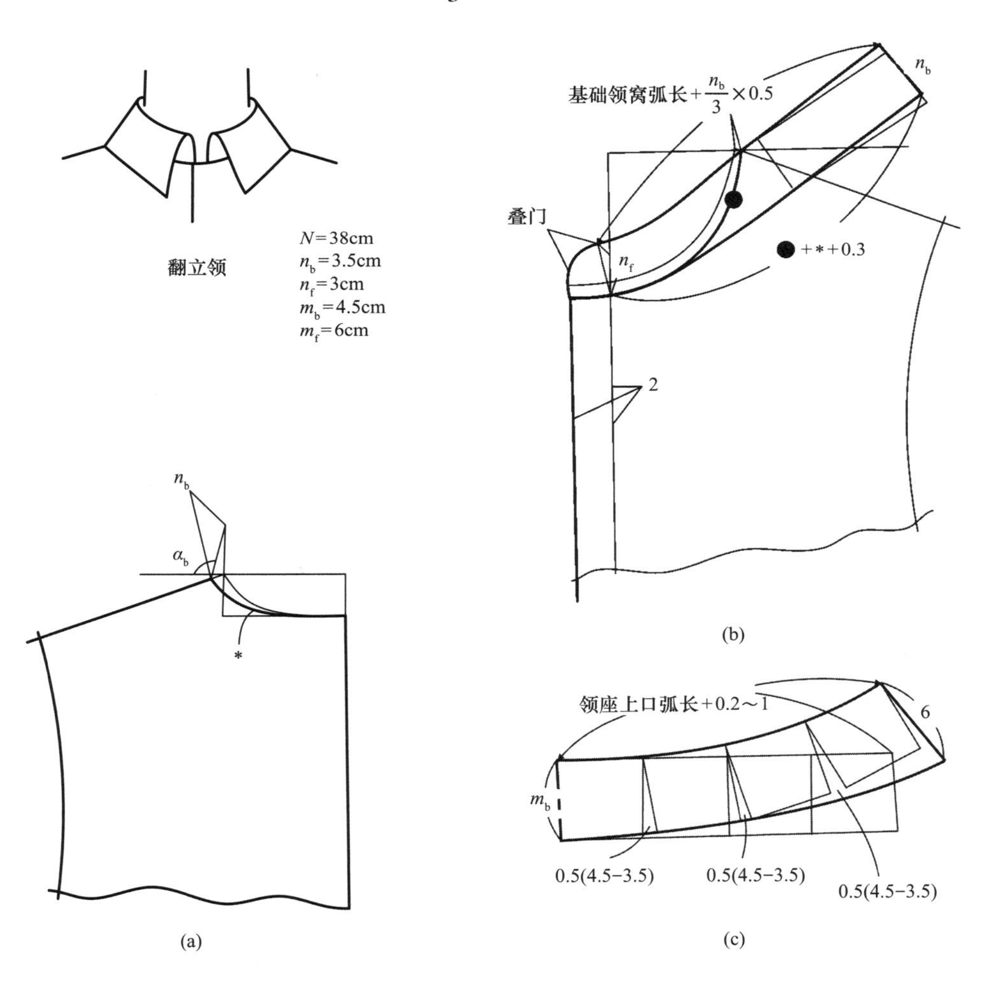

图 7–13　翻立领制图方法

（3）作长 = 基础领窝弧长 +（0.2 ~ 1）cm（翻领上口松量）、宽 = m_b 的矩形，将矩形四等分，在等分中分别加上 0.5（4.5 – 3.5）cm、0.5（4.5 – 3.5）cm、0.5（4.5 – 3.5）cm，其中 0.5（4.5 – 3.5）cm 是最大加放量，应视下列情况分别加入不同的量。

其中：

①领前部造型上口为圆弧形，如图 7–14 所示，翻领的外口前端应加放 0.5（m_b-n_b）的松量。

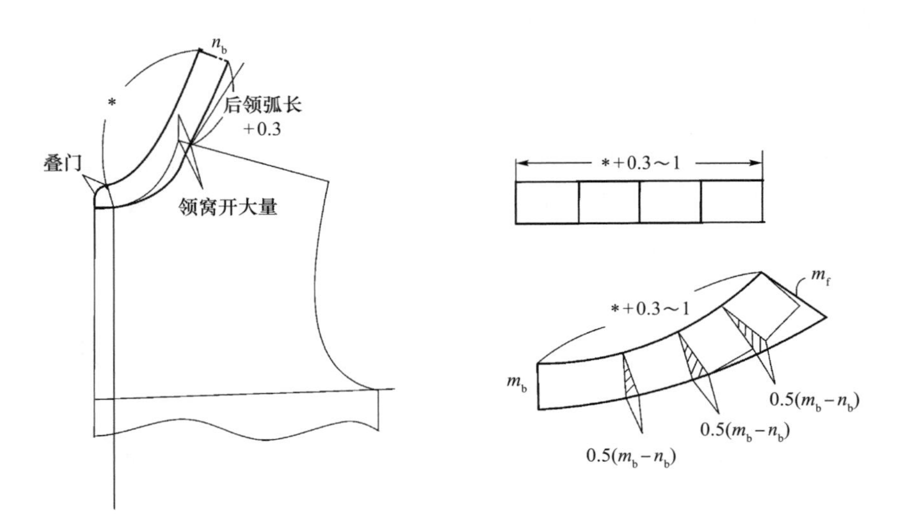

图 7–14 领前部造型上口为圆弧形

②领前部造型上口为部分直线、部分圆弧形，如图 7–15 所示，翻领的外口前端应加放小于 0.5（m_b-n_b）的松量，数值应视领上口前端的直线与圆弧长的比例而定：

若比例约为 1 ： 2，则取 0.25（m_b-n_b）的量；

若比例小于 1 ： 2，则取大于 0.25（m_b-n_b）的量；

若比例大于 1 ： 2，则取小于 0.25（m_b-n_b）的量。

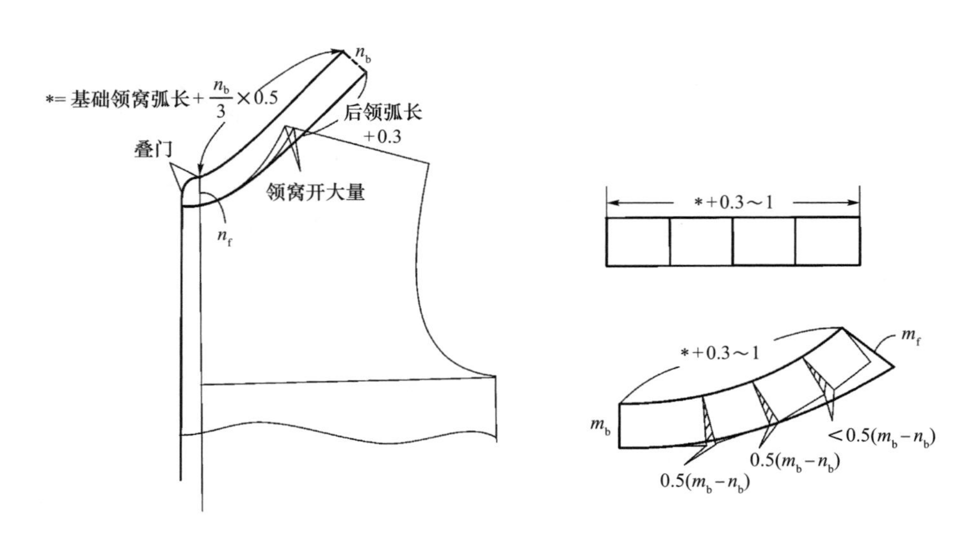

图 7–15 领前部造型上口为部分直线、部分弧线形

③领前部造型上口为直线形，如图 7–16 所示，翻领的外口前端应加放的松量为 0，即基本不加放松量。

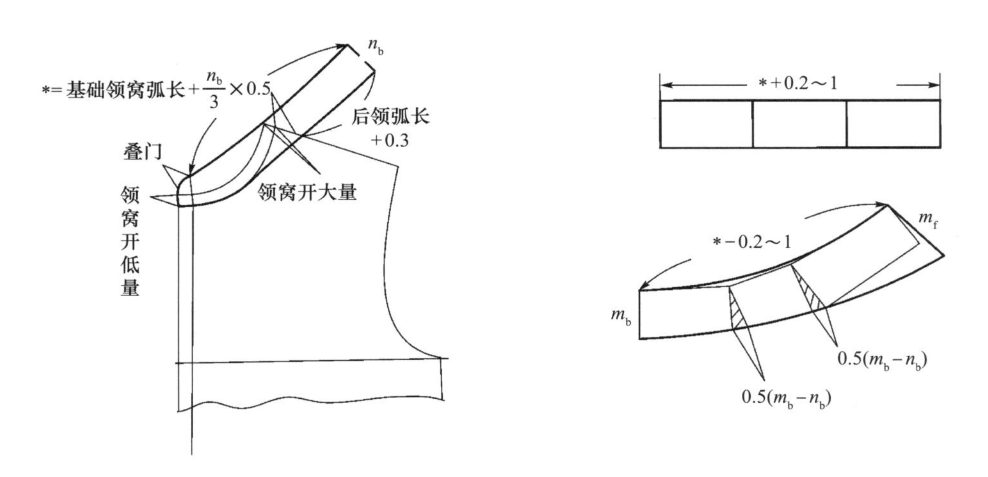

图 7–16　领前部造型上口为直线形

上述三种情况形成的翻领形状，总体反映出翻领的结构设计全貌。

（4）在领前部按照效果图作出翻领前部造型时，使翻领领尖宽$=m_f$（图 7–16）。

2. 实例分析

如图 7–17 所示的款式领型为翻立领连接驳头部位的拿破仑领。

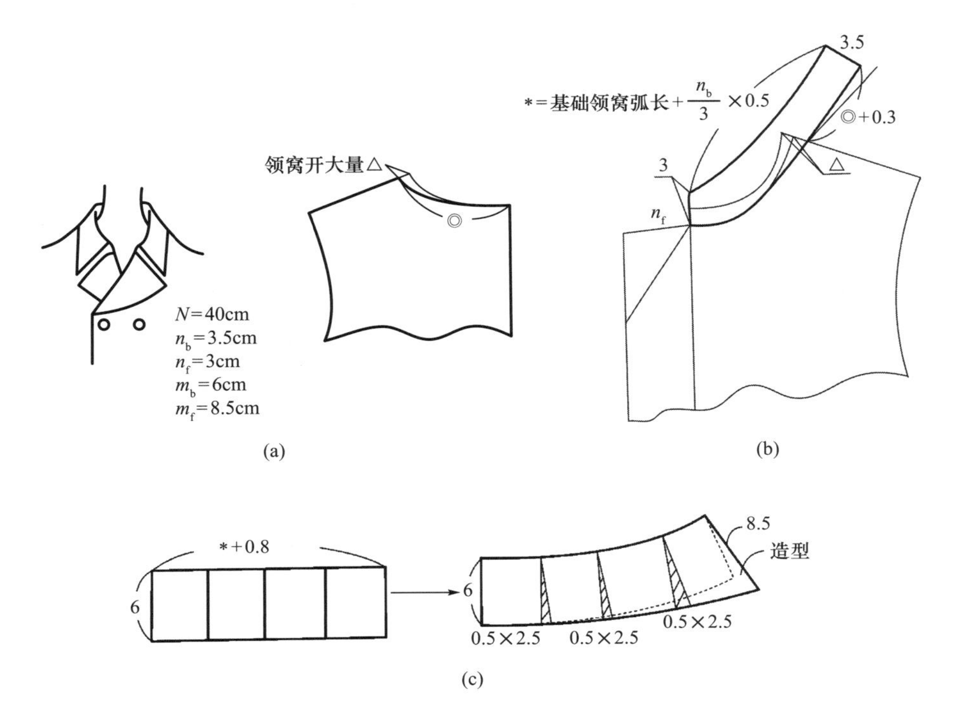

图 7–17　翻立领连接驳头的拿破仑领制图方法

已知：$N=40$cm，$\alpha_b=100°$，$n_b=3.5$cm，$n_f=3$cm，$m_b=6$cm，$m_f=8.5$cm。

制图方法：

（1）按 $\alpha_b=100°$、$n_b=3.5$cm，在基础领窝上作实际领窝线的后、侧部，得到实际领窝开大量△［图 7–17（a）］。

（2）按领前部实际领窝线在效果图中的实际位置，作出实际领窝线及领前部造型，领上口为圆弧形［图 7–17（b）］。

（3）在实际领窝线上作领座，通过修正使上口线弧长=基础领窝弧长+$\frac{n_b}{3}\times 0.5$（cm），领下口线长=实际领窝弧长+0.3cm［图 7–17（b）］。

（4）作长=40/2+0.8=20.8cm、宽=6cm 的矩形，将矩形四等分，且将矩形下口均加放 0.5（6－3.5）=1.25cm 的松量，并在前领部按效果图造型作出翻领前部造型 $m_f=8.5$cm［图 7–17（c）］。

六、连身立领结构

连身立领是立领领身与衣身整体或部分相连而成的领型，既有立领的造型特征，又有与衣身相连后形成的独特风格。

1. 前领与衣身整体相连立领

前领领身与衣身整体相连的领型。其制图方法如图 7–18 所示。

（1）按领围 N 作基础领窝。

（2）在基础领窝的 SNP 点处，按领侧水平倾斜角 α_b、领座宽 n_b，作出实际领窝线的后部。

（3）在前领窝处，按效果图定出的实际领窝及领前部造型。

（4）在实际领窝线上作切线，领座高 n_b，领前部应除去叠门宽量，使领上口弧线长=基础领窝弧长+$\frac{n_b}{3}\times 0.5$（cm）［图 7–18（a）］。

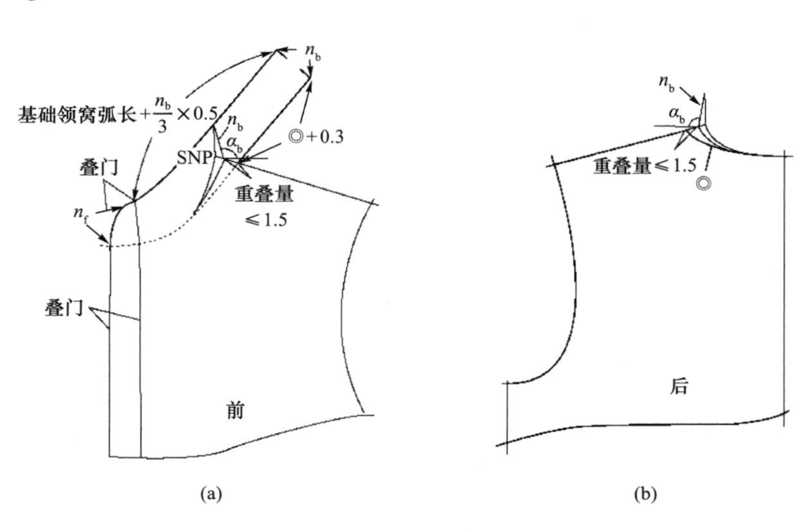

图 7–18 前领与衣身整体相连立领制图方法

（5）将后领窝开大，尺寸为前领与实际领窝的重叠量，此量不宜> 1.5cm，否则领侧部造型会不圆顺［图 7–18（b）］。

2. **前领与衣身部分相连立领**

这类领型在领身上作分割线，使侧后部领身单独成一体，其制图方法如图 7–19 所示。

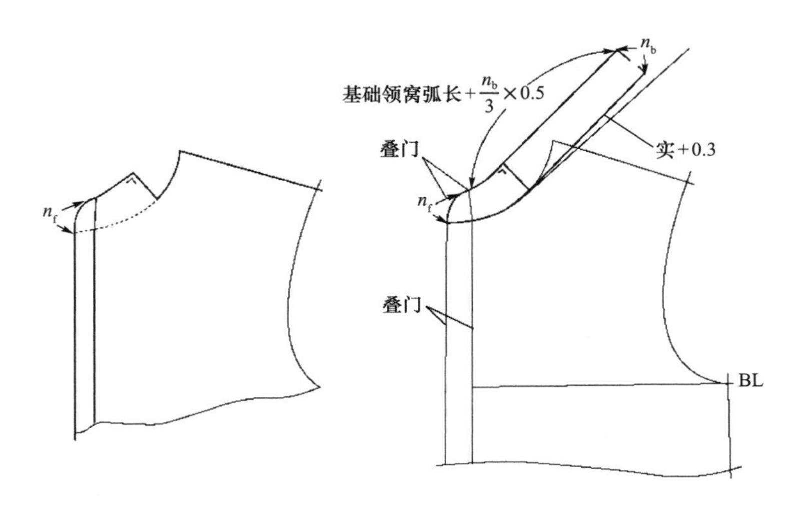

图 7–19　前领与衣身部分相连立领制图方法

（1）按立领制图步骤，在前衣身上作出立领结构图。

（2）过领身与实际领窝线的切点处作分割线，将侧后领身分割开，只留下前领部分领身与衣身相连。

第四节　翻折领结构

翻折领是领座与翻领相连成一体的衣领。

翻折领基本结构按其翻折线的形状可分为：翻折线前端为直线状，翻折线前端为圆弧状，翻折线前端部分为圆弧状、部分为直线状三种类型，分别如图 7–20（a）、（b）、（c）所示。

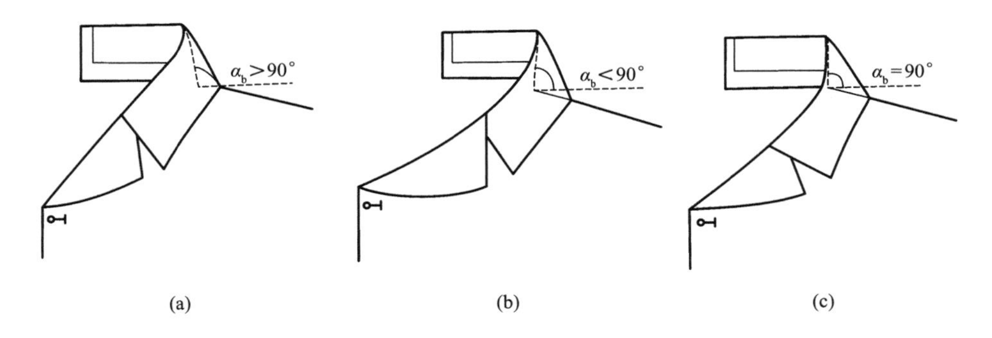

图 7–20　翻折领类型

变化结构有连身翻折领、波浪领、垂褶领、褶裥领等，虽然它们的具体制图步骤各有差异，但其制图方法和原理基本相同。

一、翻折领结构模型

图 7–21 所示为翻折领成形后的立体结构图，从图中可以看出翻领、领座和领窝线三者的关系。图 7–22 为翻折领展平后的结构图。图中领下口线长与实际领窝的关系随领的造型而定，领下口线的前部形状与翻折线的形状相关，领的外轮廓弧长应与立体结构图中相等。

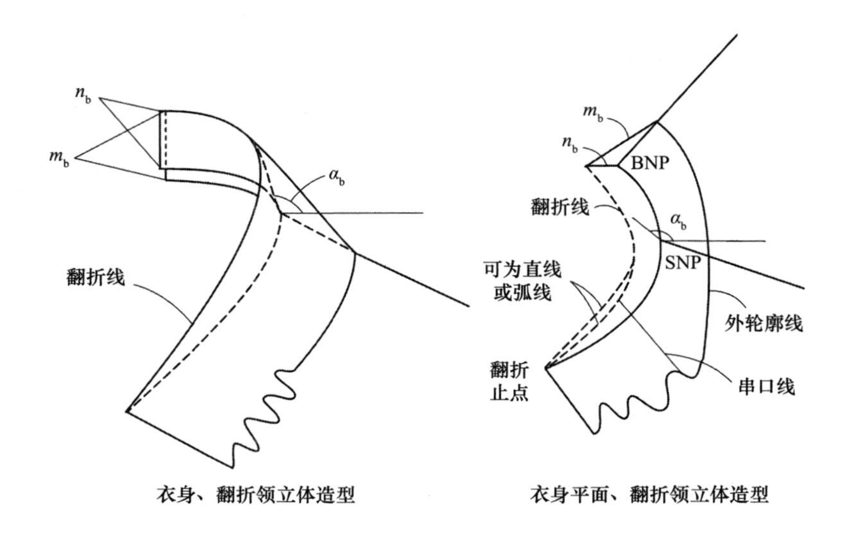

图 7–21 翻折领的立体结构图

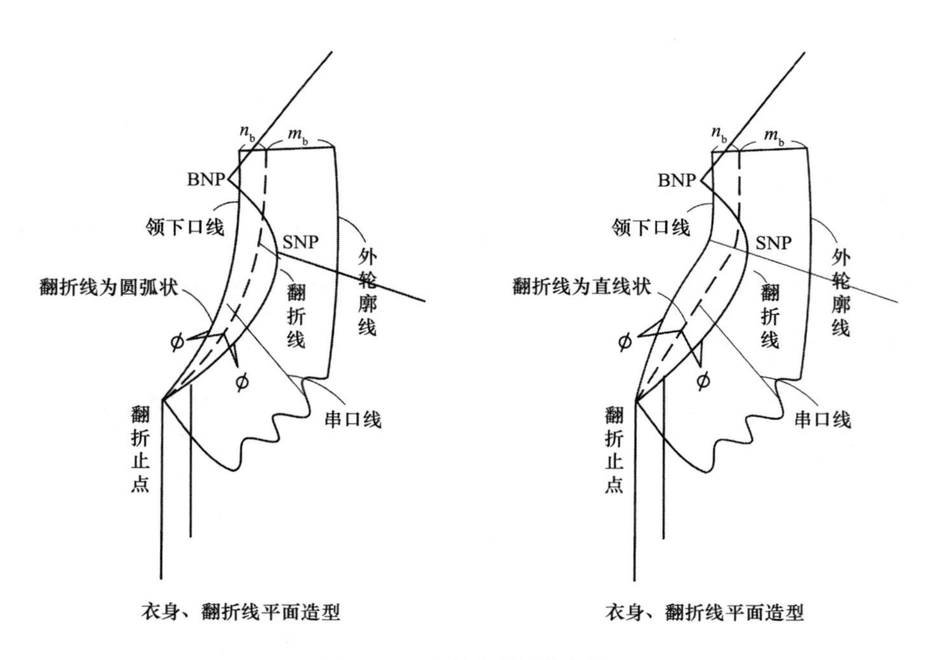

图 7–22 翻折领平面结构图

1. 翻折基点的确定

翻折基点是翻折领重要的设计要素之一，其位置首先决定翻折线的位置，并将作为翻折领制图的基础。如图 7–23 所示为翻折领基点在立体构成图中的位置。此时的 A ~ SNP ~ B 可视为衣领在肩侧点 SNP 处的截面。为使讨论简化，可视翻领在 SNP 附近为 m_b，领座在 SNP 附近为 n_b，则 A ~ SNP=n_b，$AB=m_b$。运用射影几何的第一运动变换，则可将立体图转换为平面图。为此，翻领与领座在 SNP 处的立体图可转换为图 7–23 中的（a）、（b）、（c）图。

图 7–23（a）是翻折领的领座与水平线为＜ 90°，呈不贴合颈部的形态；

图 7–23（b）是翻折领的领座与水平线为 =90°，呈较贴合颈部的形态；

图 7–23（c）是翻折领的领座与水平线为＞ 90°，呈很贴合颈部形态。

无论哪种形态在平面图上都可通过 SNP 作 A ~ SNP 线，使其与水平线夹角为 α_b，使 A ~ SNP=n_b，作 $AB=m_b$，AB 在肩线延长线上的投影为 $A'B$，A' 为翻折基点。

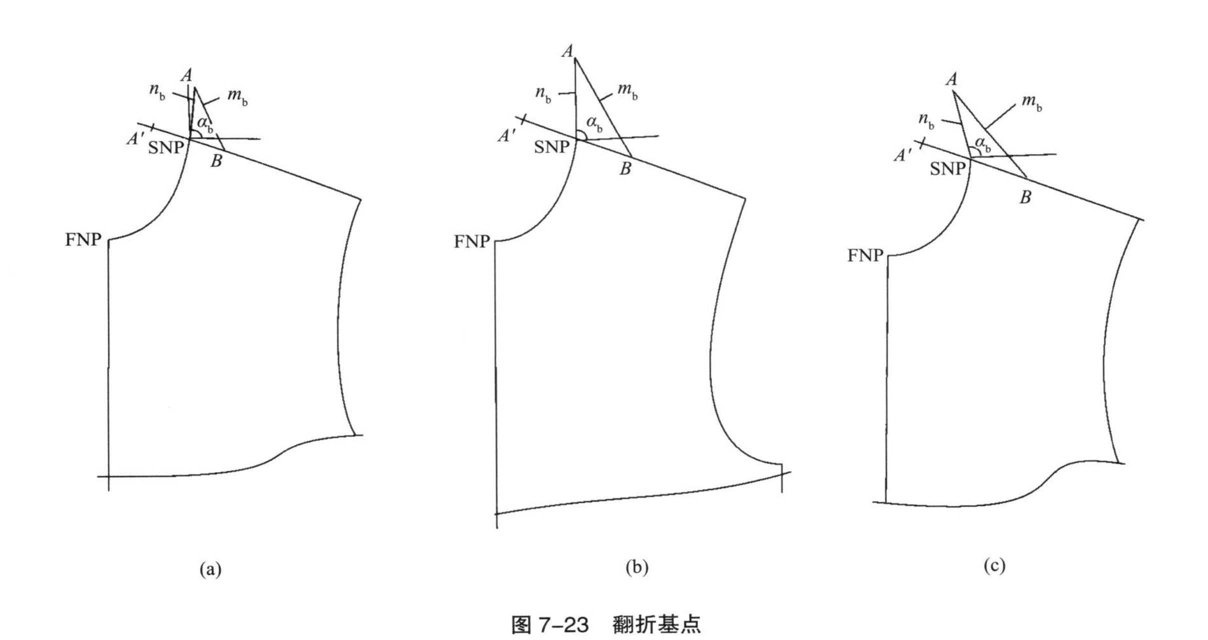

图 7–23 翻折基点

2. 翻领松量

翻领松量是翻折领外沿轮廓线为满足实际长度而增加的量。当使用角度时称翻领松度，是平面绘制翻折领结构图最重要的参数之一，亦是翻折领结构设计要素之一。

（1）翻领松量的精确求法：从图 7–24 中可以看出，后领部安装在衣身上后，形成图中所示的立体形态外轮廓线长“*”与领座下口线（即领窝线）长“◎”之间的差值，这个差值即称为翻领松量。在绘制前领身结构图时，将前领身按翻折线对称翻折求得后，由于作领外轮廓线长 FB'=*+0 ~ 0.3（m_b-n_b），后领下口线长 GC=◎，FB' 与 GC 之间的差值，即为翻领松量。在实际制图时只需用软尺实地测得 * 与◎的大小，然后加入领外轮廓线中便可。

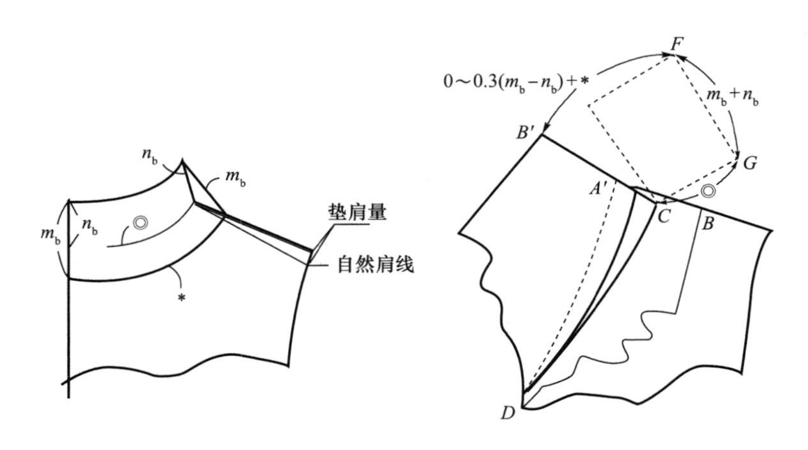

图 7-24 翻领松量的求法

（2）翻领松量与材料厚度的关系：衣领材料厚度对衣领外轮廓有影响，经实验，得到材料厚度与外轮廓线的增加量呈下列关系：

$$外轮廓线增量=a\times（m_b-n_b）$$

其中 a 取
- 0cm 薄料
- 0.1cm 较厚料
- 0.2cm 厚料
- 0.3cm 特厚料

故对不同厚度的材料，翻领松量还须加上 0 ～ 0.3（m_b-n_b）的材料厚度影响值。

二、翻折领基本型结构制图

结构制图的方法分原身制图法、反射制图法两种。

原身制图法是在衣身领窝上直接制图的方法。

反射制图法是在衣身领窝上作出前领轮廓造型后，反射至另一侧的制图方法。

翻领松量取法可如前文所述，亦可按几何制图法，即分别取外轮廓弧长和后领下口线长画弧，再作两弧公切线，使后领宽$=n_b+m_b$，然后画顺弧线即可。

翻折线前端为直线的翻折领结构

翻折线前端为直线的翻折领是翻折领的主体结构之一，如图 7-25 所示，其结构制图方法采用反射制图法。

（1）作领围 N 的基础领窝，在基础领窝的 SNP 点处作 α_b、n_b、m_b，并在肩缝延长线上取 $A'B=AB=m_b$ 得到翻折基点 A'。

（2）根据效果图取翻折止点 D，连接翻折基点和止点作直线状翻折线及前领的外轮廓造型［图 7-25（a）］。

（3）以翻折线为基准线，将右侧的外轮廓造型反射至另一侧［图 7-25（b）］。

（4）将串口线延长，与经 SNP 作翻折线的平行线（亦可不平行）相交于 O 点，形成实际领窝线。连接 $A'B'$ 并延长 n_b 至 C 点，将 C 点与实际领窝 O 点相连。检查 CO 是否等于 SNP ~ O−0.5 ~ 1cm，如若不符，则修正 C 点，使 CO 等于上述长度。

（5）以 C 点为圆心，以后领窝弧长◎为半径画弧；以 B' 为圆心，以后领外轮廓线长 $*+0\sim0.3(m_b-n_b)$ 为半径画弧，在两圆弧上作切线，切点分别为 E、F，使 $EF=m_b+n_b$［图7–25（b）］。

（6）将领下口线、翻折线及领外轮廓线画顺［图 7–25（c）］。

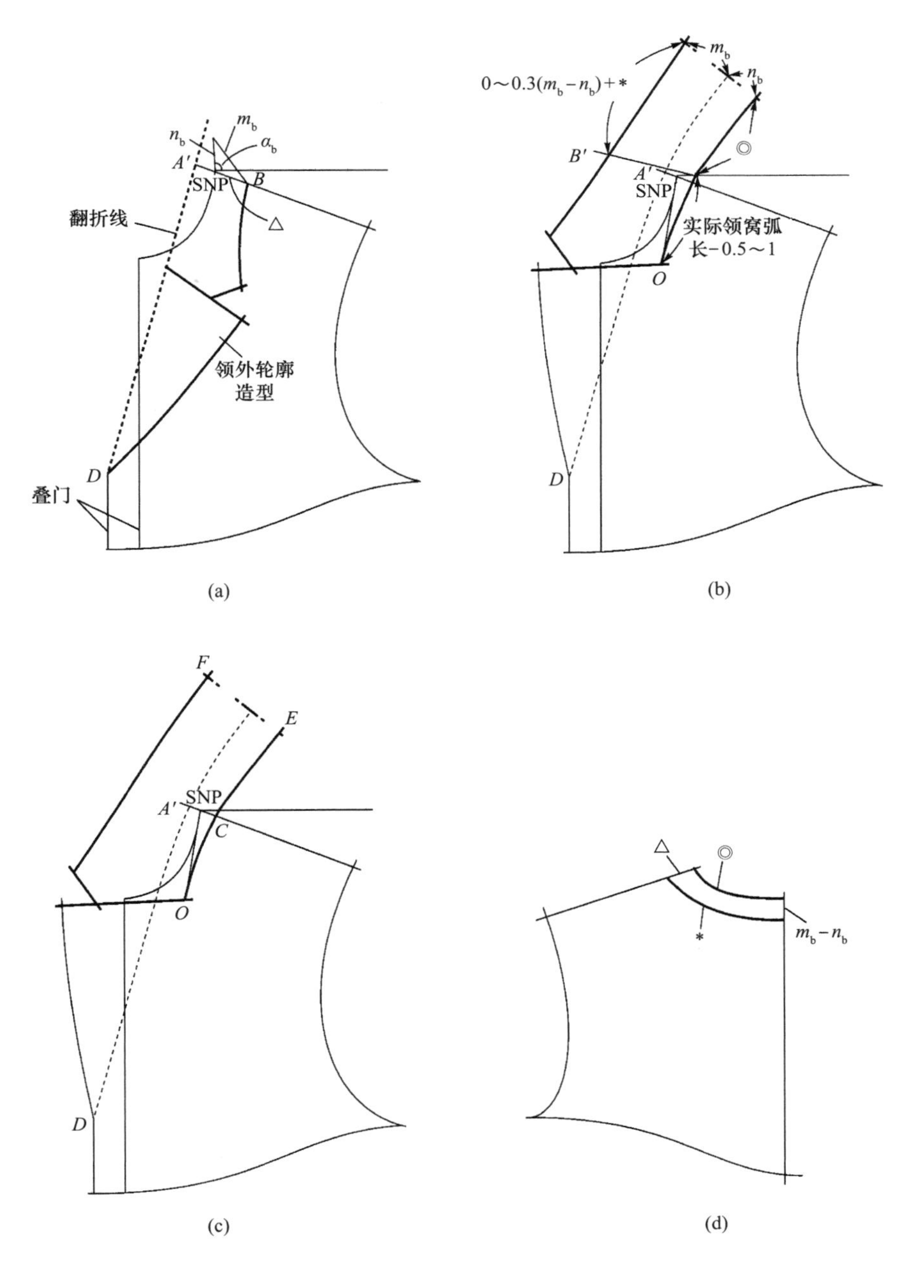

图 7–25　翻折线前端为直线的翻折领结构制图方法

三、翻折领基本型加帽身的风帽结构

风帽结构的构成实质上是帽身与翻折领的组合，其结构种类大体分为三种：宽松型（帽身为两片型），较宽松型（帽身为收省型），较合体型（帽身为分割型）。

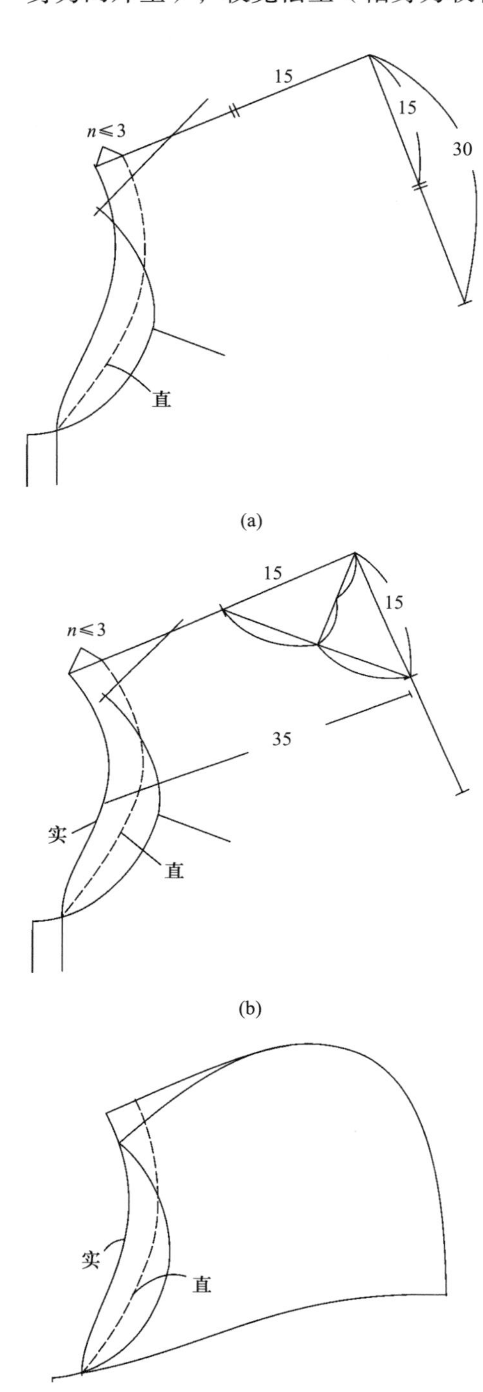

图 7-26 翻折线为直线型的风帽结构图

1. 风帽设计要素

风帽结构设计中有三个要素，第一个要素是人体自头顶点至颈侧点 SNP 的头长（头部自然倾斜状态），第二个要素是经头部眉间点、头后突点围量一周的头围长，第三个要素是领翻下来形成的帽座量为 n_b。按标准体计，三个要素的数值如下：

（1）男体头长约为 35cm，由于测体时是测量头部动态倾斜时的数值，故此量已包含动态运动松量。

（2）男体头围长约为 58cm，由于风帽不必包覆人的脸部，但考虑到风帽后部应有松量，故帽宽基本可取此量的 1/2。

（3）帽座应视款式造型而定，一般帽座量控制在 0 ~ 3cm 之间。

2. 宽松型风帽结构制图

（1）翻折线为直线型的风帽结构：

图 7-26（a）所示为翻折领为直线型风格的制图方法，首先在靠近后领窝处设计直线型翻折领、领座 $n\leqslant$ 3cm 作帽座的垂直线，取帽长为 35cm、帽宽为 30cm。

图 7-26（b）所示为风帽的基本框图，取边长为 15cm，制成风帽的框图。

图 7-26（c）所示为翻折领为直线型的风帽最后画成的轮廓线。

（2）翻折线为圆弧型的风帽结构：

图 7-27（a）所示为设计风帽风格时首先要确定风帽翻折线是直线型还是圆弧型。

图 7-27（b）所示为在靠近肩线处测量帽长为 35cm 左右，帽宽为 30cm 左右，然后画顺风帽外轮廓线。

3. 较宽松型风帽结构制图

较宽松型风帽可在宽松型风帽的基础上制图。将宽松型风帽的底部和顶部分别作 3cm 左右的省道

（图 7–28），这样做成的帽身呈球体状，也更符合人体的头部形态。

4. **分割型风帽结构制图**

分割型风帽亦可在宽松型风帽的基础上制图。将宽松型风帽如图 7–29 所示的部位作分割线，分割出的小片作成左右相连的帽条，且用直料裁制，剩下的帽身在下口线处去除一定的省道量，使帽身符合人体的头部形态，并与领窝线等长。

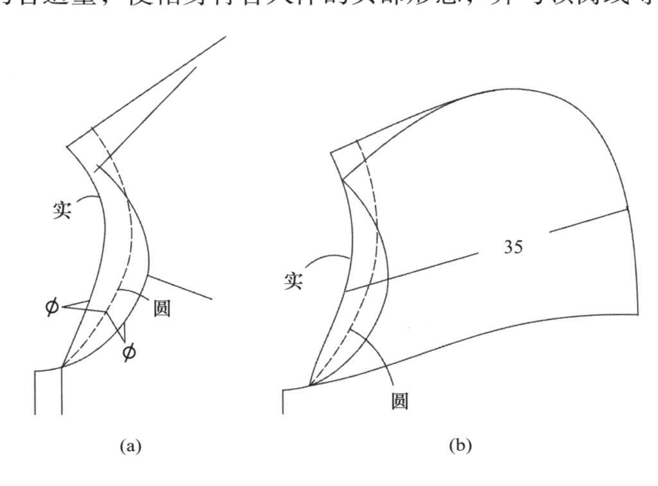

图 7–27　翻折线为圆弧型的风帽结构图

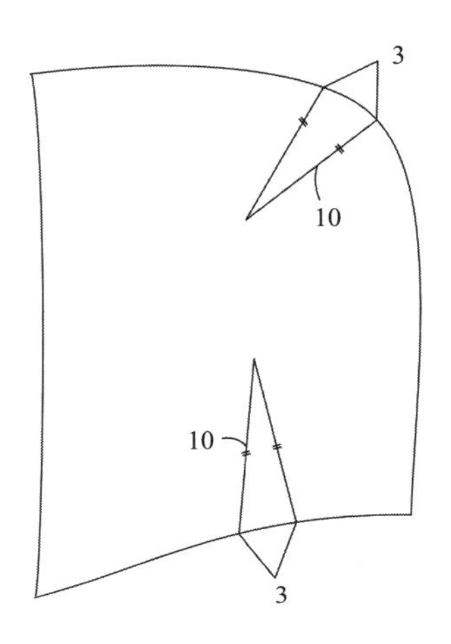

图 7–28　较宽松型风帽结构图

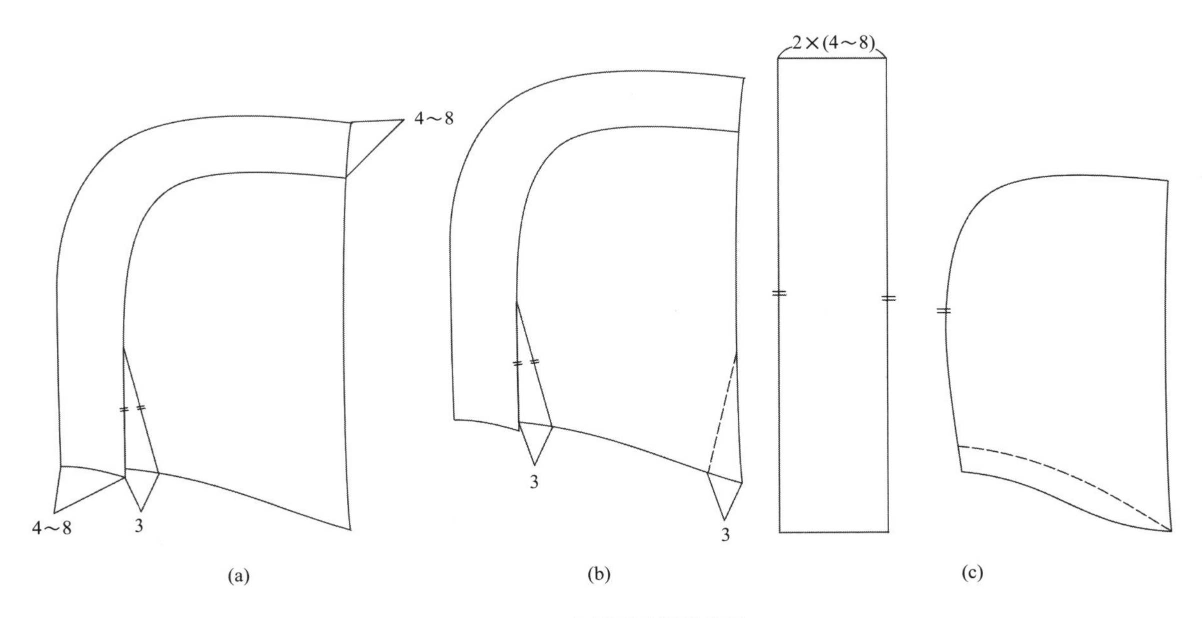

图 7–29　分割型风帽结构图

如图 7–29（a）所示，在宽松型风帽的基础上画出宽为 4 ~ 8cm 的分割线，并在风帽下口线上取 3cm 的省量。

如图 7–29（b）所示，在风帽前下口线处将省量 3cm 补上，使下口线长为实际领窝弧长。

如图 7–29（c）所示，最后将风帽分割成两部分，制作成较合体的风帽。

四、翻折领翻折线的处理

由于领侧倾斜角 α_b 不同，因此对领翻折线的长短也必须进行不同程度的处理，才能保证成形衣领的贴颈程度与设计意图相符。在翻折领结构制图的过程中，通过采用减少领下口线长度的方法可达到缩短翻折线的目的。但为使领下口线长度与实际领窝线长度吻合一致，需对翻折领进行分割折叠处理。

（1）当 $\alpha_b < 90°$ 时，衣领翻折线不必作分割折叠处理。

（2）当 $\alpha_b = 90°$ 时，衣领翻折线处须作分割线处理，分割成翻领和领座两部分。如图7–30所示，需对领座下口线进行剪开、拉展，使实际领下口线=实际领窝弧长+0.3cm。这样翻折线便形成较贴近或贴近人体颈部的形态，而领下口线与领窝线长度吻合一致。

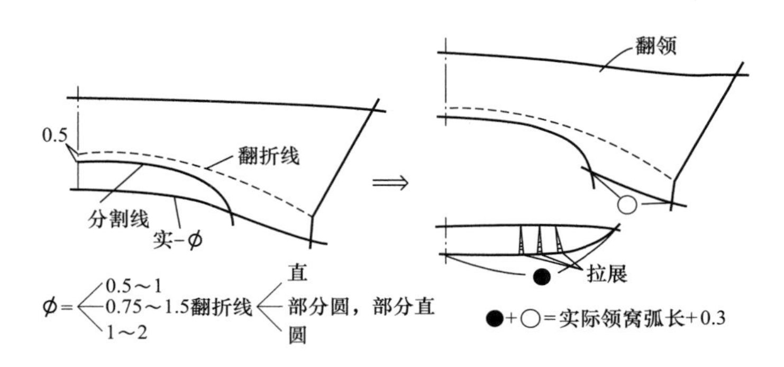

图7–30 翻折领翻折线的处理

第五节 衣领实例分析

一、翻折线为直线的翻折领

翻折线为直线的翻折领的制图方法如图7–31所示。

（1）将原型的前、后横开领开大1.5cm，以 $\alpha_b=98°$、$n_b=3$cm、$m_b=5$cm 确定翻折基点 A'，画出衣领造型，并反射到另一边。修正 C 点使 CD=实际领窝 –1cm。

（2）在实际后横开领开大处以 $\alpha_b=98°$、$n_b=3$cm、$m_b=5$cm，作翻折领后部，并在后领窝中线处向下量 m_b-n_b 的距离，画顺后领外轮廓线 *。

（3）分别以 C 点和 B' 点为圆心，以◎和 *+0 ~ 0.3（m_b-n_b）为半径画弧，在圆弧上作切点 E、F，使 $EF=n_b+m_b$。

（4）画顺领外轮廓线。

二、翻折线为圆弧的翻驳领

翻折线为圆弧的翻驳领的制图方法如图7–32所示。

（1）将原型的前、后横开领开大5.5cm，后领开深2cm。画出前实际领窝，以 $\alpha_b=102°$、$n_b=3.5$cm、$m_b=6$cm 确定翻折基点 A'，画出前驳头和领子造型，但不须把领子驳头

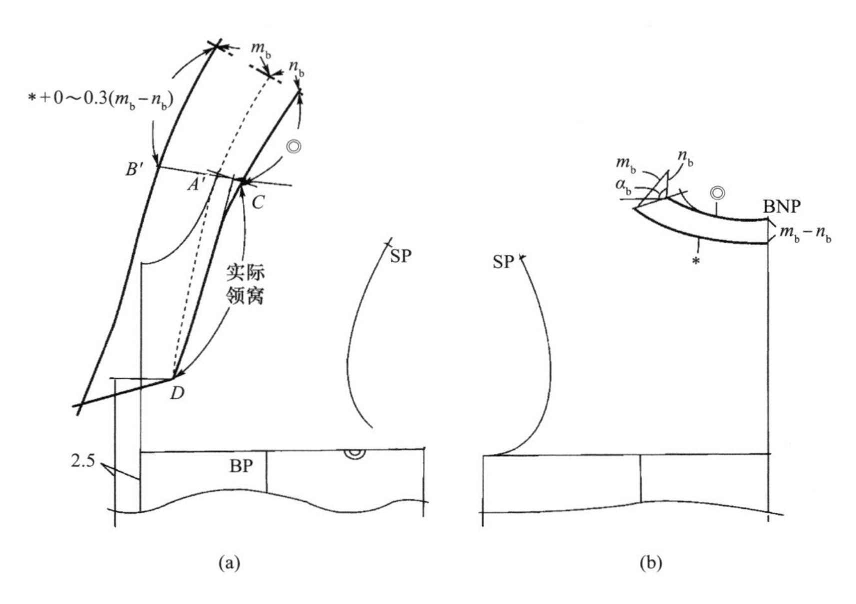

图 7-31　翻折线为直线的翻折领结构图

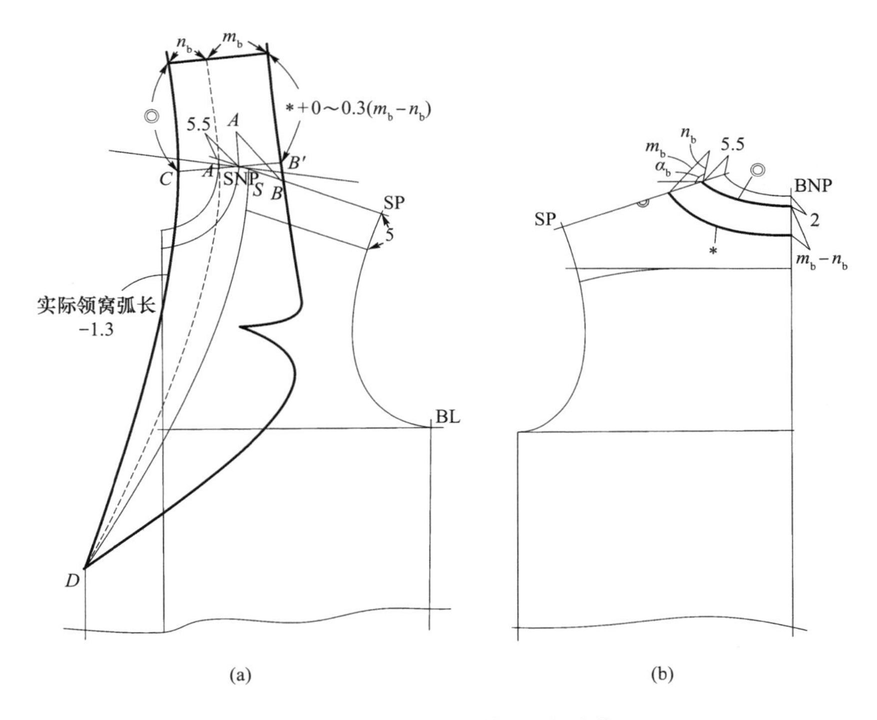

图 7-32　翻折线为圆弧的翻驳领结构图

反射到另一边。

（2）在实际后横开领开大处以 $\alpha_b=102°$ 、$n_b=3.5$cm、$m_b=6$cm，作翻折领后部，在后领窝中线处向下量 $m_b-n_b=6\text{cm}-3.5\text{cm}$，并画出后领外轮廓线 *。

（3）分别以 C 点和 B' 点为圆心，以◎和 $*+0\sim0.3(m_b-n_b)$ 为半径画弧，在圆弧上作切点 E、F，使 $EF=n_b+m_b$。

（4）画顺领外轮廓线。

三、可关闭翻折领

可关闭翻折领的制图方法如图 7–33 所示。

（1）在领窝上按款式图作出领前部及驳头形状［图 7–33（a）］。

（2）确定前领外轮廓长◎及领宽 7cm［图 7–33（b）］。

（3）在前领下口及外轮廓线处按公式分别画弧［图 7–33（c）］。

（4）完成翻折领结构图［图 7–33（d）］。

（5）画出前领叠头造型 4cm［图 7–33（e）］。

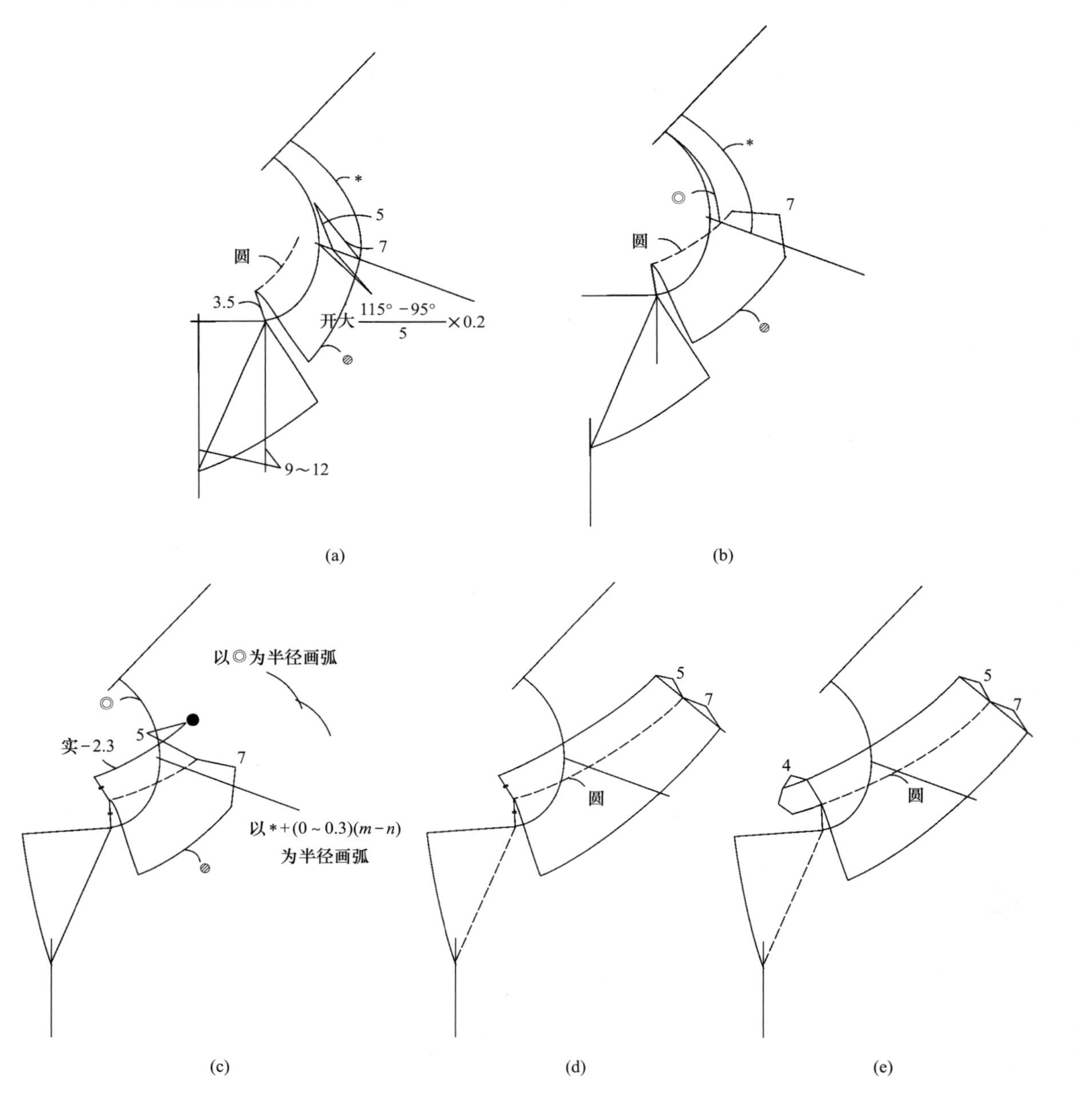

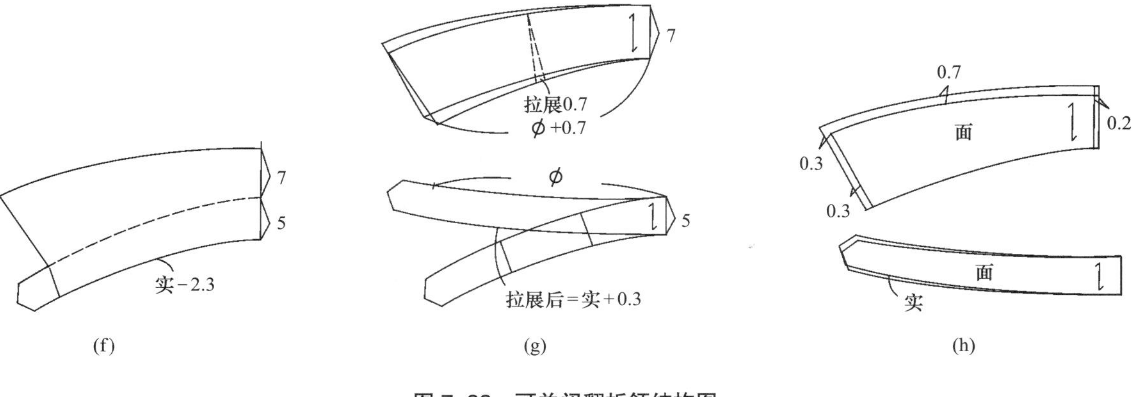

图 7-33　可关闭翻折领结构图

（6）按成形领倾斜角为 120° 设计，则领下口线长为实际领窝弧线 -2.3cm［图 7-33（f）］。

（7）将翻折领分割成领座和翻领两部分，并使领座下口线长＝实际领窝＋0.3cm，翻领下口线长为领座上口线长＋吃势 0.7cm［图 7-33（g）］。

四、翻折线为圆弧形的帽领

翻折线为圆弧形的帽领的制图方法如图 7-34 所示。

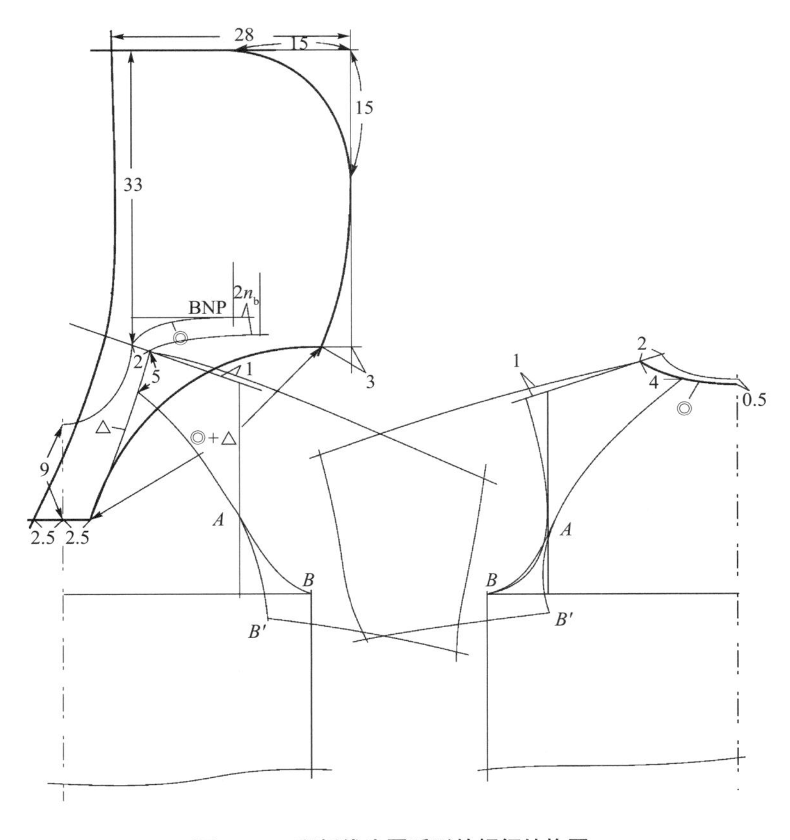

图 7-34　翻折线为圆弧形的帽领结构图

（1）在原型领窝的基础上将前、后横开领各开大 2cm，后领窝开深 0.5cm，前领窝开深 9cm，前领窝开宽 2.5cm。

（2）延长前肩线与后肩线重叠。在后领中线处向下量 $2n_b$，因帽子的翻折线为圆弧形，故沿前领窝形状反向画顺帽领下口线，使领下口线长 = 后领窝长◎ + 前领窝长△，帽子下口线向外移 3cm，垂直向上量取帽高 33cm，帽宽 28cm，画顺帽子外轮廓线。

五、翻折线为直线形的翻折领

翻折线为直线形的翻折领的制图方法如图 7–35 所示。

（1）如图 7–35（a）所示，在基础领窝上将领窝宽开大 $\frac{\alpha-95°}{5°}\times0.2=\frac{110°-95°}{5°}\times0.2=$ 0.6（cm）。

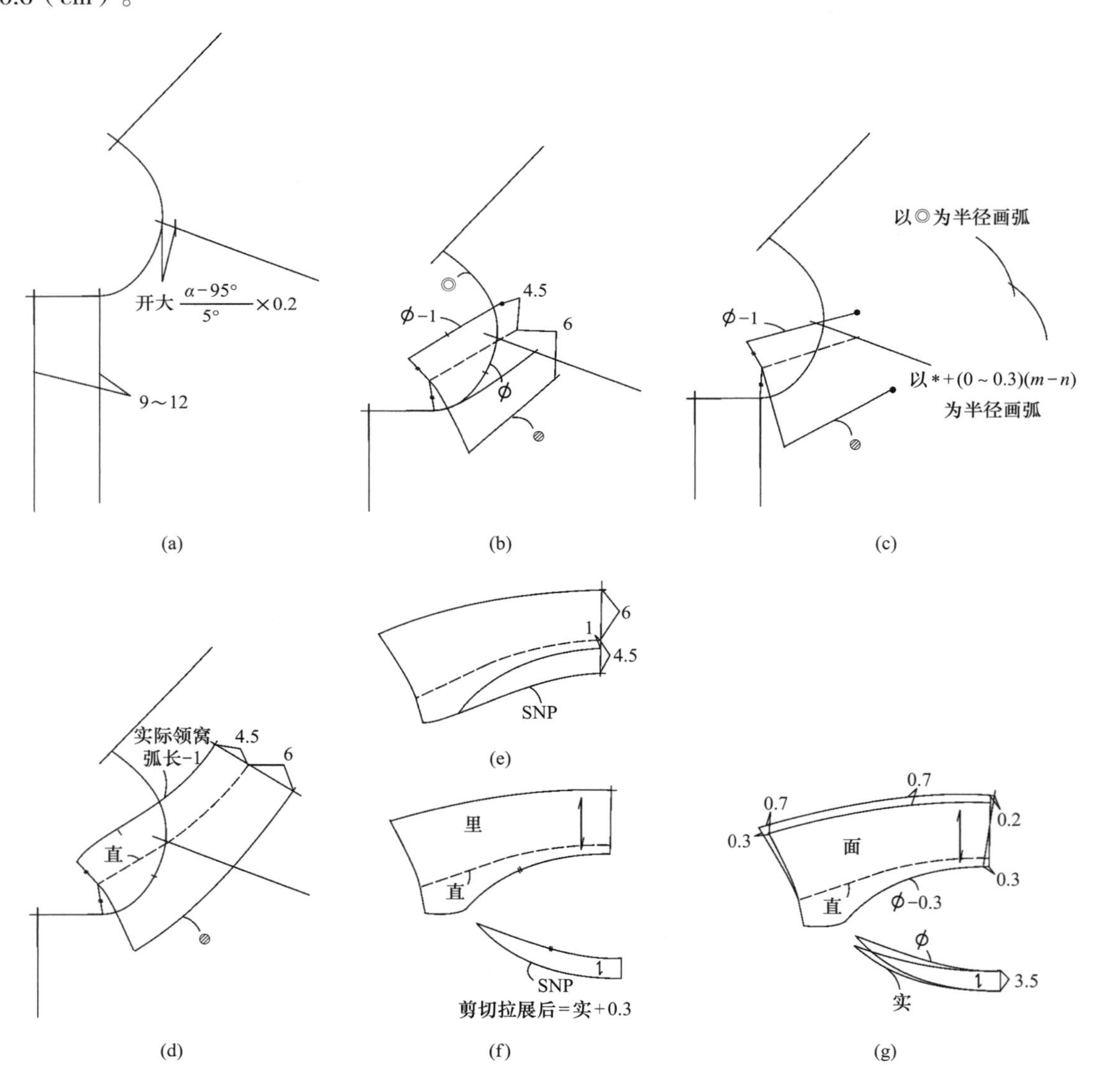

图 7–35 翻折线为直线形的翻折领结构图

（2）在前领窝上作前领身，要求领下口线长＝实际领窝线 –1cm［图 7–35（b）］。

（3）以前领身的下口线端点为圆心，作以后领窝弧长为半径的圆弧；以前领身的外轮廓线端点为圆心，作以后领外轮廓弧长为半径的圆弧［图 7–35（c）］。

（4）画顺前后领身，使领下口线长＝实际领窝弧长 –1cm［图 7–35（d）］。

（5）将翻折领的领座分割，使其拉展后领里领座下口线长 = 实际领窝弧长＋0.3cm，其领面领座下口线长 = 实际领窝弧长［图 7–35（e）~（g）］。

六、翻折线为半圆半直型的坦领

翻折线为半圆半直型的坦领的制图方法如图 7–36 所示。

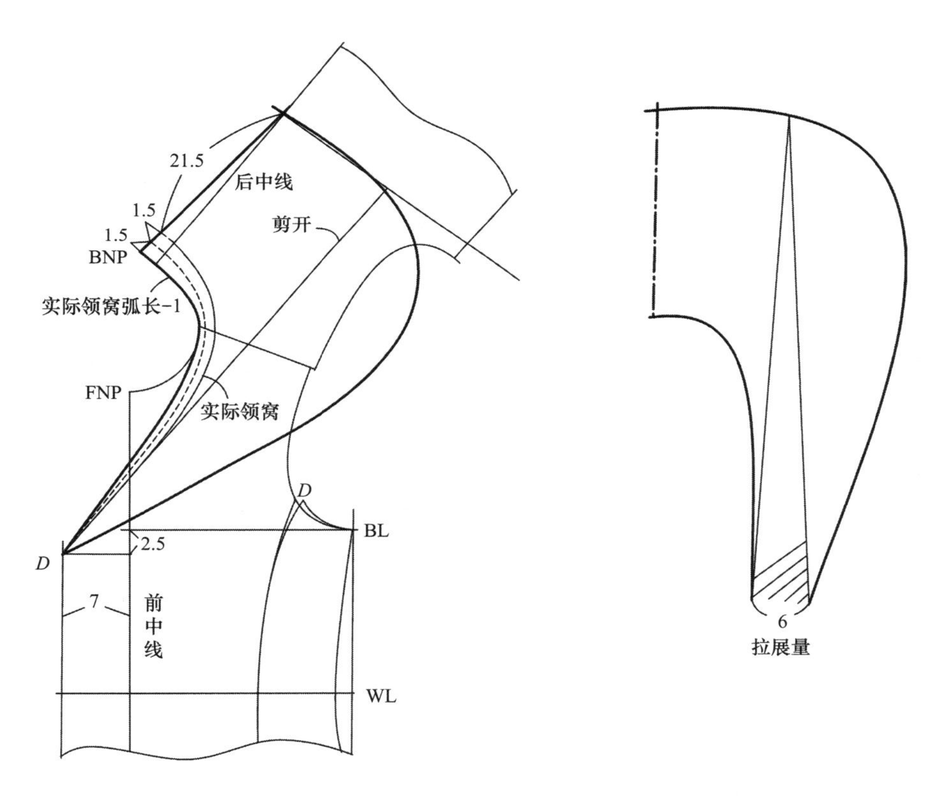

图 7–36　翻折线为半圆半直型的坦领结构图

（1）重合前、后肩线，前领窝开深至 BL 以下 2.5cm 处，并画顺领下口线。

（2）从后领窝中线处向下量 n_b=1.5cm，连接翻折止点 D，作半圆半直型翻折线；再向下量取 n_b=1.5cm，作领下口线，使领下口线长 = 领窝弧线 – 1cm。

（3）作后领大 = 设定尺寸 32cm，画顺领外轮廓线。

（4）剪切、拉展作出前领褶裥量。

第六节 男装衣领、衣身、衣袖的整体对条格

男装在使用条格＞1cm 的材料时，应注意在前后衣身之间、衣领与衣身之间、衣袖与衣身之间要对条格，即横、竖的条格都要对合。

一、前、后衣身的横条对合

前、后衣身以 WL 为基准，WL 以上的侧缝、WL 以下的侧缝都要对横条［图 7–37（c）］。当前、后衣身如图 7–37（a）所示，两侧的斜度不一致时，应该如图 7–37（b）所示，将前衣身侧缝改小，后衣身侧缝放大。

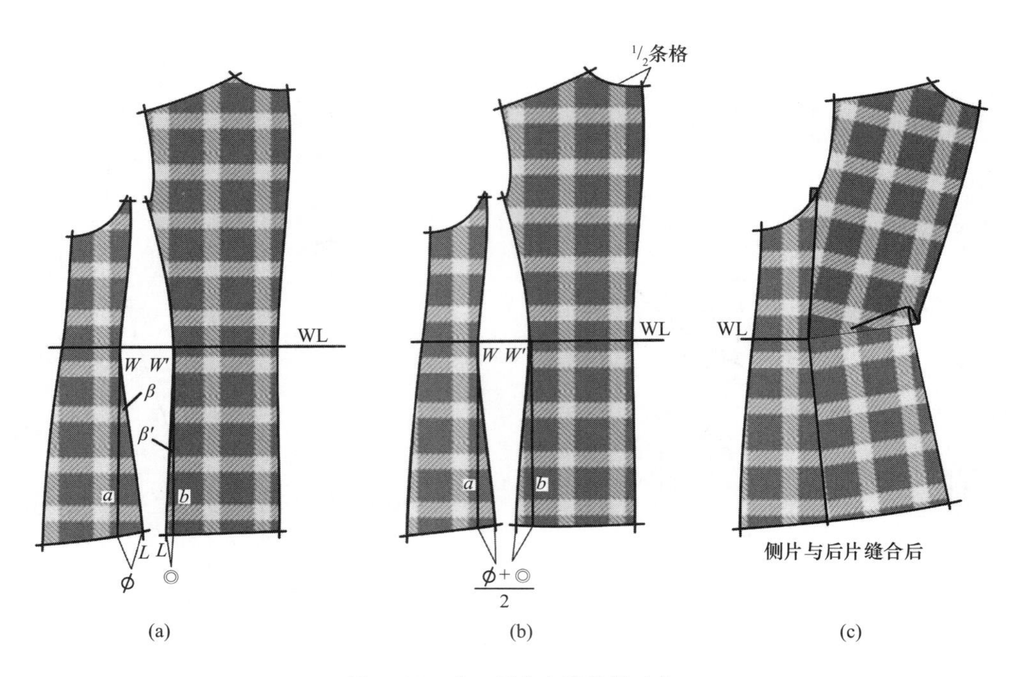

图 7–37 前、后衣身的横条对合

二、袋盖与衣身对条格

如图 7–38 所示，将袋盖样板置于衣身的袋盖位置上，然后按衣身条格位置在袋盖样板上画出条格位置，这样只需将袋盖样板置于面料上对准条格即可。

三、胸袋、驳头的对条格

如图 7–39 所示，胸袋应与衣身对条格，驳头的边缘应和材料的条纹平行，不管驳头的边缘是何种形状，男装的挂面驳头都应做到条纹平行（必要时通过归拢工艺处理）。

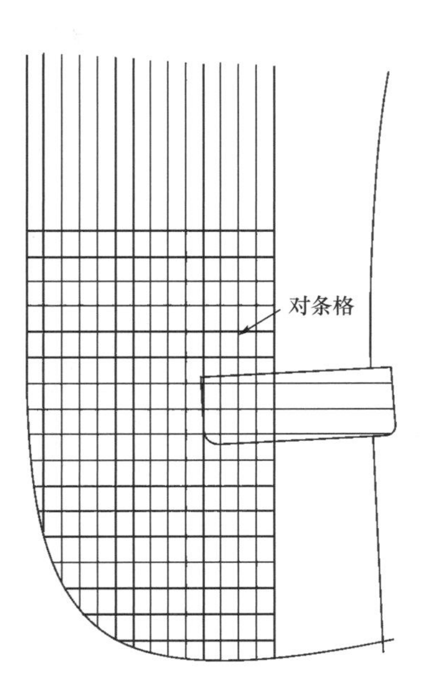

图 7-38 袋盖与衣身对条格

图 7-39 胸袋、驳头的对条格

四、衣袖与衣身的对条格

如图 7-40 所示，在衣身上的 SP 以下 $*=10$ ～ 11cm 处找一条横条，然后在袖身上按 $*+1.2$cm 的吃势画出一条对横条的线，袖身则自这条横线以下都与衣身对条。

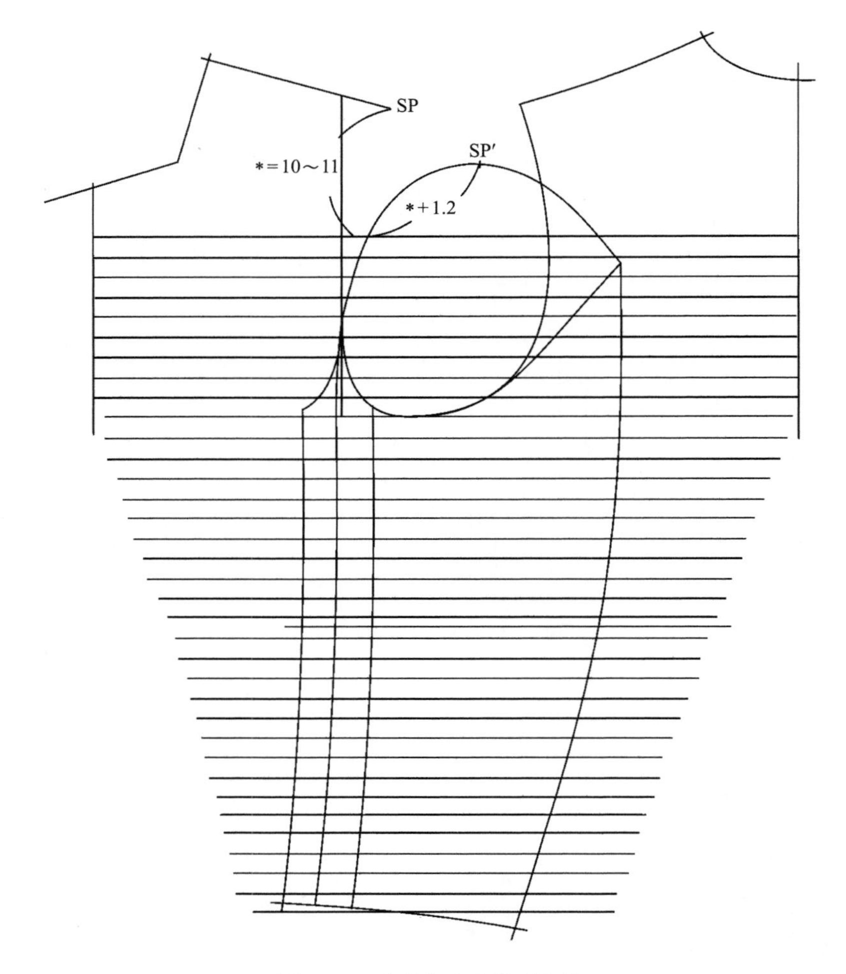

图 7-40 衣袖与衣身的对条格

五、后衣身的条格处理

后衣身的条格应该如图 7-41 所示，即后背缝上端应处于 1/2 条距，这样左右后背缝合后就会合成条竖条宽，并有助于后面的对衣领。

六、领身与后衣身的对条格

如图 7-42 所示，将领身样板与后衣身对合。注意领身的条格要与衣身的条格对齐、特别要注意领身的放置方向。

七、整体衣片的对条格

图 7-43 所示为上衣与裤子所有衣片的对条格情况。

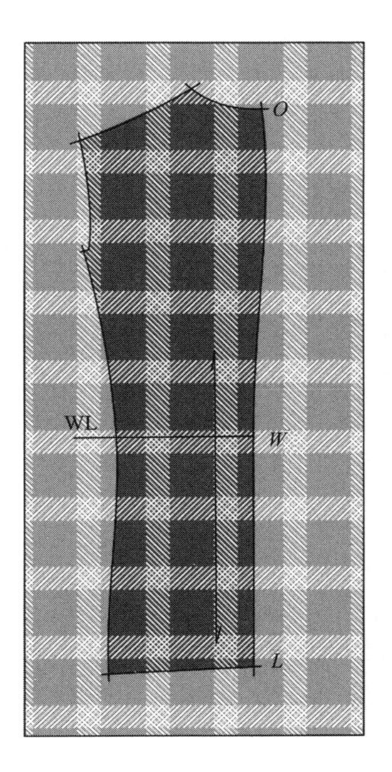

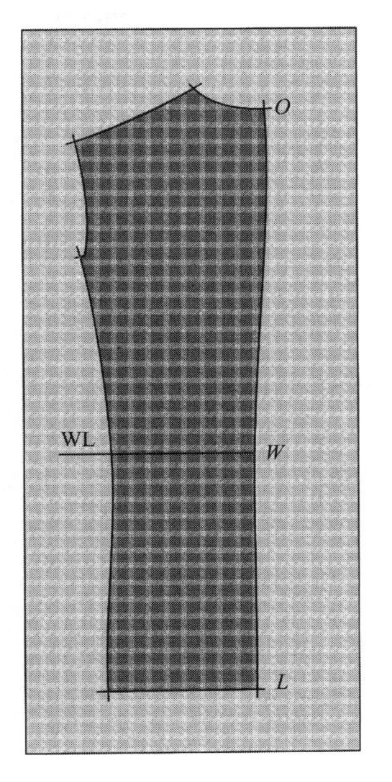

图 7-41　后衣身的条格处理

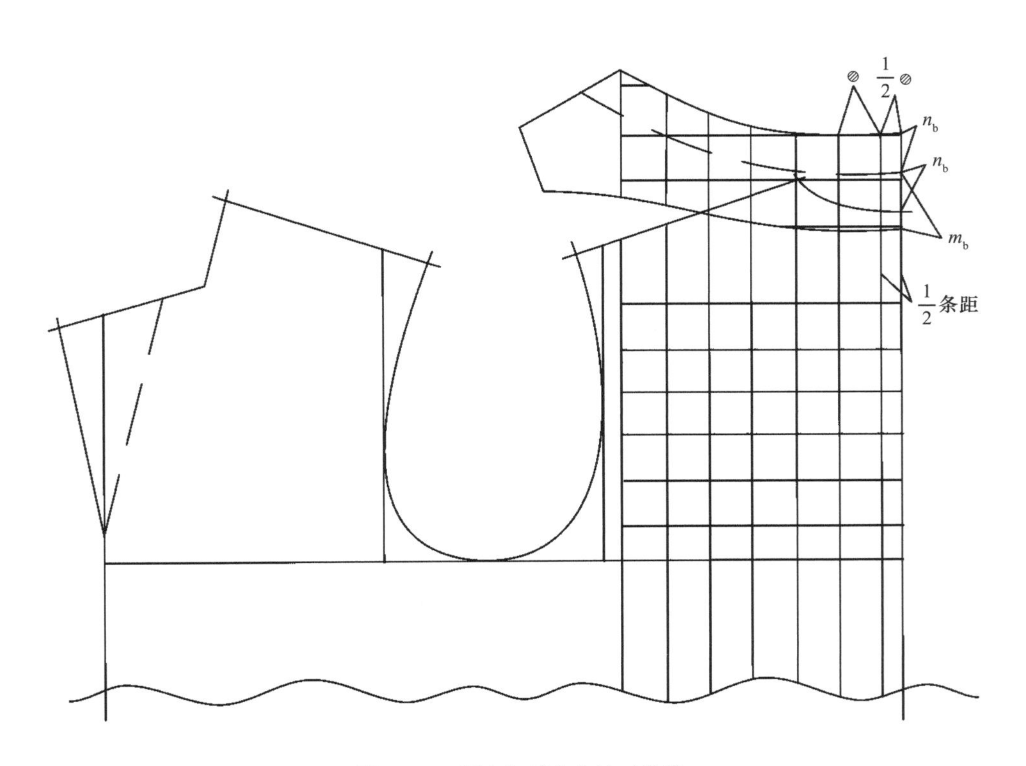

图 7-42　领身与后衣身的对条格

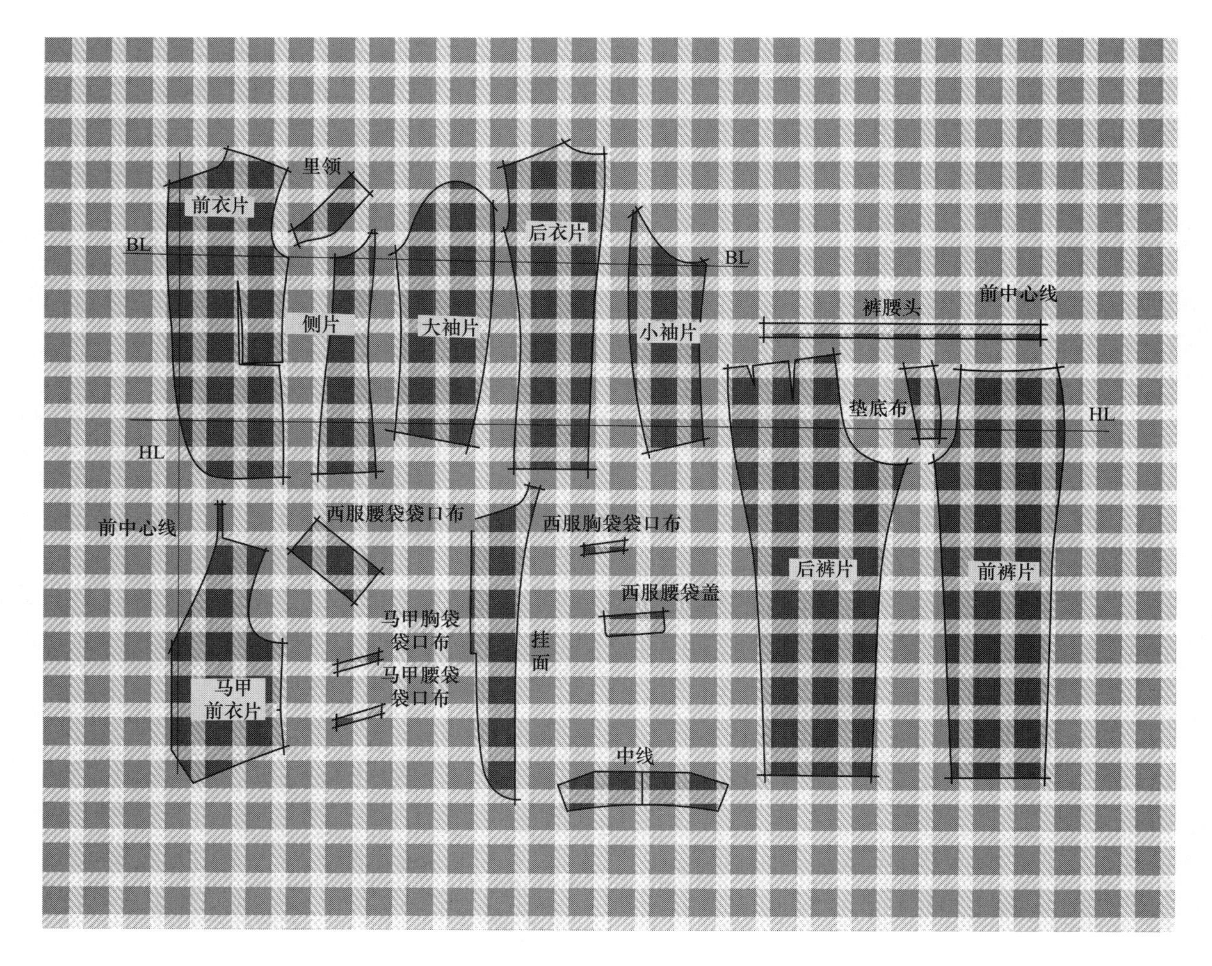

图 7-43 整体衣片对条格

思考题

1. 衣领结构分类的具体特征是什么？
2. 单立领结构设计的要领是什么？
3. 简述翻立领中的翻领结构设计方法。
4. 简述翻折领中领身结构的处理方法。
5. 风帽的结构设计有几类？并分析其结构的制图方法。

应用与实践——

男装衣袖结构

课题名称：男装衣袖结构

课题内容：1．衣袖结构种类。

2．袖窿—袖山结构设计。

3．袖山结构。

4．袖山与袖窿的配伍。

5．袖身结构设计。

6．连袖、分割袖结构。

课题时间：8课时

教学目的：学习男装各类衣袖的结构原理和设计方法。

教学方式：实物演示，PPT。

教学要求：1．了解男装各类衣袖的相互关系。

2．重点掌握男装圆袖的结构设计原理与方法。

3．掌握男装分割袖的结构设计原理与方法。

课前（后）准备：

课前准备基础圆袖（一片袖）1：4的纸样若干，用于圆袖及连袖、分割袖的结构变化。

第八章　男装衣袖结构

衣袖包括袖窿和袖身两部分，两者组合构成或单独以袖窿为单位构成衣袖的结构。本章通过男装的袖窿结构和男装造型、手臂形态等角度来进行男装衣袖的结构设计。

第一节　衣袖结构种类

衣袖结构种类按袖山与衣身的相互关系可分成若干种基本结构，而变化结构在男装衣袖中相对较少。

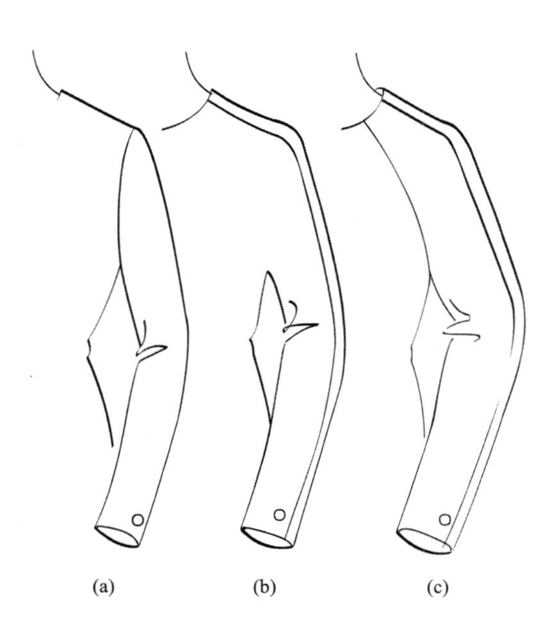

图 8-1　衣袖基本结构

一、基本结构

1. 圆袖

圆袖的袖山形状为圆弧形，与袖窿缝合组装成的衣袖结构［图 8-1（a）］。根据圆袖袖山的结构风格及袖身的结构风格可细分为宽松、较宽松、较合体、合体的袖山及直身、弯身的袖身等。

2. 连袖

连袖是将袖山与衣身组合连成一体形成的衣袖结构［图 8-1（b）］。按其袖中线的水平倾斜角可分为宽松、较宽松、较合体等三种结构风格。

3. 分割袖

分割袖是在连袖结构的基础上，按造型将衣身和衣袖重新分割、组合形成的新衣袖结构。按造型线分类，可分为插肩袖、半插肩袖、落肩袖及覆肩袖［图 8-1（c）］。

第二节　袖窿—袖山结构设计

袖山是衣袖造型的主要部位，结构种类按宽松程度可分为宽松型、较宽松型、较合体型、

合体型、极贴体型五种。袖山结构包括袖窿部位的结构和袖山部位的结构，袖窿和袖山相配伍的设计是决定衣袖设计的关键。

一、袖窿部位结构

袖窿部位是衣身上为装配袖山而设计的部位，其风格不同，结构亦不同。一般人体腋围=0.41B^*，为了穿着舒适和人体运动的需要，袖窿周长 AH=0.5B ± a（a 为常量，随风格不同而变化，常取 2cm 左右）。袖窿的设计要素主要是：袖窿深、前后冲肩量、袖窿门宽、袖窿弧形状。

1. 宽松风格结构

袖窿深应取 2/3 前腰节长，为 0.2B+3+4 ~ 衣服底边（cm）。前后肩的冲肩量取 1 ~ 1.5cm，前后袖窿底部凹量取 3.8 ~ 4cm。袖窿整体呈尖圆弧形［图 8–2（a）］。

2. 较宽松风格结构

袖窿深应取 3/5 前腰节长至 2/3 前腰节长，约为 0.2B+3+3 ~ 4（cm）。前肩冲肩量取 1.5 ~ 2.3cm，后肩冲肩量取 1.5 ~ 2.0cm，前后袖窿底部凹量分别取 3.4 ~ 3.6cm、3.8cm。袖窿整体呈椭圆形［图 8–2（b）］。

3. 较合体风格结构

袖窿深应取 3/5 前腰节长，约为 0.2B+3+2 ~ 3（cm）。前肩冲肩量取 2.3 ~ 3.0cm，后肩冲肩量取 1.5 ~ 2.0cm，前后袖窿底部凹量分别取 3.2 ~ 3.4 cm、3.4 ~ 3.6cm。袖窿整体呈稍倾斜的椭圆形［图 8–2（c）］。

4. 合体风格结构

袖窿深应取≤ 3/5 前腰节长，约为 0.2B+3+1 ~ 2（cm）。前肩冲肩量取 3.0 ~ 3.7cm，后肩冲肩量取 1 ~ 1.5cm，前后袖窿底部凹量分别取 3 ~ 3.2cm、3.4 ~ 3.6cm。袖窿整体呈倾斜的椭圆形［图 8–2（d）］。

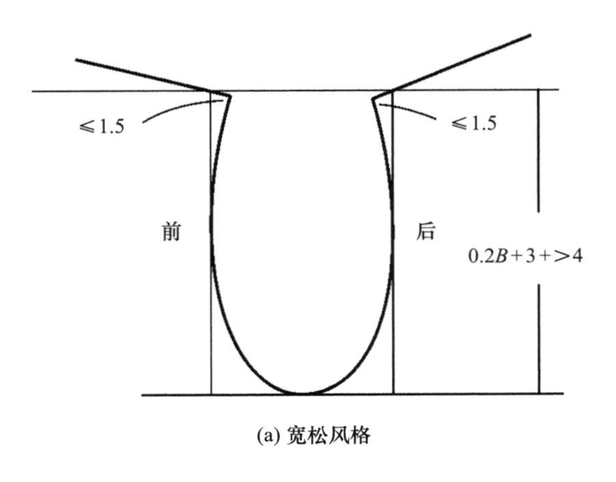

(a) 宽松风格

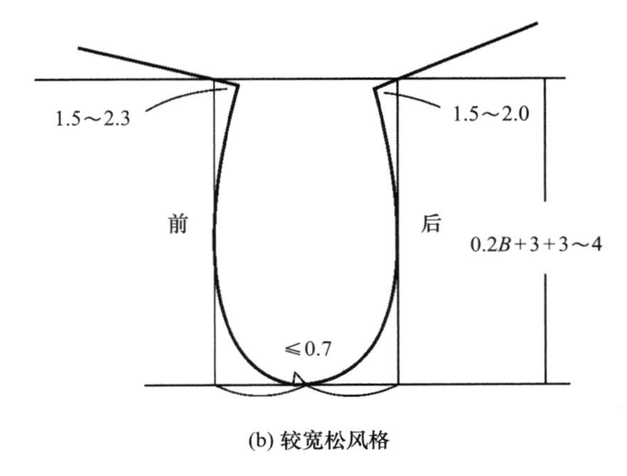

(b) 较宽松风格

图 8–2

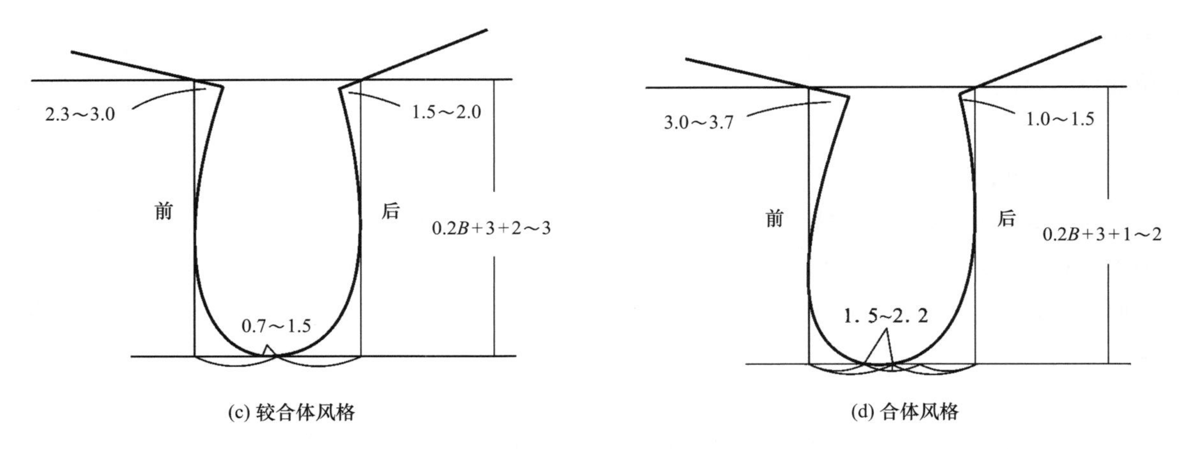

(c) 较合体风格　　(d) 合体风格

图 8-2　袖窿部位结构

二、袖眼结构

袖山部位结构要与袖窿部位结构相配伍，故其结构风格亦为四种（图 8-3）。将袖山折叠后上下袖山之间形成的图形，由于与眼睛的造型相似，故称为袖眼。

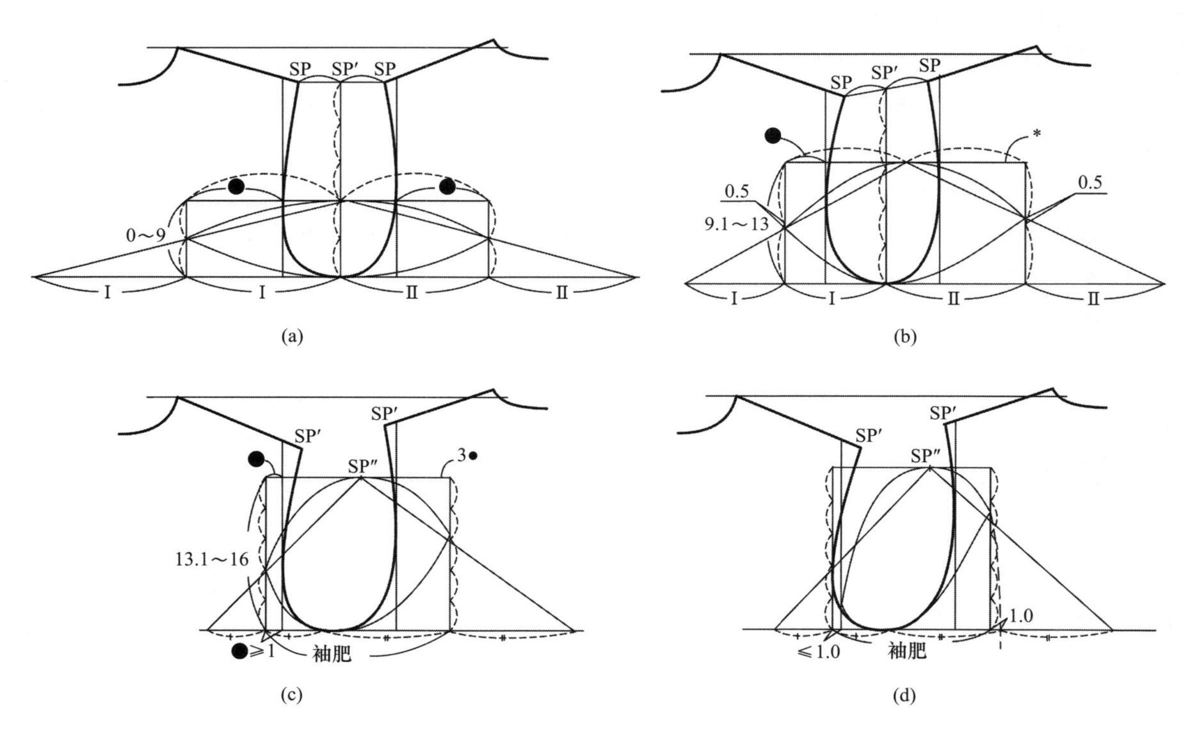

(a)　(b)　(c)　(d)

图 8-3　袖眼结构

1. 宽松型袖眼

袖山高取 0 ~ 9cm（或袖肥取 0.2*B*+3cm ~ AH/2），袖山斜线长取前 AH+ 吃势 -1.1cm、后 AH+吃势 -0.8cm。前、后袖山点分别位于 1/2 袖山高的位置。袖眼底部与袖窿底部只在一点上相吻合。袖眼整体呈扁平状［图 8–3（a）］。

2. 较宽松型袖眼

袖山高取 9.1 ～ 13cm（或袖肥取 $0.2B+1$cm ～ $0.2B+3$cm），袖山斜线长取前 AH+吃势 –1.3cm、后 AH+吃势 –1.0cm。前袖山点在 1/2 袖山高向下 0 ～ 0.5cm 处，后袖山点在 1/2 袖山高向上 0 ～ 0.5cm 处。袖眼整体呈扁圆状，其与袖窿底部有较小的吻合部位［图 8–3（b）］。

3. 较合体型袖眼

袖山高取 13.1 ～ 16cm（或袖肥取 $0.2B-1$cm ～ $0.2B+1$cm），袖山斜线长取前 AH+吃势 –1.5cm、后 AH+吃势 –1.2cm。前袖山点在 $\frac{2}{5}$ 袖山高左右的位置，后袖山点在 $\frac{3}{5}$ 袖山高向上 1.0cm 的位置。袖眼整体呈杏圆状，其与袖窿底部有较多的吻合部位［图 8–3（c）］。

4. 合体型袖眼

袖山高取 16.1cm 以上（或袖肥取 $0.2B-3$cm ～ $0.2B-1$cm），袖山斜线长取前 AH+吃势 –1.7cm、后 AH+吃势 –1.4cm。前袖山点在 $\frac{1}{5}$ 袖山高向下 1.0 ～ 1.5cm 的位置，后袖山点在 $\frac{3}{5}$ 袖山高向上 ≤ 3cm 的位置。袖眼整体呈圆状，其与袖窿底部有更多的吻合部位［图 8–3（d）］。

第三节　袖山结构

袖山结构的制图方法可分两种方法进行。

一、确定袖山高后进行袖山结构制图

如图 8–4 所示，连接前、后肩点 SP，取其中点 SP′，则 SP′ ～ BL 的直线长度称为 AHL，在图中≤ 0.6AHL 为宽松 AT，0.61 ～ 0.7AHL 为较宽松 AT，在图中 0.71 ～ 0.8AHL 为较合体 AT，0.81 ～ 0.87AHL 为合体 AT。具体的袖山结构制图如下：

1. 宽松风格袖山

取袖山高 AT ≤ 0.6AHL，然后作前袖山斜线长 $=AH_f-1.1$cm+ $吃_f$，后袖山斜线长 $=AH_b-0.8$cm+$吃_b$，如图 8–4（a）所示，将袖山弧线画顺。

2. 较宽松风格袖山

取袖山高 AT=0.61 ～ 0.7AHL，然后作前袖山斜线长 $=AH_f-1.3$cm+ $吃_f$，后袖山斜线长 $=AH_b-1.0$cm+$吃_b$，如图 8–4（b）所示，将袖山弧线画顺。

3. 较合体风格袖山

取袖山高 AT=0.71 ～ 0.8AHL，然后作前袖山斜线长 $=AH_f-1.5$cm+ $吃_f$，后袖山斜线长 $=AH_b-1.2$cm+$吃_b$，如图 8–4（c）所示，将袖山弧线画顺。

4. 合体风格袖山

取袖山高 AT=0.81 ~ 0.87AHL，然后作前袖山斜线长=$AH_f-1.7cm+吃_f$，后袖山斜线长=$AH_b-1.4cm+吃_b$，如图 8-4（d）所示，将袖山弧线画顺。

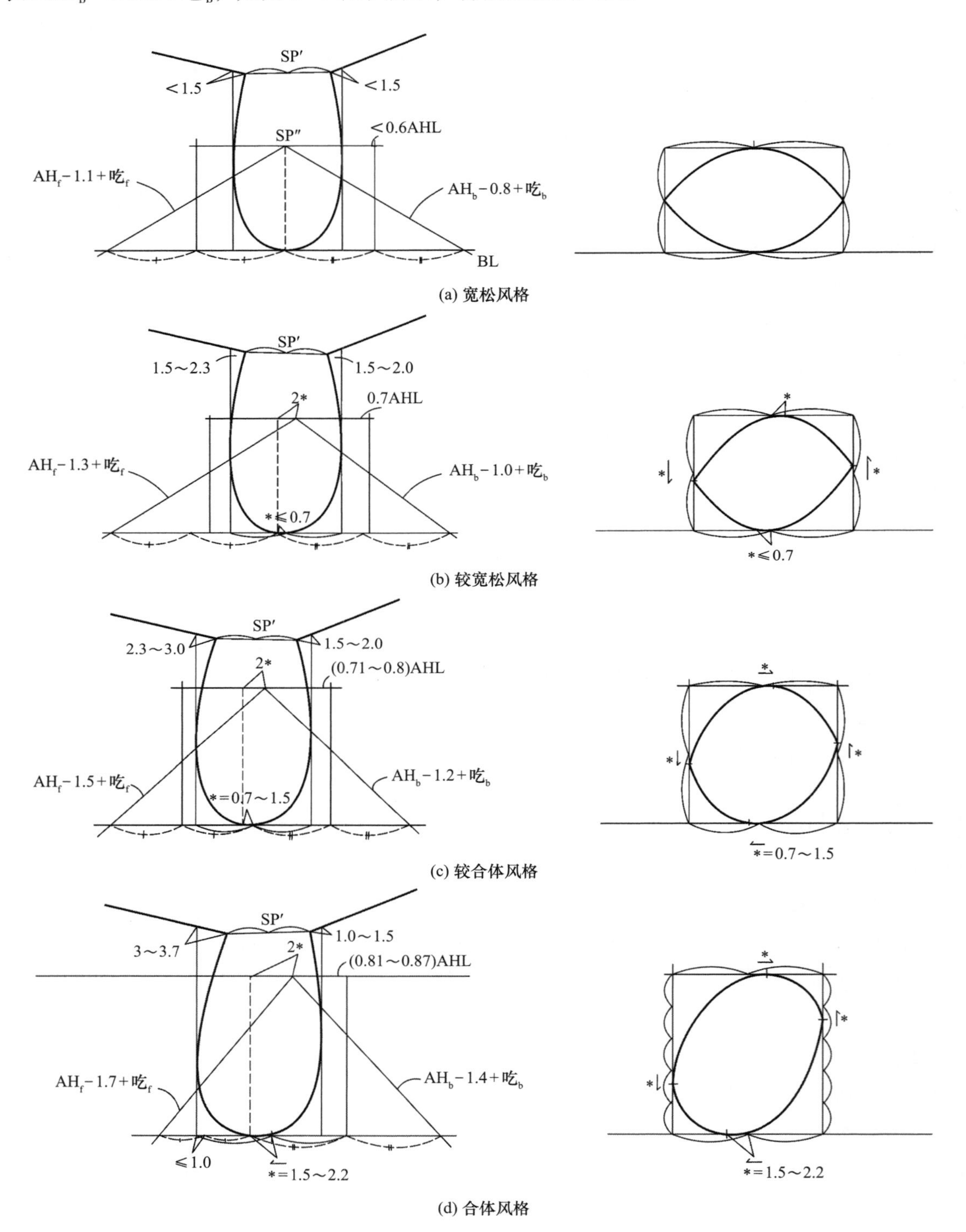

图 8-4 确定袖山高后进行袖山结构制图

二、确定袖肥后进行袖山结构制图

如图 8–5（a）~（d）所示，可先确定袖肥，然后根据袖肥与袖窿宽的比例关系，确定相应的袖山结构。

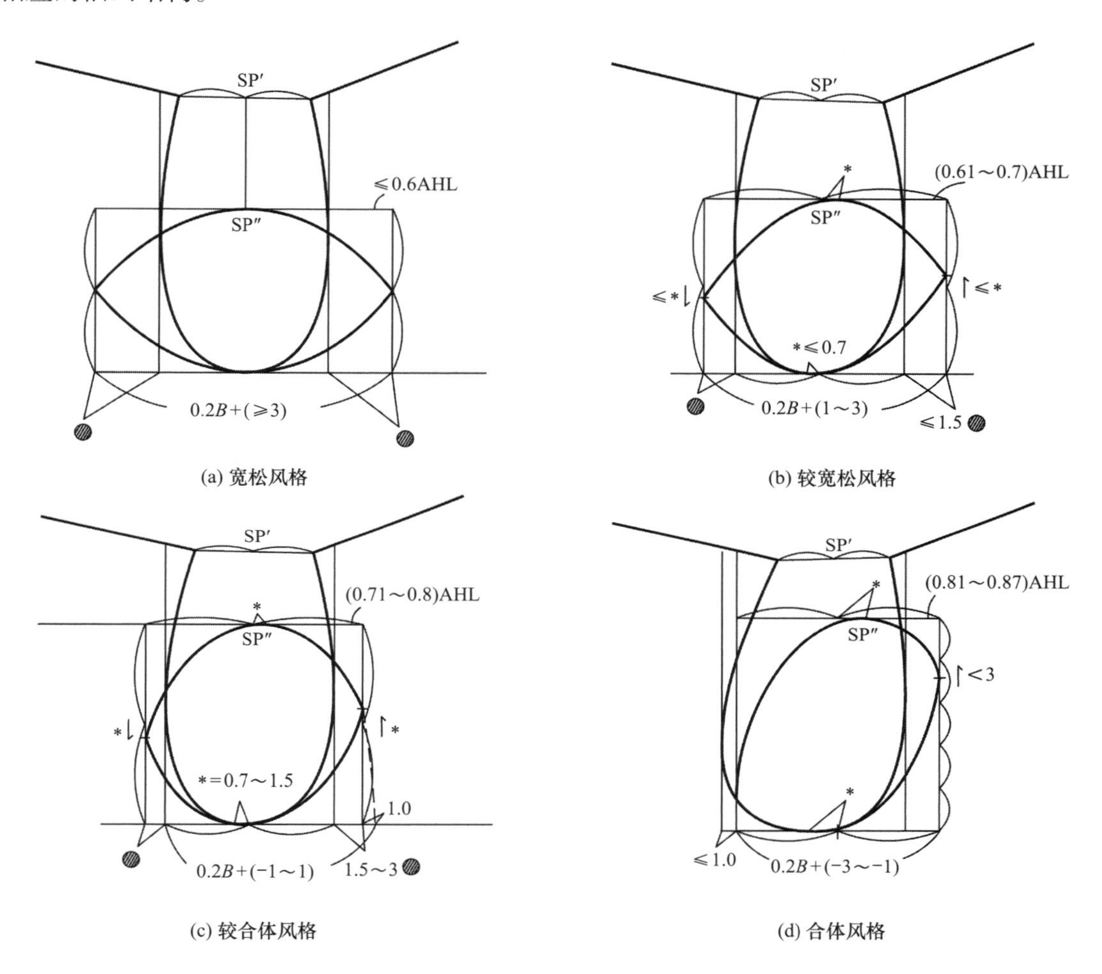

图 8–5　确定袖肥后进行袖山结构制图

1. 宽松风格袖山

先确定袖肥 =0.2*B*+（≥ 3）cm，然后确定袖肥与袖窿宽的比例关系是相等关系。将袖山高确定为≤ 0.6AHL，或者是确定袖山吃势为≤ 1.5cm，则可绘制出宽松风格袖山［图 8–5（a）］。

2. 较宽松风格袖山

先确定袖肥 =0.2*B*+（1 ~ 3）cm，然后确定袖肥与袖窿宽的比例关系为⊘ ：1.5 ⊘，此时袖窿最低点距袖窿宽中点距离为 *，则袖山最高点、袖山前点、袖山后点都将偏移 * 值，且将袖山高和袖山吃势二者取一，吃势可达 1.5 ~ 3.0cm，即可绘制出较宽松风格袖山［图 8–5（b）］。

3. 较合体风格袖山

先确定袖肥 =0.2*B*+（–1 ~ 1）cm，然后确定袖肥与袖窿宽的比例关系为⊘ ：（1.5 ⊘ ~

3 ⊘），此时袖窿最低点距袖窿宽中点距离为 *，则袖山最高点、袖山前点、袖山后点都将偏移 * 值，且将袖山高和袖山吃势二者取一，吃势可达 3.0 ~ 4.0cm，即可绘制出较合体风格袖山［图 8-5（c）］。

4．合体风格袖山

先确定袖肥 =0.2*B*+（-3 ~ -1）cm，然后确定袖肥与袖窿宽的前、后比例关系为前部距袖窿≤ 1.0cm，所有的袖肥都放置后部，则袖山最高点、袖山前点、袖山后点都将偏移 * 值，此时的袖山高将会是最高值 0.81 ~ 0.87AHL，如取袖山吃势，则吃势可达 4 ~ 5cm，此时可绘制出合体风格的袖山［图 8-5（d）］。

第四节 袖山与袖窿的配伍

袖山与袖窿的配伍，包括形状的配伍和数量的配伍。形状的配伍即袖眼与袖窿风格的一致性，袖眼底部与袖窿底部有一定的吻合度；数量的配伍则是指缝缩量的大小和分配，袖山、袖窿上分别有相关的对位点。

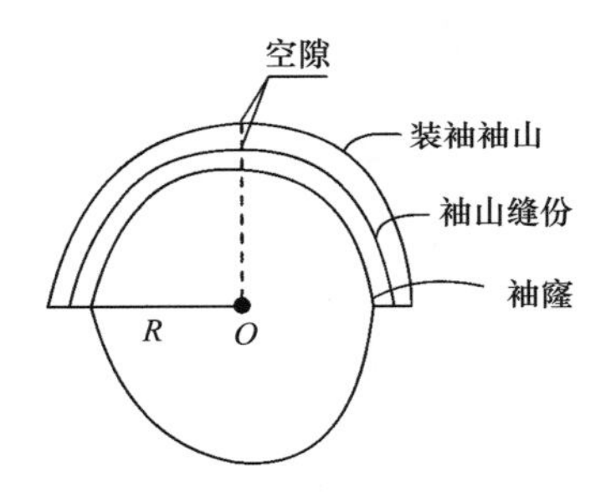

图 8-6 缩缝量的近似计算图

一、缝缩量的计算

缝缩量的计算可以按两种方法进行近似计算。

方法一：

如图 8-6 所示，已知袖山缝合后袖山外轮廓线距离 *O* 点的长度 =*R*+ 袖山缝合后距缝份的空隙 +3 个缝料的厚度，其中袖山缝合后距缝份的空隙指缝缩袖山后袖山耸起的饱满度，与袖山的风格有关，考虑到袖山底部的缝缩量小，其量只等于袖山上部的 1/2。设袖山缝缩量为 *x*，材料厚度为 *a*，空隙量为 *b*，则

$$x=3/2\pi（R+3a+b）-（3\pi R）/2=3/2\pi（3a+b）\approx 4.6（3a+b）=4.6c$$

薄型材料、宽松风格的袖山，*c* 为 0 ~ 0.3cm，故缝缩量 *x*=0 ~ 1.4cm。

较厚材料、较宽松风格的袖山，*c* 为 0.3 ~ 0.6cm，故缝缩量 *x*=1.4 ~ 2.8cm。

较厚材料、较合体风格的袖山，*c* 为 0.6 ~ 0.9cm，故缝缩量 *x*=2.8 ~ 4.2cm。

厚材料、合体风格的袖山，*c* 为 0.9cm，故缝缩量 *x*=4.2 ~ 5.0cm。

方法二：

$$x=（材料厚度系数+袖山风格系数）\times AH\%$$

根据表 8-1 中数字及与 AH 的相互关系，亦可求得缝缩量的近似值。

例 1：丝绸衬衫，宽松袖缝缩量 =（1+1）AH% =2% AH

若 AH=55cm，则缝缩量 =1.1cm。

例 2：较厚型材料，合体缝缩量 =（3+4）AH% =7% AH

若 AH=50cm，则缝缩量 =3.5cm。

表8-1　材料厚度与袖山风格系数表

材料	材料厚度系数	袖山风格系数	AH%
薄型材料（丝绸类）	0～1	宽松风格1	（1～2）AH%
较薄型材料（薄型毛料、化纤类）	1.1～2	较宽松风格2	（3.1～4）AH%
较厚型材料（精纺毛料类）	2.1～3	较合体风格3	（5.1～6）AH%
厚型材料（法兰绒类）	3.1～4	合体风格4	（7.1～8）AH%
特厚材料（大衣呢类）	4.1～5		≥8.1AH%

二、缝缩量的分配

缝缩量的分配是技术性较强的工作，其数量的分配需要与衣袖的风格相对应。不同风格的衣袖，其缝缩量的分配规律是不同的，而且缝缩量的大小、部位也是不相同的［图8-7］。

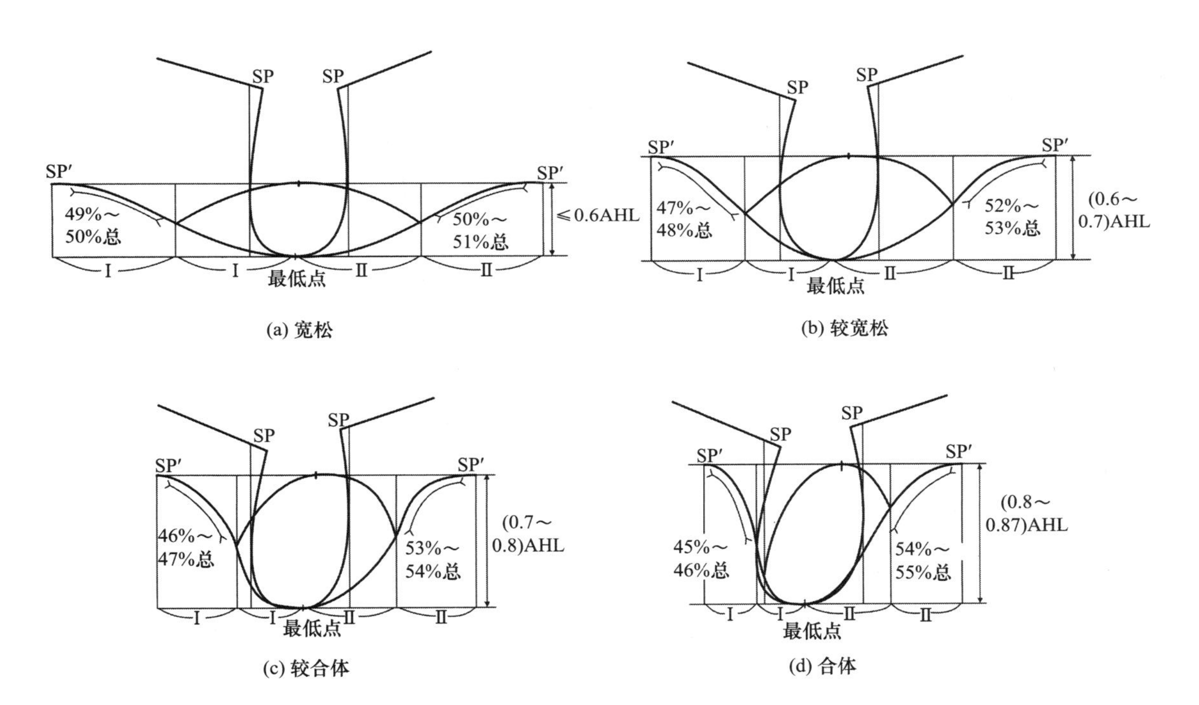

图8-7　缝缩量的分配

1. 宽松衣袖

袖山缝缩量0～1cm，前、后袖山的分配为前袖山49%～50%总、后袖山50%～51%总［图8-7（a）］。

2. 较宽松衣袖

袖山缝缩量1～2cm，前、后袖山的分配为前袖山47%～48%总、后袖山52%～53%总（包括后衣袖底部）［图8-7（b）］。

3. 较合体衣袖

袖山缝缩量 2 ~ 2.5cm，前、后袖山的分配为前袖山 46% ~ 47% 总、后袖山 53% ~ 54% 总（包括后衣袖底部）［图 8–7（c）］。

4. 合体衣袖

袖山缝缩量 2.5 ~ 3cm，前、后袖山的分配为前袖山 45% ~ 46% 总、后袖山 54% ~ 55% 总（包括后衣袖底部）［图 8–7（d）］。

三、袖山—袖窿对位点位置

为保证袖山在缝缩一定量后能与袖窿很好地达到形状的吻合，有必要在袖山—袖窿对应的重要部位上设置相关的对位，所使用的点称为对位点。

对位点总数为 4 ~ 5 对，其位置为袖山前袖缝—袖窿对应点、袖山前袖标点—袖窿前弧点、袖山对肩点—袖窿肩缝、袖山后袖缝—袖窿后弧点、袖山最低点—袖窿最低点等。

对位点的设置具有技术性，设置稍有不当会使部分袖山的形状变形，左右整个袖身前、后状态不对称。

以合体型男装袖山—袖窿对位点为例（相比男装较典型），如图 8–8 所示，对位点设置方法如下：

（1）取袖山高为成形袖窿深的 0.8 ~ 0.87AHL，袖山高斜线按合体风格取值，将袖山弧线分别向两侧展开可以清楚地看出袖山与袖窿的对应关系。

（2）设定袖山 A'—袖窿 A 为第一对位点，A' 为前袖缝点，设定 $A'B'-AB \leqslant 0.5$cm（约前袖山缝缩量的 1/3）。

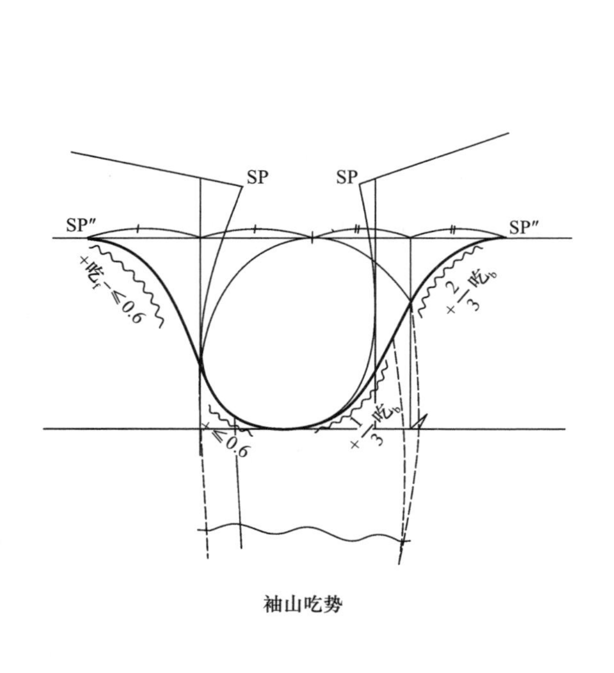

袖山吃势

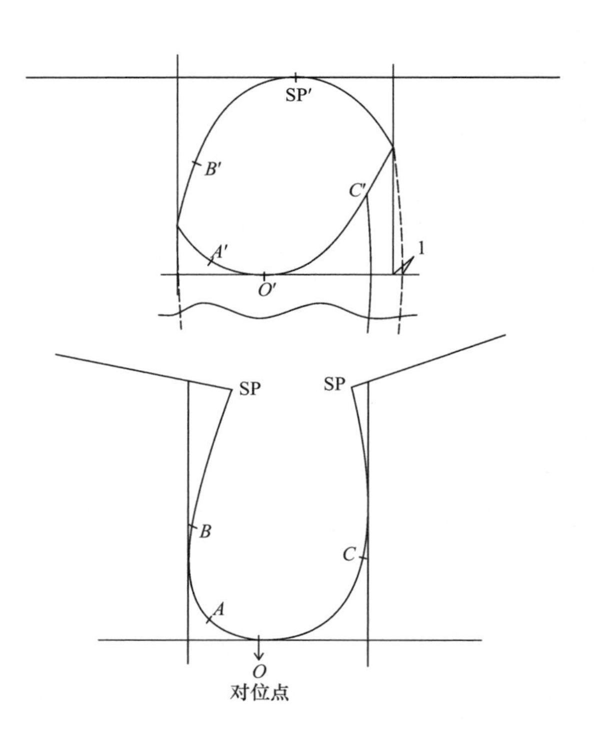

对位点

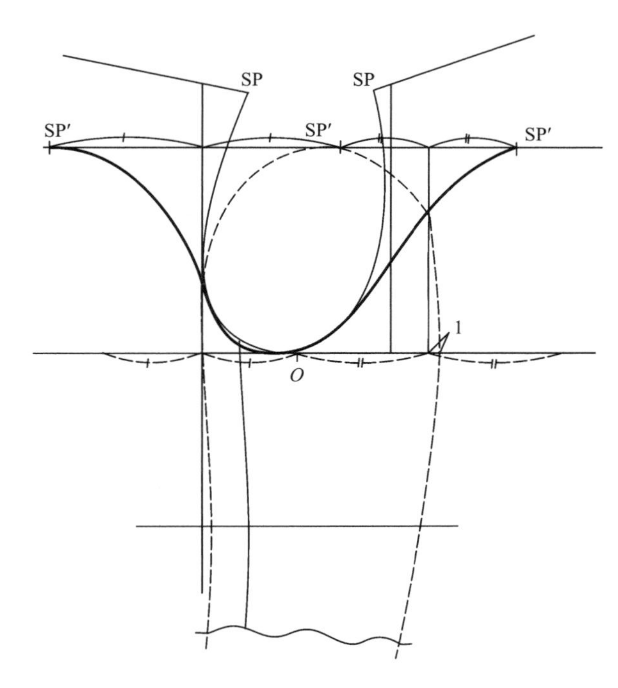

图 8–8 合体型男装袖山—袖窿对位点

（3）B 的位置距 BL 为 8 ~ 9cm，袖山 B'—袖窿 B 为第二对位点。

（4）设定 B' ~ SP'–B ~ SP = 前袖山缝缩量 –$A'B'$ 缝缩量（0.46 ~ 0.47 总缝缩量）。则袖山 SP′—袖窿 SP 为第三对位点。

（5）设定 SP′ ~ C'–SP ~ C = 2/3 后袖山缝缩量 = 2/3（0.54 ~ 0.53 总缝缩量）（具体视后袖缝点 C' 的位置），袖山 C'—袖窿 C 为第四对位点。

（6）设定袖山最低点 O'—袖窿最低点 O 为第五对位点。

四、袖山—袖窿对位点的修正

由于袖山安装在袖窿上时牵涉到袖身的具体偏斜位置，故袖山—袖窿的对位点要作适当修正。

1. 女装圆袖的袖山—袖窿对位点修正

女装圆袖在安装时要注意袖身在袋口线部位前偏 1cm，以盖住袋口 1/2 处，故较合体、合体风格袖山的袖身在袖口处偏出袖身垂线 ≤ 0.5cm 即可。

2. 男装圆袖的袖山—袖窿对位点修正

男装圆袖在安装时要注意袖身在袋口线部位前偏 2.5cm，以盖住袋口 1/2 处，故较合体、合体风格袖山向左偏移的量要大于女装袖，旋转角度约为 7°，具体位置变化如图 8–9 所示。

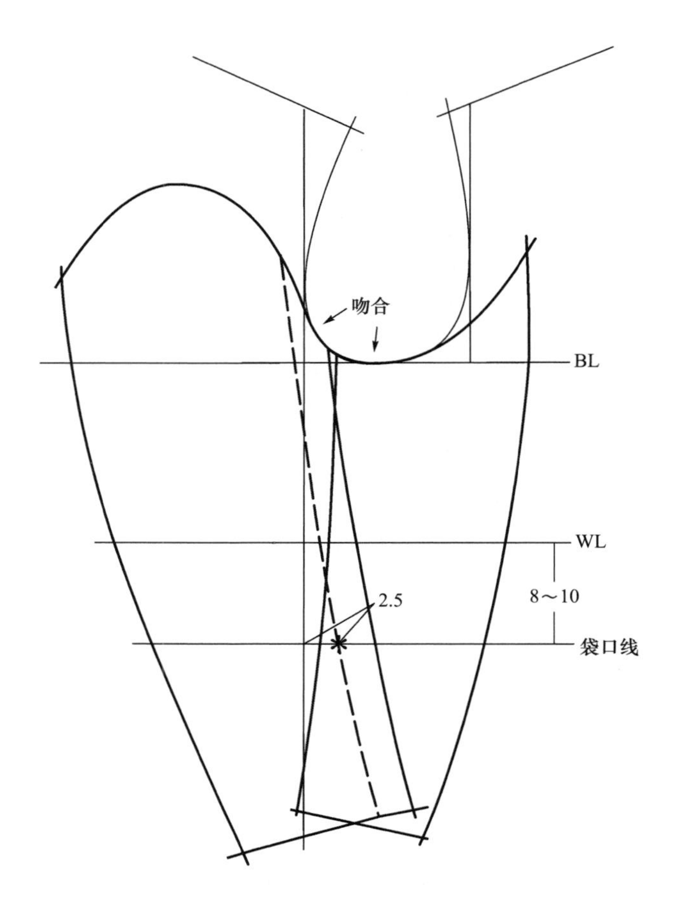

图 8-9 男装圆袖的袖山—袖窿对位点修正

第五节 袖身结构设计

袖身结构按外形风格而言，可有直身袖、较弯身袖、弯身袖三类；按袖片数量而言，可有一片袖、两片袖、多片袖之分。

一、袖身立体形态及展开图

图 8-10 所示为两种袖身的立体形态及展开图。图 8-10（a）是直身袖的立体形态及展开图。直身袖袖身的立体形态是单个圆台体，按圆台体的平面展开法，展开图应该是前袖缝 *A'B'C'*，后袖缝 *A''B''C''* 组成的扇形，考虑到直身袖一般装袖角都较小，扇形的袖口会使成形的袖口在袖缝下形成下垂的多余量，故要考虑在前、后袖口处去除◎大小的量，使袖口成直线，而在袖山处的前、后袖缝亦随之补上◎大小的量。这样原来的扇形结构图就变成了上下平行的倒梯形。直身袖展开图可理解为袖中缝 *ABC* 分别水平展开到 *A'B'C'*、*A''B''C''*。

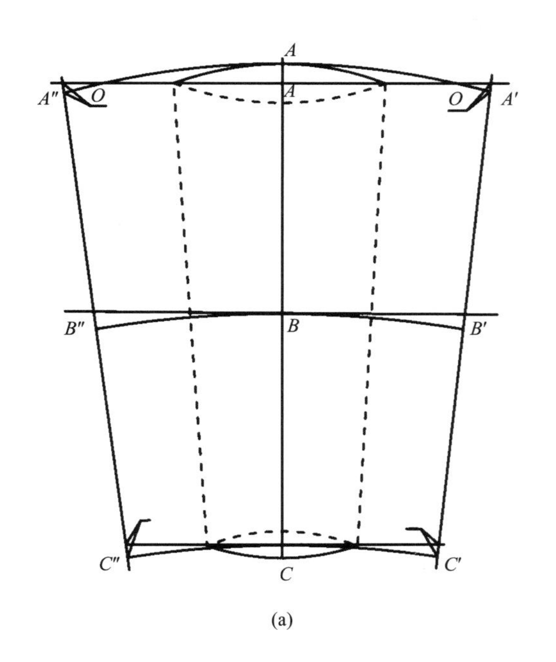

(a)

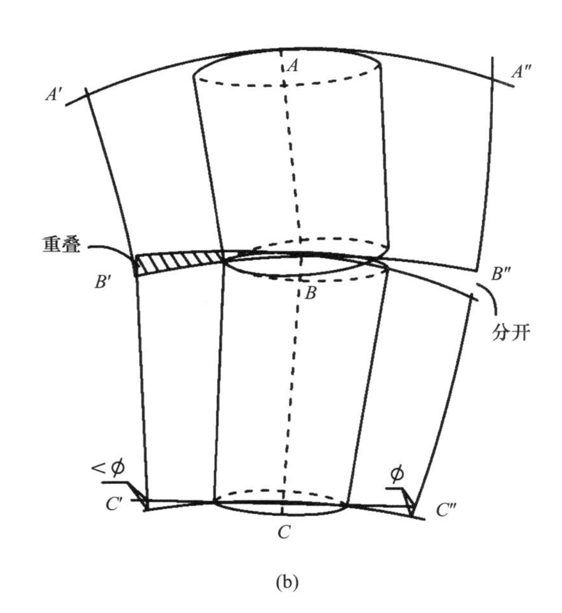

(b)

图 8–10　袖身立体形态及展开图

图 8–10（b）所示为弯身袖的立体形态及展开图。弯身袖袖身可分解成两个圆台倾斜组合的立体。分别将两个圆台展开形成两个扇形平面图，两扇形平面图在前袖缝处重叠，在后袖缝处空缺。这样组合成的弯身袖展开图，可以理解为袖中缝 *ABC* 分别向前、后袖身轮廓线作垂线展开到 *A′B′C′*、*A″B″C″*，形成平面结构图。这种展开法可称为袖身轮廓线垂直展开法。

二、袖身结构制图

1. 直身袖结构

直身袖的袖身为直线形，袖口前偏量为 0 ~ 1cm，结构制图法是先作直身袖外轮廓图，然后将袖底缝按与外轮廓线呈水平展开的方法制图（图 8–11）。

（1）按袖长 SL，袖山高 AT（或袖肥），前袖山斜线长 $=AH_f+$吃势$_f-1.1$cm，后袖山斜线长 $=AH_b+$吃势$_b-0.8$cm，袖口大 CW，作袖身外轮廓图。

（2）取袖底最低点 *A* 作袖中缝，或将与衣身侧缝线相对应的部位作袖中缝。

（3）将袖中缝上的点 *A*、*B*、*C* 分别向袖身前后轮廓线作水平展开，使 *A* 向外水平展开至 *A′*、*A″*，*B* 向外水平展开至 *B′*、*B″*，*C* 向外水平展开至 *C′*、*C″*。

（4）将展开的袖山图形，分别按与对应的袖底图形等同地画顺，将袖口画成直线形或略有前高后低的倾斜形。

2. 弯身一片袖结构

该袖身为弯曲形，袖口前偏量 $b \leq 3$cm，其结构制图步骤如图 8–12 所示。

（1）按袖长 SL，袖山高 AT（或袖肥），前袖山斜线长 $=AH_f+$吃势$_f-1.3$cm，后袖山斜线长 $=AH_b+$吃势$_b-1.0$cm，袖口 CW，袖口前偏量 b，作袖身外轮廓图。由于是弯身型袖身，

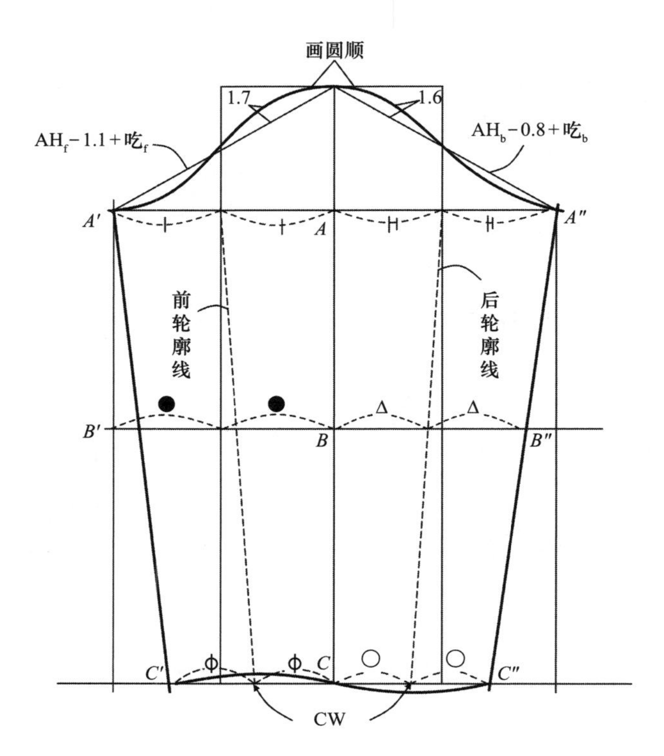

图 8-11 直身袖结构

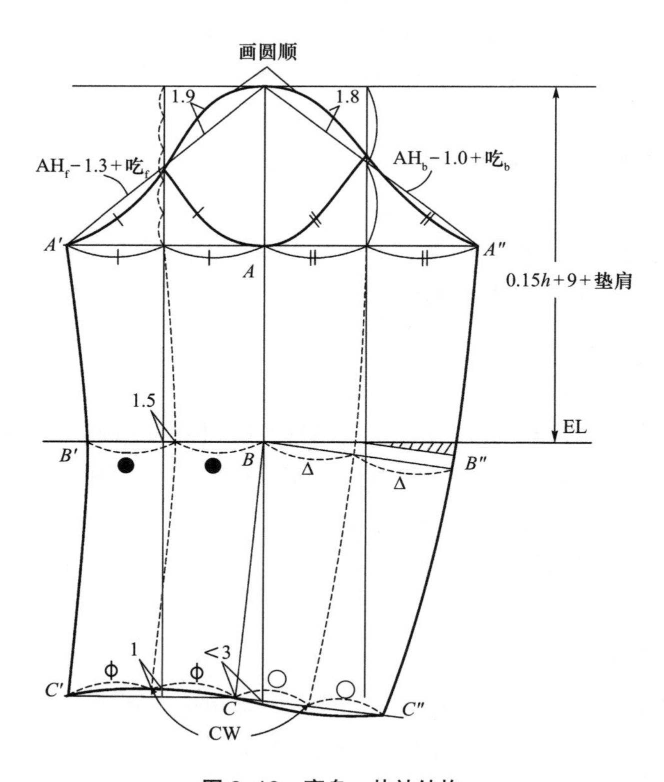

图 8-12 弯身一片袖结构

故应增加袖肘线 EL，其长度 $=0.15h$（身高）$+9\text{cm}+$垫肩厚。在袖底最低点作袖中缝 ABC，BC 在袖口处向前偏 $\leqslant 3\text{cm}$。袖口底边线与 BC 呈垂直状态。

（2）将袖中线 ABC 分别向袖前轮廓线和后轮廓线作垂直展开，即 A、B、C 分别向前轮廓线（图中虚线）作垂直线展开到 $A'B'C'$；再分别向后轮廓线（图中虚线）作垂直线展开到 $A''B''C''$。

（3）将前、后袖山弧线分别展开，画顺前、后袖山，并画顺袖口底边。

观察该类袖结构图，可以看到当后袖缝向袖中线折叠时，后袖缝在袖肘线 EL 处要折叠省道，在 EL 以上段要归拢。而前袖缝在向袖中线折叠时，前袖缝在袖肘线 EL 处要拉展（或作剪切），前袖缝拉展量 = 袖中线长 − 前袖缝长。当前袖缝拉展量大于材料最大伸展率（材料允许的最大伸展量）时，则表明该类袖结构不能通过拉伸工艺达到造型的要求。

3. 弯身 1.5 片袖结构

为了使弯身型袖身通过简单的拉伸工艺就能达到造型效果，可将袖中缝向前袖轮廓线移动，使前偏袖量控制在 2.5 ~ 4cm 之间，在后袖轮廓线下端收省。这样形成的前袖缝拉伸量明显减少，一般在 0.3 ~ 1cm 之间，故大大降低了制作工艺的难度。其结构制图如图 8-13 所示。

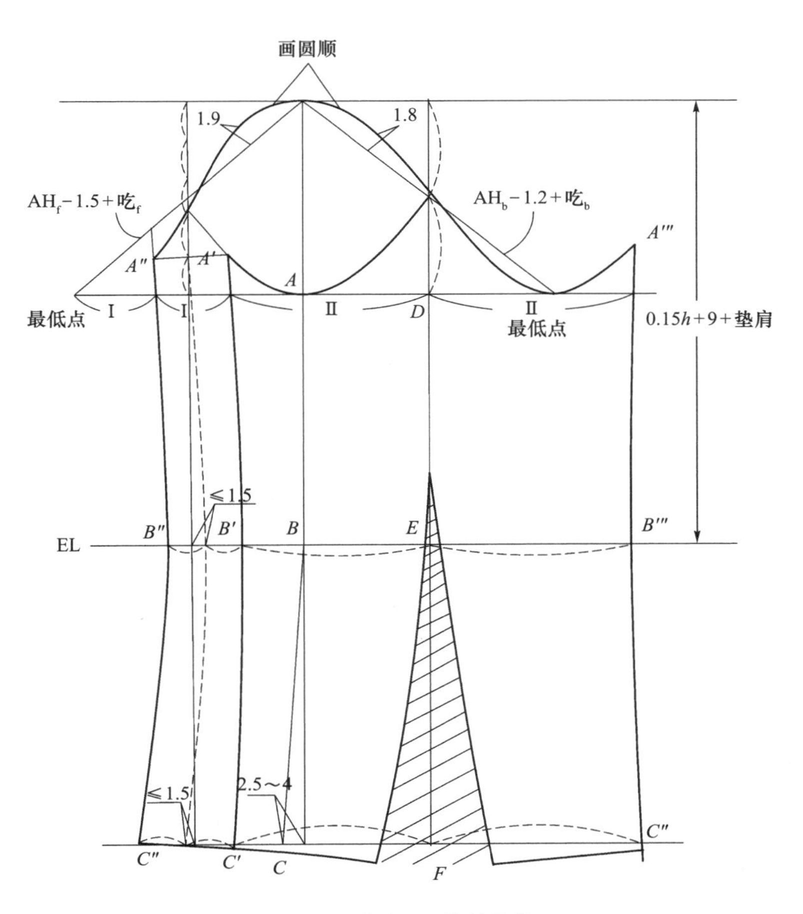

图 8-13　弯身 1.5 片袖结构

（1）按袖长 SL，袖山高 AT（或袖肥），前袖山斜线长 $=AH_f+$吃势$_f-1.5$cm，后袖山斜线长 $=AH_b+$吃势$_b-1.2$cm，袖口 CW，袖口前偏量 *b*，袖肘线 EL，作袖身外轮廓图。

（2）在距袖前轮廓线 2.5 ~ 4cm 处作袖缝 *A'B'C'*，将袖缝 *A'B'C'* 三点分别作前袖轮廓线的垂线，展开成 *A''B''C''*，将袖缝 *A'B'C'* 三点分别作后袖垂直线 *DEF* 的垂线，展开成 *A'''B'''C'''*。

（3）将前、后袖山弧线分别展开，画顺袖山和袖口。

4. 弯身两片袖结构

弯身两片袖的结构是在弯身一片袖结构的基础上，将袖缝作为两条，其中前袖缝的偏袖量控制在 2.5 ~ 4cm 之间，后袖缝的偏袖量控制在 0 ~ 4cm 之间，上下偏袖量可相等也可不等。其制图步骤如图 8-14 所示。

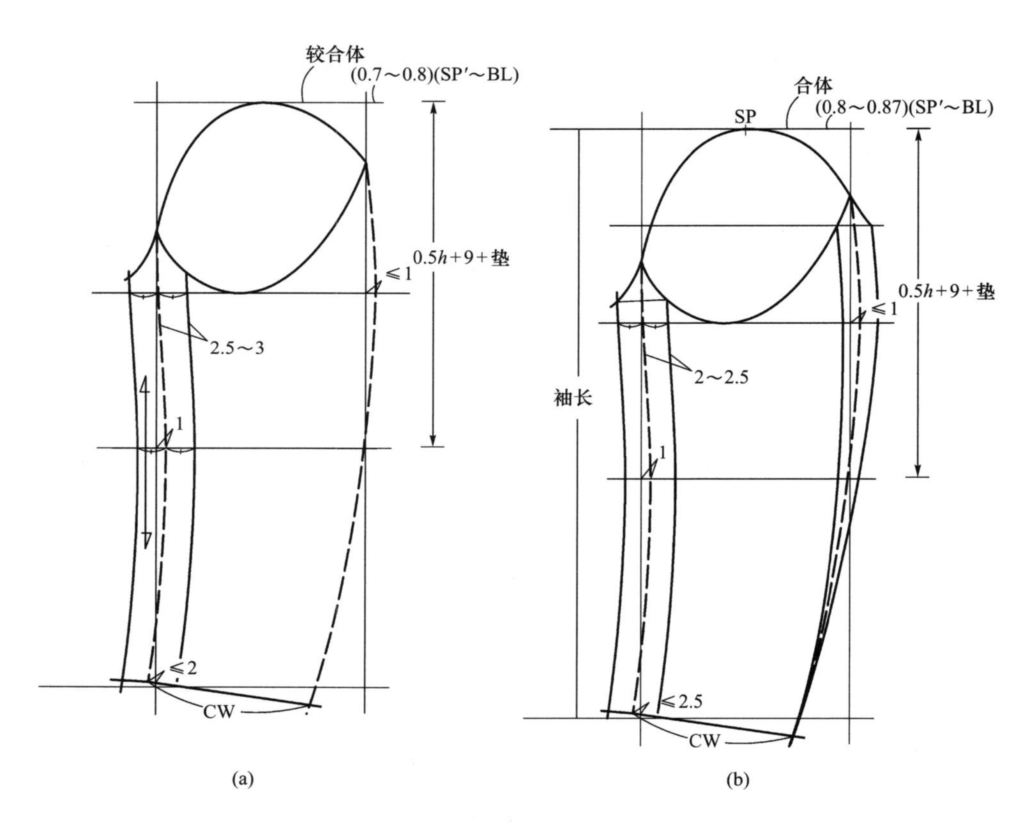

图 8-14 弯身两片袖结构

（1）按袖长 SL、袖山高 AT（或袖肥）、前袖山斜线长 $=AH_f+$吃势$_f-1.7$cm，后袖山斜线长 $=AH_b+$吃势$_b-1.8$cm、袖口 CW、袖口前偏量 *b*、袖肘线 EL，作袖身外轮廓图。

（2）作前袖缝 *ABC*。将 *A*、*B*、*C* 三点作前袖轮廓线的垂线展开至 *A'B'C'*，将后袖缝 *DEF* 的三点作后袖轮廓线的垂线展开至 *D'E'F'*，由于后偏袖量上下可不同，故图 8-14 中（a）与（b）的袖造型不同。

（3）将袖山弧线向两侧展开，并画顺袖山和袖口。

第六节　连袖、分割袖结构

连袖是圆袖与衣身组合而成的袖型；分割袖是在连袖的基础上，将袖身重新分割后形成的袖型，都是服装常用的衣袖种类。

一、连袖结构

1. 连袖结构种类

连袖结构种类如图 8–15 所示，按照前袖中线与水平倾斜角 α 的大小分类，可分为以下三种。

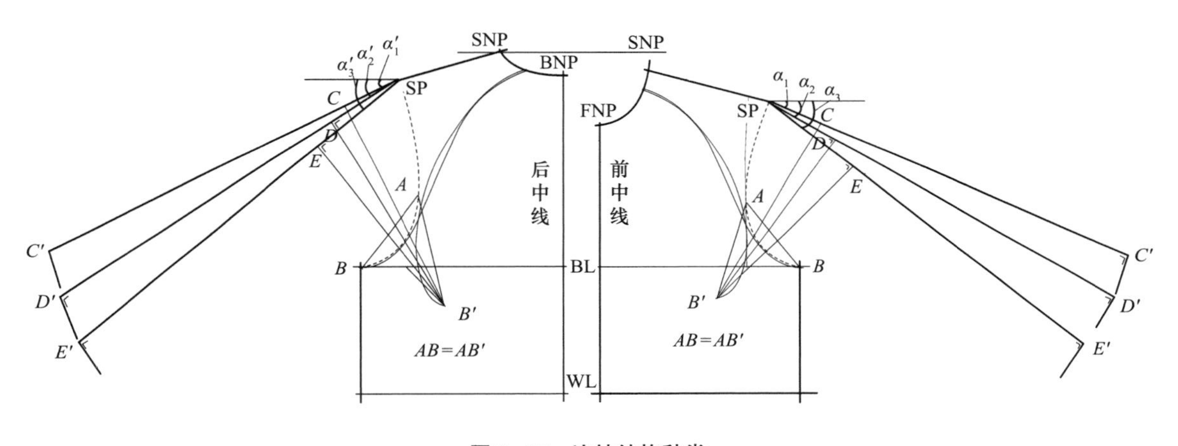

图 8–15　连袖结构种类

（1）宽松型连袖：前角 α_1 为前肩斜角，后角 α'_1 为后肩斜角，此类袖下垂后袖身有大量褶皱，形态呈宽松风格。

（2）较宽松连袖：前角 α_2=前肩斜角 ~ 35°，后角 $\alpha'_2=\alpha_2$，此类袖下垂后袖身有较多褶皱，形态呈较宽松风格。

（3）较合体连袖：前角 α_3=35° ~ 55°，后角 α'_3=35° ~ 47.5°，此类袖下垂后袖身有少量褶皱，形态呈较合体风格。

2. 连袖结构设计原理

连袖是将圆袖的前、后袖身分别与衣身合并，组合成新的衣身结构。其结构设计原理如图 8–16 所示，在前衣身上，将圆袖的前袖山大部分袖山缝缩量去除后，将袖山与衣身并合，并合时袖中线与水平线间的倾斜角 α 可取三种角度，且倾斜角 α 与连袖袖山高具有一定对应关系：

α=0 ~ 20°前肩斜角，袖山高 AT 为 0 ~ 9cm+（≤ 2）cm；

α=21° ~ 35°前肩斜角，袖山高 AT 为 9 ~ 13cm+（≤ 2）cm；

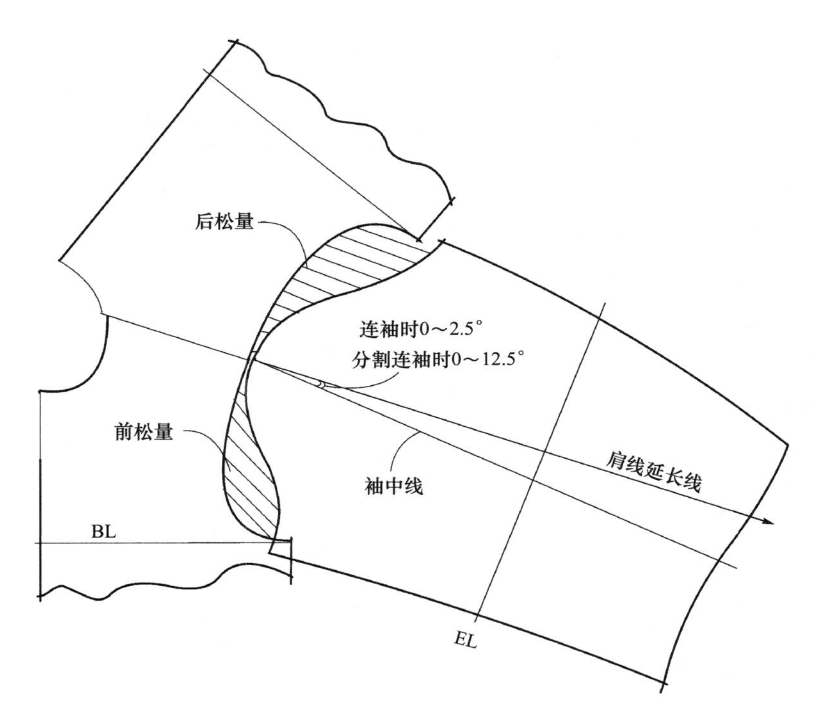

图 8-16　连袖结构设计原理

α=35° ~ 55°前肩斜角，袖山高 AT 为 13 ~ 16cm+（≤ 2）cm。

在后衣身上，将袖山与衣身并合，袖中线与水平线间的倾斜角可取 α-0 ~ 2.5°，最后用光滑曲线将袖中线和袖底缝画顺，作成与效果图相符的造型。

3. **连袖结构制图方法**

连袖结构的制图方法，以较宽松风格连袖制图为例（图 8-17）。

（1）在前衣身 SP 处，作与水平线成 α=前肩斜角 31° ~ 35°的直线，取长为袖长，袖口线与袖中线垂直，前袖口大=CW-0.5cm。

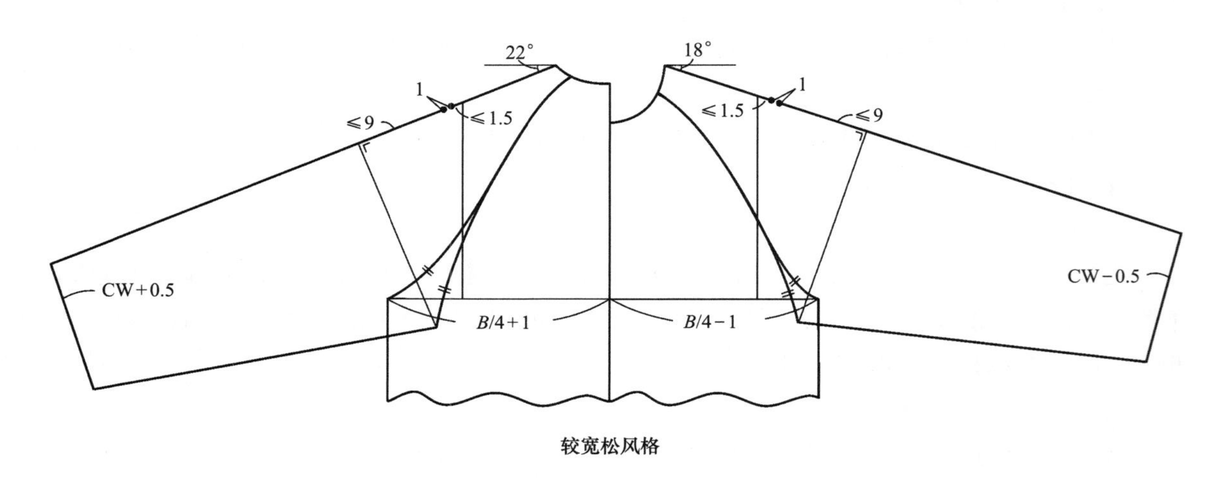

较宽松风格

图 8-17　连袖结构制图

（2）取前袖山高=9 ~ 13cm+ ≤ 2cm，在前袖窿弧线与前胸宽线相交的点 A 处取 $AB=AB'$，交于袖山高线，得到前袖肥尺寸。

（3）将袖中线与袖底缝根据造型效果的需要画顺。

（4）在后衣身 SP 处，作与水平线成 α 的直线，取长为袖长，袖口线与袖中线垂直，后袖口大=CW+0.5cm。

（5）作后袖山高=前袖山高，且在后袖窿弧线与后背宽线相交的点 A 处取 $AB=AB'$，交于袖山高线，得到后袖肥尺寸。

（6）在将后袖中线及袖底缝根据造型效果画顺时，应使后衣袖与衣身的交点长度和前衣袖与衣身的交点长度相同，且前、后袖底缝的长度应相等。

二、分割袖结构

1. 分割袖结构种类

（1）分割袖结构按袖身宽松程度分类：

①宽松型：前袖中线与水平线的交角 α=前肩斜角，后袖为 α；

②较宽松型：前袖中线与水平线的交角 α=前肩斜角 ~ 35°，后袖为后肩斜角 ~ 35°；

③较合体型：前袖中线与水平线的交角 α=35° ~ 55°，后袖为 35° ~ 47.5°；

④合体型：前袖中线与水平线的交角 α=55° ~ 75°，后袖为 α –（α –30°）/2。

（2）分割袖结构按分割线形式分类：

上部分割：

①插肩袖：分割线将衣身的肩、胸部分割，与袖山并合［图 8–18（a）］。

②半插肩袖：分割线将衣身部分的肩、胸部分割，与袖山并合［图 8–18（b）］。

③落肩袖：分割线将袖山的一部分分割，与衣身并合［图 8–18（c）］。

④覆肩袖：分割线将衣身的胸部分割，与袖山并合［图 8–18（d）］。

下部分割：

①袖身分割袖：在袖身上分割，改善连袖运动功能［图 8–18（e）］。

②衣身分割袖：在衣身上分割，改善连袖运动功能［图 8–18（f）］。

③衣身袖身分割袖：在衣身、袖身上同时分割，改善连袖运动功能［图 8–18（g）］。

（3）分割袖结构按袖身造型分类：

①直身袖：袖中线形态为直线状，故前、后袖可合并成一片袖或在袖山上做省的一片袖结构。

②弯身袖：前、后袖中线都为弧线状，前袖中线一般前偏量≤ 3cm，后袖中线偏量为前袖中线偏量 – 1cm。

2. 分割袖结构制图法

分割袖的结构制图方法按分割线形式分类进行分析。

（1）直身型插肩分割袖：其结构制图方法如图 8–19 所示。

①较宽松风格分割袖：在前衣身 SP 的 1cm 处作与水平线成 α 角=33cm+垫肩厚的直线

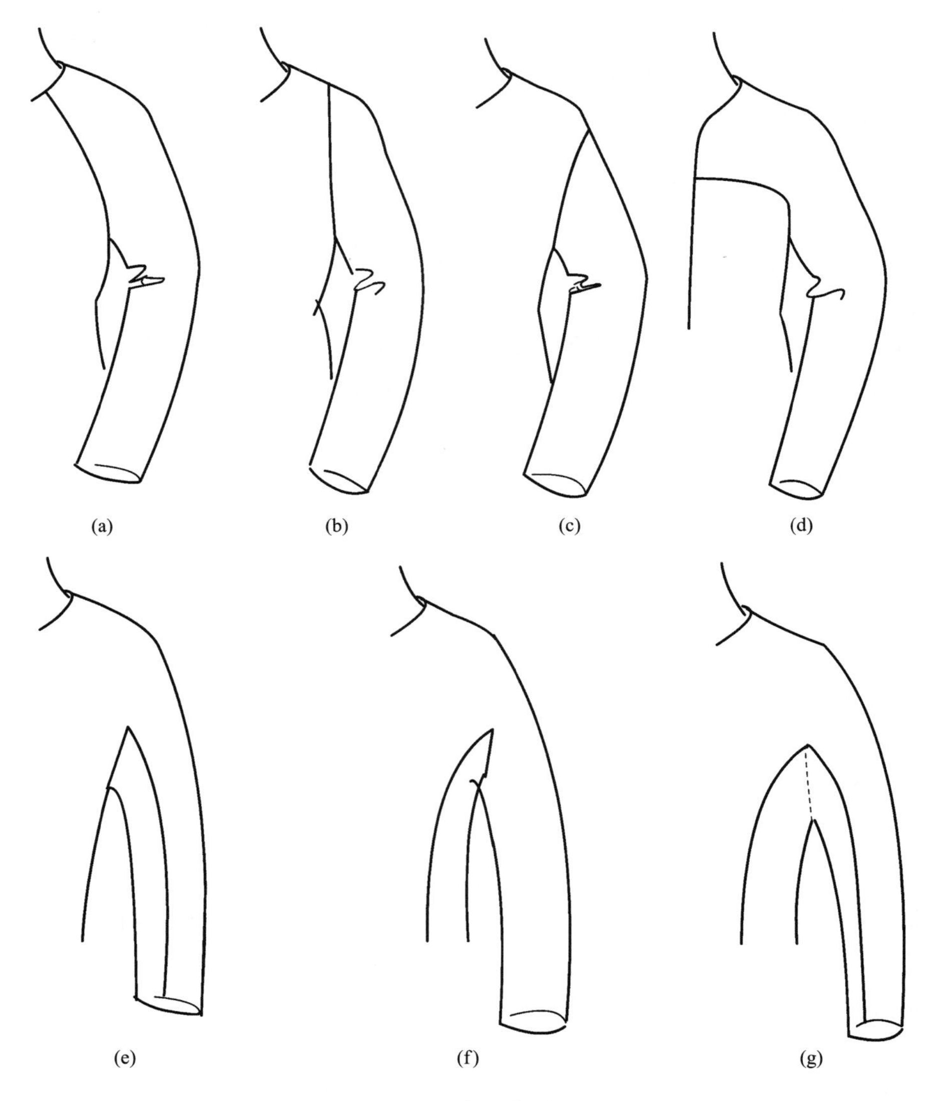

图 8-18 分割袖结构按分割线形式分类

（α 可在前肩斜角 ~ 35° 中取）。在直线上取袖长，取袖肘长 =0.15h（身高）+9cm+ 垫肩厚，作袖口线与袖中线垂直，取袖口大 = 袖口 -0.5cm。

取袖山高 =9 ~ 13cm，在前袖窿弧线与前胸宽相交点 A 处（也不必拘泥于该点，可根据效果图确定 a 点位置）交于袖山高，取 $ab=ab'$，确定袖肥，并连接袖口，按造型画顺袖中缝和袖底缝，然后按造型要求自领窝部位向袖窿处画分割线。

在后衣身 SP 处作袖中线，与水平线的夹角为 < 35°。其余线条的画法与前袖同，袖山高亦与前袖同，且要求 $ab=ab'$，最后画顺袖中缝、袖底缝。按造型要求，自领窝部位向袖窿处画分割线［图 8-19（a）］。

②较合体风格分割袖：在前肩端点 SP 的 1cm 处作与水平线呈 α 角的直线（α 可取 35° ~ 55°），在直线上取袖长，取袖肘长 = 袖口 -0.5cm。取袖山高 =13 ~ 18cm，在前袖山

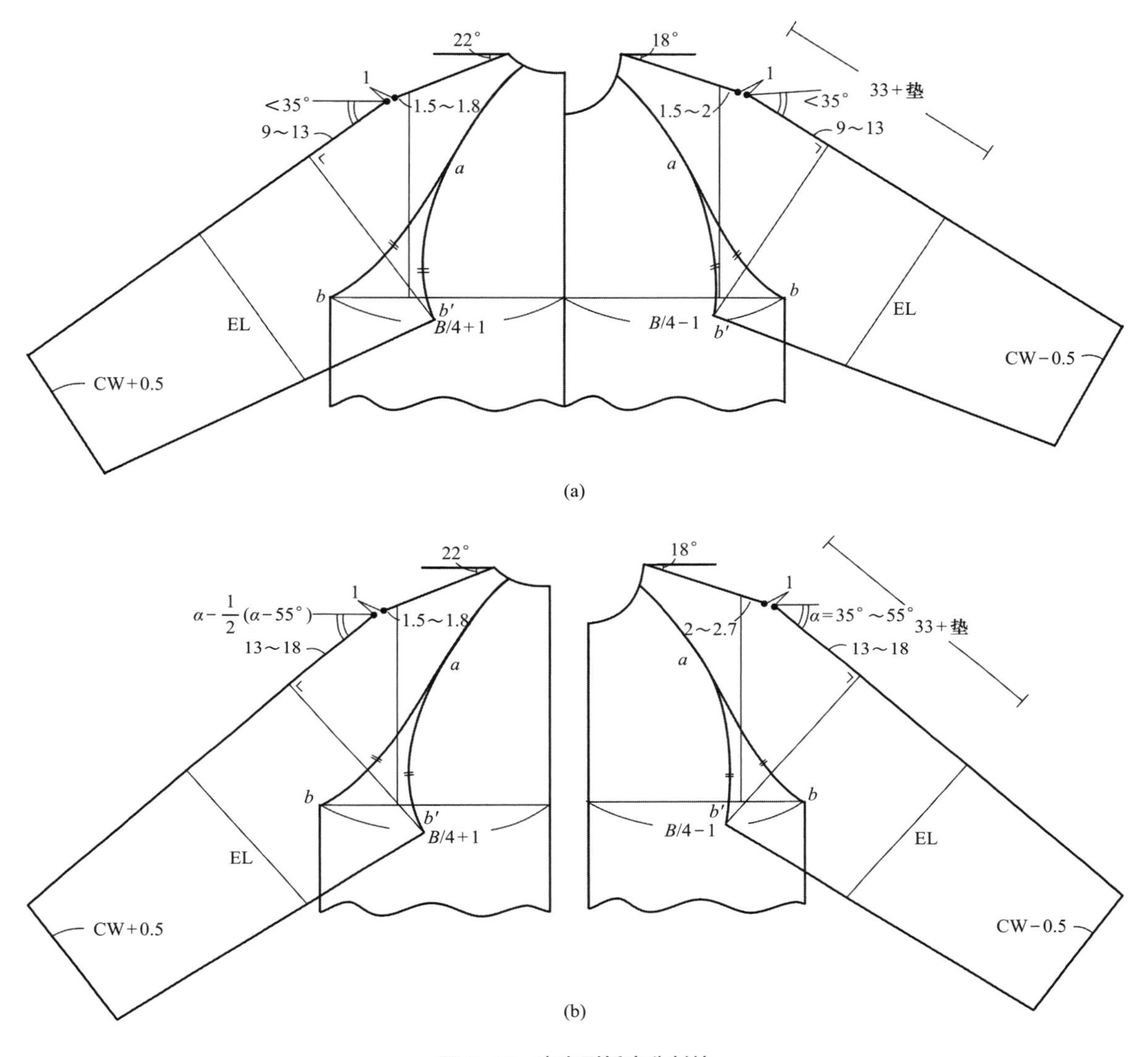

图 8–19　直身型插肩分割袖

高，取 $ab=ab'$，确定袖肥。在后衣身 SP 处作袖中线，与水平线的夹角为前角 $\alpha-1/2$（前角 $\alpha-25°$）。其余线条的画法及袖山高与前袖同［图 8–19（b）］。

（2）弯身型合体插肩分割袖：其结构制图方法如图 8–20 所示。

①在前衣身 SP 处作与水平线成 α 角（$\alpha=55°\sim75°$）的袖中线，取袖长，取袖肘长 $=0.15h$（身高）+9cm+垫肩厚，在袖口处向内偏斜 2 ~ 3cm（用○表示），作袖口线与袖中线垂直，取袖口大 = 袖口 –0.5cm，袖口凸量 0.5cm。

②取袖山高为≥ 19cm 的量，作 $ab=ab'$，得到袖肥，画顺袖底缝和袖口线，按造型要求画准插肩袖分割线，要求袖底部与袖窿的凹度尽量相同。前袖缝画成凹状弧线。

③在后衣身 SP 处作与水平线夹角为 $\alpha-0\sim(\alpha-35°)/2$ 的后袖中线，在后袖中线上取袖长，在袖口处向外偏斜○ –0.5cm，取袖口大 = 袖口 +0.5cm，袖口凸量为 0.5cm。作后袖山

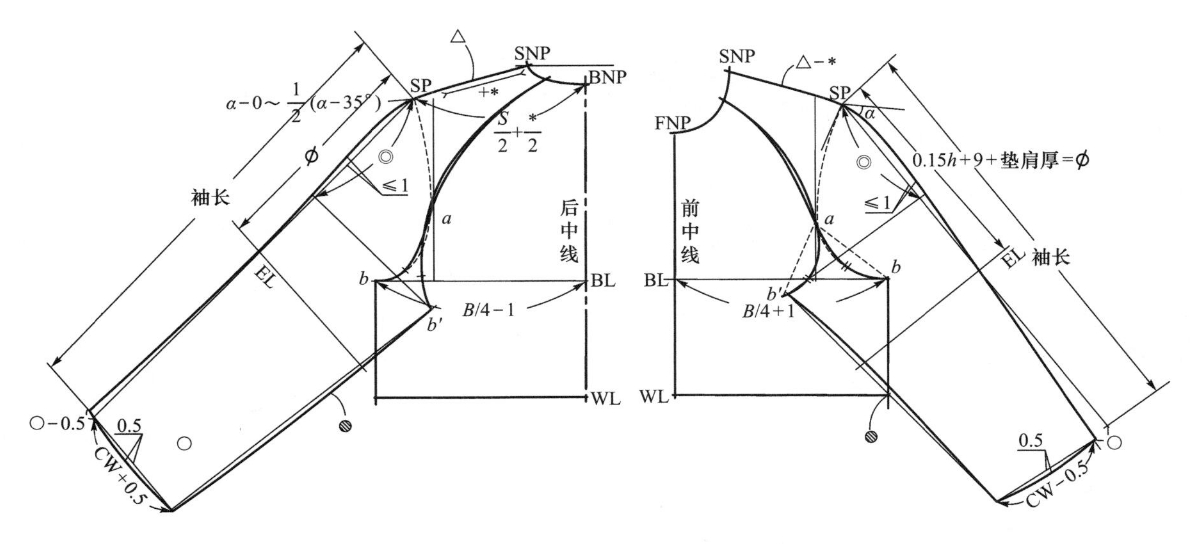

图 8–20 弯身型合体插肩分割袖

高 = 前袖山高，且 $ab=ab'$，作插肩袖后分割线，使袖山底部凹量与袖窿凹量尽量相同。后袖窿画成凸状弧线。

（3）半插肩型分割袖：其结构制图方法如图 8–21 所示。

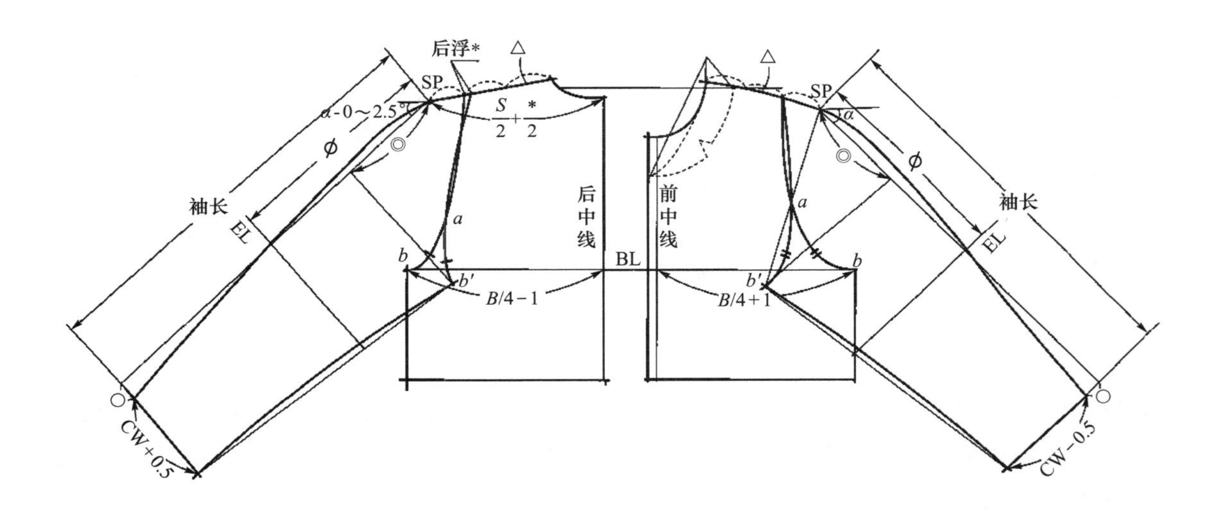

图 8–21 半插肩型分割袖

①在前衣身 SP 处作与水平线成 α 角的直线，在直线上取袖长，取袖肘长 $=0.15h+9$cm+垫肩厚，在袖口处撇去○量，作袖口线与袖中线的垂直线。

②作袖山高，取 $ab=ab'$，得到袖肥，画顺袖底缝和袖口线，在肩线距 SP 点 1/3 处作分割点，通过分割点作出半插肩袖分割线。

③在后衣身 SP 处作袖中线与水平线夹角为 $\alpha-0\sim2.5°$，在袖中线上取袖长，袖口处偏

量为○。作后袖山高=前袖山高，作 $ab=ab'$，画顺袖中缝、袖底缝。过与前袖同一分割点作后袖半插肩袖分割线。

（4）覆肩型分割袖：其结构制图方法如图 8-22 所示。

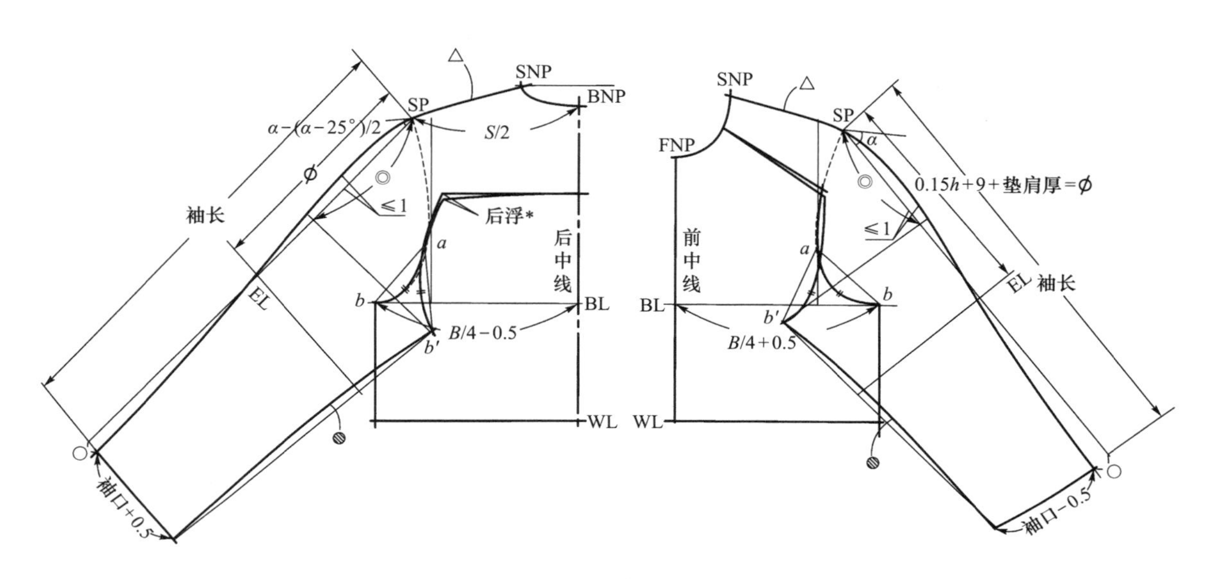

图 8-22 覆肩型分割袖

覆肩型分割袖更多的继承了连袖的风格，所以其 α 取值范围应控制在 0 ~ 45° 之间，制图方法同前插肩型分割袖。

（5）在圆袖袖山上作分割袖：其结构制图方法如图 8-23 所示。

①首先按袖长、袖肘长、袖山高作较合体、合体风格圆袖轮廓，在袖山上去除（前）吃势$_f$、（后）吃势$_b$［图 8-23（a）］。

②将圆袖袖身向外展开，作成一片袖或两片袖或 1.5 片袖，在袖山顶部，作前角 $\alpha \leq 75°$ – 前肩斜角，可简化为≤ 50°；后角 $\alpha-1/2(\alpha-25°)$ – 后肩斜角，即≤ 55° – 后肩斜角，可简化为 $\alpha \leq 35°$［图 8-23（b）、（c）］。

③在前、后衣身上将分割部分取出，然后按图 8-23（d）所示安装于圆袖袖山顶部。

④如图 8-23（e）所示，画顺肩袖中线及袖山分割线。

三、连袖、分割袖实例分析

1. 方形袖窿插肩袖

方形袖窿插肩袖的结构制图如图 8-24 所示。

已知：袖长=59cm，袖口=15cm，作较宽松风格的插肩袖。

制图时，前衣身取 $\alpha=30°$，后衣身亦取 $\alpha=30°$。首先按常规分割袖方法制作，然后将袖肥适当放大，袖底缝适当放长，使袖山形状呈折线状，每条边都相应地与袖窿缝相等。

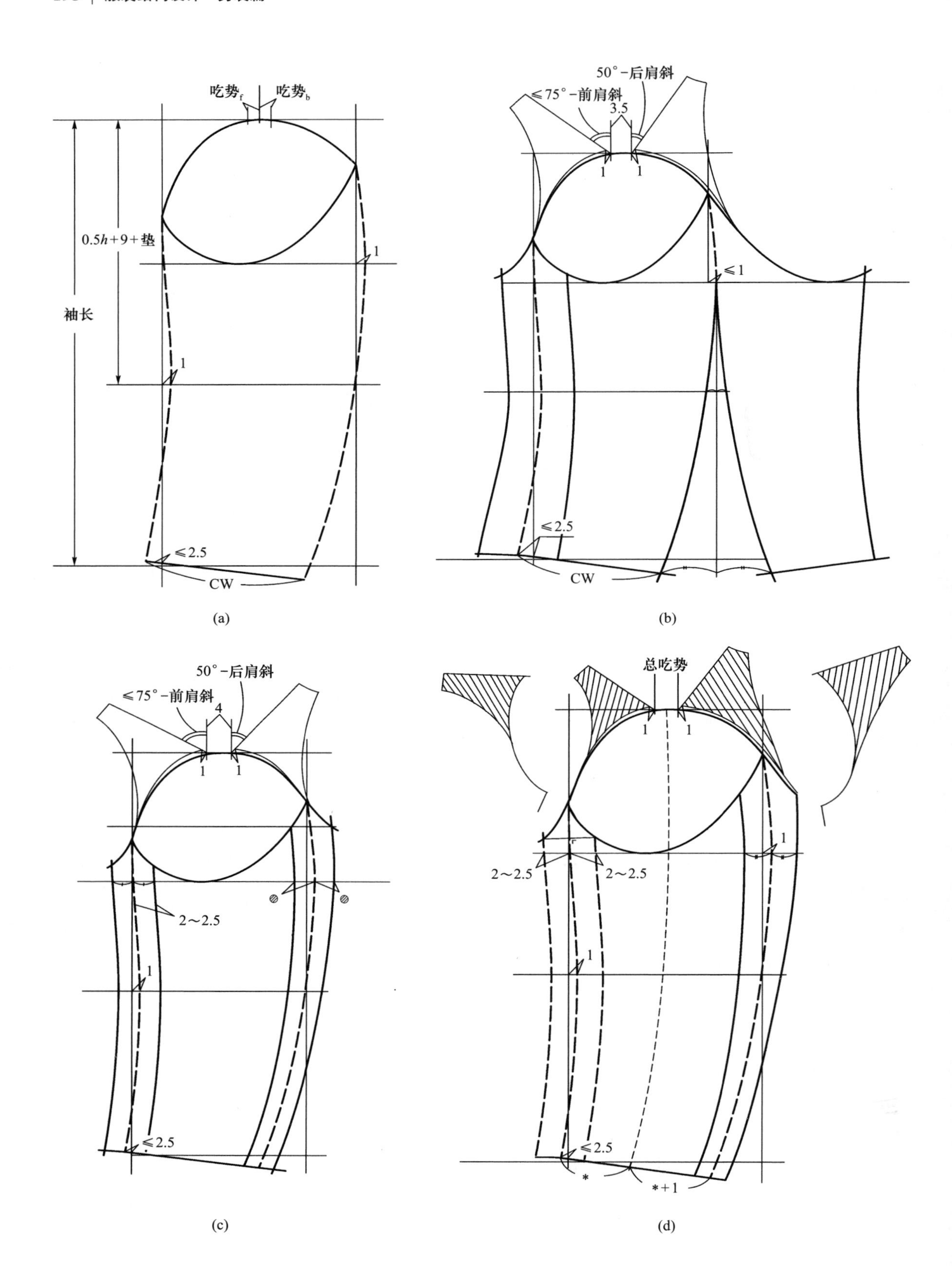
吃势f
吃势b
0.5h+9+垫
袖长
1
1
≤2.5
CW
(a)
50°-后肩斜
≤75°-前肩斜
3.5
1
1
≤1
≤2.5
CW
(b)
50°-后肩斜
≤75°-前肩斜
4
1
1
2～2.5
1
≤2.5
(c)
总吃势
1
1
2～2.5
2～2.5
1
1
≤2.5
*
*+1
(d)

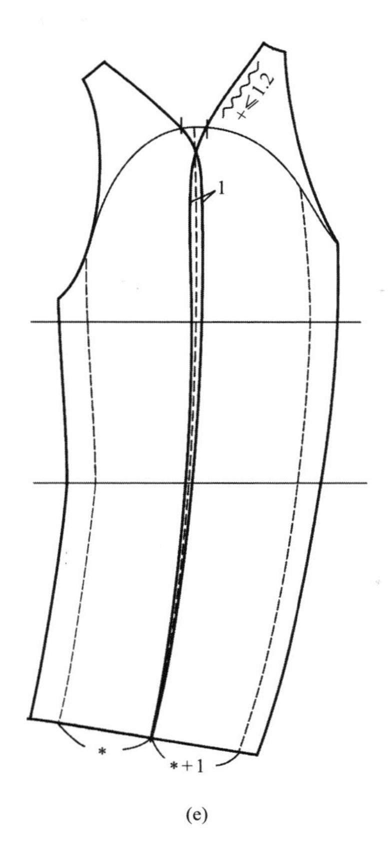

(e)

图 8-23　在圆袖袖山上作分割袖

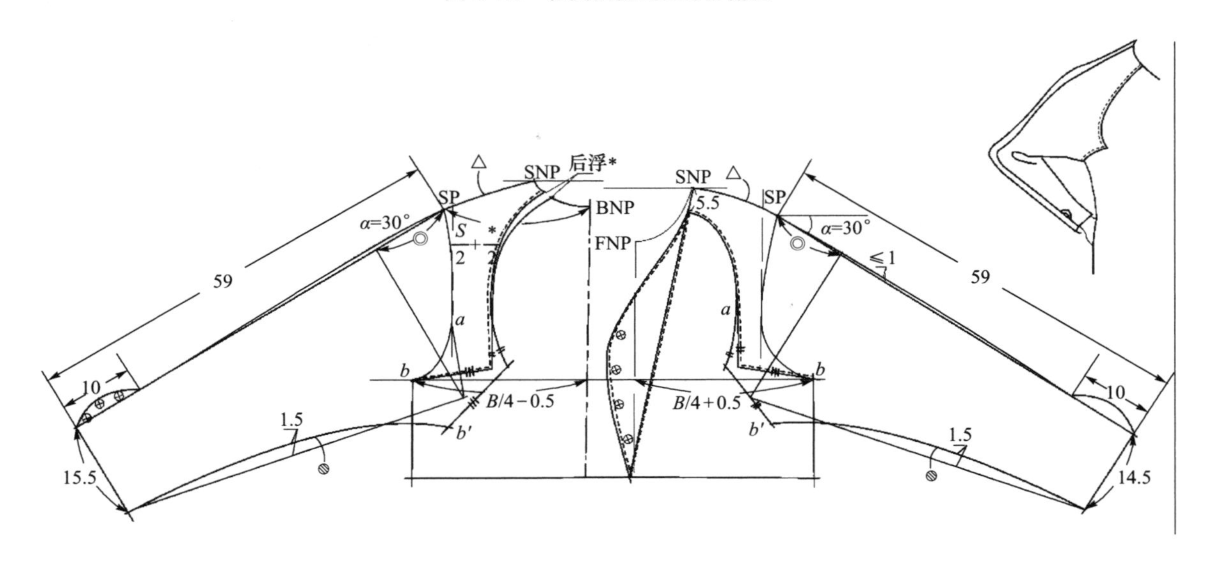

图 8-24　方形袖窿插肩袖

2. 前圆后插型三片贴体分割袖

前圆后插型三片贴体分割袖的结构制图如图 8-25 所示。

已知：袖长＝57cm，前袖山缝缩量＝1.3cm，袖口＝15.5cm。

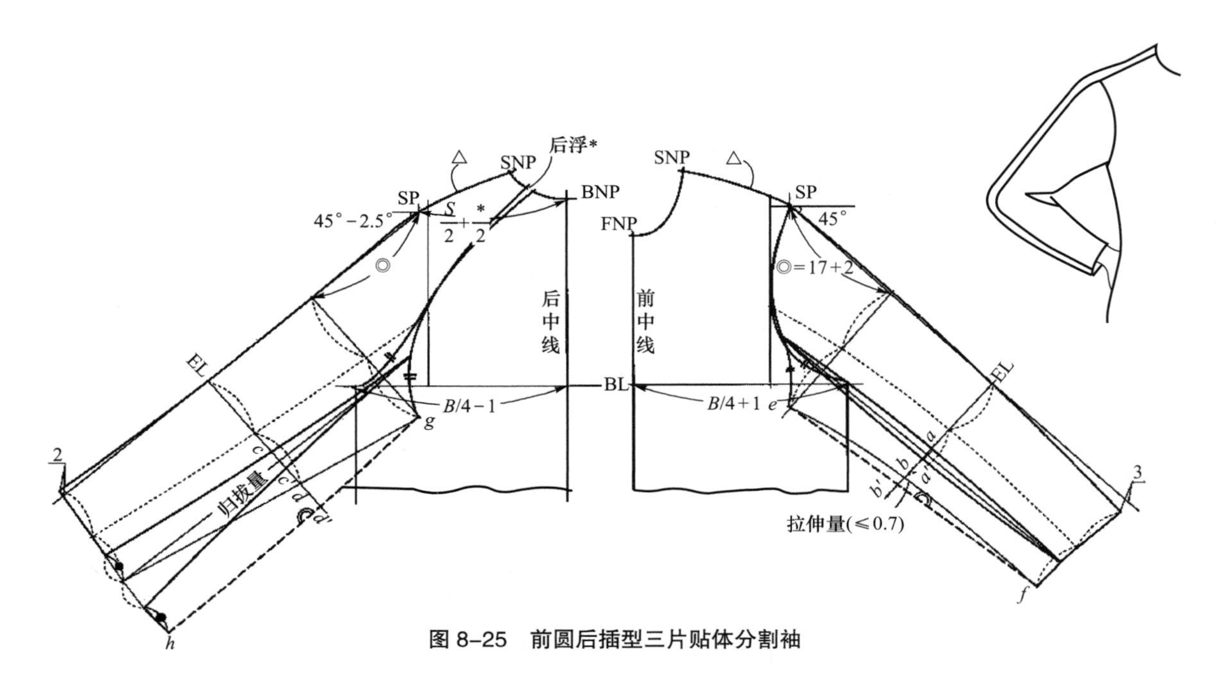

图 8–25 前圆后插型三片贴体分割袖

在衣身上分别作前袖（α 取 45°）、后袖（α'取 45° −2.5°），前袖做成圆袖结构，将前袖身分割为两片，前偏袖量取 3cm，使 $ab=a'b'$；将后袖身分割成两片，后偏袖量取 2cm，使 $cd=c'd'$。注意使 $ef=gh$，两者拼合后形成小袖片。

3. **落肩较合体抽褶袖**

落肩较合体抽褶袖的结构制图如图 8–26 所示。

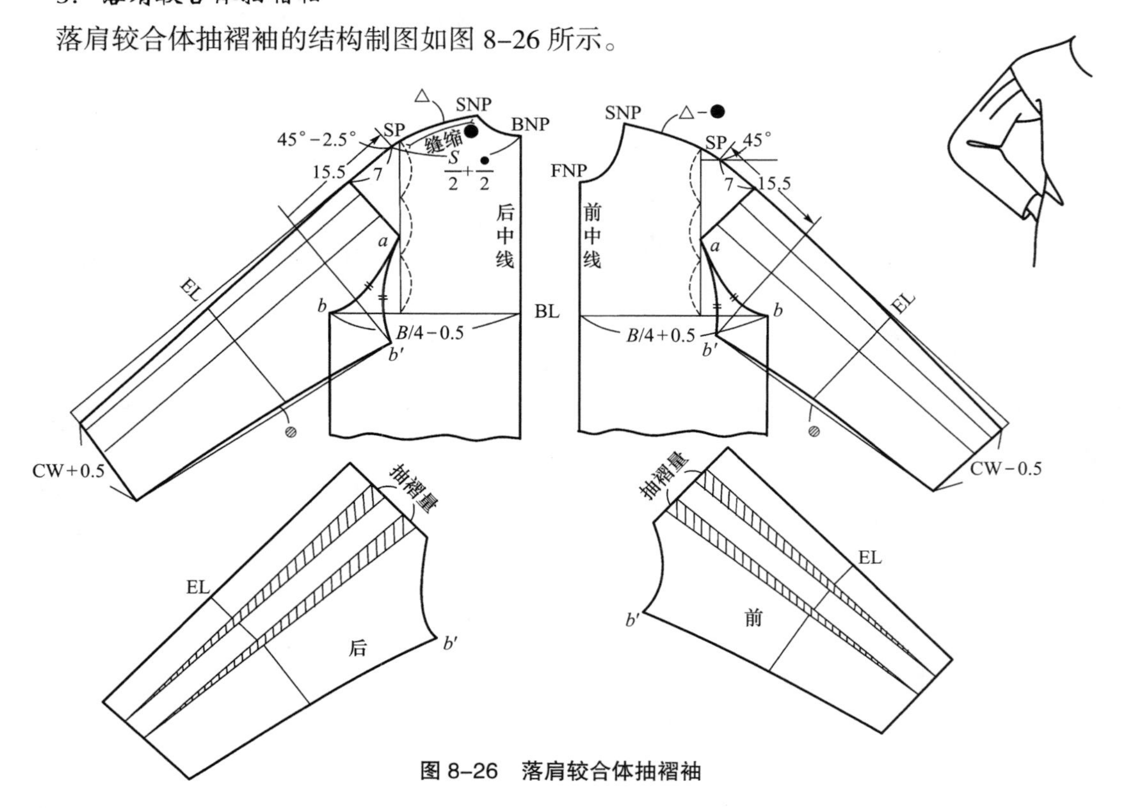

图 8–26 落肩较合体抽褶袖

已知：落肩长 7cm，袖长 =57cm，袖山抽褶量 =8cm。

制图时，根据袖山、袖身风格，前袖取 $\alpha=45°$，后袖取 $\alpha-2.5°=42.5°$，按常规方法作较合体落肩袖结构图，将袖身剪切、拉展形成褶量，最后画顺袖山、袖口线。

四、圆袖上作分割袖实例

1. 袖山收省袖

在袖山上收省的袖是将衣身肩宽改窄，除去 3 ~ 5cm 的套进量，然后将该量加在袖山上，形成袖山上收取省道的变化结构。其制图方法如图 8-27 所示。

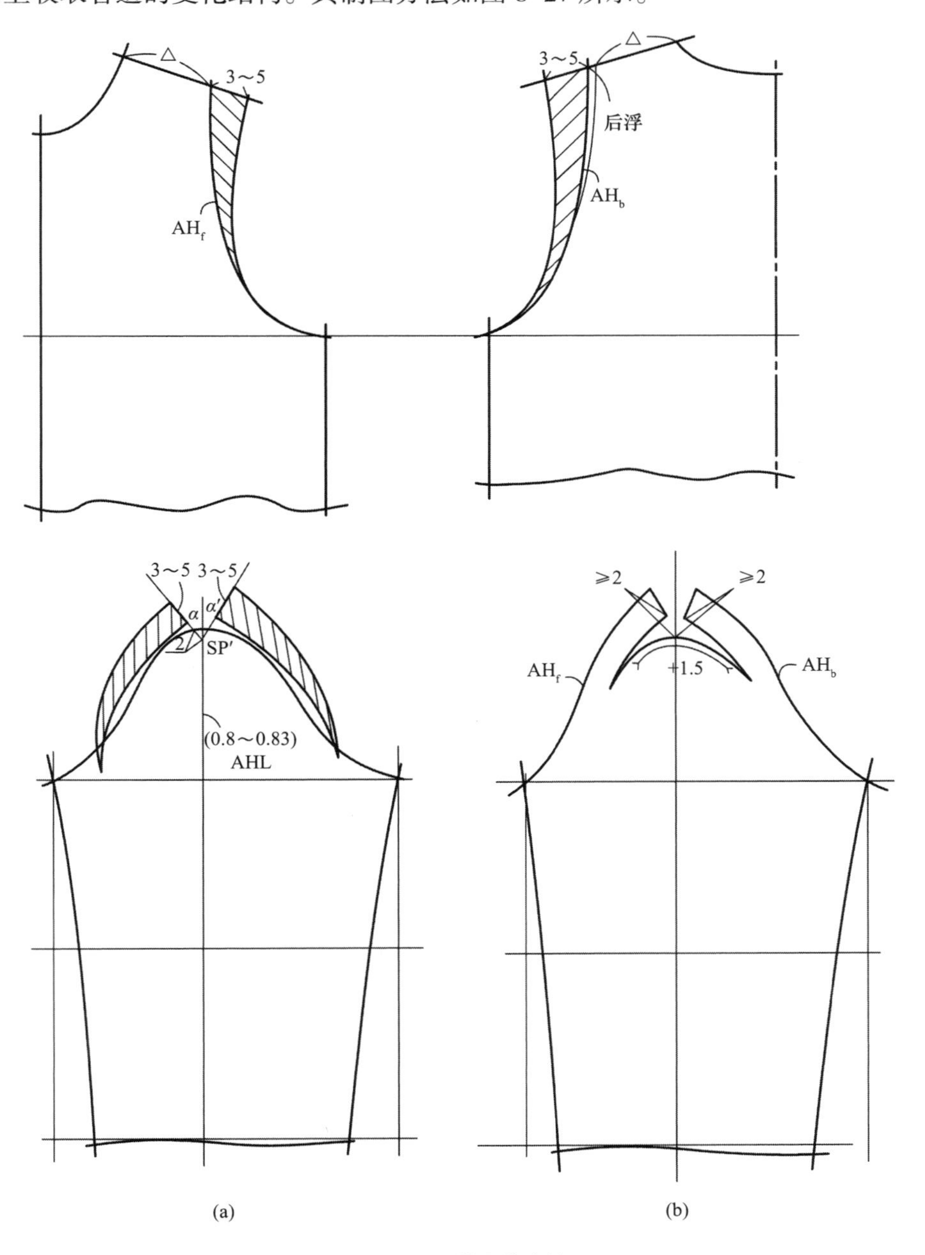

图 8-27　袖山收省袖

（1）在衣身前、后肩缝处减去 3 ~ 5cm 的袖山套进量。

（2）作一片袖形成的基本袖结构。

（3）在基本袖装袖点 SP′ 处除去缝缩量，然后在袖中线处作斜线分别与袖中线成 $\alpha=60°$ − 前肩斜角和 $\alpha'=[60° - (60° - 40°)/2]$ − 后肩斜角。

（4）将袖山套进部分分别与基本袖袖山拼合。

（5）将前、后套肩部分内侧拉展，使其与基本袖山弧长成≤ 1.5cm 的差距，此量即为袖山的吃势。袖山收省量≥ 2cm。

（6）最后分别画顺前、后袖山并修正，使之与前、后袖窿弧长相等。

2. **袖山褶裥袖**

在前、后肩部减去套肩量，在袖山上做两个褶裥，形成变化袖结构。其制图方法如图 8–28 所示。

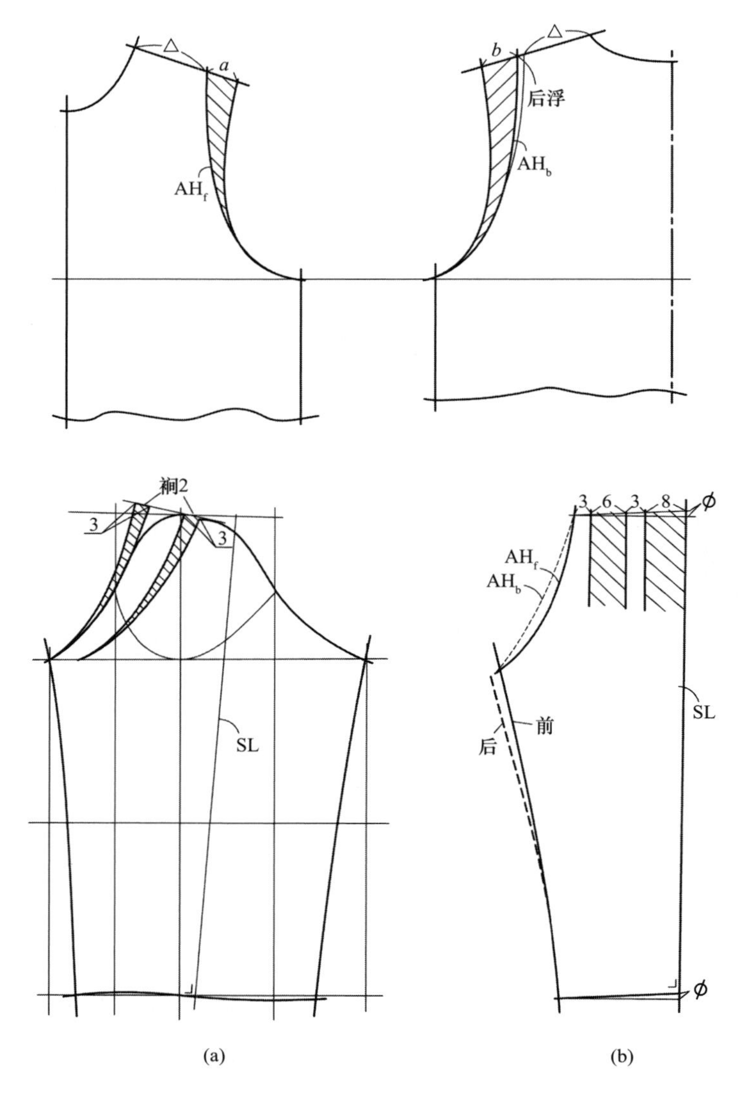

图 8–28 袖山褶裥袖

（1）在前、后衣身肩线上减去 6cm 的套肩量。

（2）制作圆袖基本结构。

（3）将套肩量等分为两部分后，分别与基本袖袖山近似拼合，褶裥大分别为 8cm、6cm，两褶裥间距为 3cm。

（4）为方便制图，前、后袖身以袖中线为中心折叠，画顺前、后袖山线。

思考题

1. 衣袖结构种类有哪些？

2. 简述袖身结构与人体上肢形态的关系。

3. 袖山高的确定有哪些方法？怎样确定？

4. 简述袖窿、袖山风格的设计。

5. 缝缩量是怎样计算的？怎样进行分配？

6. 怎样设置袖山与袖窿的对位点？

7. 圆袖结构设计方法有哪些？用配伍法制作较合体型弯身两片袖。

8. 连袖的结构种类有哪些？制作较宽松连袖。

9. 分割袖的结构种类有哪些？又有哪些制作方法？

10. 用单独制图法制作较合体型插肩分割袖，分割线自由设计。

11. 圆袖变化结构的种类有哪些？

12. 连袖变化结构的制图方法，包括袖底插角连袖、衣身分割连袖、衣身袖身分割连袖。

13. 插肩袖变化结构的制图方法，包括褶裥插肩袖、抽褶插肩袖、连身立领插肩袖、袖底插角插肩袖、前连袖后插肩袖、尖角形半插肩袖。

14. 落肩袖变化结构的制图方法，包括落肩袖变化结构、褶裥落肩袖、育克式落肩袖。

应用与实践——

男装整体设计

课题名称： 男装整体设计

课题内容： 1. 宽松风格。

2. 较宽松风格。

3. 较合体风格。

4. 合体风格。

课题时间： 6课时

教学目的： 掌握男装各类风格的具体规格和结构设计。

教学方式： PPT、板书、1:1男装结构图。

教学要求： 1. 掌握男装款式的各部位规格设计方法。

2. 掌握具体款式的各部位结构设计方法。

课前（后）准备：

学生准备1:5的原型纸样若干，用于上课时按教师指导具体结构的制图。

第九章　男装整体设计

男装整体设计是通过对造型规格参数设计和造型处理方案设计，再从整体到局部的设计过程（图 9-1）。本章通过对不同风格男装款式的结构设计，掌握男装结构样板的设计技术。

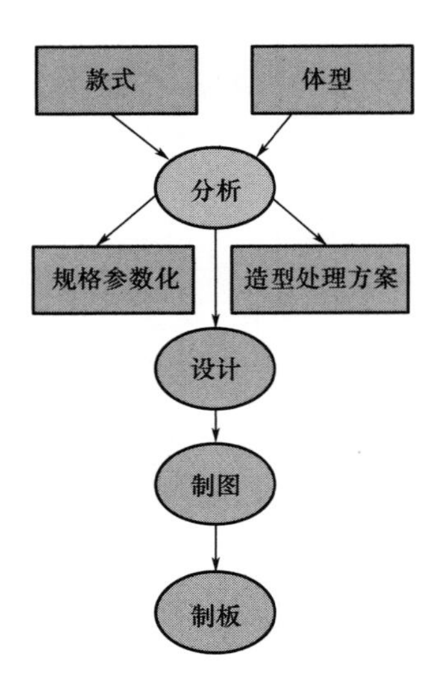

图 9-1　男装设计技术路线

第一节　宽松风格

宽松类男装规格设计：WLL=44cm+1 ~ 2cm

$L=a\times$WLL（按款式造型定）

BLL=$b\times$WLL（按款式造型定，一般为 2/3WLL 左右）

SL=0.3h+10 ~ 12cm+垫肩厚

B=（B^*+内衣厚度）+≥ 20cm

N=（N^*+内衣厚度）+4 ~ 6cm

S=（S^*+内衣厚度）+4 ~ 6cm

实际前浮余量=B^*/40－垫肩厚，B^*=92cm，2.3cm－垫肩厚，①下放≤ 1.5cm；②浮于袖窿或撇胸。

实际后浮余量=B^*/40－0.3cm－0.7cm 垫肩厚，B^*=92cm，2.0cm－垫肩厚，①后肩缝缝缩

$\leqslant$ 1.2cm；②浮于袖窿或转入背缝。

一、翻折领、袖山分割宽松长大衣

1. 款式风格

本款式为宽松造型的长大衣，小翻折领，袖山分割的弯身袖，双贴袋（图 9-2）。

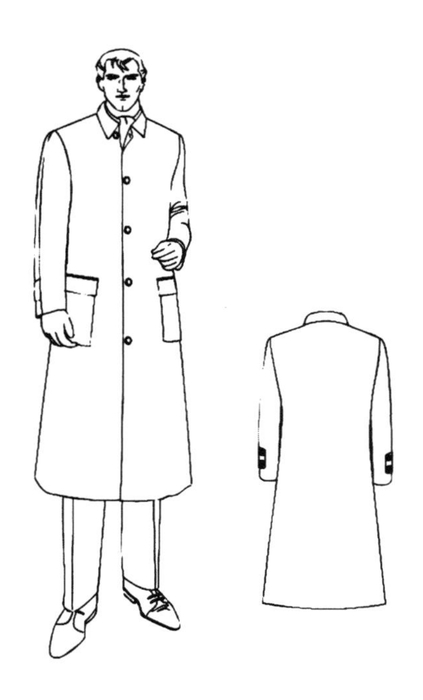

图 9-2　翻折领、袖山分割宽松长大衣款式图

2. 规格设计（图 9-3）

WLL = 44cm + 1.5cm = 45.5cm

L = 45.5cm × 3 = 136.5cm

BLL = 45.5cm × 3.4/5 ≈ 30cm

SL = 0.3 × 170cm + 11.2cm + 0.8cm = 63cm

B =（92cm + 2cm + 5cm）+（20 ~ 35）cm ⇒ 99cm + 26cm = 125cm

N = 39cm + 5cm = 44cm

S = 44cm + 6cm = 50cm

CW = 0.1 × 99cm + 7cm ≈ 17cm

n_b = 5cm

m_b = 7.5cm

α_b = 105°

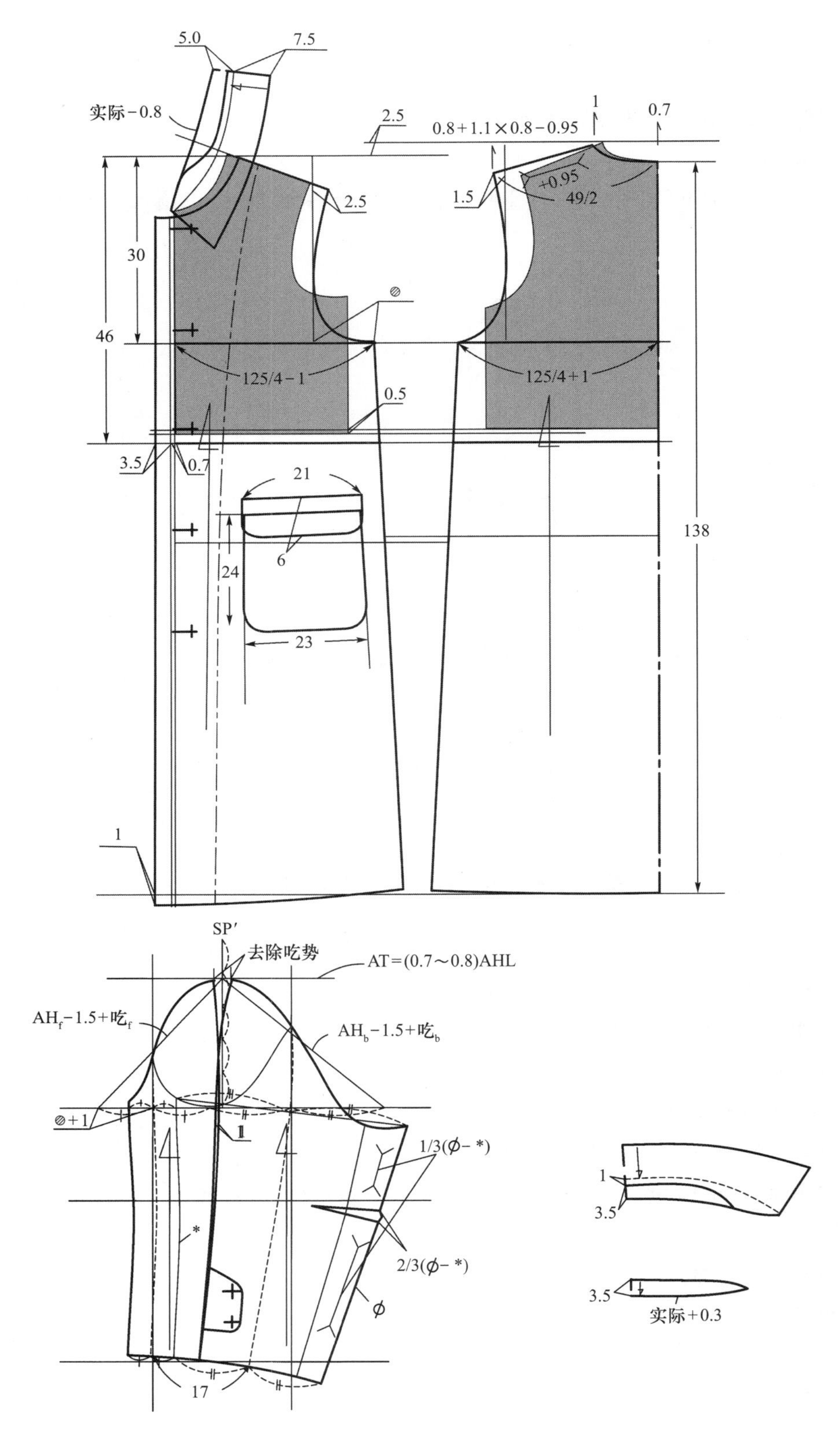

图 9-3 翻折领、袖山分割宽松长大衣结构图

3. **结构处理**（图 9–4）

衣身平衡采用梯形平衡的方式。实际前浮余量 = 2.3cm − 0.8cm = 1.5cm，全部采用下放的形式消除。实际后浮余量 = 2.0cm − 0.56cm ≈ 1.45cm，全部采用肩缝缩的形式消除或部分采用浮于袖窿的方式。

图 9–4 翻折领、袖山分割宽松长大衣成衣效果

二、翻折领、圆袖、宽松中长外套

1. **款式风格**

本款式为宽松造型的中长外套，翻折领，胸宽、背宽进行分割，较宽松的一片袖（图 9–5）。

2. **规格设计**（图 9–6）

WLL = 44cm + 1cm = 45cm

L = 45cm × 2.2 = 99cm

BLL = 45cm × 3.1/5 ≈ 28cm

SL = 0.3 × 170cm + 11.2cm + 0.8cm = 63cm

B =（92cm + 2cm + 5cm）+（20 ~ 35）cm ⇒ 99cm + 21cm = 120cm

N = 39cm + 5cm = 44cm

S = 44cm + 5cm = 49cm

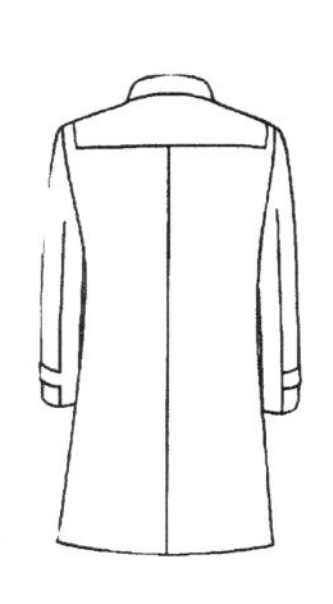

图 9–5 翻折领、圆袖、宽松中长外套款式图

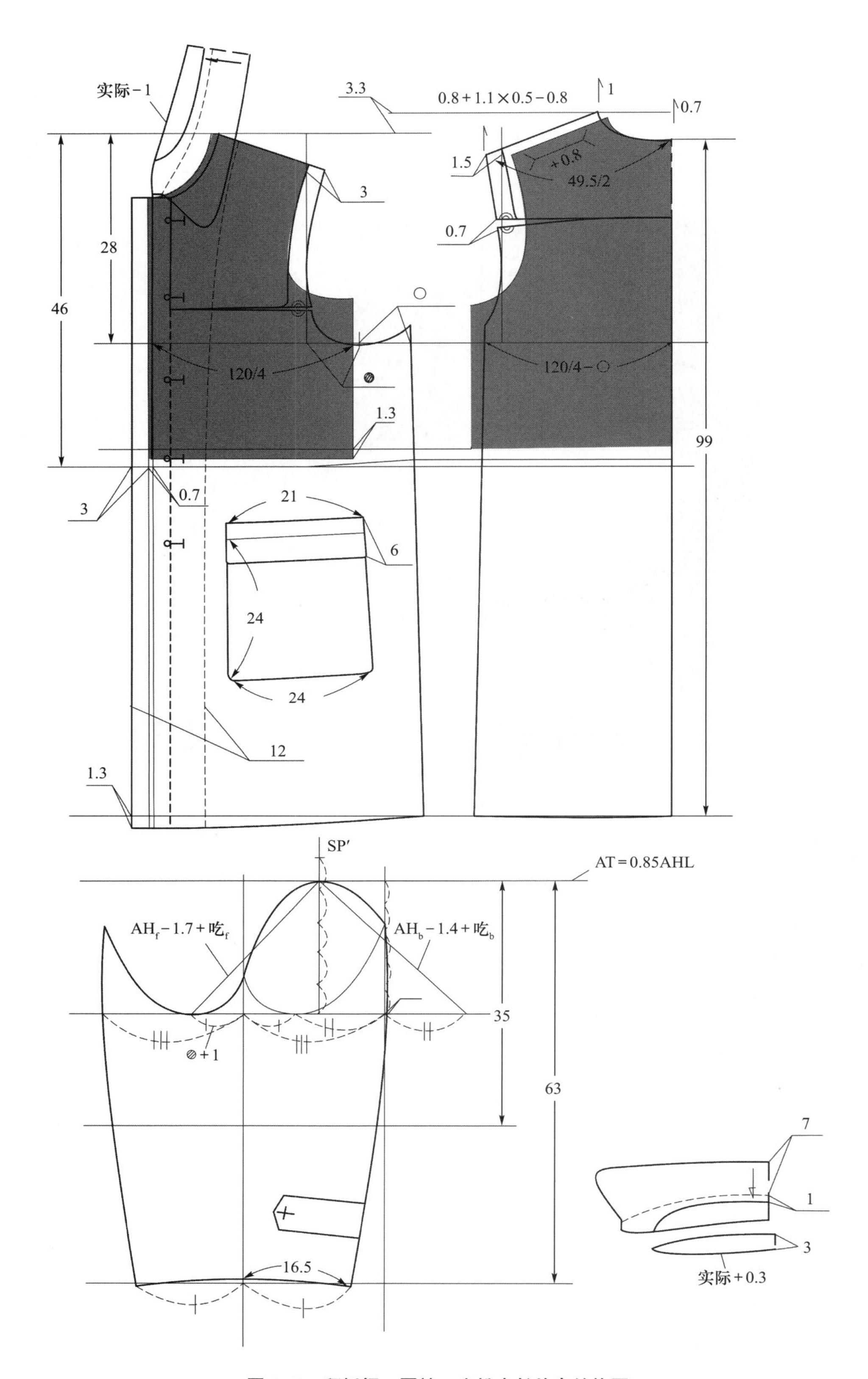

图 9-6 翻折领、圆袖、宽松中长外套结构图

$CW = 0.1 \times 99cm + 6.5cm \approx 16.5cm$

$n_b = 4.5cm$

$m_b = 7cm$

$\alpha_b = 110°$

3. **结构处理**（图 9–7）

衣身平衡采用梯形平衡的方式。实际前浮余量 $= 2.3cm - 1cm = 1.3cm$，全部采用下放的形式消除。实际后浮余量 $= 2.0cm - 0.7cm = 1.3cm$，其中 0.8cm 采用肩缝缩的形式消除，余下的 0.5cm 在分割线中消除。

图 9–7　翻折领、圆袖、宽松中长外套成衣效果

三、翻折领、前圆后插分割袖、宽松风衣

1. **款式风格**

本款式为宽松风格的风衣，前袖身为圆袖，后袖身为插肩分割袖，衣领为翻折领，双插袋（图 9–8）。

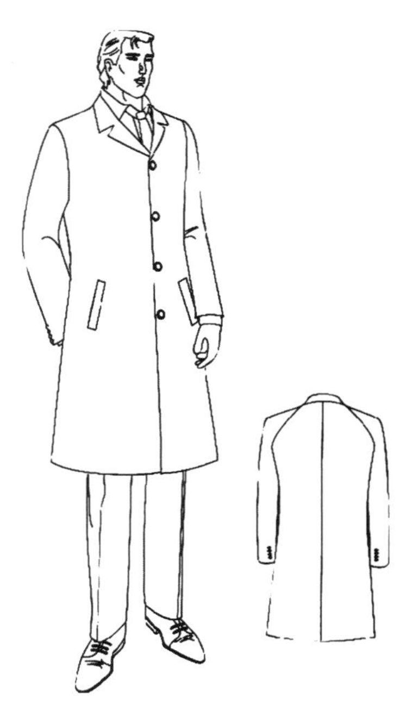

图 9–8　翻折领、前圆后插分割袖、宽松风衣款式图

2. **规格设计**（图 9–9）

$WLL = 45cm + 1cm = 46cm$

$L = 45cm \times 2.5 \approx 112cm$

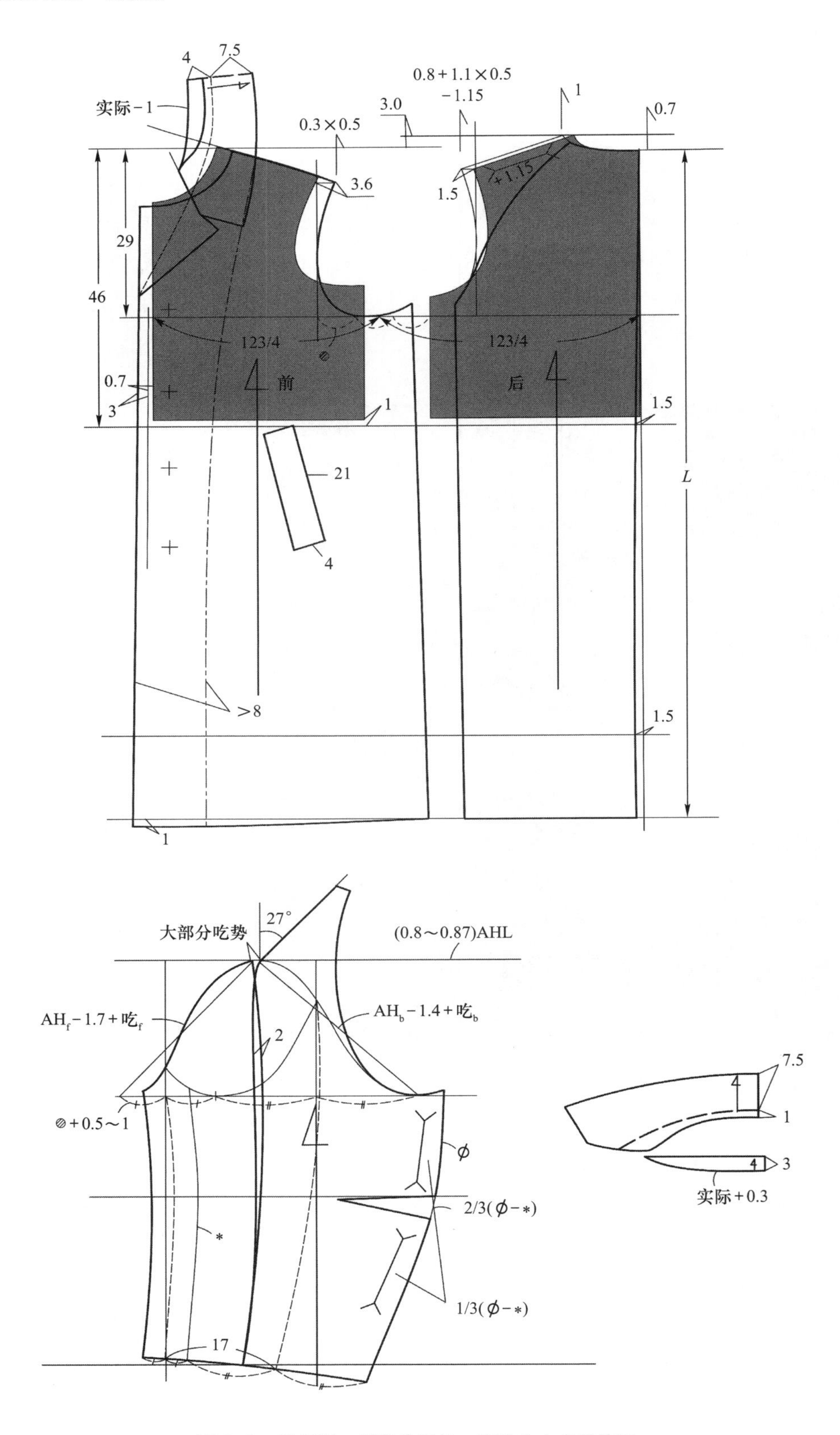

图 9-9 翻折领、插肩分割袖、宽松中大衣结构图

$BLL=45cm \times 3.2/5 \approx 29cm$

$SL=0.3 \times 170cm+11.2cm+0.8cm=63cm$

$B=(92cm+2cm+5cm)+(20 \sim 35)cm \Rightarrow 99cm+24cm=123cm$

$N=39cm+4.5cm=43.5cm$

$S=44cm+5cm=49cm$

$CW=0.1 \times 99cm+7.1cm=17cm$

$n_b=4cm$

$m_b=7.5cm$

$\alpha_b=110°$

3. **结构处理**（图 9–10）

衣身平衡采用箱形平衡的方法。实际前浮余量=2.3cm－0.8cm=1.5cm，将 1.5cm 全部采用撇胸的形式消除。实际后浮余量=2.0cm－0.7×0.8cm ≈ 1.45cm，采用肩缝缩消除 1.2cm，剩余浮于袖窿的形式消除。前、后内衣厚影响差取 1cm，故 SNP 处上抬 1cm，SP 处上抬 0.8cm，BNP 处上抬 0.7cm。分割袖的前袖中线倾斜角取 65°－前肩斜角 ≈ 45°，由于前分割袖没有分割，故图中不标出，分割袖中线倾斜角取 65°－1/2（65°－30°）－后肩斜角=65°－17.5°－后肩斜角 ≈ 27°。

图 9–10　翻折领、前圆后插分割袖、宽松风衣成衣效果

四、翻立领、插肩分割袖、宽松风衣

1. 款式风格

本款式为宽松风格的风衣。衣领为翻折领，挂面翻折造型，插肩分割较合体造型的衣袖，双排扣、双插袋，猎装风格的风衣（图 9–11）。

图 9–11　翻立领、插肩分割袖、宽松风衣款式图

2. 规格设计（图 9–12）

WLL = 44cm + 1cm = 45cm

L = 45cm × 5/2 ≈ 112cm

BLL = 45cm × 3.1/5 ≈ 28cm

SL = 0.3 × 170cm + 11.2cm + 0.8cm = 63cm

B =（92cm + 2cm + 5cm）+（20 ~ 35）cm ⇒ 99cm + 26cm = 125cm

N = 39cm + 5cm = 44cm

S = 44cm + 6cm = 50cm

CW = 0.1 × 99cm + 7cm ≈ 17cm

n_b = 4.5cm

m_b = 6cm

n_f = 3cm

m_f = 10cm

α_b = 110°

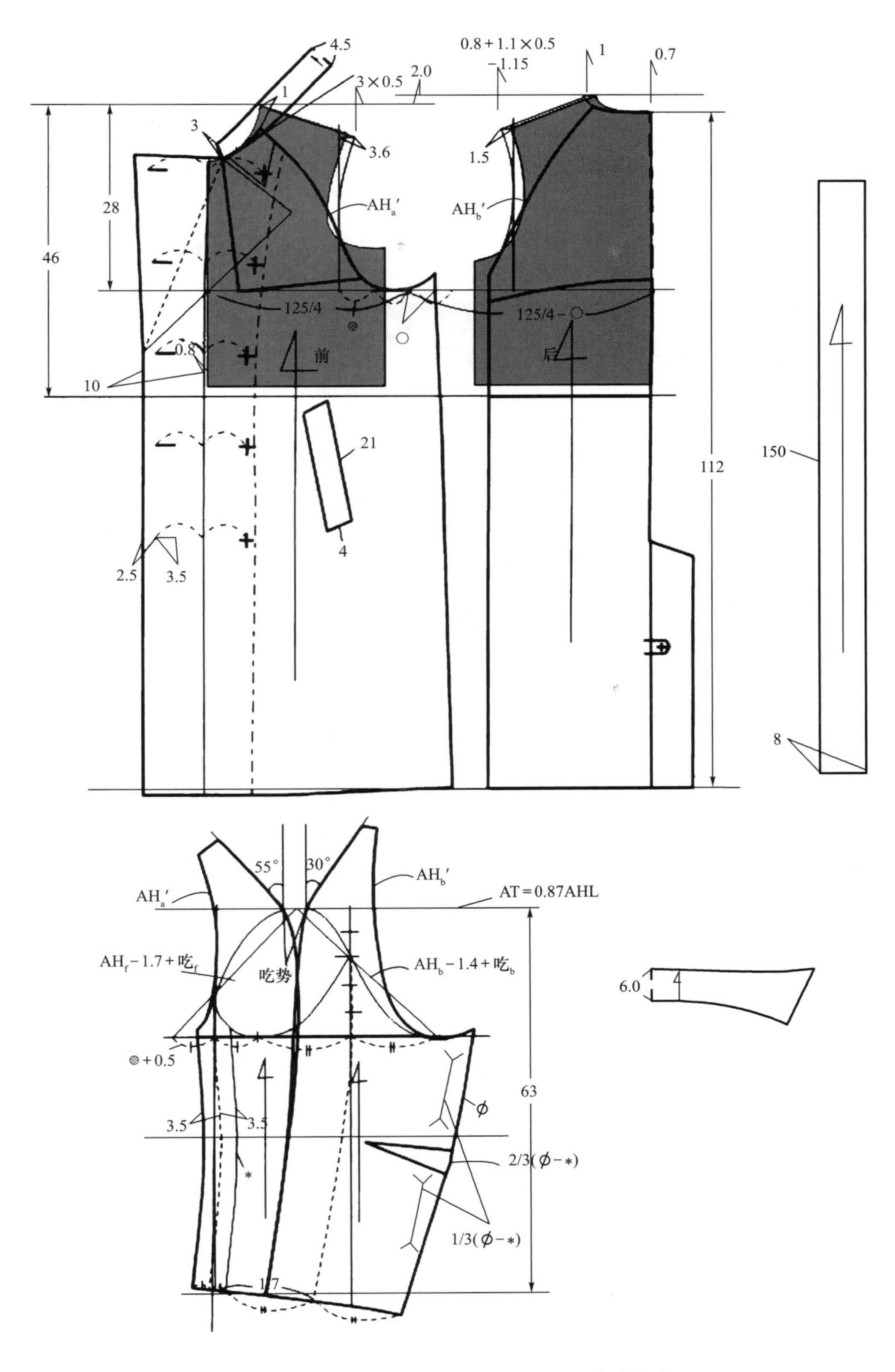

图 9–12　翻立领、插肩分割袖、宽松风衣结构图

3. 结构处理（图 9–13）

衣身平衡采用箱形平衡的方法。实际前浮余量=2.3cm－0.8cm=1.5cm，全部采用撇胸的形式消除。前、后内衣厚影响差取 1cm，故 SNP 处上抬 1cm，SP 处上抬 0.8cm，BNP 处上抬 0.7cm。分割袖前袖中线倾斜角取 75°－前肩斜角≈ 55°，后袖中线倾斜角取 75° －1/2（75° －30°）－后肩斜角=52.5°－后肩斜角≈ 30°。实际后浮余量=2.0cm－0.7×0.8cm ≈ 1.45cm，其中采用肩缝缩消除 1.2cm，剩余浮于袖窿 0.25cm 形式消除。

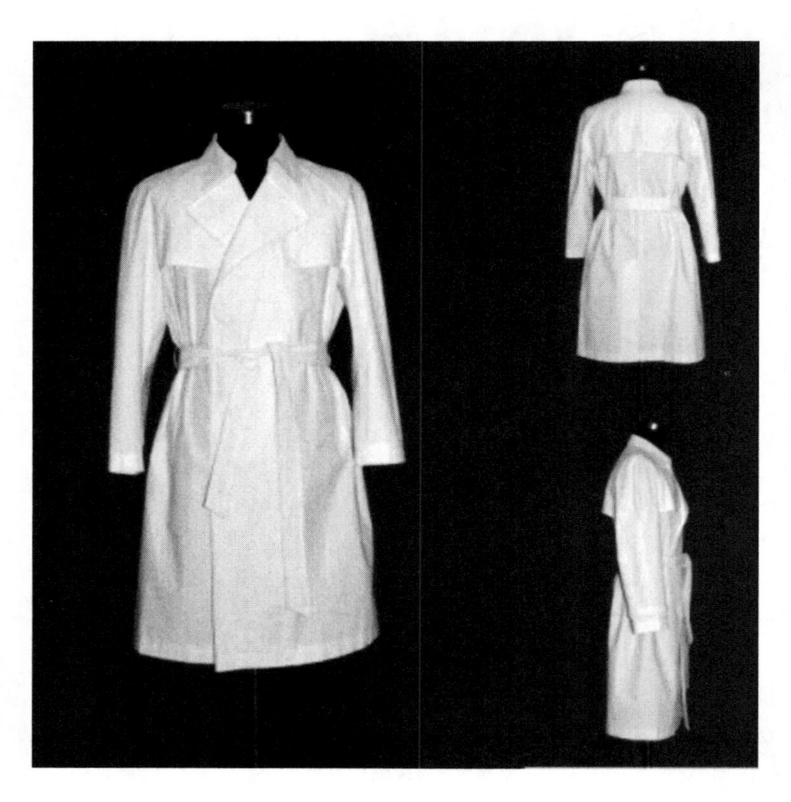

图 9–13 翻立领、插肩分割袖、宽松风衣成衣效果

五、翻折领、插肩分割袖、宽松中长大衣

1. 款式风格

本款式为插肩分割袖宽松型中长大衣，翻折领、双插袋、单排五粒扣（图 9–14）。

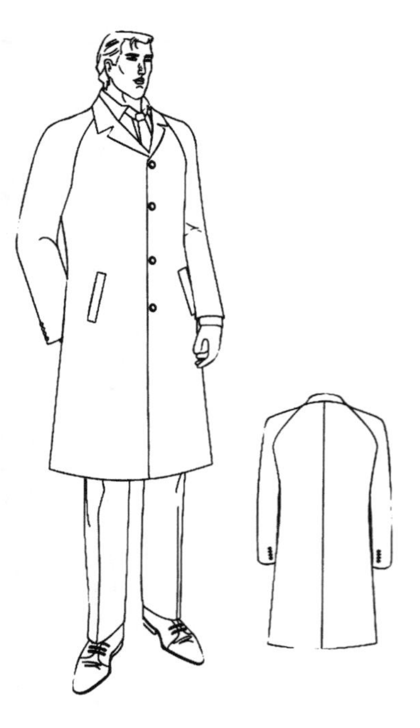

图 9–14 翻折领、插肩分割袖、宽松中长大衣款式图

2. 规格设计（图 9–15）

WLL=44cm+1cm=45cm

L=45cm×7/3=105cm

BLL=45cm×3.1/5 ≈ 28cm

SL=0.3×170cm+11cm+1cm=63cm

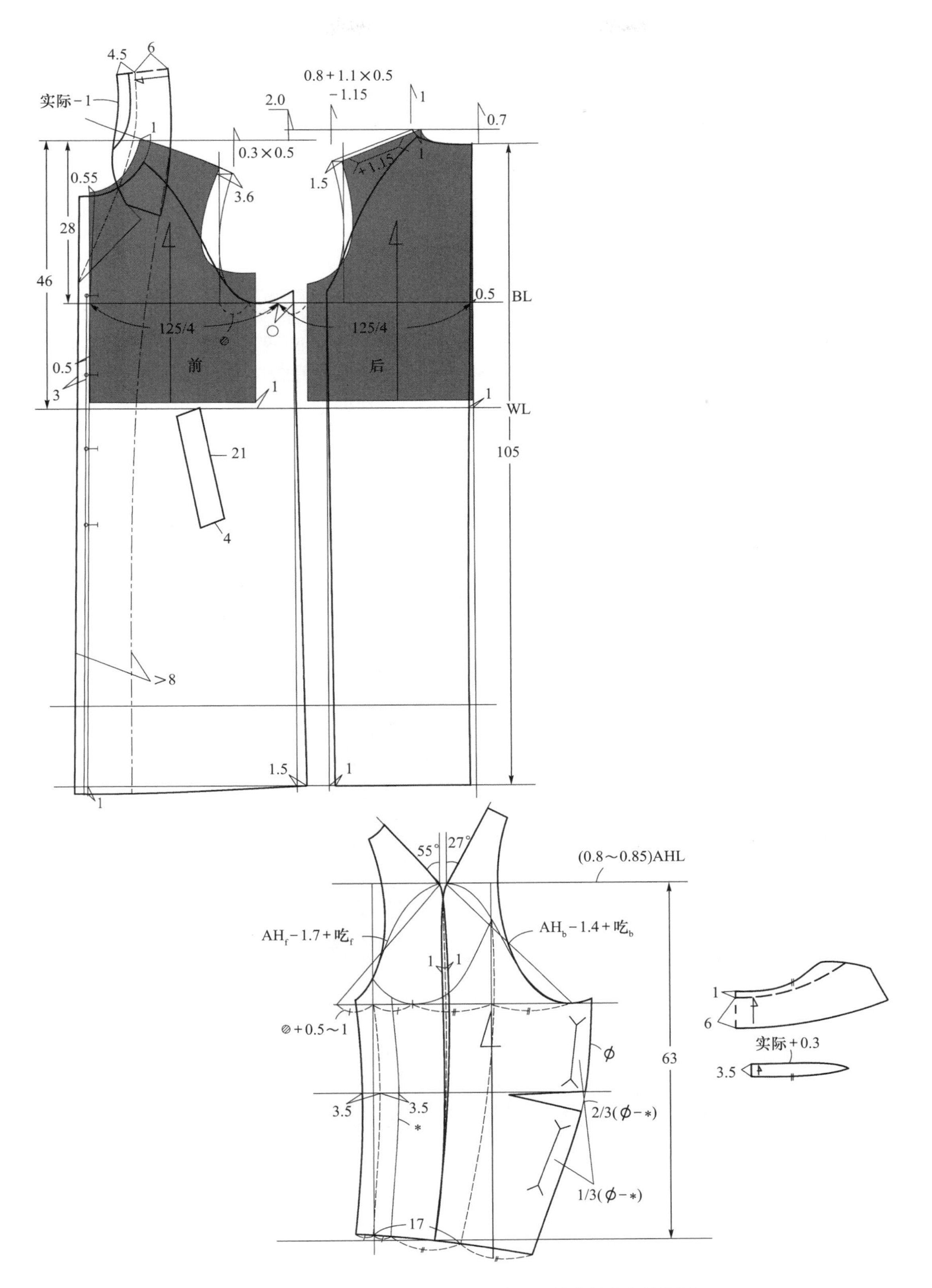

图 9-15　翻折领、前圆后插分割袖、宽松中长大衣结构图

B =（92cm+2cm+5cm）+（20 ~ 35）cm ⇒ 99cm+ 26cm=125cm

N=39cm+4.5cm=43.5cm

S=44cm+5cm=49cm

CW=0.1×99cm+7cm ≈ 17cm

n_b=4.5cm

m_b=6cm

α_b=110°

3. **结构处理**（图 9–16）

衣身平衡采用箱形平衡的方法。实际前浮余量= 2.3cm– 0.8cm=1.5cm，全部采用撇胸的形式消除。实际后浮余量= 2.0cm – 0.7×0.8cm ≈ 1.45cm，采用肩缝缩及浮于袖窿的形式消除。前、后内衣厚影响差取 1.0cm，故 SNP 处上抬 1.0cm，SP 处上抬 0.8cm，BNP 处上抬 0.7cm。分割袖前袖中线倾斜角取 65° –前肩斜角≈ 55°，分割袖后袖中线倾斜角取 65° –1/2（65° –30°）–后肩斜角=47.5° –后肩斜角≈ 27°。

图 9–16 翻折领、插肩分割袖、宽松中长大衣成衣效果

六、翻折领、插肩袖、宽松夹克

1. 款式风格

本款式为宽松夹克，翻折领、插肩袖、双插袋。穿着轻松、干练（图 9–17）。

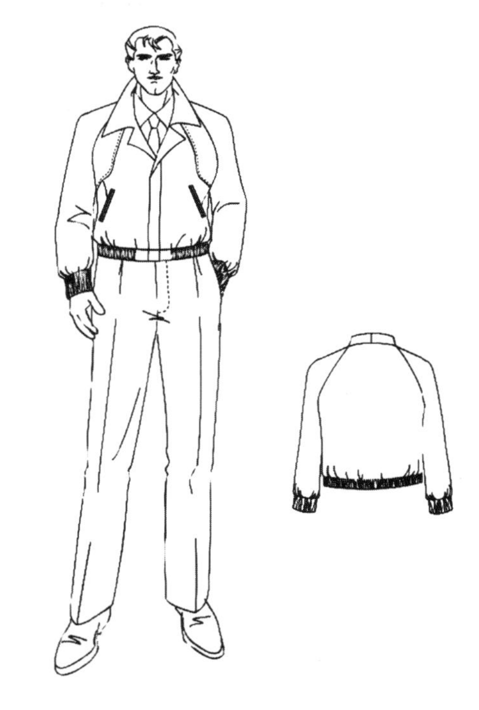

图 9–17　翻折领、插肩袖、宽松夹克款式图

2. 规格设计（图 9–18）

WLL = 44cm + 1cm = 45cm

L = 45cm × 7.5/5 ≈ 68cm

BLL = 45cm × 2/3 ≈ 30cm

SL = 0.3 × 170cm + 11cm = 62cm

B =（92cm + 2cm + 5cm）+（20 ～ 30）cm ⇒ 99cm + 26cm = 125cm

N = 39cm + 5cm = 44cm

S = 44cm + 4cm = 48cm

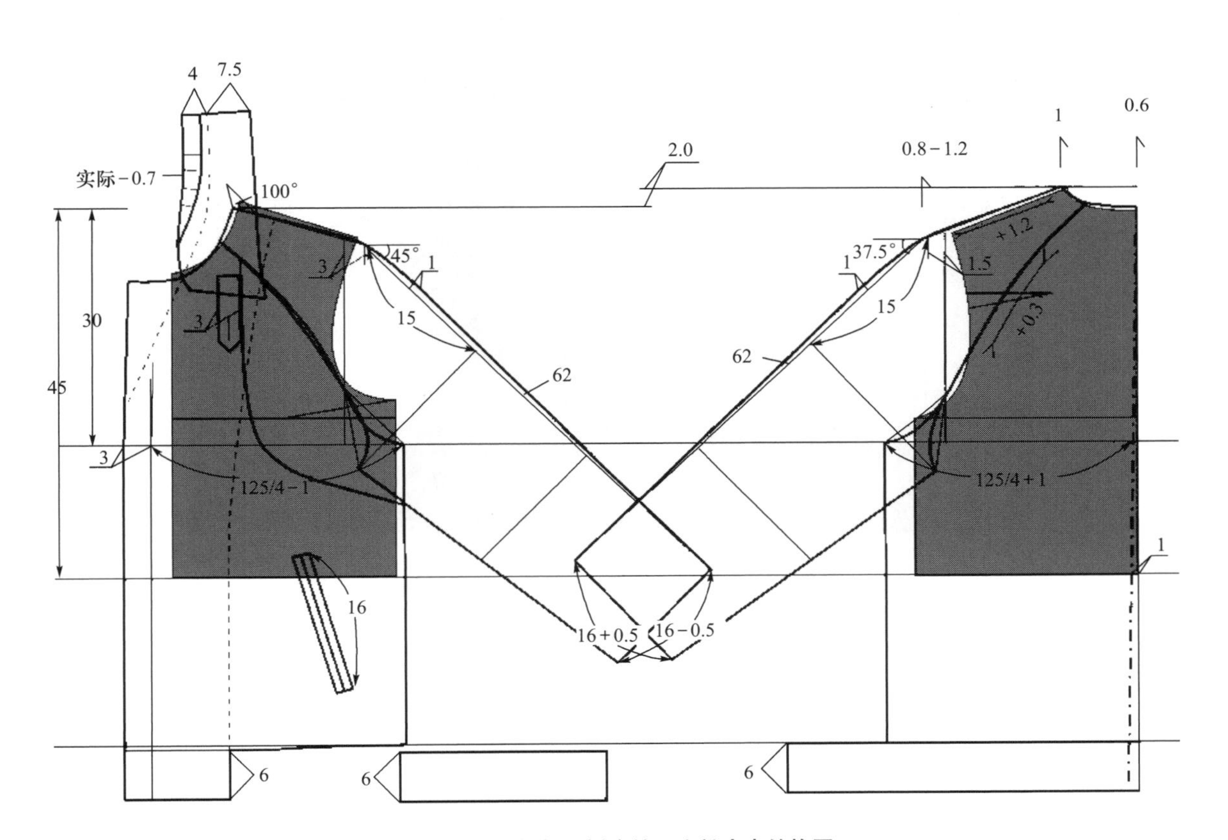

图 9–18　翻折领、插肩袖、宽松夹克结构图

CW＝11cm（紧）或 16cm（松）

$n_b=4$cm

$m_b=7.5$cm

$\alpha_b=100°$

3. **结构处理**（图 9–19）

衣身平衡采用箱形—梯形平衡的方法。实际前浮余量＝2.3cm，其中下放 1.0cm 采用撇胸的形式消除，其余浮于袖窿。实际后浮余量＝2.0cm，其中采用肩缝缩消除 1.2cm，袖窿归拢 0.8cm。前、后内衣厚影响差取 1.0cm，故 SNP 处上抬 1.0cm，SP 处上抬 0.8cm，BNP 处上抬 0.6cm。前袖中线与水平线夹角取 35° ~ 55°（实取 45°），后袖中线与水平线夹角为 45° −1/2（45° −30°）=37.5°。为保证后袖肥大于等于前袖肥，故将前胸围取为 $B/4-1$cm，后胸围取为 $B/4+1$cm。

图 9–19 翻折领、插肩袖、宽松夹克成衣效果

七、连帽、直身一片袖、宽松夹克

1. **款式风格**

本款式为连帽造型、较合体直身一片袖的宽松夹克（图 9–20）。

2. **设计规格**（图 9–21）

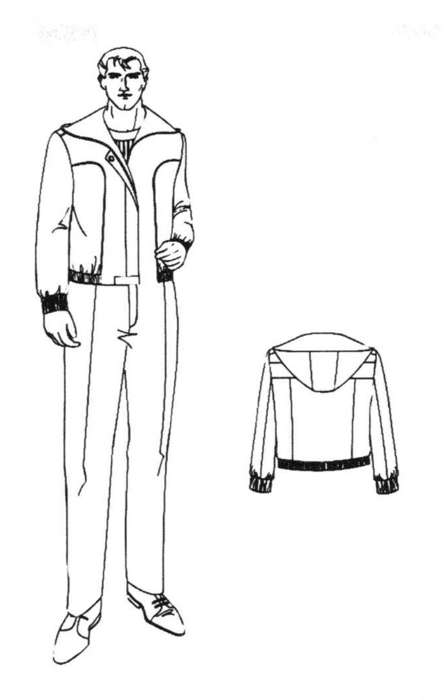

图 9-20　连帽、直身一片袖、宽松夹克款式图

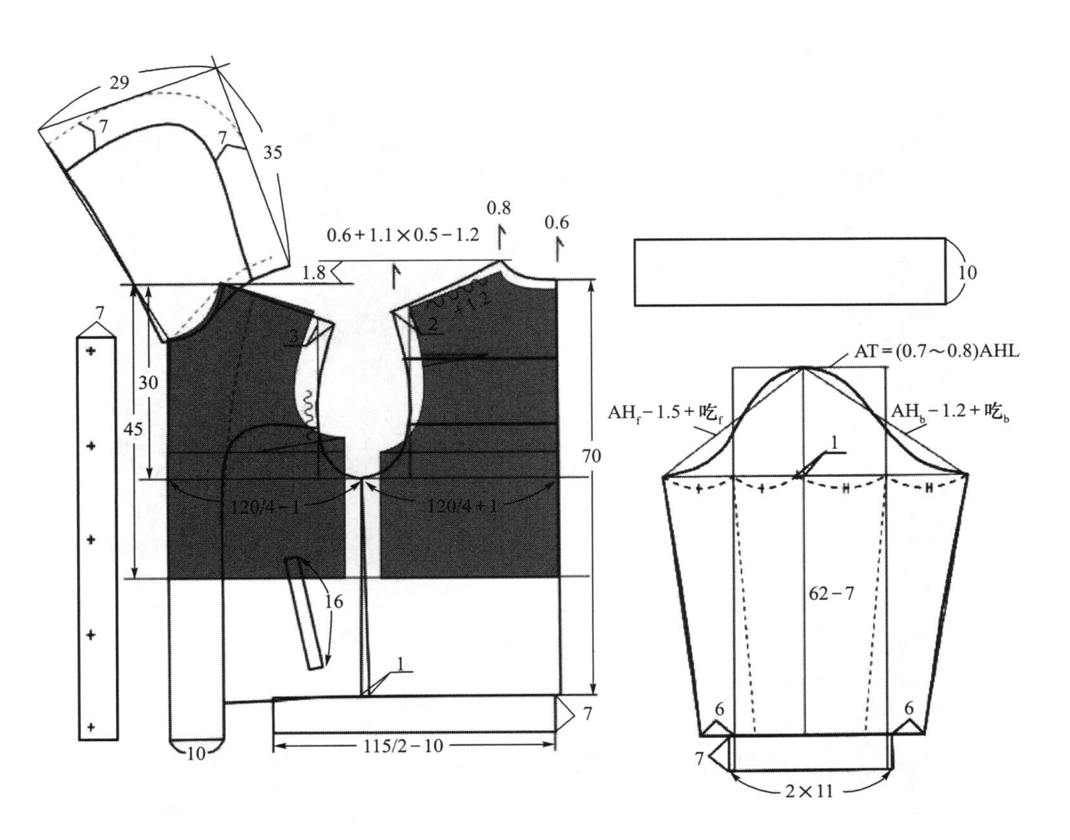

图 9-21　连帽、直身一片袖、宽松夹克结构图

WLL＝44cm＋1cm＝45cm

L＝45cm × 7.8/5 ≈ 70cm

BLL＝45cm × 2/3＝30cm

SL＝0.3 × 170cm＋11cm＝62cm

B＝（92cm＋2cm＋5cm）＋（20 ～ 30）cm ⇒ 99cm＋21cm＝120cm

N＝39cm＋4cm＝43cm

S＝44cm＋4cm＝48cm

CW＝11cm（紧）或 17cm（松）

帽座＝2cm

帽长＝35cm

帽宽＝29cm

3．**结构处理**（图 9–22）

衣身平衡采用箱形平衡的方法。实际前浮余量＝2.3cm，其中采用下放的形式消除1.3cm，其余采用撇胸的形式消除。实际后浮余量＝2.0cm，其中 1.2cm 采用肩缝缩的形式消除，其余放入分割缝内。前、后内衣厚影响差取 0.8cm，SNP 处上抬 0.8cm，SP 处上抬 0.6cm，BNP 处上抬 0.6cm。袖山高取较合体风格为（0.7 ～ 0.8）AHL，前袖山斜线取 AH_f－1.5cm＋$吃_f$，后袖山斜线取 AH_b－1.2cm＋$吃_b$。

图 9–22 连帽、直身一片袖、宽松夹克成衣效果

八、青果领、直身一片袖、宽松夹克

1. 款式风格

本款式为青果领造型、合体直身一片袖的宽松风格夹克（图 9–23）。

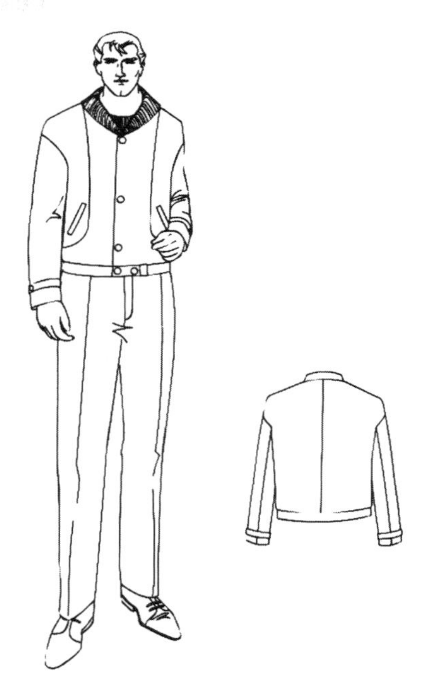

图 9–23　青果领、直身一片袖、宽松夹克款式图

2. 规格设计（图 9–24）

WLL = 44cm + 1cm = 45cm

L = 45cm × 7.8/5 ≈ 70cm

BLL = 45cm × 2/3 = 30cm

SL = 0.3 × 170cm + 10.2cm + 0.8cm = 62cm

B =（92cm + 2cm + 5cm）+（20 ～ 30）cm ⇒ 99cm + 24cm = 123cm

N = 39cm + 5cm = 44cm

S = 44cm + 5cm = 49cm

CW = 13.5cm

n_b = 4cm

m_b = 8cm

α_b = 100°

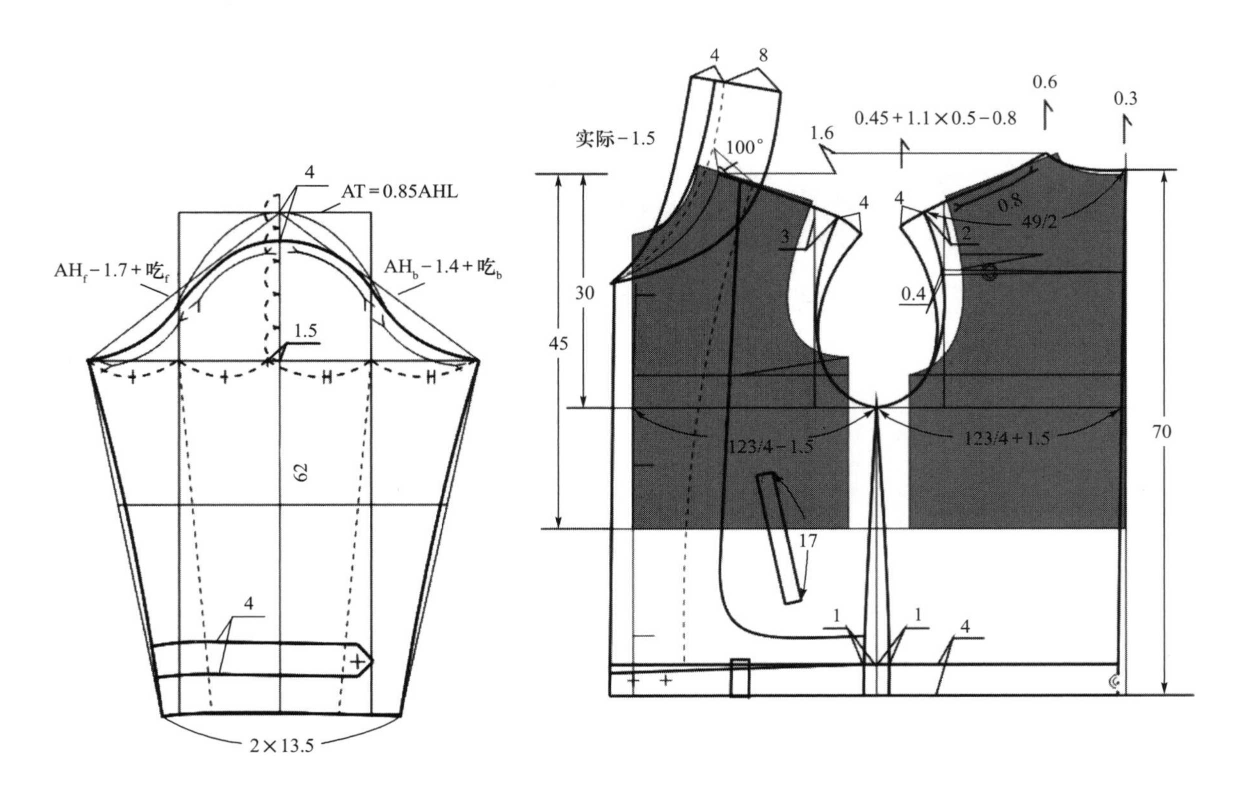

图 9–24　青果领、直身一片袖、宽松夹克结构图

3．结构处理（图 9–25）

衣身平衡采用箱形平衡的方法。实际前浮余量=2.3cm－0.8cm=1.5cm，采用下放 1cm 及撇胸的形式消除。实际后浮余量=2.0cm－0.7×0.8cm ≈ 1.45cm，其中 1.2cm 采用肩缝缩的形式消除，余下的 0.25cm 浮于袖窿。前、后内衣厚影响差取 0.6cm，故 SNP 处上抬 0.6cm，SP 处上抬 0.45cm，BNP 处上抬 0.3cm。袖山高取合体风格为 0.85AHL，前袖山斜线取 AH_f－1.7cm＋$吃_f$，后袖山斜线取 AH_b－1.4cm＋$吃_b$。

图 9–25 青果领、直身一片袖、宽松夹克成衣效果

九、运动型夹克

1．款式风格

本款式为宽松运动夹克（图 9–26）。

2．规格设计（图 9–27）

WLL=44cm+1cm=45cm

L=45cm×7.8/5 ≈ 70cm

BLL=45cm×2/3=30cm

SL=0.3×170cm+10cm=61cm

B=（92cm+2cm+3cm）+（20 ～ 30）cm ⇒ 97cm+23cm=120cm

$N=39\text{cm}+4.5\text{cm}=43.5\text{cm}$

$S=44\text{cm}+4.5\text{cm}=48.5\text{cm}$

$\text{CW}=12.5\text{cm}$

$n_b=5.5\text{cm}$

$m_b=10\text{cm}$

$\alpha_b=95°$

3. **结构处理**（图 9–28）

衣身平衡采用箱形—梯形平衡的方法。实际前浮余量=2.3cm，其中 1cm 以撇胸的形式消除，余下的 1.3cm 采用下放的形式消除。实际后浮余量=2.0cm，其中 1.0cm 采用肩缝缩的形式消除，其余 1.0cm 在分割缝处消除。前、后内衣厚影响差取 0.6cm，故 SNP 处上抬 0.6cm，SP 处上抬 0.45cm，BNP 处上抬 0.45cm。袖山高取较合体风格为 0.8AHL，前袖山斜线取 $\text{AH}_f-1.5\text{cm}+吃_f$，后袖山斜线取 $\text{AH}_b-1.2\text{cm}+吃_b$。

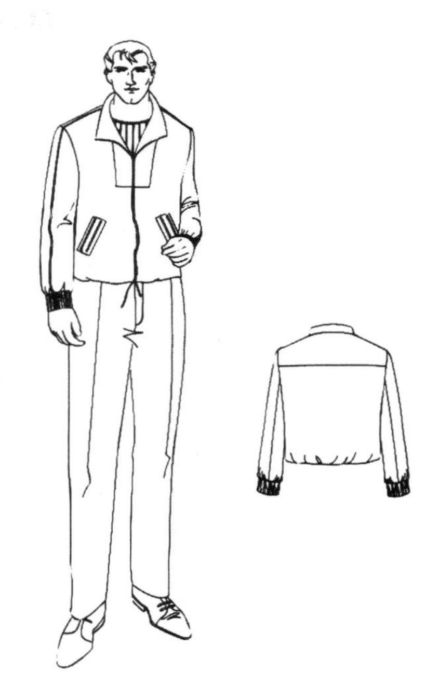

图 9–26 运动型夹克款式图

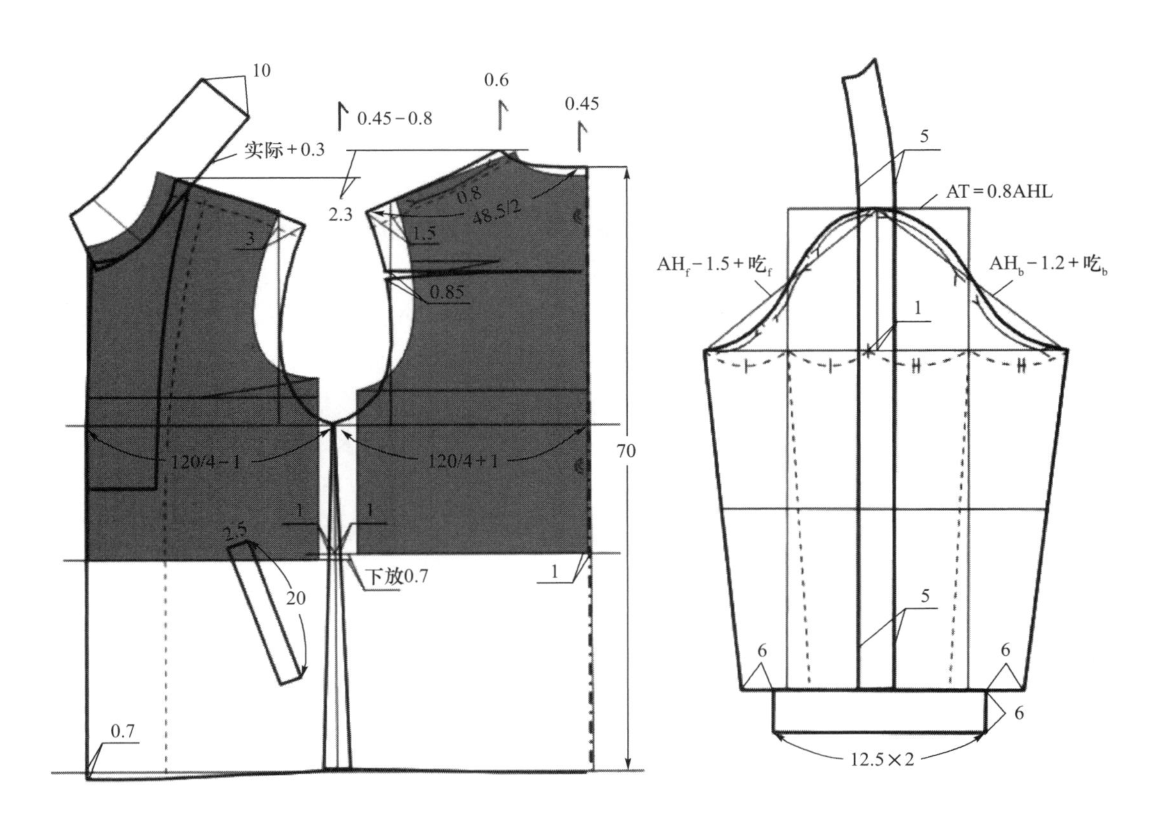

图 9–27 运动型夹克结构图

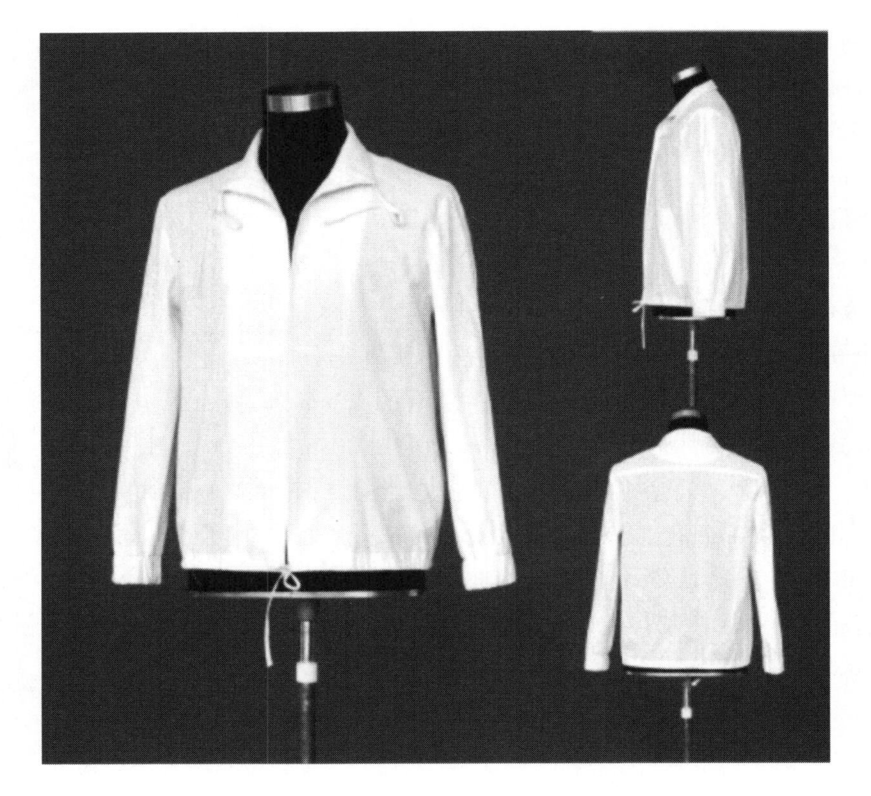

图 9–28 运动型夹克成衣效果

图 9–29 翻折领、插肩袖、宽松大衣款式图

十、翻折领、插肩袖、宽松大衣

1. *款式风格*

本款式为翻折领、宽松插肩袖、双排三粒扣、双插袋的宽松大衣（图 9–29）。

2. *规格设计*（图 9–30）

WLL = 44cm + 1cm = 45cm

L = 45cm × 2.5 ≈ 112cm

BLL = 45cm × 2/3 = 30cm

SL = 0.3 × 170cm + 11.2cm + 0.8cm = 63cm

B =（92cm + 2cm + 5cm）+（20 ~ 35）cm ⇒ 99cm + 26cm = 125cm

N = 39cm + 5cm = 44cm

S = 44cm + 5.5cm = 49.5cm

CW = 16.5cm

n_b = 4cm

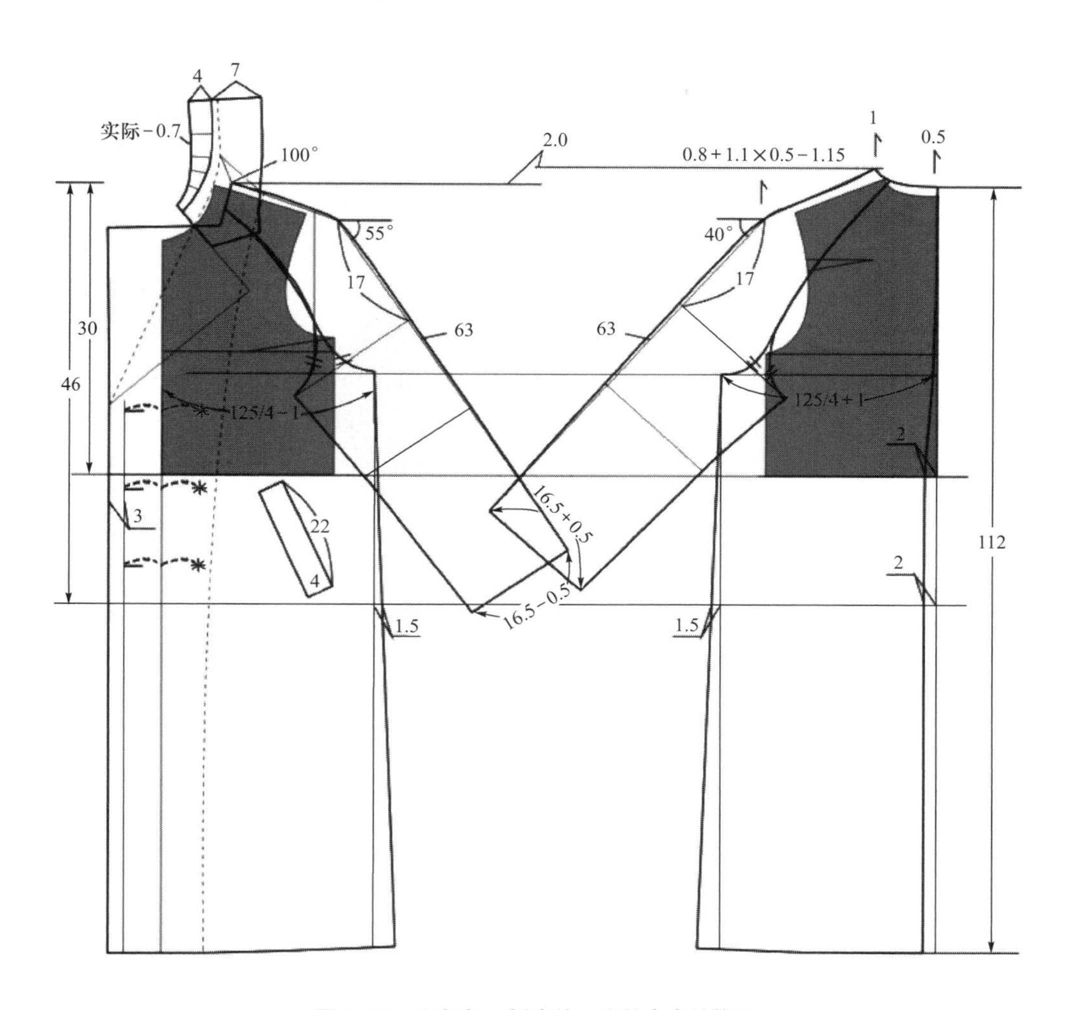

图 9–30　翻折领、插肩袖、宽松大衣结构图

m_b＝7cm

α_b＝100°

3. **结构处理**（图 9–31）

衣身平衡采用箱形平衡的方法。实际前浮余量＝2.3cm－0.8cm＝1.5cm，全部采用撇胸的形式消除。实际后浮余量＝2.0cm－0.7×0.8cm ≈ 1.45cm，采用肩缝缩及少量浮于袖窿的形式消除。前、后内衣厚影响差取 1.0cm，故 SNP 处上抬 1.0cm，SP 处上抬 0.8cm，BNP 处上抬 0.5cm。前袖中线与水平线夹角取较合体风格 55°，故后袖中线与水平线夹角取 55° －1/2（55° －30° ）=42.5° 。

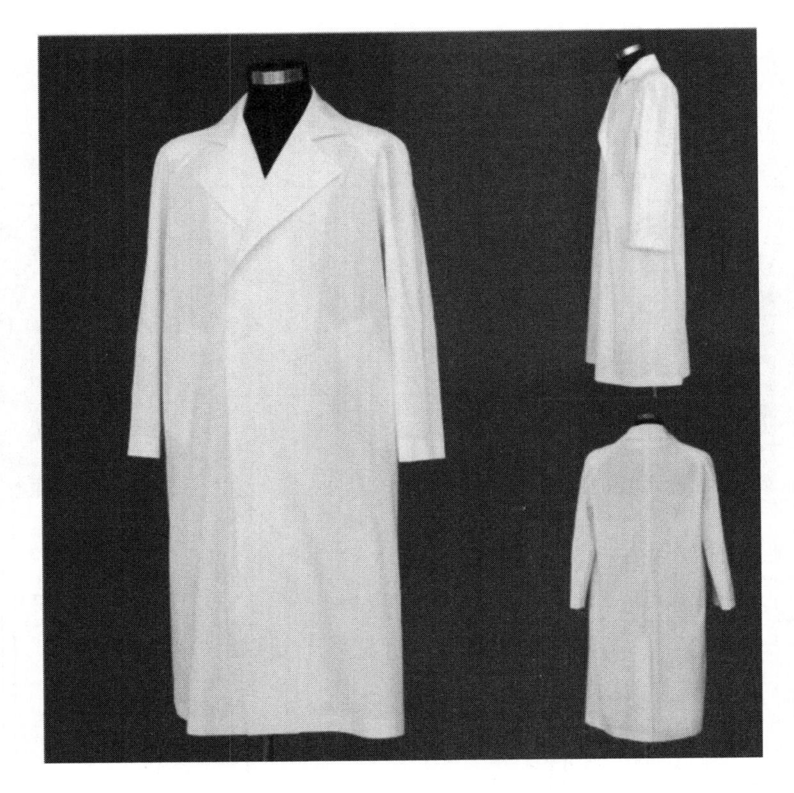

图 9-31 翻折领、插肩袖、宽松大衣成衣效果

图 9-32 双排扣、立领、插肩袖大衣款式图

十一、双排扣、立领、插肩袖大衣

1. *款式风格*

本款式为立领、较宽松插肩袖、双排三粒扣、双插袋宽松大衣（图 9-32）。

2. *规格设计*（图 9-33）

WLL = 44cm + 1.5cm = 45.5cm

L = WLL × 2.6 = 45.5cm × 2.6 ≈ 118cm

BLL = 45.5cm × 2.2/3 ≈ 33cm

SL = 0.3 × 170cm + 11.7cm + 0.8cm = 63.5cm

B =（92cm + 2cm + 5cm）+（20 ~ 35）cm ⇒ 99cm + 28cm = 127cm

N = 39cm + 5.5cm = 44.5cm

S = 44cm + 6cm = 50cm

CW = 17cm

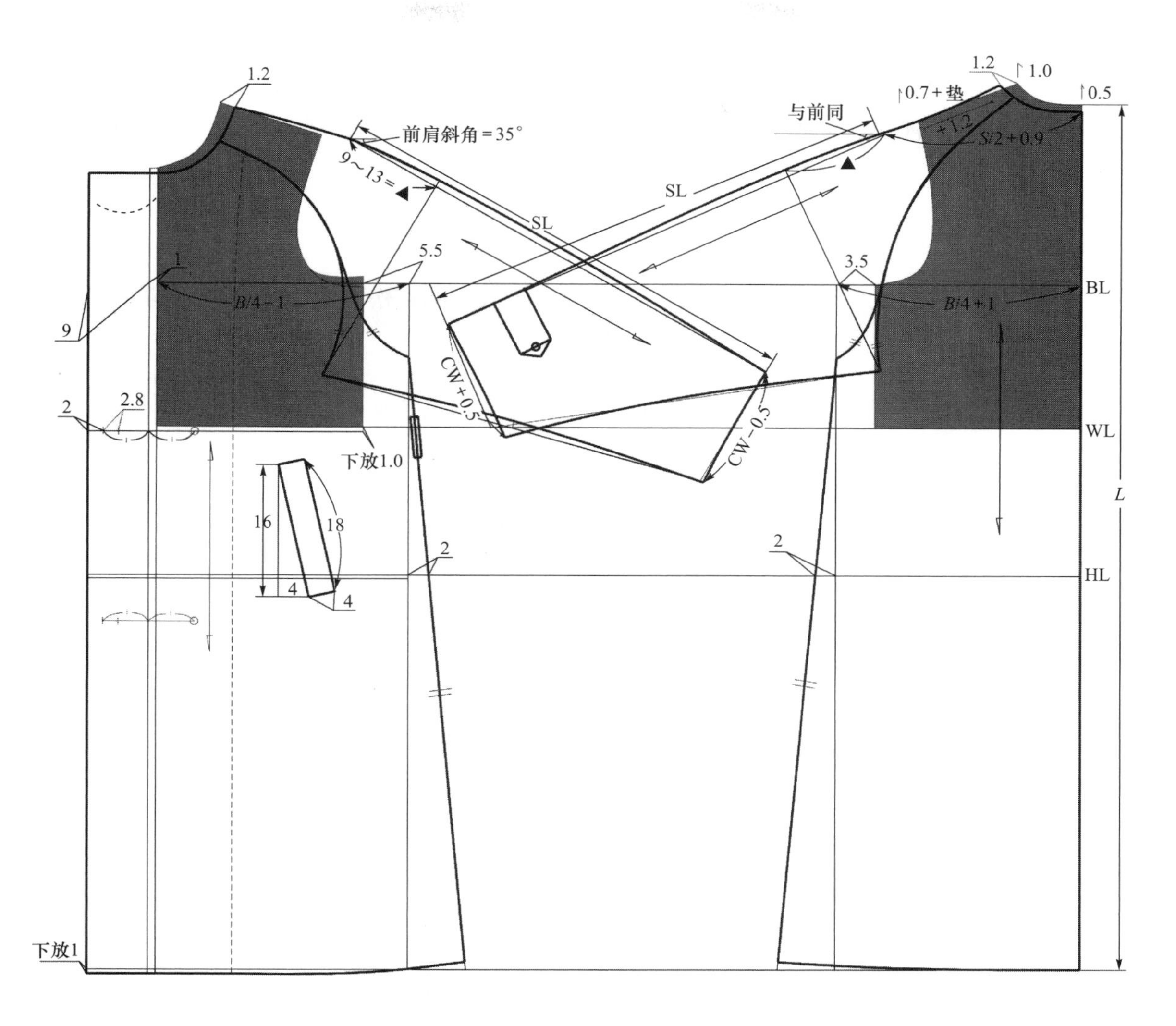

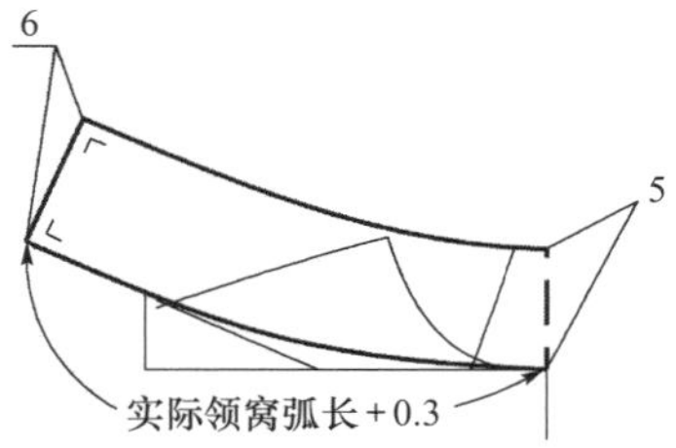

图 9-33　双排扣、立领、插肩袖大衣结构图

$n_b=5\text{cm}$

$n_f=6\text{cm}$

$\alpha_b=105°$

3. **结构处理**

实际前浮余量=2.3cm－0.8cm=1.5cm，其中采取下放的形式消除 1.0cm，其余浮于袖窿的

形式消除。实际后浮余量 $=2.0\text{cm}-0.7\times0.8\text{cm}\approx1.45\text{cm}$，其中采用肩缝缩 1.2cm，其余浮于袖窿的形式消除。前、后内衣厚影响差取 1.0cm，故 SNP 处上抬 1.0cm，SP 处上抬 0.7cm，BNP 处上抬 0.5cm。前袖中线与水平线夹角取较宽松风格 35°，后袖中线与水平线夹角亦取 35°。

十二、风帽、落肩袖、宽松中长外套

1. 款式风格

本款式为带风帽、较宽松落肩袖、三分比例形式衣身的宽松中长外套（图 9–34）。

图 9–34 风帽、落肩袖、宽松中长外套款式图

2. 规格设计（图 9–35）

WLL = 44cm + 1cm = 45cm

L = 45cm × 2.2 = 99cm

BLL = 45cm × 2/3 = 30cm

SL = 0.3 × 170cm + 10.2cm + 0.8cm = 62cm

B =（92cm + 2cm + 5cm）+（20 ~ 35）cm ⇒ 99cm + 21cm = 120cm

N = 39cm + 4cm = 43cm

S = 44cm + 4cm = 48cm

CW = 14cm

帽座 = 2.5cm

帽长 = 35cm

帽宽 = 29cm

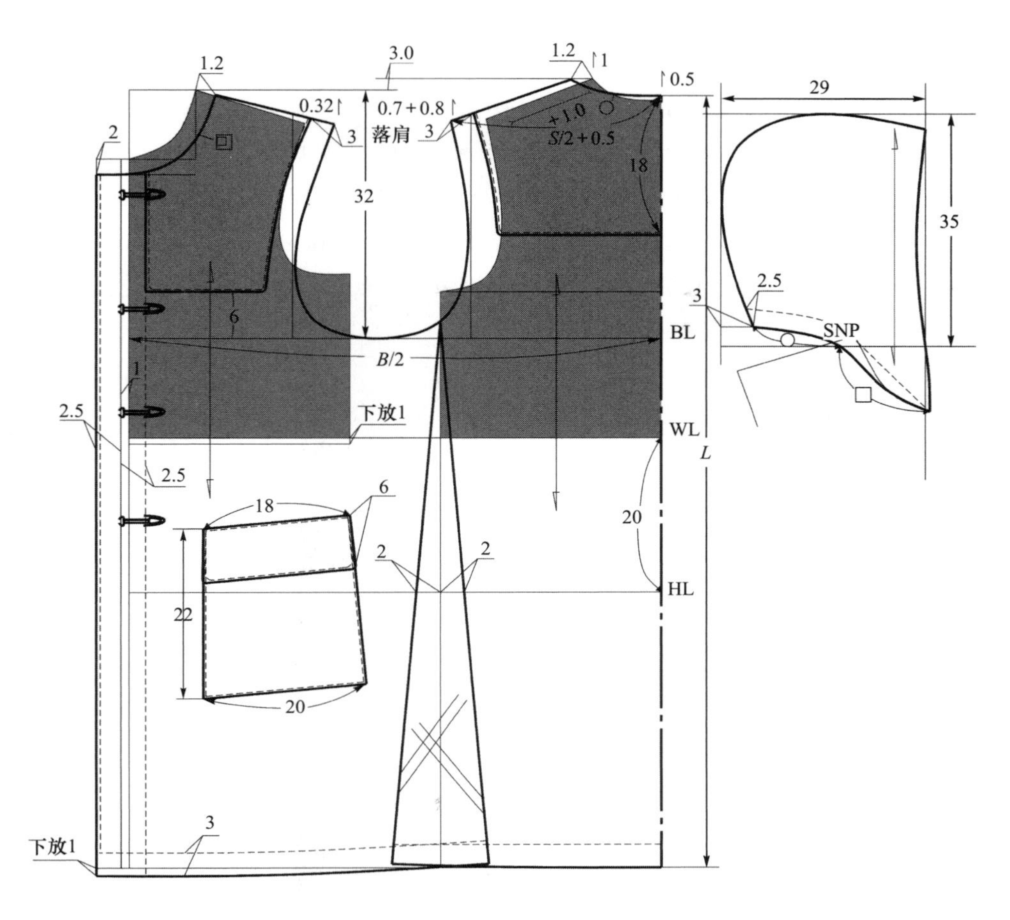

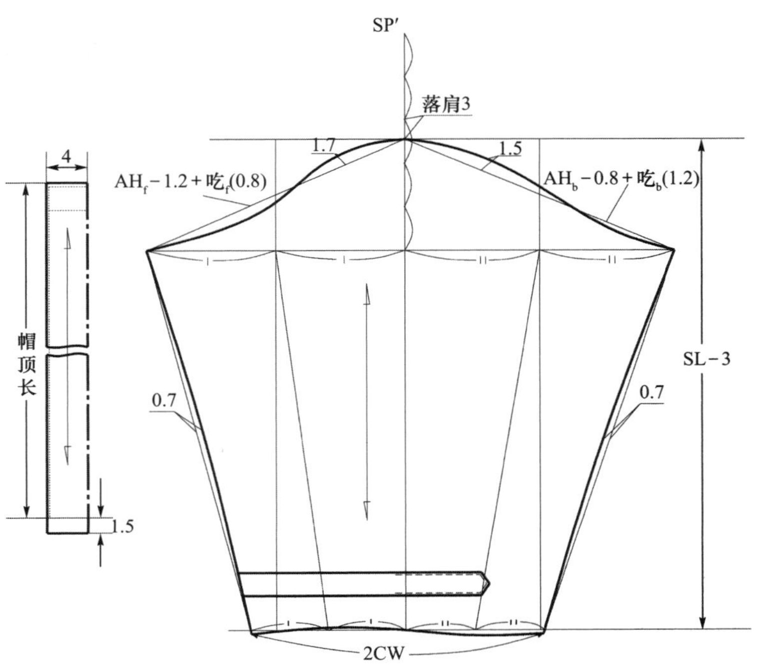

图 9-35　风帽、落肩袖、宽松中长外套结构图

3. **结构处理**

实际前浮余量=2.3cm−0.8cm=1.5cm，其中采用下放 1cm，其余用撇胸的方法处理。实际后浮余量=2.0cm−0.7×0.8cm ≈ 1.45cm，其中采用肩缝缩 1.2cm，其余用浮于袖窿的方法处理。前、后内衣厚影响差为 1.0cm，故 SNP 处上抬 1.0cm，SP 处上抬 0.8cm，BNP 处上抬 0.5cm。垫肩厚总共上抬 1.6× 垫肩厚，其中 1.0× 垫肩厚=1.0cm 放在后肩，0.6×1.0cm 放在前肩。袖山高取较宽松风格（0.6 ~ 0.7）AHL，前袖山斜线取 AH_f−1.2cm+$吃_f$，后袖山斜线取 AH_b−0.8cm+$吃_b$，落肩量取 3cm。

十三、战壕式风衣

1. **款式风格**

本款式为翻立领，可翻可驳的衣领，袖山为合体圆袖山，再变化为前、后分割的分割袖，袖身为后袖肘收省的一片弯身袖，衣身为三分比例的宽松风衣（图 9-36）。

图 9-36 战壕式风衣款式图

2. **规格设计（图 9-37）**

WLL=44cm+1cm=45cm

L=45cm×2.4=108cm

BLL=45cm×3.2/5 ≈ 29cm

SL=0.3×170cm+10.5cm+1cm=62.5cm

B=（92cm+2cm+3.5cm）+（20 ~ 35）cm ⟹ 97.5cm+20.5cm=118cm

N=39cm+4.5cm=43.5cm

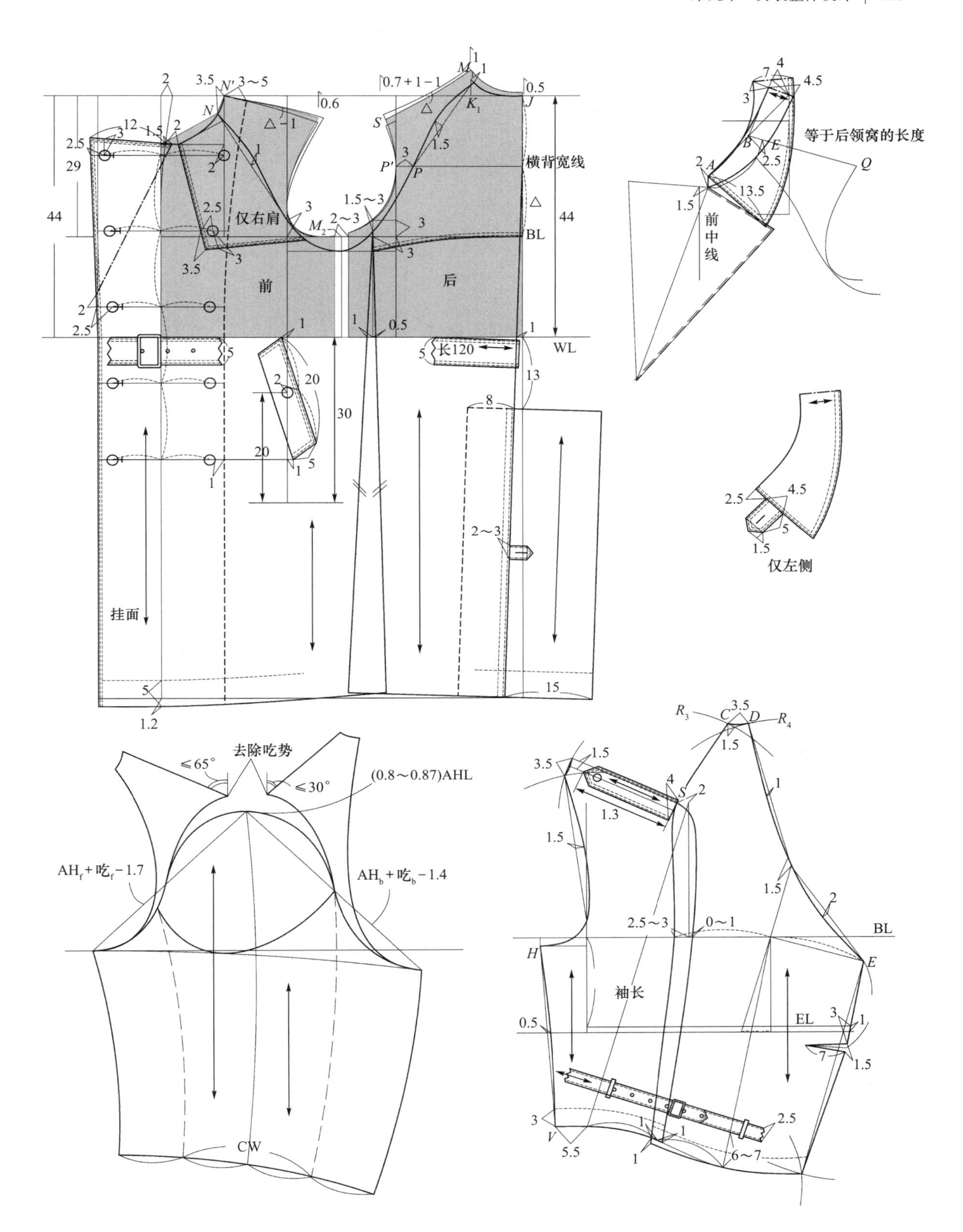

图 9-37　战壕式风衣结构图

S=44cm+5cm=49cm

CW=16cm

n_b=4.5cm

m_b=7cm

n_f=2cm

m_f=13.5cm

α_b=105°

3. 结构处理

衣身平衡采用箱形平衡的方法。实际前浮余量=2.3cm－1cm=1.3cm，全部采用撇胸形式处理。实际后浮余量=2.0cm－0.7×1cm ≈ 1.3cm，全部采用后肩缝缝缩的形式处理。前、后内衣厚影响差为0.8cm，故SNP处上抬1.0cm，SP处上抬0.7cm，BNP处上抬0.5cm。圆袖袖山高取合体风格（0.8 ~ 0.87）AHL，前袖山斜线取AH_f－1.7cm+吃$_f$，后袖山斜线取AH_b－1.4cm+吃$_b$，前袖中线倾角取合体风格75°－前肩斜角，后袖中线倾角取75°－1/2（75°－30°）－后肩斜角≈52°－后肩斜角。袖身采用弯身一片袖结构，衣身采用三分比例分割处理。

第二节 较宽松风格

一、连帽、袖底与衣身相连圆袖、较宽松外套

1. 款式风格

本款式为连帽造型，衣袖为较合体圆袖且袖底一部分与衣身相连，衣身为较宽松风格外套（图9–38）。

图9–38 连帽、袖底与衣身相连圆袖、较宽松外套款式图

2. 规格设计（图9–39）

WLL=44cm+0.5cm=44.5cm

L=44.5cm×8.2/5 ≈ 73cm

BLL=44.5cm×3/5 ≈ 27cm

SL=0.3×170cm+10cm=61cm

B=（92cm+2cm+3cm）+（15 ~ 20）cm ⇒ 97cm+18cm=115cm

N=39cm+4cm=43cm

S=44cm+4cm=48cm

（H－B）/2=–3cm

CW=0.1×97cm+5.3cm=15cm

n_b=4.5cm

n_f=4.5cm

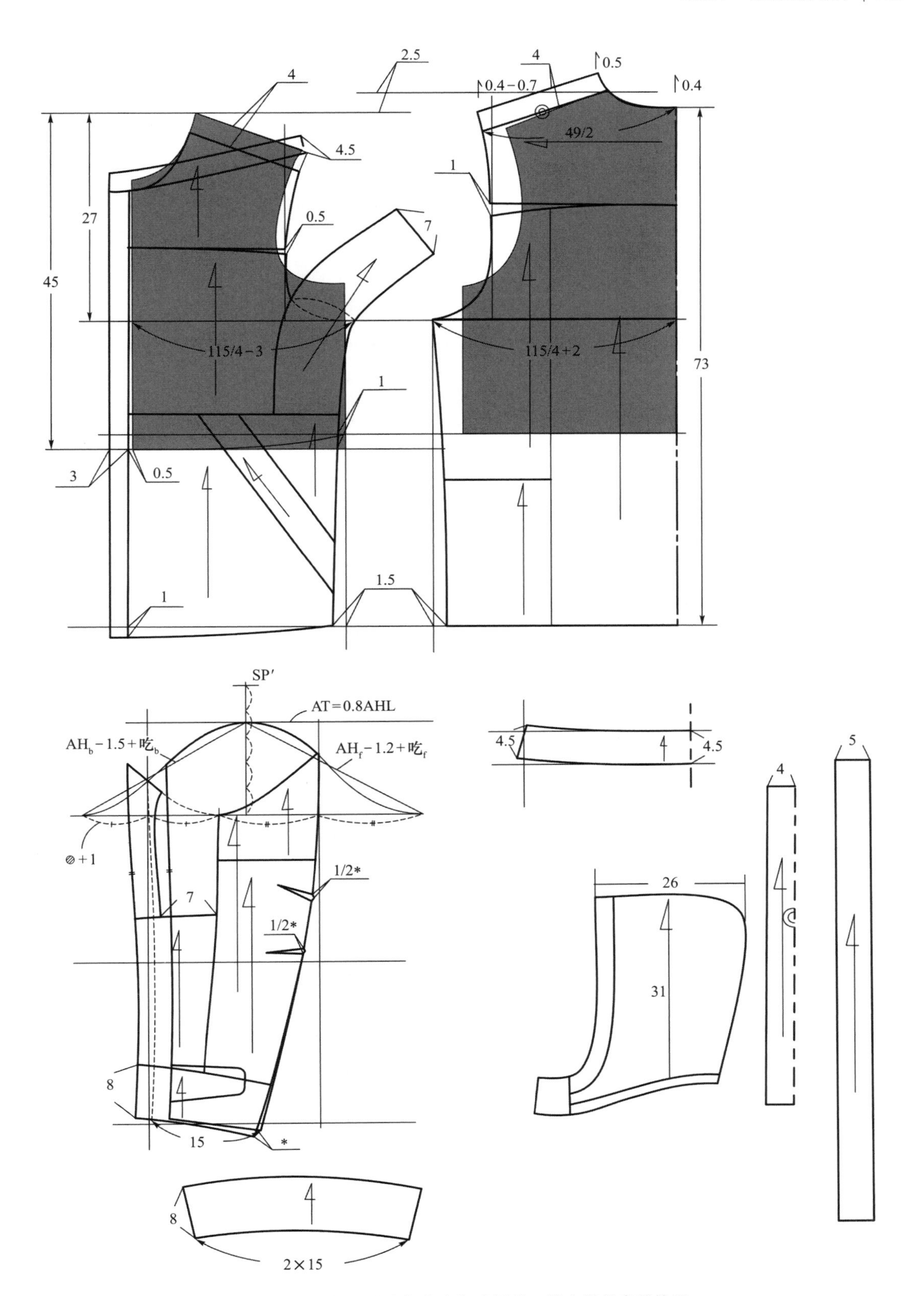

图 9–39　连帽、袖底与衣身相连圆袖、较宽松外套结构图

$\alpha_b=110°$

帽长=35cm

帽宽=30cm

3. **结构处理**（图 9-40）

衣身平衡为箱形—梯形平衡的方法。实际前浮余量=2.3cm，其中 1cm 采用下放的形式消除，余下的 1.3cm 在分割缝处消除。实际后浮余量=2.0cm，其中 1.0cm 采用肩缝缩的形式消除，其余 1.0cm 在分割缝处消除。前、后内衣厚影响差为 0.6cm，其中 SNP 处上抬 0.5cm，SP 处上抬 0.4cm，BNP 处上抬 0.4cm。圆袖袖山高取 0.8AHL，前袖山斜线取 $AH_f-1.5cm+吃_f$，后袖山斜线取 $AH_b-1.2cm+吃_b$，此时$吃_f$、$吃_b$都取≤ 1cm，其中圆袖袖底有 7cm 宽的量与衣身的分割相连，袖克夫宽 8cm、长 2×15cm。成形帽长 35cm，帽宽 30cm，因有 4cm 分割，故图中帽长 31cm，帽宽 26cm。

图 9-40 连帽、袖底与衣身相连圆袖、较宽松外套成衣效果

二、一片袖较宽松衬衫

1. **款式风格**

本款式为翻立领、衣袖为较合体直身一片袖，衣身为较宽松的衬衫（图 9-41）。

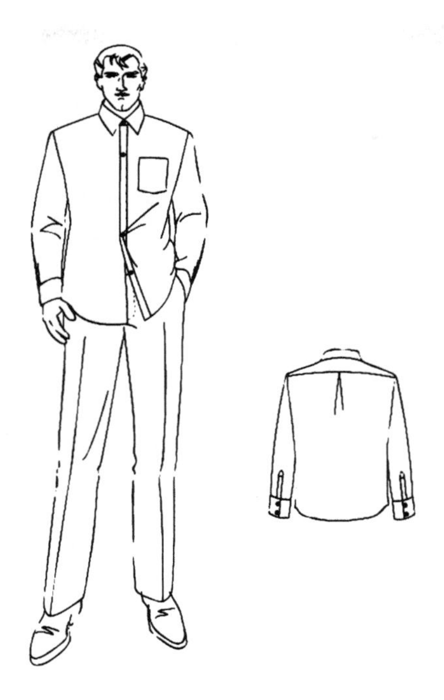

图 9-41　一片袖较宽松衬衫款式图

2．规格设计（图 9-42）

WLL=44cm

L=44cm × 8.2/5 ≈ 72cm

BLL=44cm × 3/5 ≈ 26.5cm

SL=0.3 × 170cm+10cm=61cm

B=（92cm+1cm）+（15 ~ 20）cm ⇒ 93cm+19cm=112cm

（$H-B$）/2=-3cm

N=39cm+2.5cm=41.5cm

S=44cm+3cm=47cm

CW=0.1 × 94cm+2cm ≈ 11.5cm

n_b=3.5cm

n_f=2.8cm

m_b=4.5cm

m_f=6.5cm

α_b=95°

3．结构处理（图 9-43）

衣身平衡采用箱形—梯形平衡的方法。实际前浮余量=2.3cm，其中 1.5cm 采用下放的形式消除，余下的 0.8cm 浮于袖窿。实际后浮余量=2.0cm，其中 0.6cm 采用肩缝缩，1cm 在横向分割缝处消除，余下的 0.4cm 浮于袖窿。前、后内衣厚影响差为 0.6cm，其中 SNP 处上

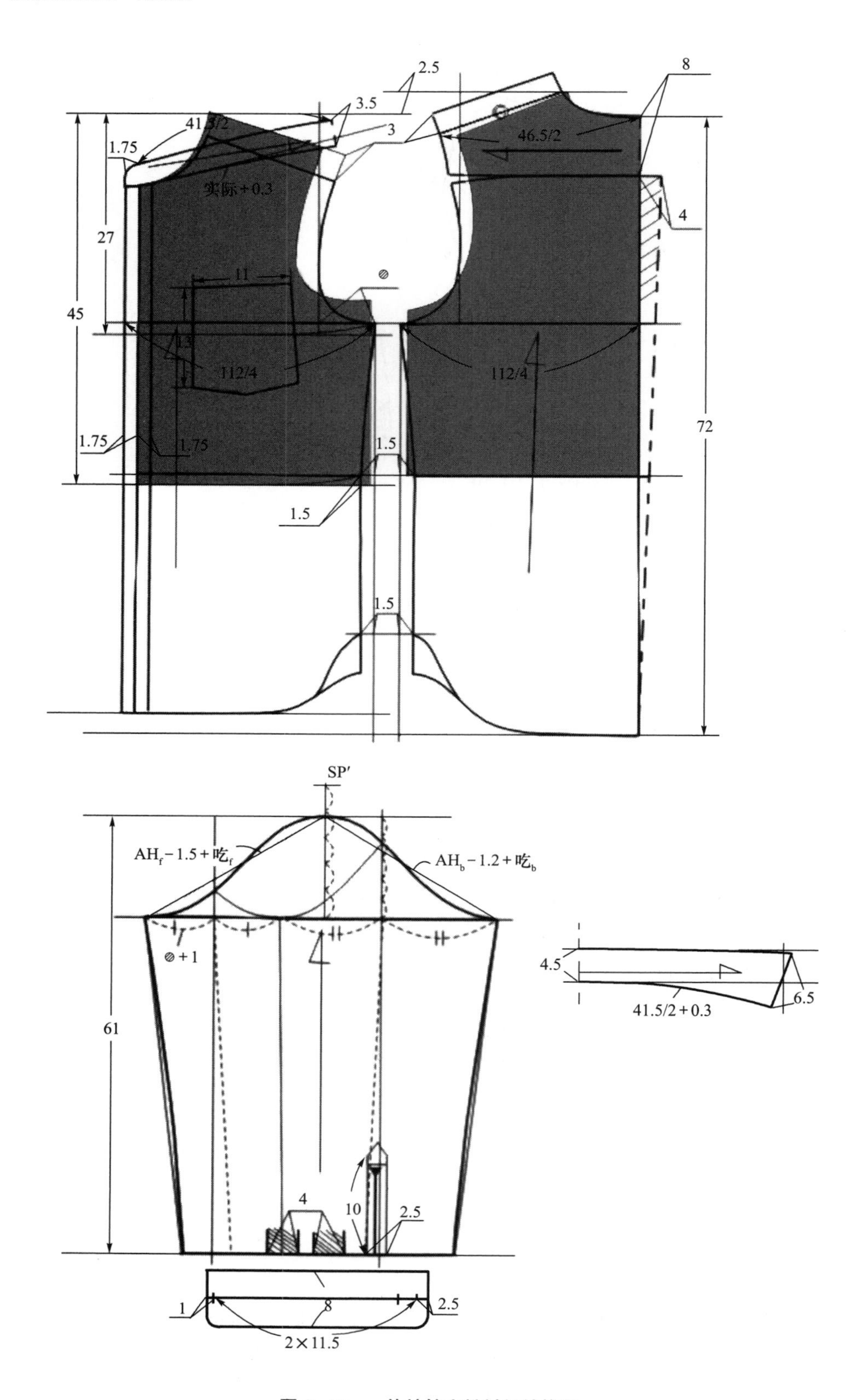

图 9-42 一片袖较宽松衬衫结构图

图 9-43　一片袖较宽松衬衫成衣效果

抬 0.6cm，SP 处上抬 0.45cm，BNP 处上抬 0.3cm。衣袖袖山高取 0.8AHL，前袖山斜线取 AH_f - 1.5cm + 吃$_f$，后袖山斜线取 AH_b - 1.2cm + 吃$_b$，前、后袖山吃势都取≤1cm。衣领领座做成前领上口线为直线形，领上口线长为 41.5cm/2，领下口线长为实际领窝弧长 +0.3cm；翻领下口线长为 41.5cm/2+0.3cm 吃势，翻领弯度按前述翻领的方法制作。

三、翻折领、圆装短袖衬衫

1. 款式风格

本款式的衣领为翻折领，衣袖为较宽松圆装短袖，衣身为较宽松的衬衫（图 9-44）。

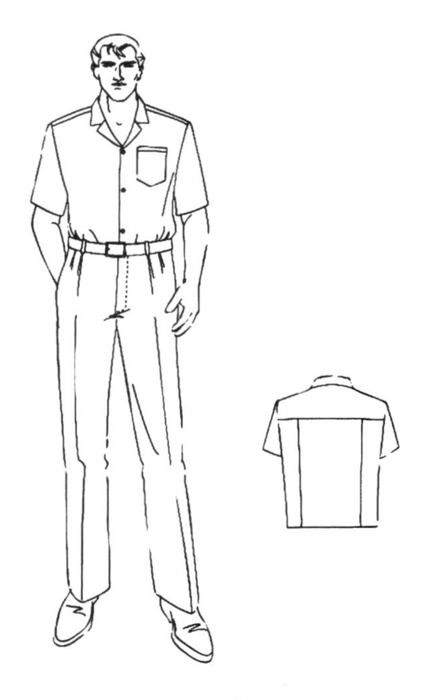

图 9-44　翻折领、圆装短袖衬衫款式图

2. 规格设计（图 9-45）

WLL = 44cm

L = 44cm × 8.2/5 ≈ 72cm

BLL = 44cm × 3/5 ≈ 26cm

SL = 0.1 × 170cm + 5cm = 22cm

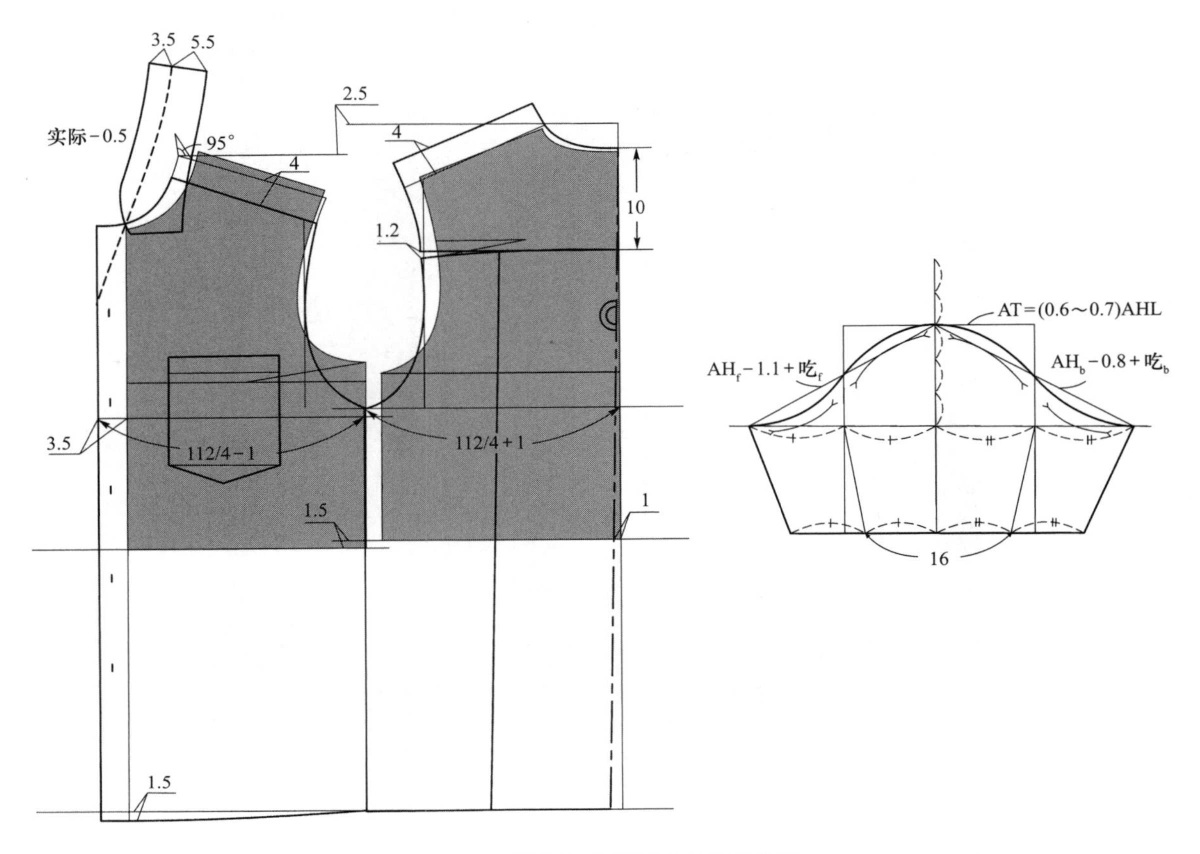

图 9-45 翻折领、圆装短袖衬衫结构图

B＝（92cm＋2cm）＋（15 ～ 20）cm ⇒ 94cm＋ 18cm＝112cm

N＝39cm＋2.5cm＝41.5cm

S＝44cm＋2.5cm＝46.5cm

CW＝16cm

n_b＝3.5cm

m_b＝5.5cm

α_b＝95°

3. **结构处理**（图 9-46）

衣身平衡采用箱形—梯形平衡的方法。实际前浮余量＝2.3cm，其中 1.5cm 采用下放的形式消除，余下的 0.8cm 浮于袖窿。实际后浮余量＝2.0cm，其中 1.2cm 在分割缝处消除，余下的 0.8cm 浮于袖窿。衣领领座下口线长取实际领窝弧长 －0.5cm，缝合时将其拉伸即可。衣袖袖山高取（0.6 ～ 0.7）AHL，前袖山斜线取 AH_f－1.1cm＋吃$_f$，后袖山斜线取 AH_b－0.8cm＋吃$_b$，前、后吃势均≤ 1cm。衣身前、后胸围取前＝B/4－1cm，后＝B/4＋1cm，以适应较宽松袖山风格，后衣身背部取 1cm 的隐形背缝量。

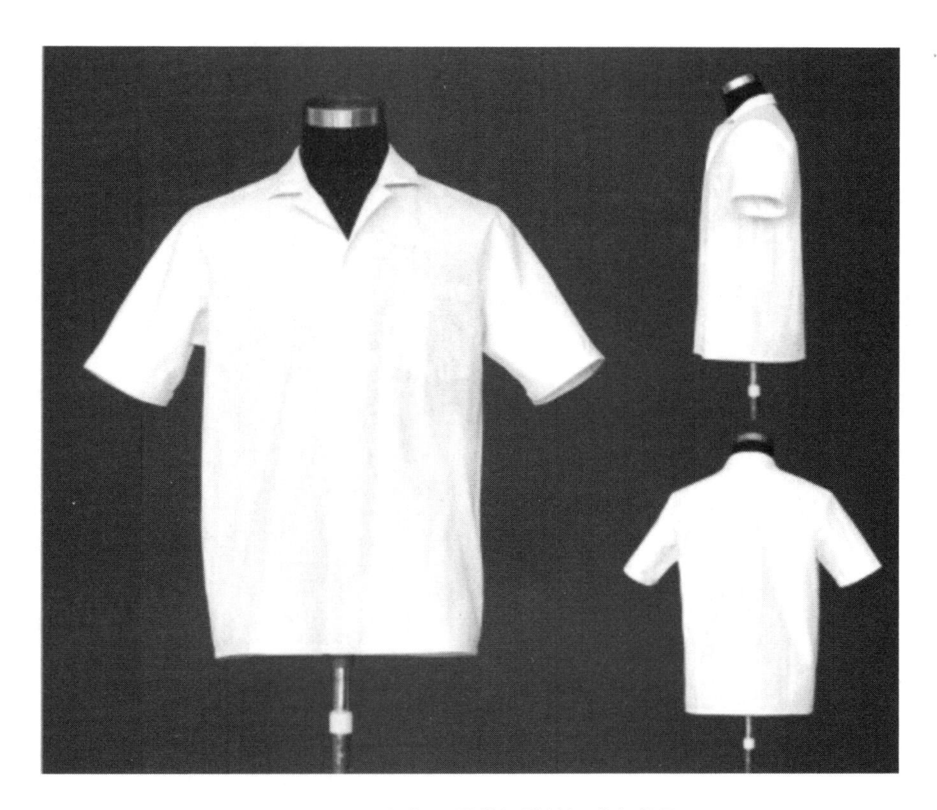

图 9-46　翻折领、圆装短袖衬衫成衣效果

四、休闲外套

1. 款式风格

本款式衣领为可翻折可立起的翻折领，衣袖是较宽松袖山的弯身两片袖，衣身是纵向分割和横向分割组合的较宽松外套（图 9-47）。

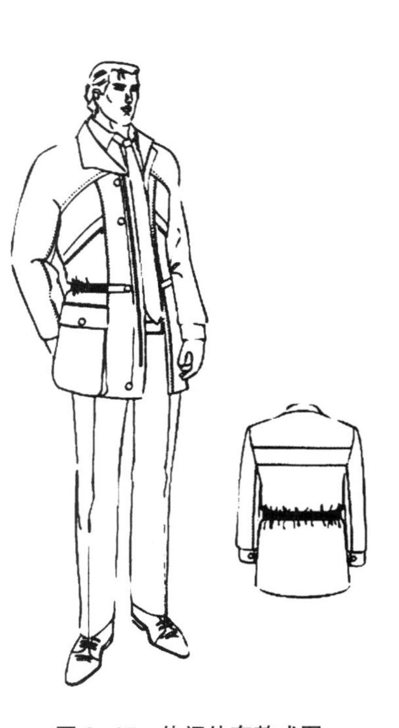

图 9-47　休闲外套款式图

2. 规格设计（图 9-48）

WLL = 44cm + 1cm = 45cm

L = 45cm × 9/5 = 81cm

BLL = 45cm × 3.2/5 ≈ 28cm

SL = 0.3 × 170cm + 10.2cm + 0.8cm = 62cm

B =（92cm + 2cm + 3cm）+（15 ～ 20）cm ⇒ 97cm + 19cm = 116cm

N = 39cm + 4cm = 43cm

S = 44cm + 4cm = 48cm

CW = 15.5cm

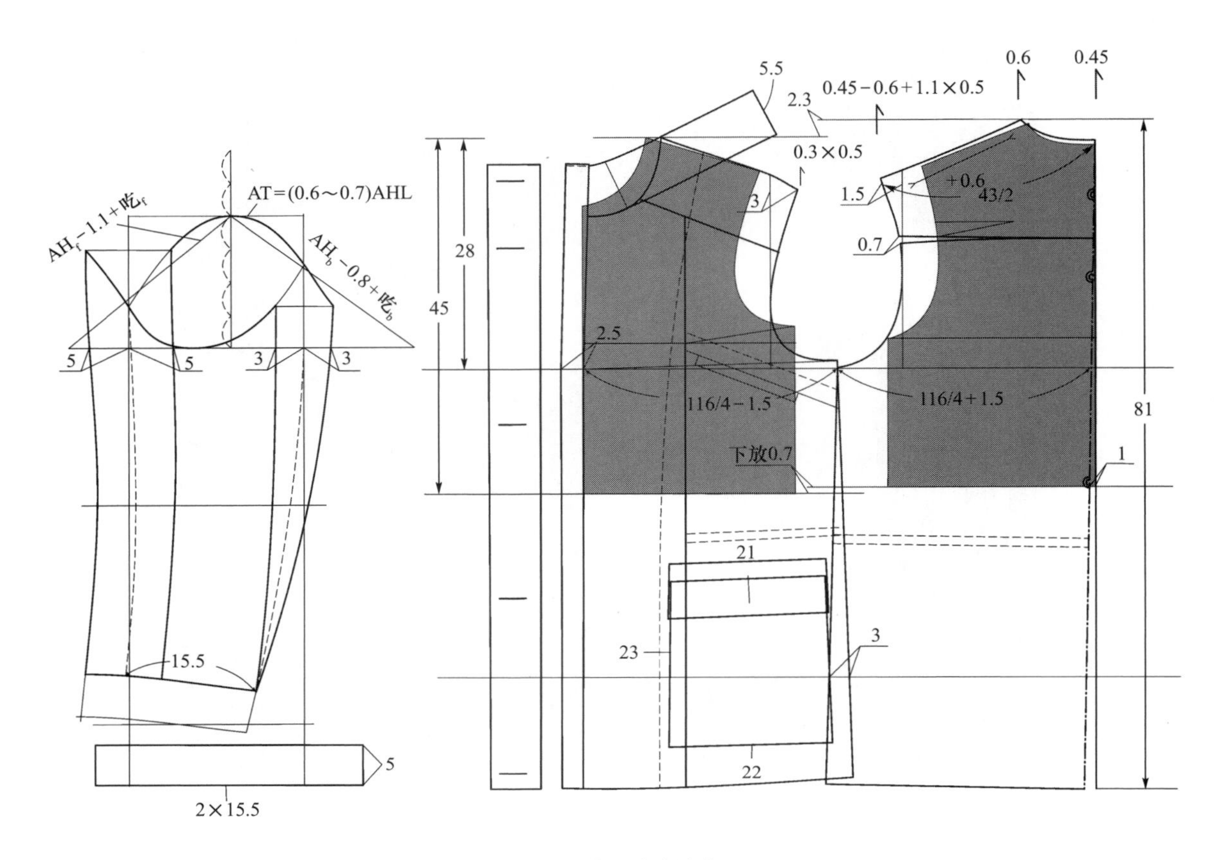

图 9-48 休闲外套结构图

$n_b=5.5cm$

$m_b=5.5cm$

$\alpha_b=100°$

3. 结构处理（图 9-49）

衣身平衡采用梯形平衡的方法。实际前浮余量=2.3cm−0.8cm=1.5cm，其中 0.8cm 采用撇胸的形式消除，0.7cm 采用下放的形式消除。实际后浮余量=2.0cm−0.7×0.8cm ≈ 1.45cm，其中以肩缝缩的形式消除 0.75cm，余下的 0.7cm 采用放入分割缝的形式消除。衣领按单立领方法设计，但要考虑翻折后的翻折领前领型。衣袖袖山高按较宽松风格取（0.6 ~ 0.7）AHL，前袖山斜线取 $AH_f-1.1cm+吃_f$，后袖山斜线取 $AH_b-0.8cm+吃_b$，袖身弯度取 1.0cm 左右，由于袖身较直，故前偏袖可取 5cm 左右。衣身前、后胸围取前=$B/4-1.5cm$，后=$B/4+1.5cm$，与袖山风格相配。

五、较宽松夹克

1. 款式风格

本款式衣领是翻折线为直线的翻折领，衣袖为较合体袖山的直身一片袖，衣身为横向变

图 9-49　休闲外套成衣效果

化分割、双贴袋的夹克（图 9-50）。

2. **规格设计**（图 9-51）

WLL=44cm+0.5cm=44.5cm

L=44.5cm×8/5 ≈ 72cm

BLL=44.5cm×3.2/5 ≈ 28cm

SL=0.3×170cm+10.2cm+0.8cm=62cm

B =（92cm + 2cm + 3cm）+（15 ~ 20）cm ⇒ 97cm+19cm=116cm

N=39cm+4cm=43cm

S=44cm+4cm=48cm

CW=13cm（收紧后）

n_b=3.5cm

m_b=5.5cm

α_b=100°

3. **结构处理**（图 9-52）

衣身平衡采用箱形—梯形平衡的方法。实际前浮余量=2.3cm−0.8cm=1.5cm，其中下放 1.0cm，0.5cm 采用撇

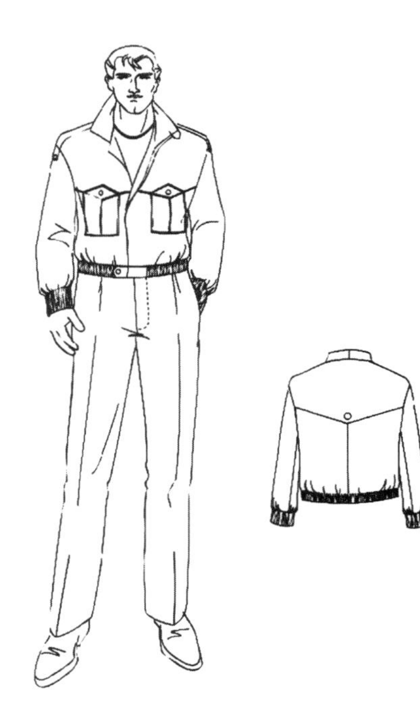

图 9-50　较宽松夹克款式图

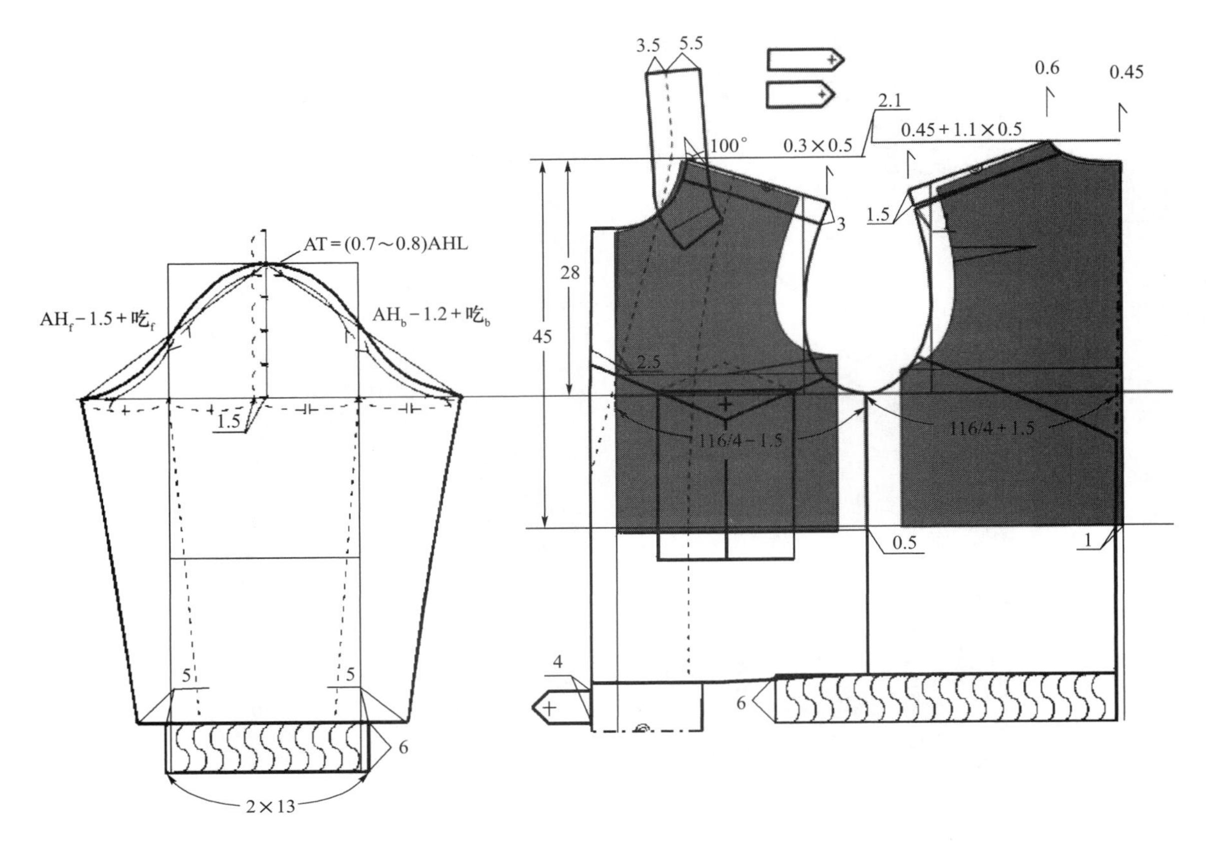

图 9-51 较宽松夹克结构图

图 9-52 较宽松夹克成衣效果

胸的形式消除。实际后浮余量=2.0cm−0.7×0.8cm ≈ 1.45cm，在分割缝处消除1cm，余下的0.45cm浮于袖窿。衣领是翻折线为直线型的翻折领，领下口线长=实际领窝弧长−0.75cm。衣袖袖山高取0.7 ～ 0.8AHL，前袖山斜线取AH_f−1.5cm+吃$_f$，后袖山斜线取AH_b−1.2cm+吃$_b$，袖口抽放量为10cm，袖身为直身一片袖结构。

六、唐装

1. 款式风格

本款式为单立领、五粒盘扣、连身袖较宽松的中式服装（图9–53）。

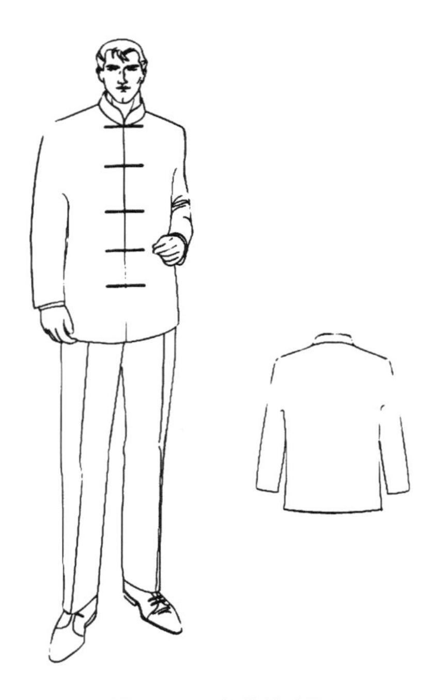

图9–53　唐装款式图

2. 规格设计（图9–54）

WLL=44cm+0.5cm=44.5cm

L=44.5cm×8.1/5 ≈ 72cm

BLL=44.5cm×2/3 ≈ 30cm

SL=0.3×170cm+10cm=61cm

B=（92cm+2cm+3cm）+（15 ～ 20）cm ⇒ 97cm+19cm=116cm

N=39cm+3cm=42cm

S=44cm+3cm=47cm

CW=14.5cm

n_b=4.5cm

n_f=4cm

α_b=95°

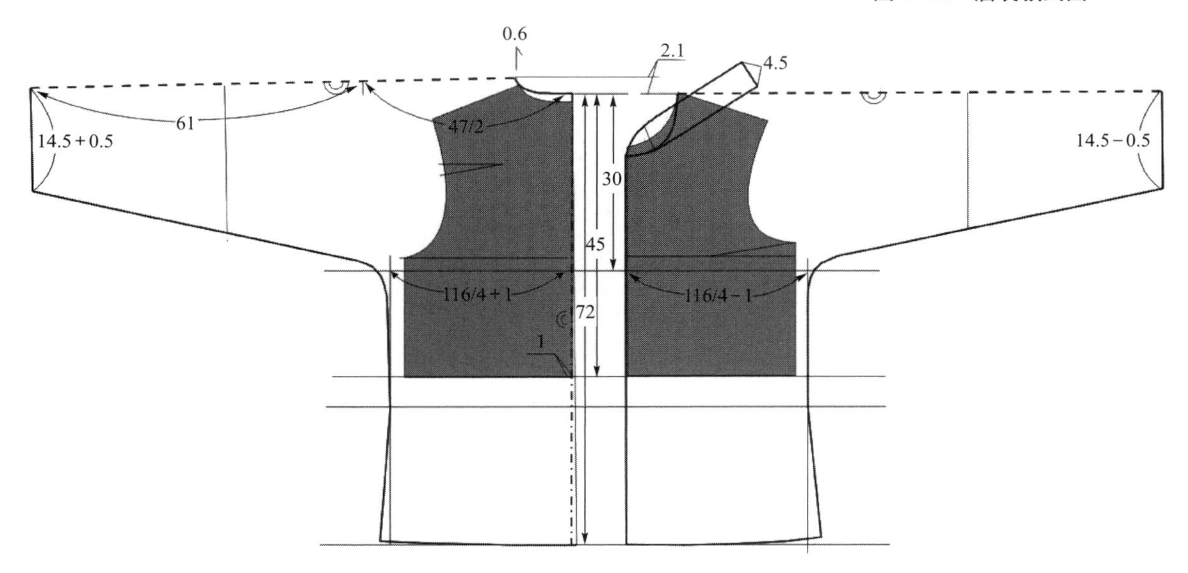

图9–54　唐装结构图

3. **结构处理**（图 9–55）

衣身平衡采用箱形平衡的方法。实际前浮余量=2.3cm，其中下放 1.0cm，撇胸消除 0.5cm，余下 0.8cm 浮于袖窿。实际后浮余量=2.0cm，将其中 1.0cm 转入背缝，1.0cm 浮于袖窿。前、后内衣厚影响差为 0.6cm，故 SNP 处上抬 0.6cm，BNP 处上抬 0.3cm。衣袖采用宽松风格连袖结构，即袖中线与肩线都取为同一直线。由于布料幅宽的限制，在连袖的中间可以拼接。

图 9–55 唐装成衣效果

七、戗驳领、弯身两片袖、较宽松长大衣

1. **款式风格**

本款式为戗驳型的翻折线为直线的翻折领，双排扣，衣袖为较合体的袖山，袖身为弯身两片袖，较宽松的长大衣（图 9–56）。

2. **规格设计**（图 9–57）

WLL=44cm+1cm=45cm

L=45cm × 2.5 ≈ 113cm

BLL=45cm × 3.1/5 ≈ 28cm

SL=0.3 × 170cm+11cm=62cm

B=（92cm+2cm+5cm）+（15 ~ 20）cm ⇒ 99cm+19cm=118cm

N=39cm+4cm=43cm

图 9-56　戗驳领、弯身两片袖、较宽松长大衣款式图

S=44cm+4.5cm=48.5cm

（$B-W$）/2=6cm

CW=15cm

n_b=4cm

m_b=7cm

α_b=110°

3. **结构处理**（图 9-58）

衣身平衡采用箱形平衡的方法。实际前浮余量=2.3cm－0.8cm=1.5cm，全部采用撇胸的形式消除。实际后浮余量=2.0cm－0.7×0.8cm ≈ 1.45，其中采用肩缝缩 1.2cm，余下的 0.25cm 转入背缝中消除。前、后内衣厚影响差为 1cm，其中 SNP 处上抬 1.0cm，SP 处上抬 0.8cm，BNP 处上抬 0.5cm。衣袖袖山高取（0.8 ~ 0.87）AHL，前袖山斜线取

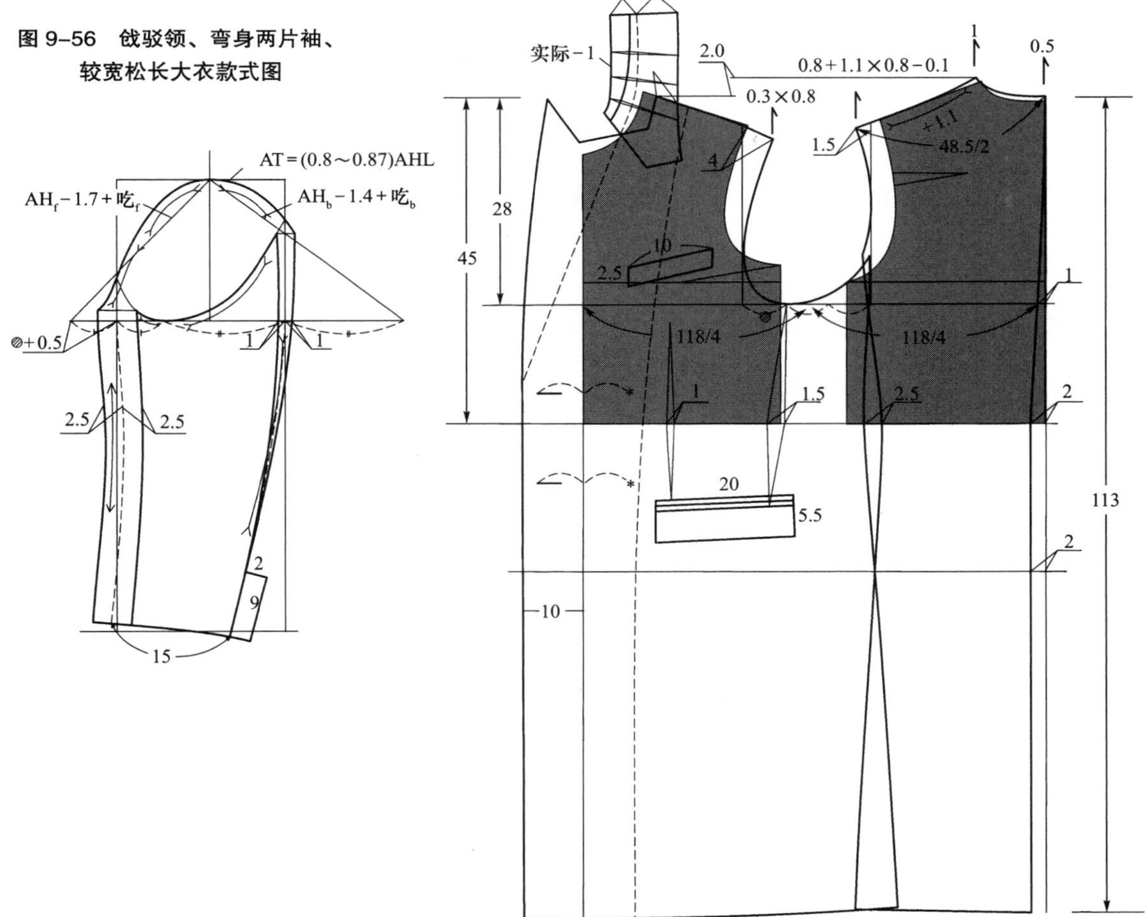

图 9-57　戗驳领、弯身两片袖、较宽松长大衣结构图

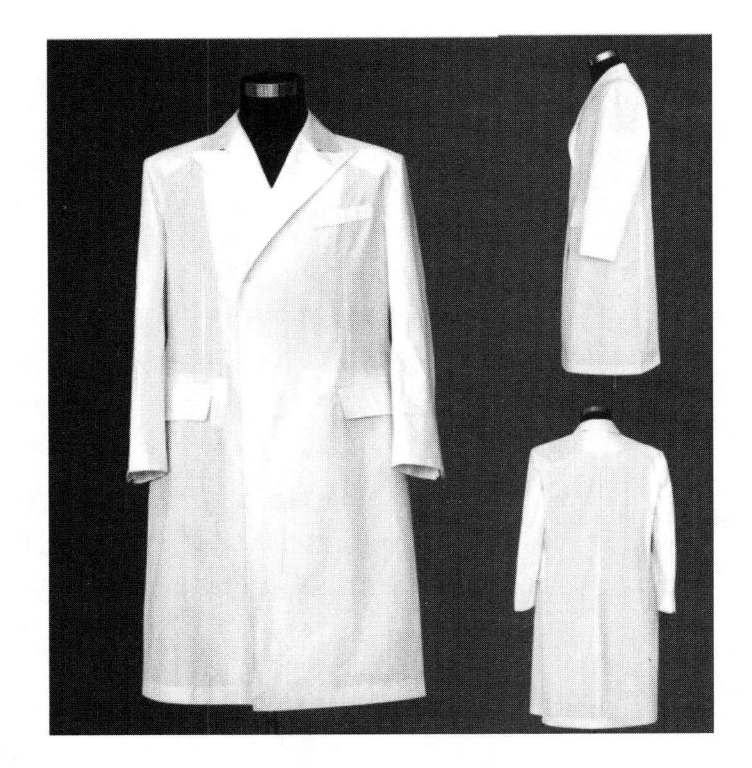

图 9-58 戗驳领、弯身两片袖、较宽松长大衣成衣效果

$AH_f-1.7cm+吃_f$，后袖山斜线取 $AH_b-1.4cm+吃_b$，袖身弯度为 2.0cm，前偏袖 2.5cm。

八、对襟马褂

1. 款式风格

本款式为穿在中式长衫外面的马褂，其胸围比中式长衫胸围大 4cm，其袖口围比中式长衫袖口围长 2cm，对襟五粒布盘扣，单立领，连袖（图 9-59）。

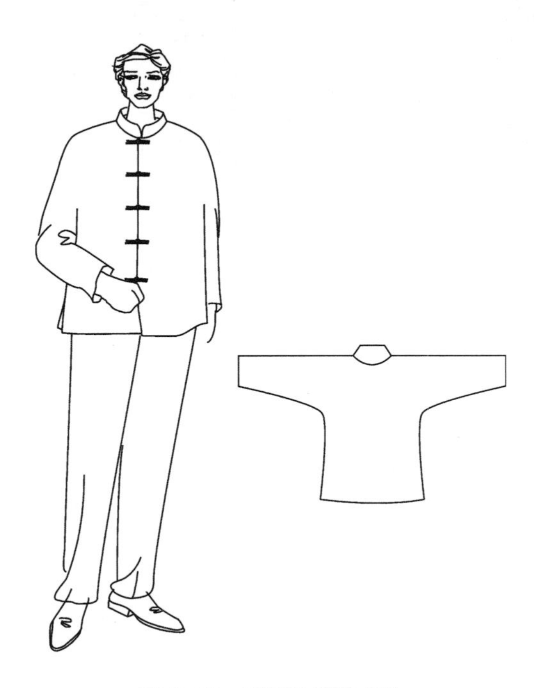

图 9-59 对襟马褂款式图

2. 规格设计（图 9-60）

WLL = 44cm + 1cm = 45cm

L = 45cm × 8.1/5 ≈ 73cm

BLL = 3.1/5 × 45cm ≈ 28cm

SL = 0.3 × 170cm + 11cm = 62cm

B =（92cm + 2cm）+（15 ~ 20）cm ⇒ 94cm + 20cm = 114cm

CW = 15cm

n_b = 4.5cm

n_f = 2.3cm

α_b = 95°

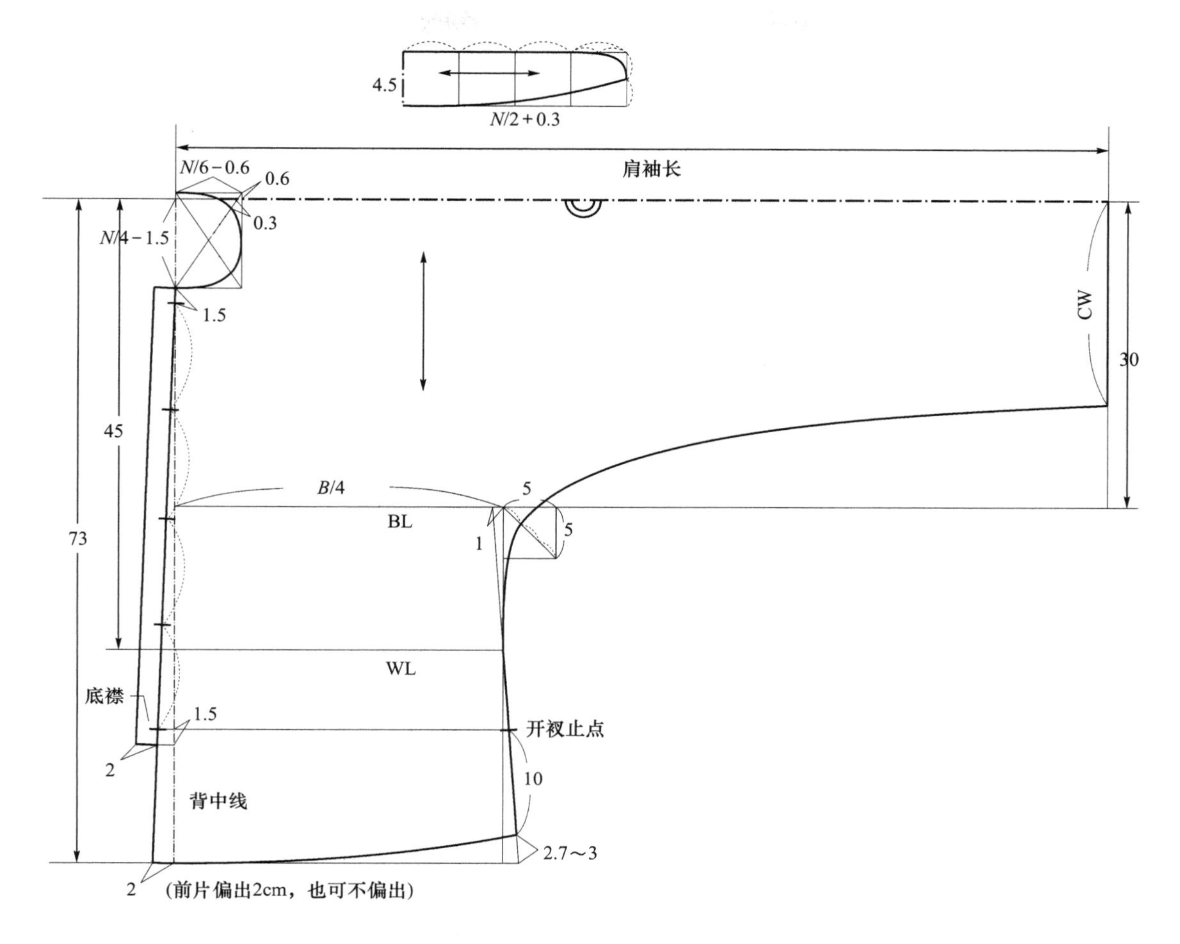

图 9-60　对襟马褂结构图

3．**结构处理**

衣身平衡采用梯形平衡的方法。实际前浮余量=2.3cm，其中 1.3cm 浮于袖窿，余下的 1.0cm 以撇胸形式消除。实际后浮余量=2.0cm，全部浮于袖窿。前、后内衣厚影响差为 0.6cm，这样加上人体的前、后腰节差，则后衣长比前衣长长 1.6cm，衣领为 α_b=95° 的单立领，领下口线长=实际领窝弧长+0.3cm，衣袖为最宽松型的连袖，袖中线与肩线呈水平线。

九、中式长衫

1．**款式风格**

本款式为具有单立领、偏门襟、布盘扣、连袖、双贴袋的中式服装风格的长衫（图 9-61）。

图 9-61　中式长衫款式图

2. 规格设计（图 9–62）

WLL＝44cm

$L=3.4\times 44\text{cm}\approx 150\text{cm}$

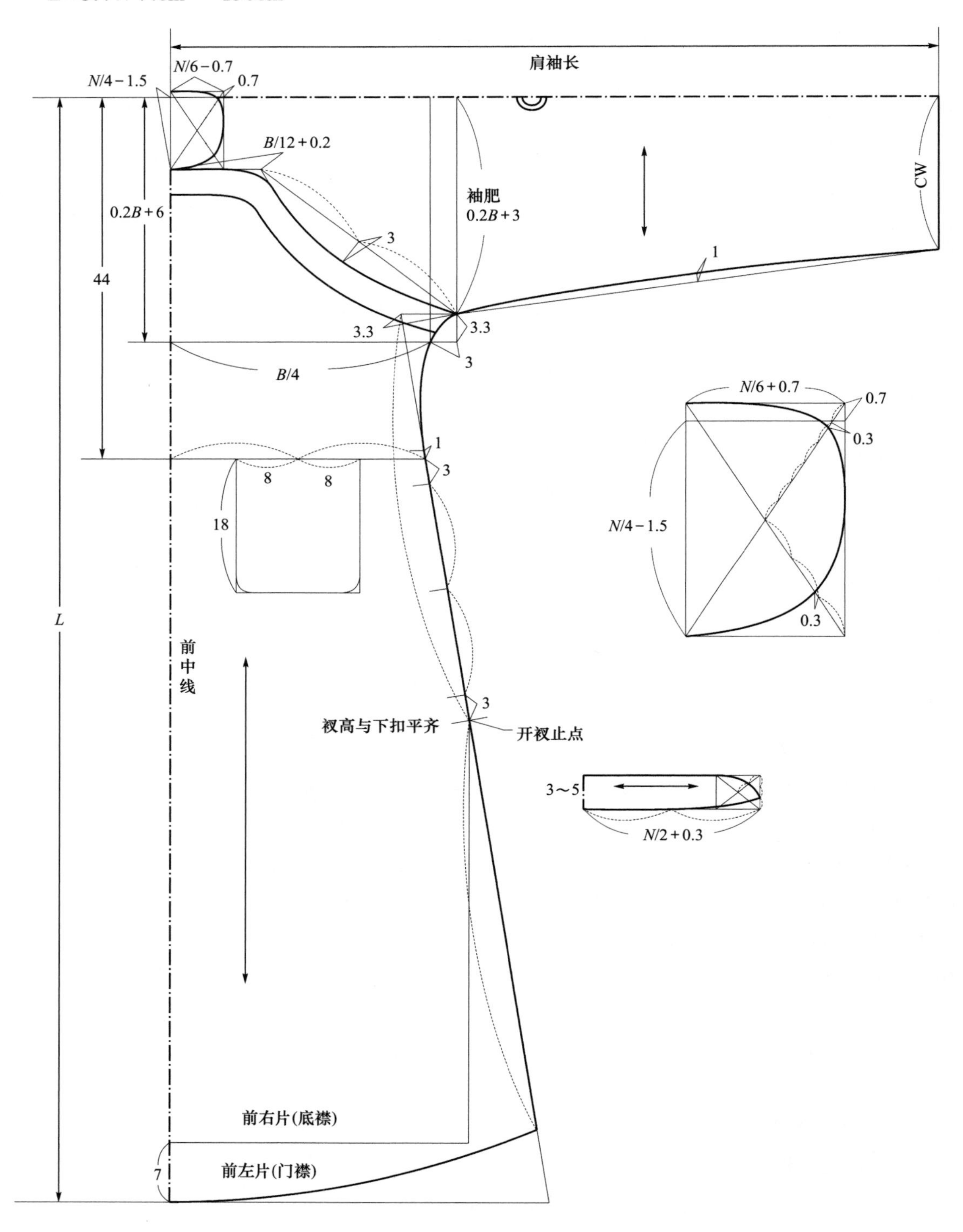

图 9–62　中式长衫结构图

BLL=3.2/5×44 ≈ 28cm

SL=0.3×170cm+9cm=60cm

B=（92cm+2cm）+（15 ~ 20）cm ⇒ 94cm+16cm=110cm

N=39cm+2.5cm=41.5cm

S=44cm+2cm=46cm

CW=14cm

（$B-W$）/2=4.5cm

（$H-B$）/2=0

n_b=4cm

n_f=3.5cm

α_b=95°

3. **结构处理**

衣身平衡采用梯形平衡的方法。实际前浮余量=2.3cm，全部浮于袖窿。实际后浮余量=2.0cm，全部浮于袖窿。衣领按单立领方法处理 α_b=95°，领下口线长=实际领窝弧长+0.3cm，衣袖为最宽松型的连袖，肩线与袖中线为同一直线。

第三节　较合体风格

一、一片袖较合体衬衫

1. **款式风格**

本款式衣领为翻立领，衣袖为直身双褶裥一片袖，六粒扣的较合体的衬衫（图 9-63）。

图 9-63　一片袖较合体衬衫款式图

2. **规格设计（图 9-64）**

L=44cm×8.2/5 ≈ 72cm

BLL=3.1/5×44cm ≈ 27cm

SL=0.3×170cm+9cm=60cm

B=（92cm+2cm）+（10 ~ 15）cm ⇒ 94cm+14cm=108cm

N=39cm+2.5cm=41.5cm

S=44cm+2cm=46cm

CW=11.5cm

（$B-W$）/2=2.2cm

（$H-B$）/2=−2cm

n_b=3.5cm

n_f=2.8cm

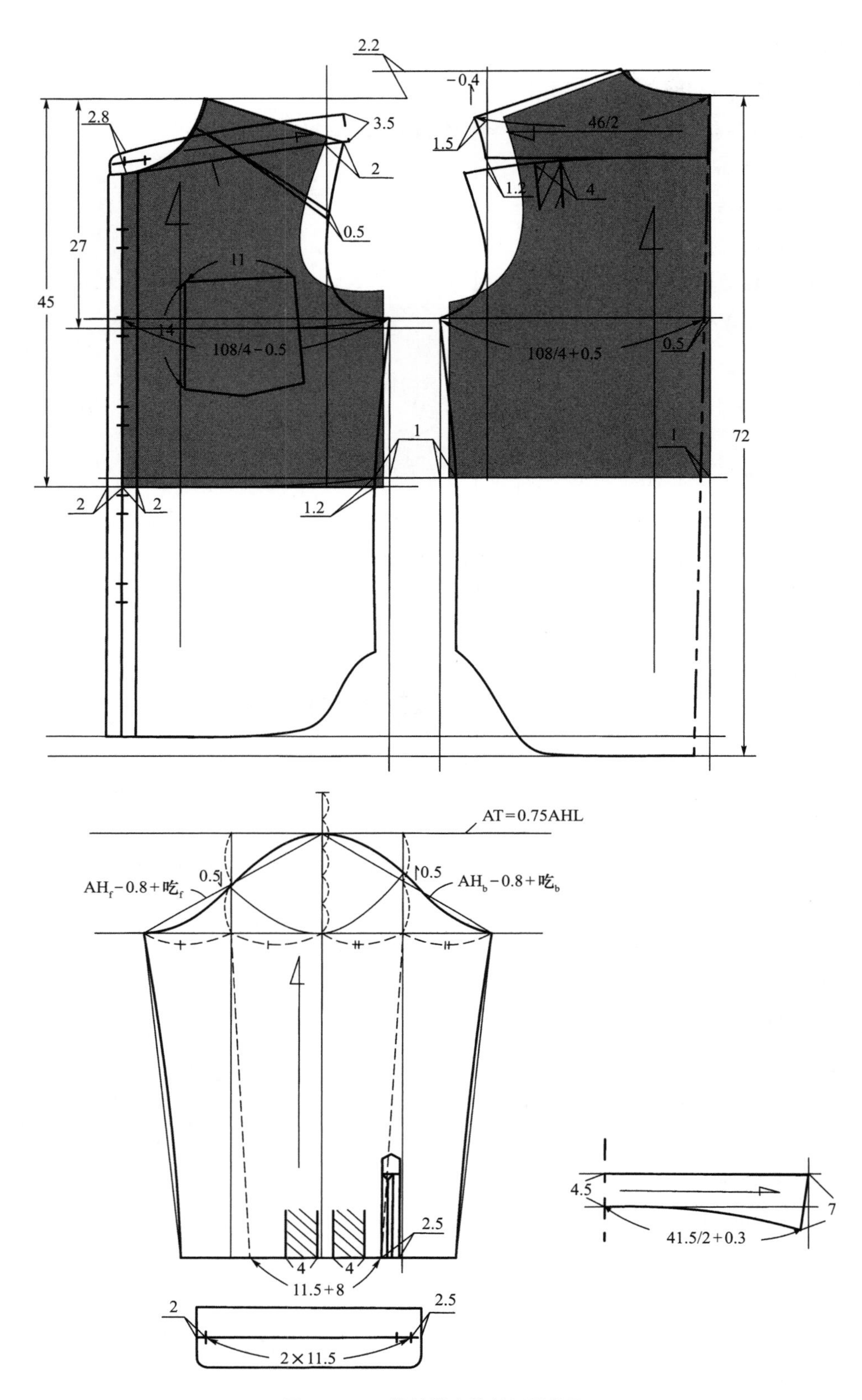

图 9-64　一片袖较合体衬衫结构图

$m_b=4.5cm$

$m_f=7cm$

$\alpha_b=95°$

3．**结构处理**（图 9–65）

衣身平衡采用梯形—箱形平衡的方法。实际前浮余量=2.3cm，由于男式衬衫注重门襟条格造型，故不能撇胸，其中下放 1.3cm，分割缝处消除 0.7cm，余下的 0.3cm 浮于袖窿。实际后浮余量=2.0cm，其中横向分割缝处消除 1.2cm，肩改斜消除 0.5cm，余下的 0.3cm 浮于袖窿。衣领为翻立领，其中领座下口线长=实际领窝弧长+0.3cm，翻领上口线长=领座上口线长 41.5cm/2+0.3cm 吃势。衣袖为直身一片袖，袖山高取较宽松风格，0.75AHL，前袖山斜线取 $AH_f-1.1cm+吃_f$，后袖山斜线取 $AH_b-0.8cm+吃_b$。

图 9–65　一片袖较合体衬衫成衣效果

二、较合体风格西服

1．**款式风格**

本款式为平驳领、单排四粒扣休闲式西服（图 9–66）。

2．**规格设计**（图 9–67）

WLL=44cm

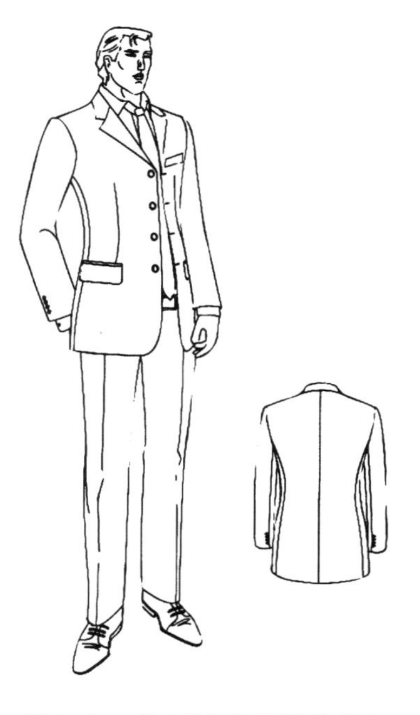

图 9–66　较合体风格西服款式图

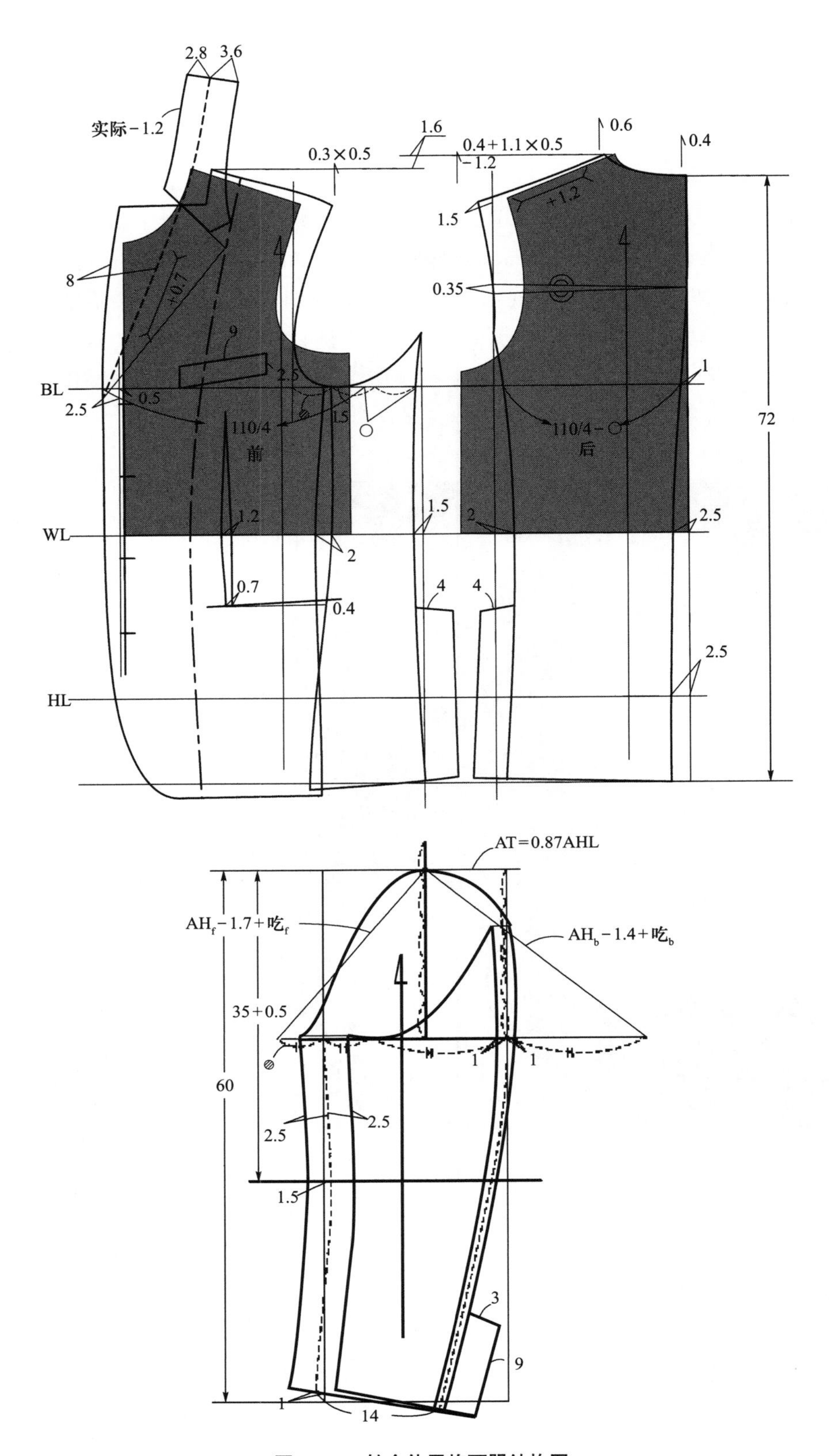

图 9-67 较合体风格西服结构图

$L=44\times8.2/5\approx72\text{cm}$

$\text{BLL}=44\times3/5\approx27\text{cm}$

$\text{SL}=0.3\times170\text{cm}+8\text{cm}+0.8\text{cm}\approx60\text{cm}$

$B=(92\text{cm}+2\text{cm}+3.5\text{cm})+(10\sim15)\text{cm}\Rightarrow97.5\text{cm}+12.5\text{cm}=110\text{cm}$

$N=42\text{cm}$

$S=44\text{cm}+2.5\text{cm}=46.5\text{cm}$

$\text{CW}=14\text{cm}$

$(B-W)/2=6\text{cm}$

$(H-B)/2=0$

$n_b=2.8\text{cm}$

$m_b=3.6\text{cm}$

$\alpha_b=120°$

3. **结构处理**（图 9-68）

衣身平衡采用箱形平衡的方法。实际前浮余量=2.3cm－0.8cm=1.5cm，全部以撇胸的形式消除。实际后浮余量=2.0cm－0.7×0.8cm ≈ 1.45cm，其中 1.15cm 采用肩缝缩的形式消除，余下的 0.3cm 转入背缝。前、后内衣厚影响差为 0.6cm，故 SNP 处上抬 0.6cm，SP 处上抬 0.45cm，BNP 处上抬 0.3cm。由于衣领的 $\alpha_b=120°$，故实际领窝应在基础领窝上开大 1.2cm，

图 9-68　较合体风格西服成衣效果

领下口线长=实际领窝弧长－1.2cm。衣袖的袖山高按合体风格应取0.87AHL，前袖山斜线取AH_f－1.7cm+$吃_f$，后袖山斜线取AH_b－1.4cm+$吃_b$，前后总吃势一般为3.5～4.0cm，袖身弯度取2.0cm，前偏袖量为2.5cm。

三、戗驳领较合体西装

1. 款式风格

本款式为戗驳领、单排两粒扣较合体的西装（图9-69）。

图9-69 戗驳领较合体西装款式图

2. 规格设计（图9-70）

WLL=44cm

L=44cm×8.3/5≈73cm

BLL=44cm×3/5≈27cm

SL=0.3×170cm+8.2cm+0.8cm=60cm

B=（92cm+2cm+3cm）+（10～15）cm ⇒ 97cm+13cm=110cm

N=39cm+3cm=42cm

S=44cm+2.5cm=46.5cm

CW=0.1×97cm+4.3cm=14cm

（$B-W$）/2=7cm

（$H-B$）/2=1.5cm

n_b=2.8cm

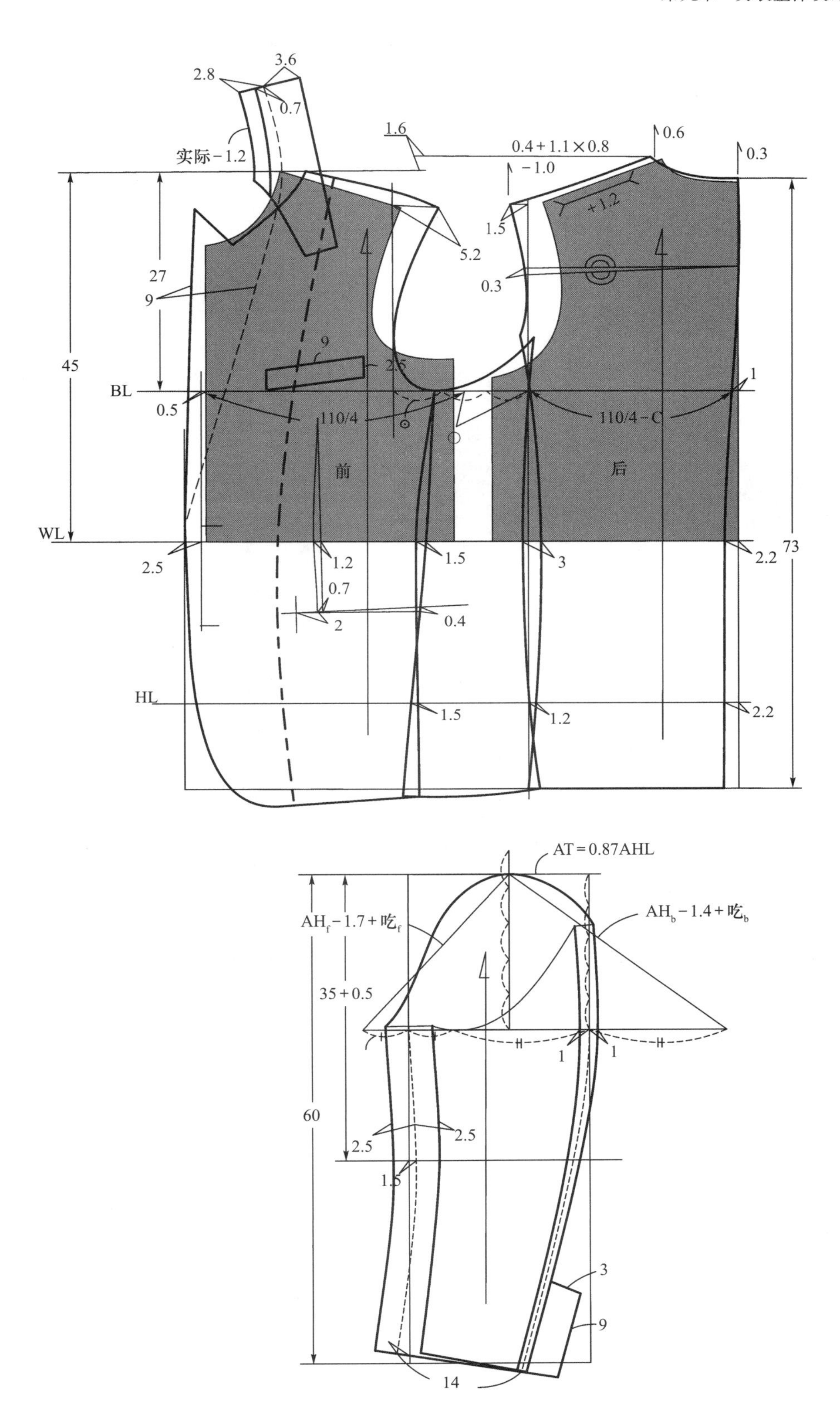

图 9–70　戗驳领较合体西装结构图

$m_b = 3.6\text{cm}$

$\alpha_b = 120°$

3. 结构处理（图 9–71）

衣身平衡采用箱形平衡的方法。实际前浮余量=2.3cm－0.8cm=1.5cm，全部以撇胸的形式消除。实际后浮余量=2.0cm－0.7×0.8cm ≈ 1.45cm，其中 1.2cm 采用肩缝缩的形式消除，余下的 0.25cm 转入背缝。前、后内衣厚影响差为 0.6cm，故 SNP 处上抬 0.6cm，SP 处上抬 0.4cm，BNP 处上抬 0.3cm。由于衣领的 $\alpha_b = 120°$，故实际领窝应在基础领窝上开大（120° –95° ）/5×0.2=1.0（cm），领下口线长=实际领窝弧长 –1.2cm。衣袖的袖山高取 0.87AHL，前袖山斜线取 $AH_f - 1.7\text{cm} + 吃_f$，后袖山斜线取 $AH_b - 1.4\text{cm} + 吃_b$，前后总吃势取 4 ~ 4.5cm，袖身弯度取 2.0cm，前偏袖量为 2.5cm。

图 9–71　戗驳领较合体西装成衣效果

四、戗驳领、弯身两片袖、较合体外套

1. 款式风格

本款式为戗驳领、弯身两片袖、背宽线装饰分割、腰部装饰腰带、衣身为较合体的外套（图 9–72）。

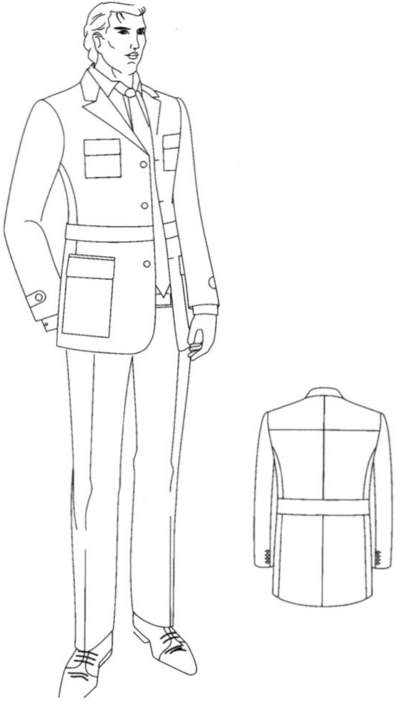

图 9–72　戗驳领、弯身两片袖、较合体外套款式图

2. 规格设计（图 9–73）

WLL=44cm

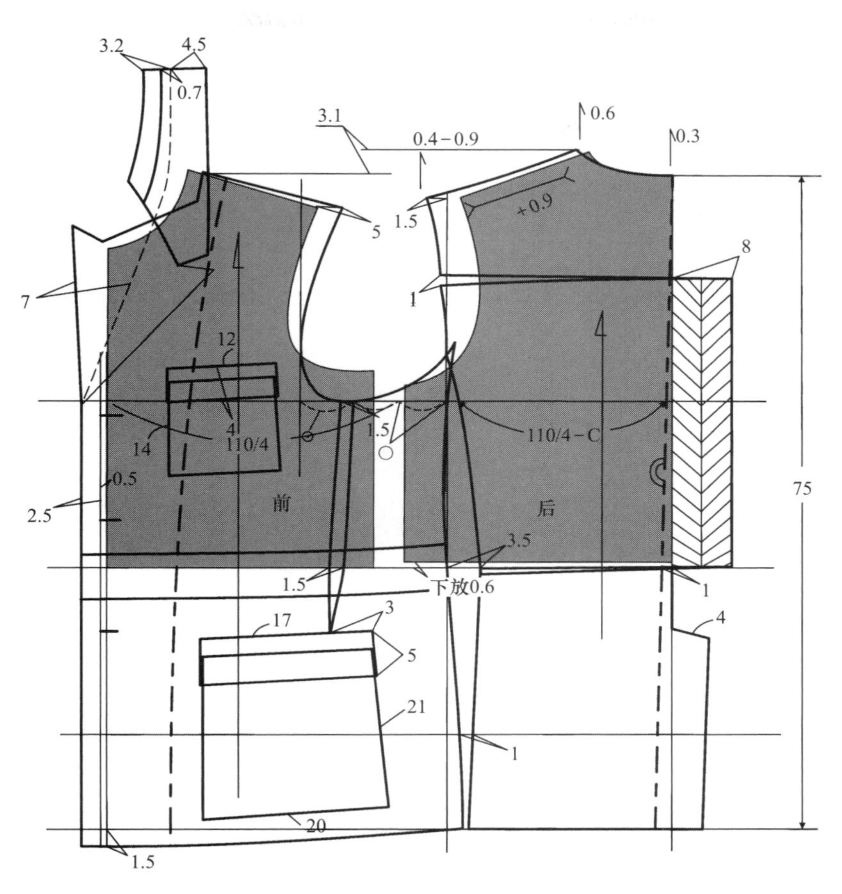

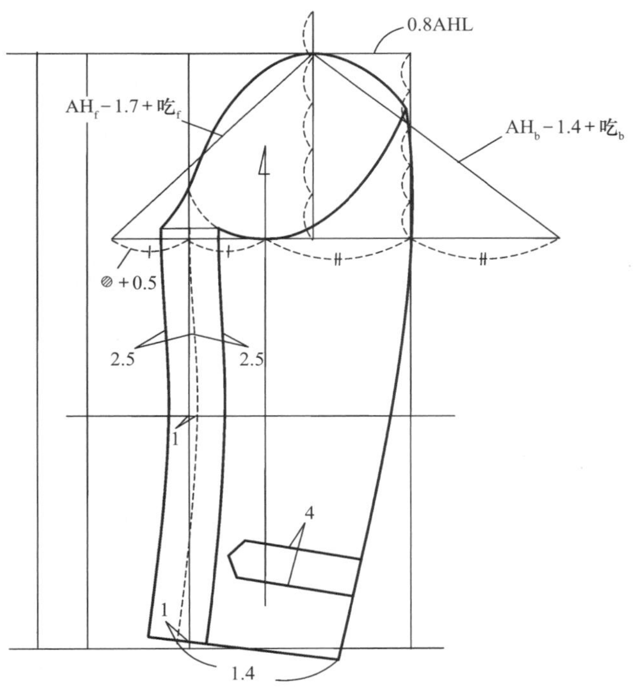

图 9-73　戗驳领、弯身两片袖、较合体外套结构图

L=44cm×8.5/5 ≈ 75cm

BLL=44cm×3/5 ≈ 27cm

SL=0.3×170cm+9cm=60cm

B=（92cm+2cm+3cm）+（10 ~ 15）cm ⇒ 97cm+13cm=110cm

N=39cm+3cm=42cm

S=44cm+2cm=46cm

CW=0.1×97cm+4.3cm=14cm

（$B-W$）/2=5cm

（$H-B$）/2=0.5cm

n_b=3.2cm

m_b=4.5cm

α_b=110°

3. 结构处理（图 9–74）

衣身平衡采用箱形—梯形平衡的方法。实际前浮余量=2.3cm，其中 1.7cm 采用撇胸的形式消除，余下的 0.6cm 采用下放的形式消除。实际后浮余量=2cm，其中肩缝缩 1cm，分割缝处消除 1cm。前、后内衣厚影响差为 0.6cm，故 SNP 处上抬 0.6cm，SP 处上抬 0.4cm，BNP 处上抬 0.3cm。衣领按 α_b=110°，领窝宽开大（110° −95°）/5×0.2=0.6（cm），领下

图 9–74 戗驳领、弯身两片袖、较合体外套成衣效果

口线长＝实际领窝弧长 －1.0cm。衣袖的袖山高取 0.8AHL，前袖山斜线取 AH_f－1.7cm＋$吃_f$，后袖山斜线取 AH_b－1.4cm＋$吃_b$，前后总吃势取 3.5 ~ 4.0cm，袖身弯度取 2.0cm，前偏袖量为 2.5cm。

五、戗驳领双排扣西装

1. 款式风格

本款式为双排扣、戗驳领，衣身为较合体的西装（图 9–75）。

图 9–75 戗驳领双排扣西装款式图

2. 规格设计（图 9–76）

WLL＝44cm

L＝44cm × 8.5/5 ≈ 75cm

BLL＝44cm × 3.1/5 ≈ 28cm

SL＝0.3 × 170cm＋8.2cm＋0.8cm＝60cm

B＝（92cm＋2cm＋3cm）＋（10 ~ 15）cm ⇒ 97cm＋13cm＝110cm

N＝39cm＋3.5cm＝42.5cm

S＝44cm＋3.5cm＝47.5cm

CW＝0.1 × 97cm＋4.6cm＝14.3cm

（B－W）/2＝5.5cm

（H－B）/2＝1.5cm

n_b＝2.8cm

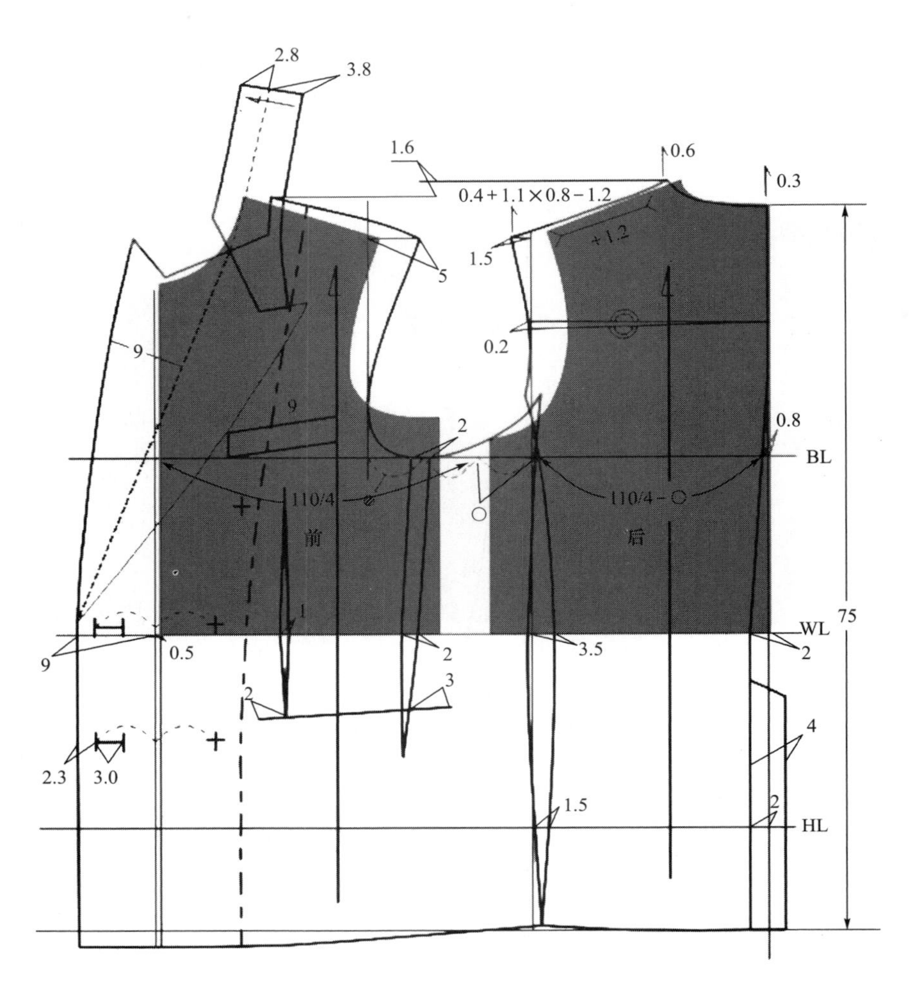

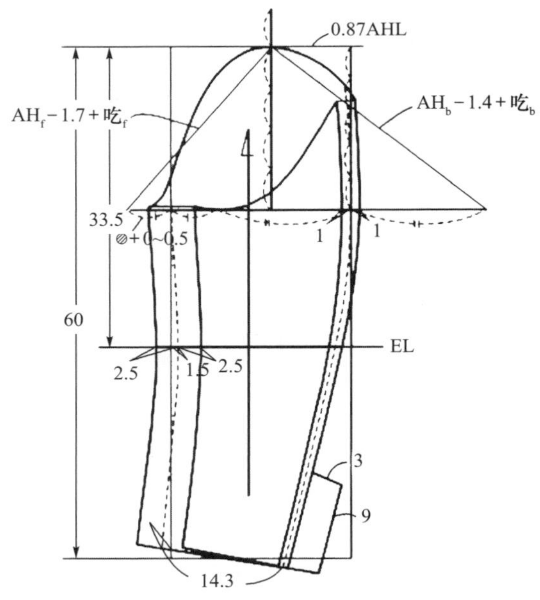

图 9–76 戗驳领双排扣西装结构图

$m_b=3.8$cm

$\alpha_b=120°$

3. **结构处理**（图 9–77）

衣身平衡采用箱形平衡的方法。实际前浮余量=2.3cm－0.8cm=1.5cm，全部采用撇胸的形式消除。实际后浮余量=2.0cm－0.7×0.8cm ≈ 1.45cm，其中采用肩缝缩消除 1.2cm，余下的 0.25cm 转入背缝。前、后内衣厚影响差为 0.6cm，故 SNP 处上抬 0.6cm，SP 处上抬 0.4cm，BNP 处上抬 0.3cm。衣领按 $\alpha_b=120°$ 设计，领窝宽开大（120°－95°）/5×0.2=1.0（cm），领下口线长=实际领窝弧长－1.2cm。衣袖的袖山高取 0.87AHL，前袖山斜线取 AH_f－1.7cm＋$吃_f$，后袖山斜线取 AH_b－1.4cm＋$吃_b$，前后总吃势取 4 ~ 4.5cm，袖身弯度取 2.0cm，前偏袖量为 2.5cm。

图 9–77　戗驳领双排扣西装成衣效果

六、较合体单排三粒扣西服

1. **款式风格**

本款式为平驳领、合体型弯身两片袖，衣身为较合体的西服（图 9–78）。

图 9–78　较合体单排三粒扣西服款式图

2. **规格设计**（图 9–79）

WLL=44cm

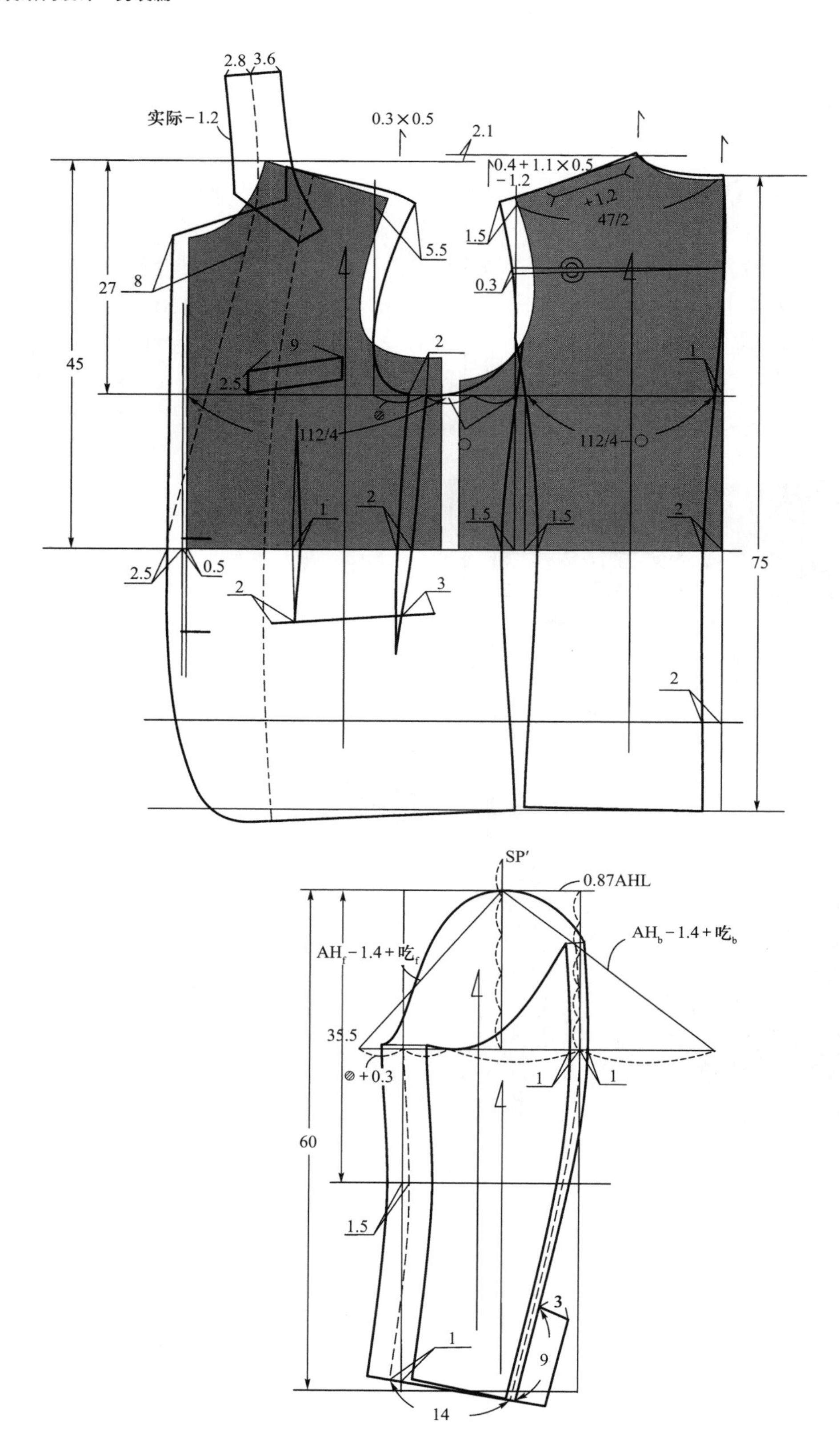

图 9-79 较合体单排三粒扣西服结构图

$L=44\text{cm}\times 8.5/5\approx 75\text{cm}$

$\text{BLL}=44\text{cm}\times 3/5\approx 27\text{cm}$

$\text{SL}=0.3\times 170\text{cm}+8.2\text{cm}+0.8\text{cm}=60\text{cm}$

$B=(92\text{cm}+2\text{cm}+3.5\text{cm})+(10\sim 15)\text{cm}\Rightarrow 97.5\text{cm}+14.5\text{cm}=112\text{cm}$

$N=39\text{cm}+3\text{cm}=42\text{cm}$

$S=44\text{cm}+3\text{cm}=47\text{cm}$

$\text{CW}=0.1\times 97\text{cm}+4.3\text{cm}=14\text{cm}$

$(B-W)/2=6\text{cm}$

$(H-B)/2=0$

$n_b=2.8\text{cm}$

$m_b=3.6\text{cm}$

$\alpha_b=120°$

3. **结构处理**（图 9–80）

衣身平衡采用箱形平衡的方法。实际前浮余量=2.3cm－0.8cm=1.5cm，全部采用撇胸的形式消除。实际后浮余量=2.0cm–0.7×0.8cm ≈ 1.45cm，其中采用肩缝缩消除 1.2cm，余下的 0.25cm 转入背缝。前、后内衣厚影响差为 0.6cm，故 SNP 处上抬 0.6cm，SP 处上抬 0.4cm，BNP 处上抬 0.3cm。衣领按 $\alpha_b=120°$ 设计，领窝宽开大（120° –95°）/5×0.2=1.0

图 9–80　较合体单排三粒扣西服成衣效果

(cm)，领下口线长=实际领窝弧长 -1.2cm。衣袖的袖山高取 0.87AHL，前袖山斜线取 AH_f-1.7cm+$吃_f$，后袖山斜线取 AH_b-1.4cm+$吃_b$，前后总吃势取 4 ~ 4.5cm，袖身弯度取 2.0cm，前偏袖量为 2.5cm。

七、青果领单排一粒扣西装

1. 款式风格

本款式为单排一粒扣、长青果领，衣身较合体的西装（图 9-81）。

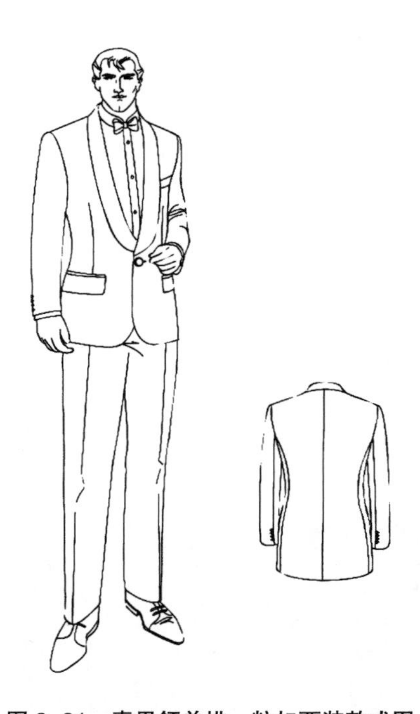

图 9-81 青果领单排一粒扣西装款式图

2. 规格设计（图 9-82）

WLL=44cm

L=44cm × 8.5/5 ≈ 75cm

BLL=44cm × 3/5 ≈ 27cm

SL=0.3 × 170cm+8.2cm+0.8cm=60cm

B=（92cm+2cm+3cm）+（10 ~ 15）cm ⇒ 97cm+13cm=110cm

N=39cm+3cm=42cm

S=44cm+2cm=46cm

CW=0.1 × 97cm+4.3cm=14cm

（$B-W$）/2=7cm

（$H-B$）/2=0

n_b=2.8cm

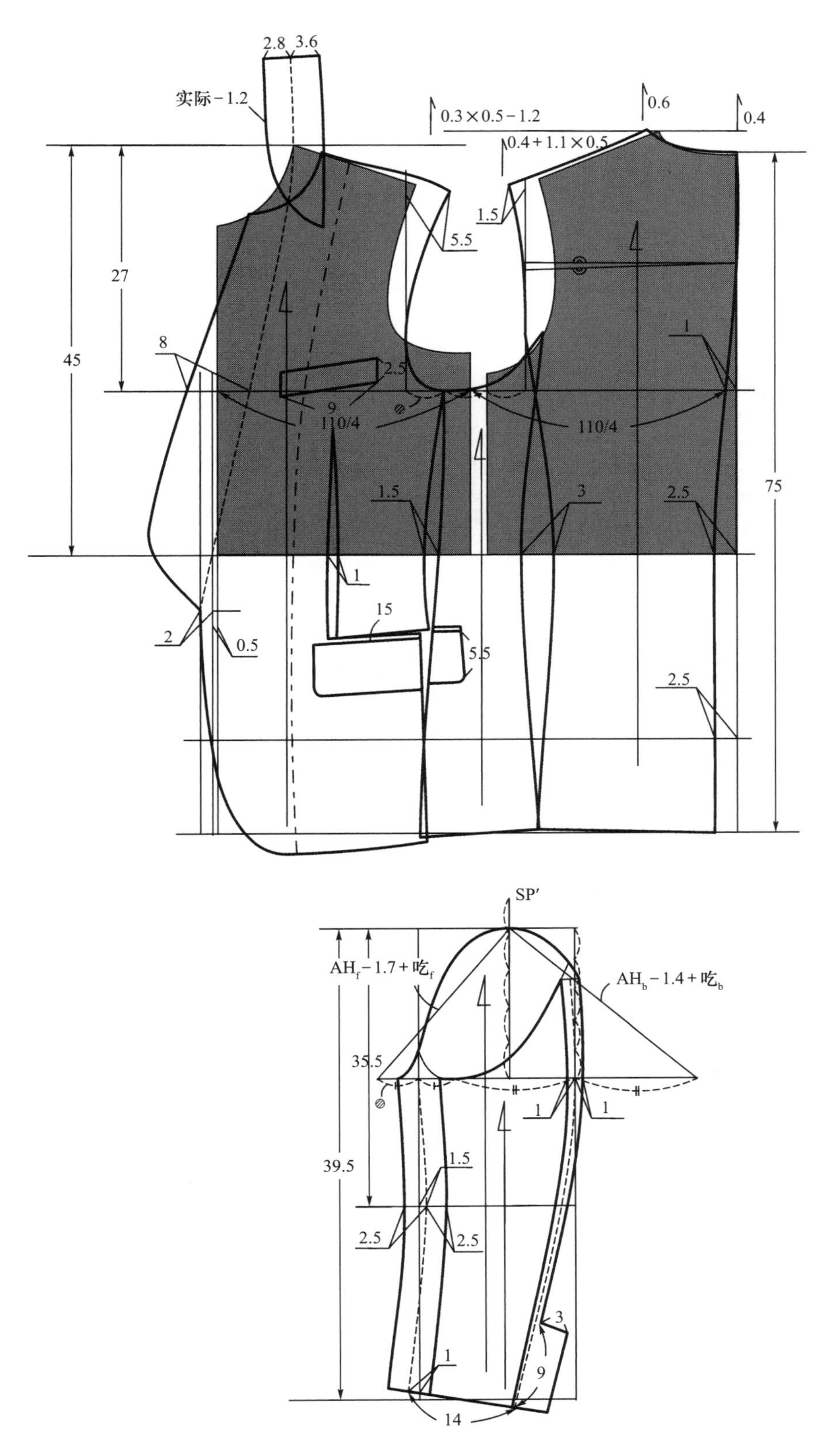

图 9–82　青果领单排一粒扣西装结构图

$m_b = 3.6\text{cm}$

$\alpha_b = 120°$

3. **结构处理**（图 9–83）

衣身平衡采用箱形平衡的方法。实际前浮余量=2.3cm–0.8cm=1.5cm，全部采用撇胸的形式消除。实际后浮余量=2.0cm–0.7×0.8cm ≈ 1.45cm，其中采用肩缝缩消除 1.2cm，余下的 0.25cm 转入背缝。前、后内衣厚影响差为 0.6cm，故 SNP 处上抬 0.6cm，SP 处上抬 0.4cm，BNP 处上抬 0.3cm。衣领按 $\alpha_b = 120°$ 设计，故领窝宽开大 1.0cm，领下口线长=实际领窝弧长 –1.2cm。衣袖的袖山高取 0.87AHL，袖身弯度取 2.5cm，做成最合体的弯身两片袖。

图 9–83 青果领单排一粒扣西装成衣效果

八、平驳领、袖底分割、较合体外套

1. **款式风格**

本款式为平驳领、袖底分割与衣身组合构成的较合体的外套（图 9–84）。

图 9–84 平驳领、袖底分割、较合体外套款式图

2. **规格设计**（图 9–85）

WLL=44cm

$L = 44\text{cm} \times 8.5/5 \approx 75\text{cm}$

BLL=44cm × 3/5 ≈ 27cm

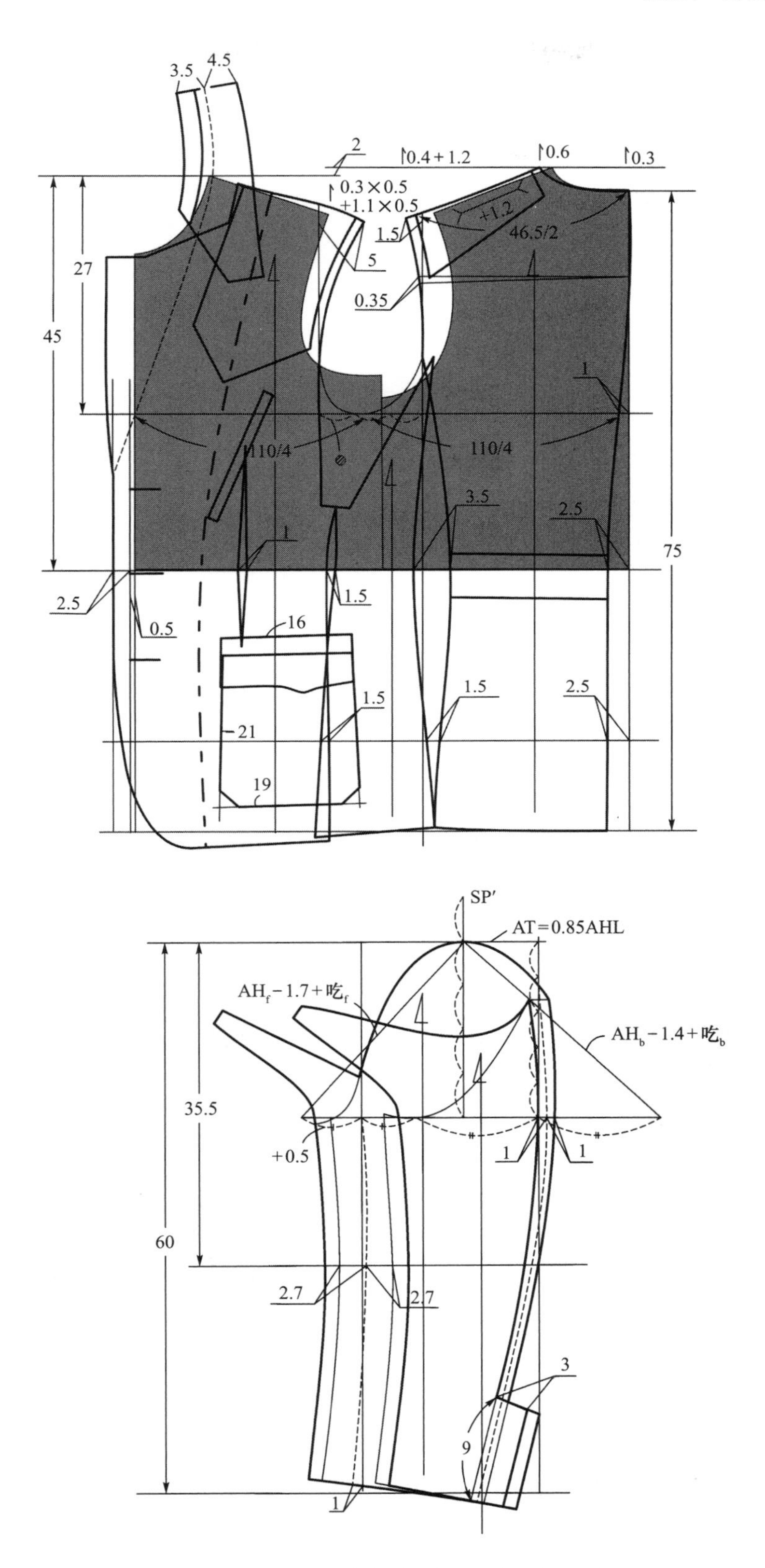

图 9-85　平驳领、袖底分割、较合体外套结构图

$SL=0.3\times170cm+8cm+1cm=60cm$

$B=(92cm+2cm+3cm)+(10\sim15)cm\Rightarrow97cm+13cm=110cm$

$N=42cm$

$S=44cm+2.5cm=46.5cm$

$CW=0.1\times97cm+3.8cm=13.5cm$

$(B-W)/2=7.5cm$

$(H-B)/2=1.5cm$

$n_b=3.5cm$

$m_b=4.5cm$

$\alpha_b=120°$

3. 结构处理（图 9–86）

衣身平衡采用箱形平衡的方法。实际前浮余量=2.3cm–0.8cm=1.5cm，全部采用撇胸的形式消除。实际后浮余量=2.0cm–0.7×0.8cm ≈ 1.45cm，其中用肩缝缩消除 1.2cm，余下的 0.25cm 转入背缝。前、后内衣厚影响差取 0.8cm，故 SNP 处上抬 0.6cm，SP 处上抬 0.4cm，BNP 处上抬 0.3cm。衣领按 $\alpha_b=120°$ 设计，领窝宽开大 1.0cm，领下口线长 = 实际领窝弧长 –1.2cm。衣袖的袖山高取 0.85AHL，袖身弯度取 1.0cm，大小袖底部都分割衣身袖窿底部分割的$\frac{1}{2}$，与衣身袖窿底部分割相吻合。

图 9–86 平驳领、袖底分割、较合体外套成衣效果

九、无领西式外套

1. 款式风格

本款式为无领、双贴袋、单排三粒扣，衣身较合体的弯身两片袖西式外套（图 9-87）。

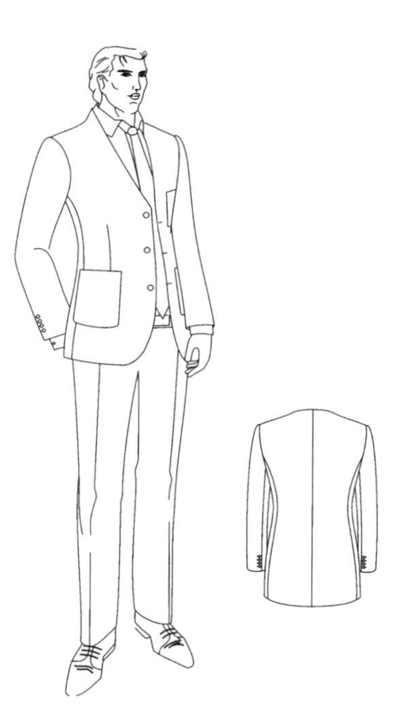

图 9-87 无领西式外套款式图

2. 规格设计（图 9-88）

WLL=44cm

L=44cm×8.5/5 ≈ 75cm

BLL=44cm×3/5 ≈ 27cm

SL=0.3×170cm+8cm+1cm=60cm

B =（92cm + 2cm + 3cm）+（10 ~ 15）cm ⇒ 97cm+13cm=110cm

N=42cm

S=44cm+2.5cm=46.5cm

CW=14cm

3. 结构处理（图 9-89）

衣身平衡采用箱形平衡的方法。实际前浮余量=2.3cm-

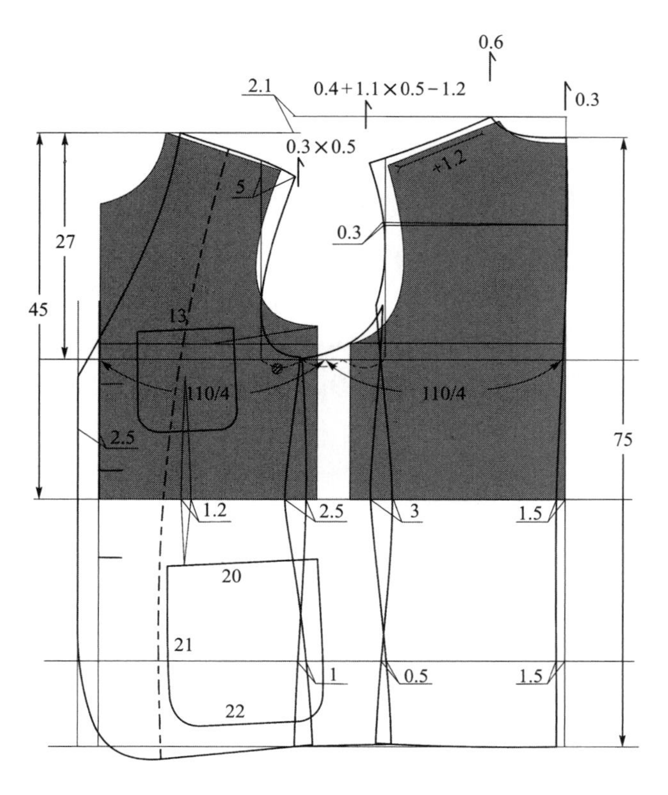

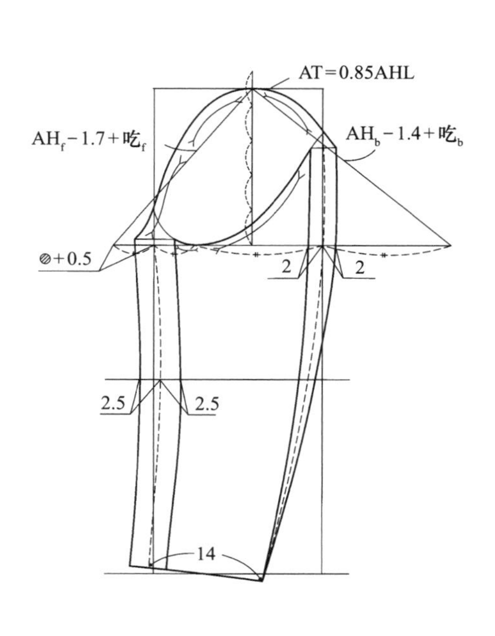

图 9-88 无领西式外套结构图

图 9–89 无领西式外套成衣效果

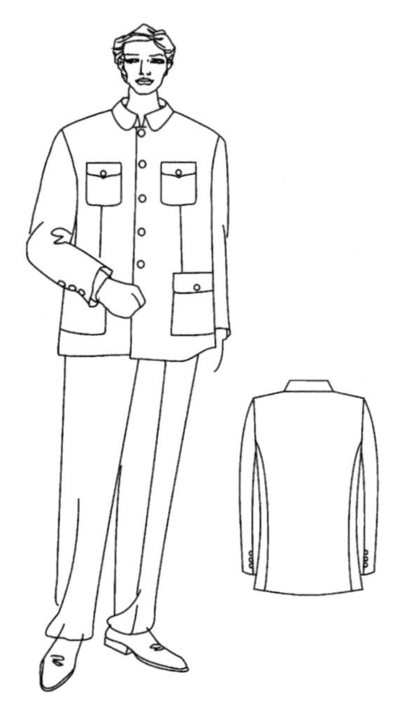

图 9–90 中山装款式图

0.8cm=1.5cm，全部采用撇胸的形式消除。实际后浮余量=1.9cm－0.35cm－0.02cm（110cm－108cm）≈ 1.5cm，其中以肩缝缩形式消除 1.2cm，余下的 0.3cm 转入背缝。前、后内衣厚影响差取 0.6cm，故 SNP 处上抬 0.6cm，SP 处上抬 0.4cm，BNP 处上抬 0.3cm。衣袖的袖山高取 0.85AHL，袖山前后总吃势 3 ~ 3.5cm，袖身弯度取 2.0cm。

十、中山装

1. 款式风格

翻立领、单排五粒扣、四贴袋、弯身两片袖的典型较合体中山装（图 9–90）。

2. 规格设计（图 9–91）

WLL=45cm

L=45cm × 8.3/5 ≈ 75cm

BLL=45cm × 3.1/5 ≈ 28cm

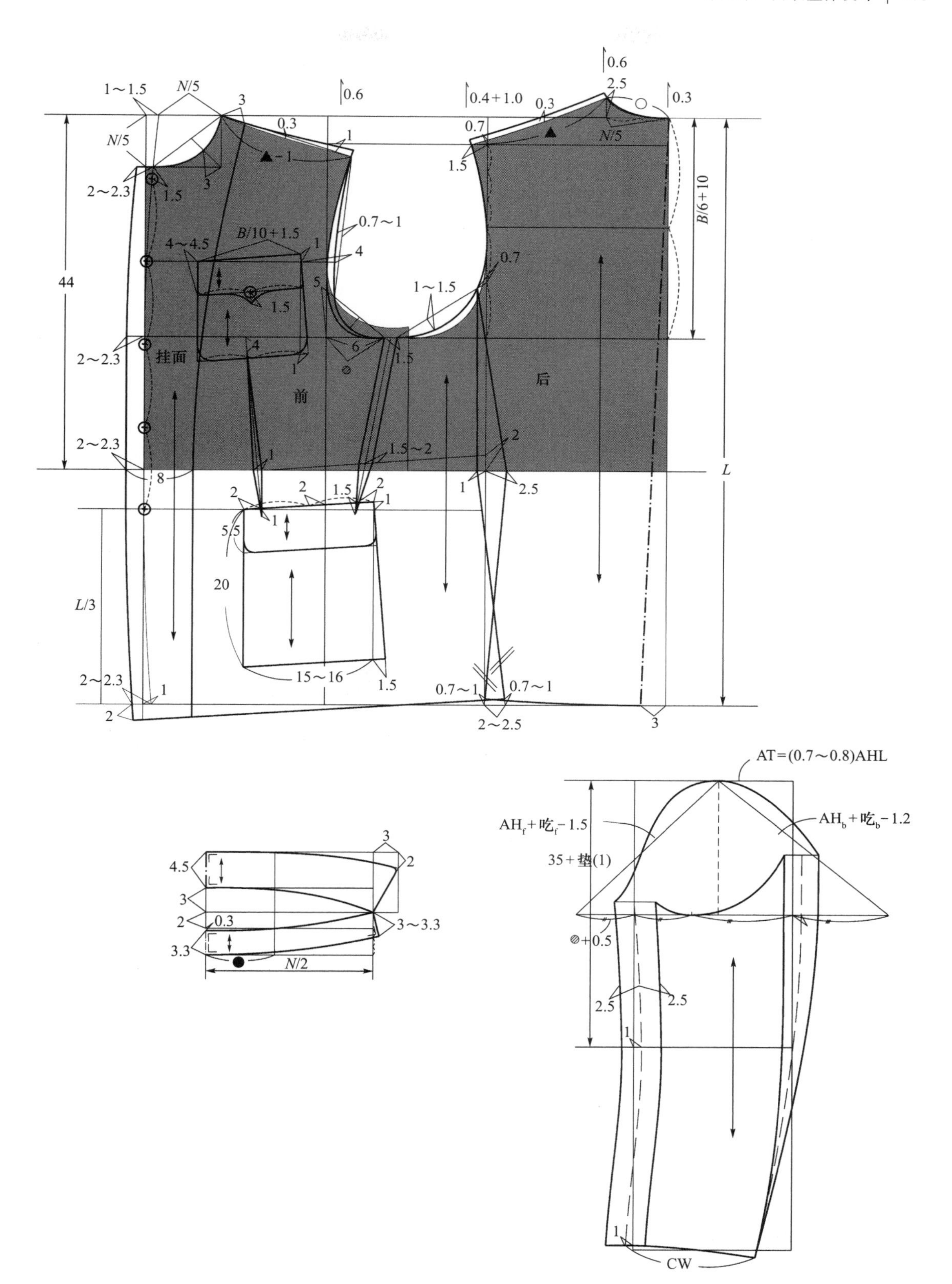
1～1.5
N/5
3
0.6
0.4＋1.0
0.6
2.5
0.3
0.3
0.7
0.3
N/5
1.5
1
▲－1
N/5
2～2.3
1.5
3
B/6＋10
0.7～1
4～4.5
B/10＋1.5
1
4
0.7
44
5
1～1.5
1.5
6
1.5
2～2.3
挂面
4
1
前
后
2～2.3
2
1.5～2
1
8
1
2.5
L
2
2
1.5
2
1
1
5.5
20
L/3
15～16
1.5
2～2.3
1
0.7～1
0.7～1
2
2～2.5
3
AT＝(0.7～0.8)AHL
AHf＋吃f－1.5
AHb＋吃b－1.2
35＋垫(1)
3
4.5
2
3
2
0.3
3～3.3
3.3
N/2
+0.5
2.5
2.5
1
1
CW

图 9-91 中山装结构图

$SL=0.3\times170cm+9cm+1cm=61cm$

$B=(92cm+2cm+3.5cm)+(10\sim15)cm\Rightarrow97.5cm+14.5cm=112cm$

$N=42.5cm$

$S=44cm+3cm=47cm$

$CW=14.5cm$

$n_b=3.3cm$

$n_f=3cm$

$m_b=4.5cm$

$m_f=7cm$

$\alpha_b=110°$

3. **结构处理**（图 9-92）

衣身平衡采用箱形平衡的方法。实际前浮余量=2.3cm－1.0cm=1.3cm，全部以撇胸的形式消除。实际后浮余量=2.0cm－0.7×1.0cm=1.3cm，其中 1.0cm 采用肩缝缩形式消除，余下的 0.3cm 转入分割缝。前、后内衣厚影响差取 0.6cm，故 SNP 处上抬 0.6cm，SP 处上抬 0.4cm，BNP 处上抬 0.3cm。衣领按翻立领设计，领窝宽开大 0.4cm，衣袖按袖山高为（0.7 ~ 0.8）AHL，袖身弯度取 2cm。

图 9-92 中山装成衣效果

十一、青果领单排六粒扣休闲上装

1. 款式风格

本款式为青果形翻折领、单排六粒扣、胸部贴袋、腰部开袋，衣身较为合体的休闲上装（图 9–93）。

图 9–93 青果领单排六粒扣休闲上装款式图

2. 规格设计（图 9–94）

WLL=44cm

L=44cm × 8.1/5 ≈ 72cm

BLL=44cm × 3.1/5 ≈ 27cm

SL=0.3 × 170cm+9cm+1cm=61cm

B=（92cm+2cm+3.5cm）+（10 ~ 15）cm ⇒ 97.5cm+12.5cm=110cm

N=39cm+3cm=42cm

S=44cm+2.5cm=46.5cm

CW=14cm

（$B-W$）/2=5cm

（$H-B$）/2=2cm

n_b=3cm

m_b=4.5cm

α_b=110°

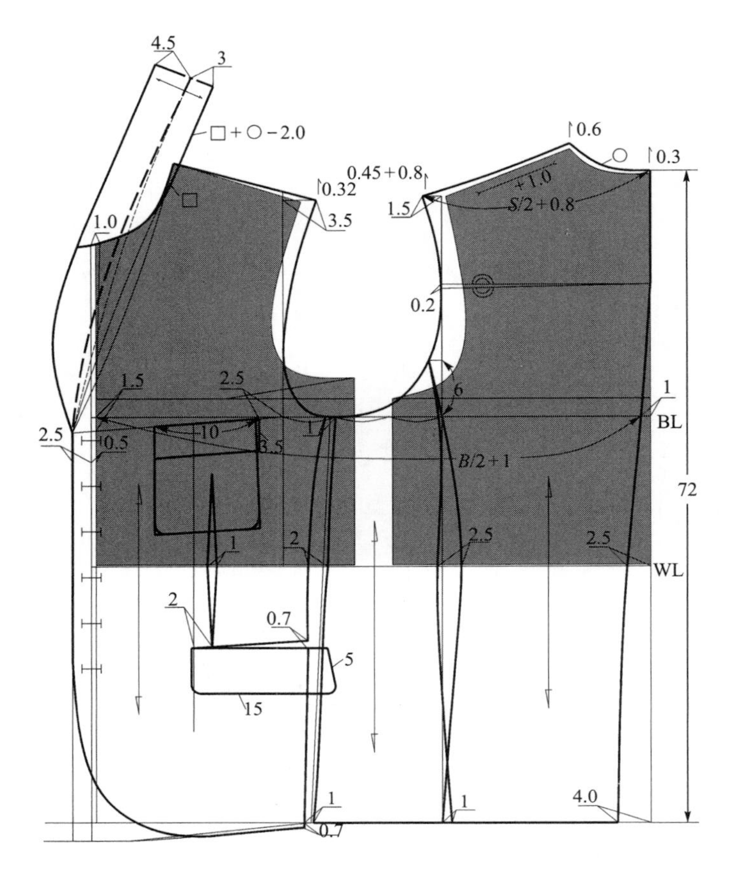

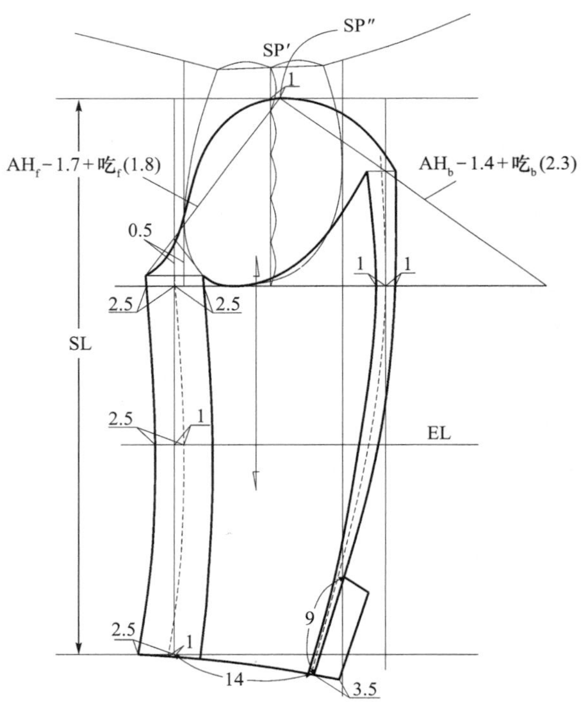

图 9-94　青果领单排六粒扣休闲上装结构图

3．结构处理

实际前浮余量=2.3cm－1.0cm=1.3cm，全部以撇胸的形式消除。实际后浮余量=2.0cm－0.7×1.0cm=1.3cm，其中采用肩缝缩形式消除1.0cm，余下的0.3cm转入背缝。前、后内衣厚影响差取0.6cm，故SNP处上抬0.6cm，SP处上抬0.45cm，BNP处上抬0.3cm。衣领按α_b=110°设计，领窝宽开大（110°－95°）/5×0.2=0.6（cm），领下口线长=实际领窝弧长－2.0cm。袖山高取0.85AHL，袖山前后总吃势为3～3.5cm，袖身弯度取2.0cm。

十二、平驳领、单排三粒扣较合体西服

1．款式风格

本款式为平驳头翻折领、单排三粒扣、后身双开衩，衣身为较合体的西装（图9–95）。

图9–95　平驳领、单排三粒扣较合体西服款式图

2．规格设计（图9–96）

WLL=44cm

L=44cm×8.2/5≈73cm

BLL=44cm×3.1/5≈27cm

SL=0.3×170cm+8cm+1cm=60cm

B=（92cm+2cm）+（10～15）cm ⇒ 94cm+11cm=105cm

N=39cm+2.5cm=41.5cm

S=44cm+2cm=46cm

CW=13.5cm

（B－W）/2=7cm

（H－B）/2=1cm

n_b=3cm

m_b=4cm

α_b=120°

3．结构处理

实际前浮余量=2.3cm－1.0cm=1.3cm，全部以撇胸的形式消除。实际后浮余量=2.0cm－0.7×1.0cm=1.3cm，其中以肩缝缩形式消除1.0cm，余下的0.3cm转入背缝。前、后内衣厚影响差取0.2cm，故SNP处上抬0.2cm，SP处上抬0.2cm，BNP处上抬0.1cm。衣领按α_b=120°设计，领窝宽开大（120°－95°）/5×0.2=1.0（cm），领下口线长=实际领窝弧长－1.2cm，衣袖袖山高取（0.8～0.85）AHL，袖山前后总吃势为3.5～4.0cm，袖身弯度取2.5cm。

十三、学生装

1．款式风格

本款式为单立领、单排五粒扣、三贴袋、弯身两片袖，衣身为较合体的上装（图

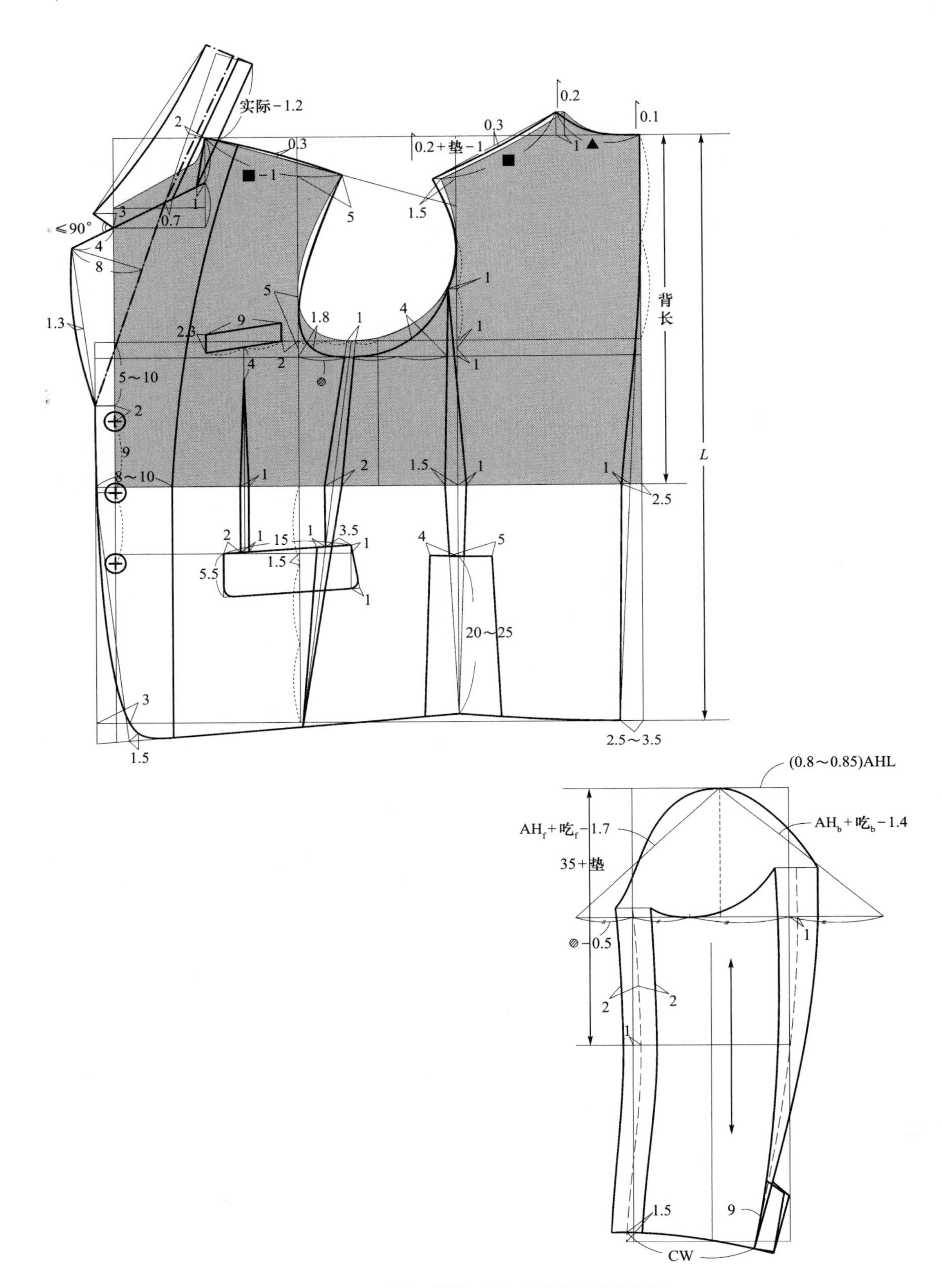

图 9-96 平驳领、单排三粒扣较合体西服结构图

9–97）。

2．**规格设计**（图 9–98）

WLL=44cm+0.5cm=44.5cm

L=44.5cm × 8.2/5 ≈ 73cm

BLL=44.5cm × 3/5 ≈ 27cm

SL=0.3 × 170cm+9cm+1cm=61cm

B=（92cm+2cm+3.5cm）+（10 ~ 15）cm ⇒ 97.5cm+14.5cm=112cm

N=39cm+3.5cm=42.5cm

S=44cm+3cm=47cm

CW=14.5cm

（$B-W$）/2=4.5cm

（$H-B$）/2=0

n_b=3.5cm

n_f=3cm

α_b=95°

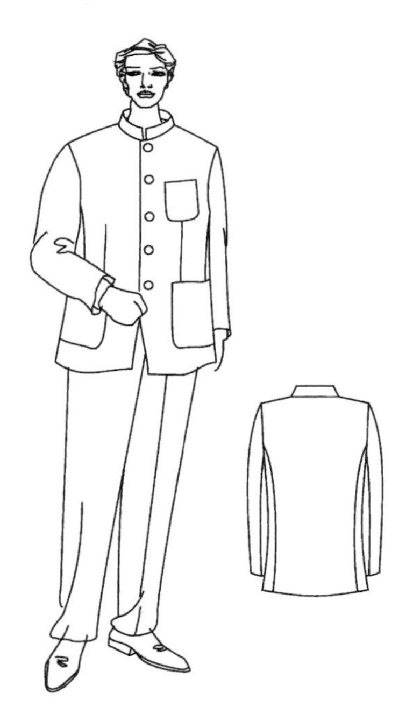

图 9–97　学生装款式图

3．**结构处理**

衣身平衡采用箱形平衡的方法。实际前浮余量=2.3cm－1.0cm=1.3cm，全部以撇胸的形式消除。实际后浮余量=2.0cm－0.7 × 1.0cm=1.3cm，其中以肩缝缩形式消除 1.0cm，余下的

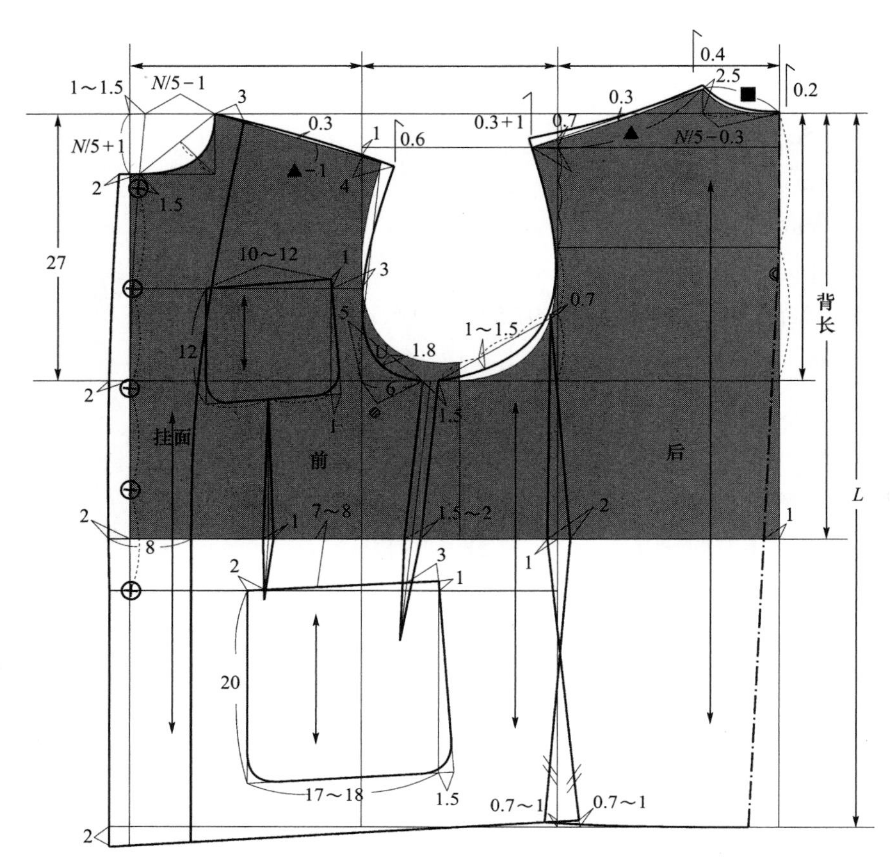
1～1.5
N/5－1
3
N/5＋1
0.3
▲－1
1
0.6
4
0.3＋1
0.7
0.3
0.4
2.5
0.2
N/5－0.3
2
1.5
27
10～12
1
3
12
5
0.7
1～1.5
1.8
6
1.5
2
挂面
前
后
背长
L
2
1
7～8
1.5～2
2
1
1
8
2
3
1
20
17～18
1.5
0.7～1
0.7～1
2

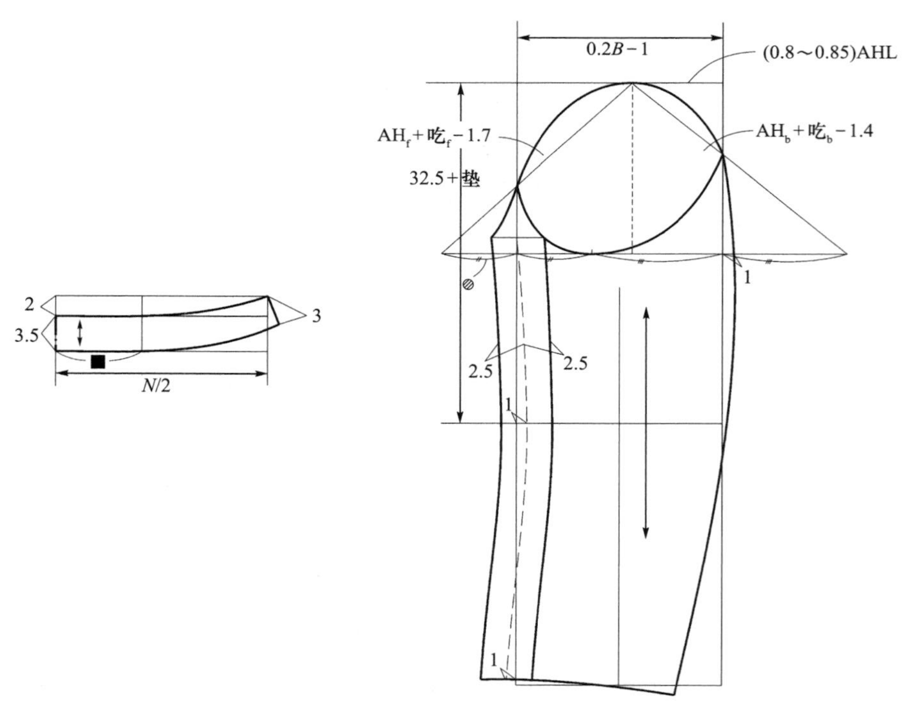
0.2B－1
(0.8～0.85)AHL
AHf＋吃f－1.7
AHb＋吃b－1.4
32.5＋垫
1
2.5
2.5
1
1
2
3
3.5
N/2

图 9-98 学生装结构图

0.3cm 转入背缝，作成隐形背缝。前、后内衣厚影响差取 0.6cm，故 SNP 处上抬 0.4cm，SP 处上抬 0.3cm，BNP 处上抬 0.2cm。衣领按单立领设计，由于 $\alpha_b=95°$，故领窝宽不需开大，衣袖按袖山高取（0.8 ~ 0.85）AHL，袖山前后总吃势取 3.0 ~ 3.5cm，袖身弯度取 2.0cm。

十四、青年装

1. 款式风格

本款式为单立领、暗门襟、三开袋、弯身两片袖，衣身较合体的男上装（图 9–99）。

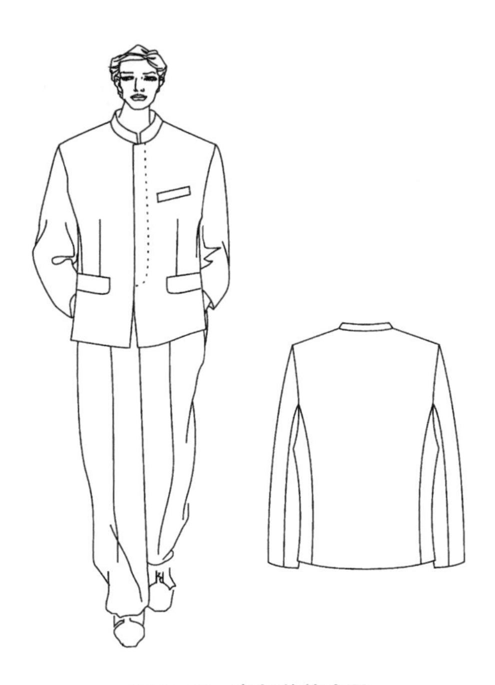

图 9–99　青年装款式图

2. 规格设计（图 9–100）

WLL=44.5cm

L=44.5cm × 8.2/5 ≈ 73cm

BLL=44.5cm × 3.2/5 ≈ 28cm

SL=0.3 × 170cm+9cm+1cm=61cm

B=（92cm+2cm+3.5cm）+（10 ~ 15）cm ⇒ 97.5cm+14.5cm=112cm

N=39cm+3.5cm=42.5cm

S=44cm+3cm=47cm

CW=14.5cm

（$B-W$）/2=4.5cm

（$H-B$）/2=1cm

n_b=3.5cm

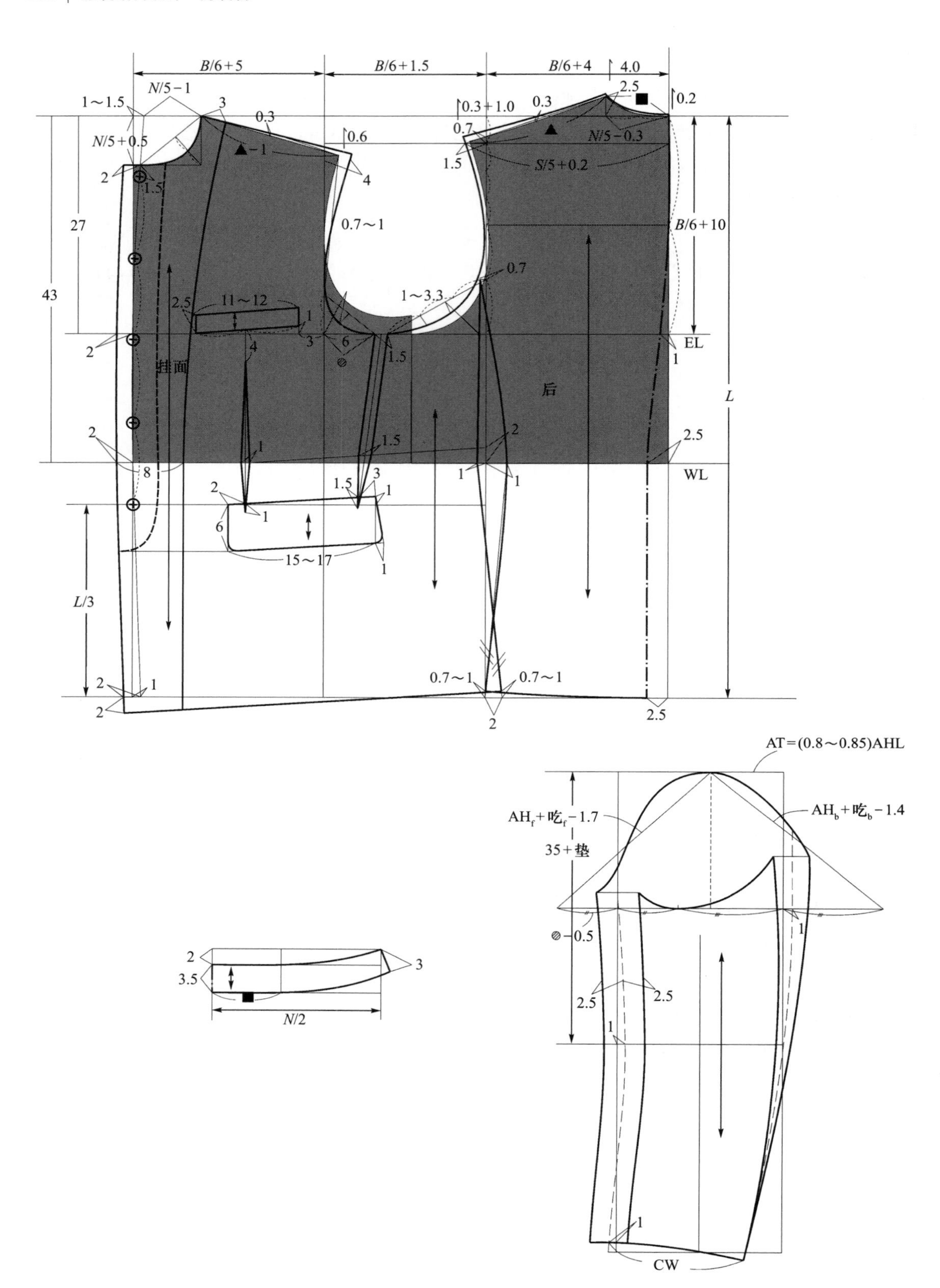

图 9-100 青年装结构图

$n_f = 3\text{cm}$

$\alpha_b = 100°$

3. **结构处理**

衣身结构平衡采用前浮余量作撇胸处理，后浮余量一部分转入肩缝缝缩、一部分转入背缝处理。前、后内衣厚影响差取 0.4cm，故 SNP 处上抬 0.4cm，BNP 处上抬 0.2cm，SP 处上抬 0.3cm。衣袖按袖山高取（0.8 ～ 0.85）AHL，袖身弯度取 1cm，袖山前后总吃势为 3.5cm，其中前袖山吃势为 1.6cm、后袖山吃势为 1.9cm。

十五、较合体夹克

1. **款式风格**

本款式为可立可驳的单立领，斜插袋，较合体袖山、弯身两片圆袖，衣身分割、底边装克夫的较合体的夹克（图 9-101）。

图 9-101 较合体夹克款式图

2. **规格设计（图 9-102）**

$\text{WLL} = 44\text{cm}$

$L = 44\text{cm} \times 7.6/5 \approx 67\text{cm}$

$\text{BLL} = 44\text{cm} \times 3.2/5 \approx 28\text{cm}$

$\text{SL} = 0.3 \times 170\text{cm} + 10\text{cm} = 61\text{cm}$

$B =（92\text{cm} + 2\text{cm}）+（10 \sim 15）\text{cm} \Rightarrow 94\text{cm} + 14\text{cm} = 108\text{cm}$

$N = 39\text{cm} + 3\text{cm} = 42\text{cm}$

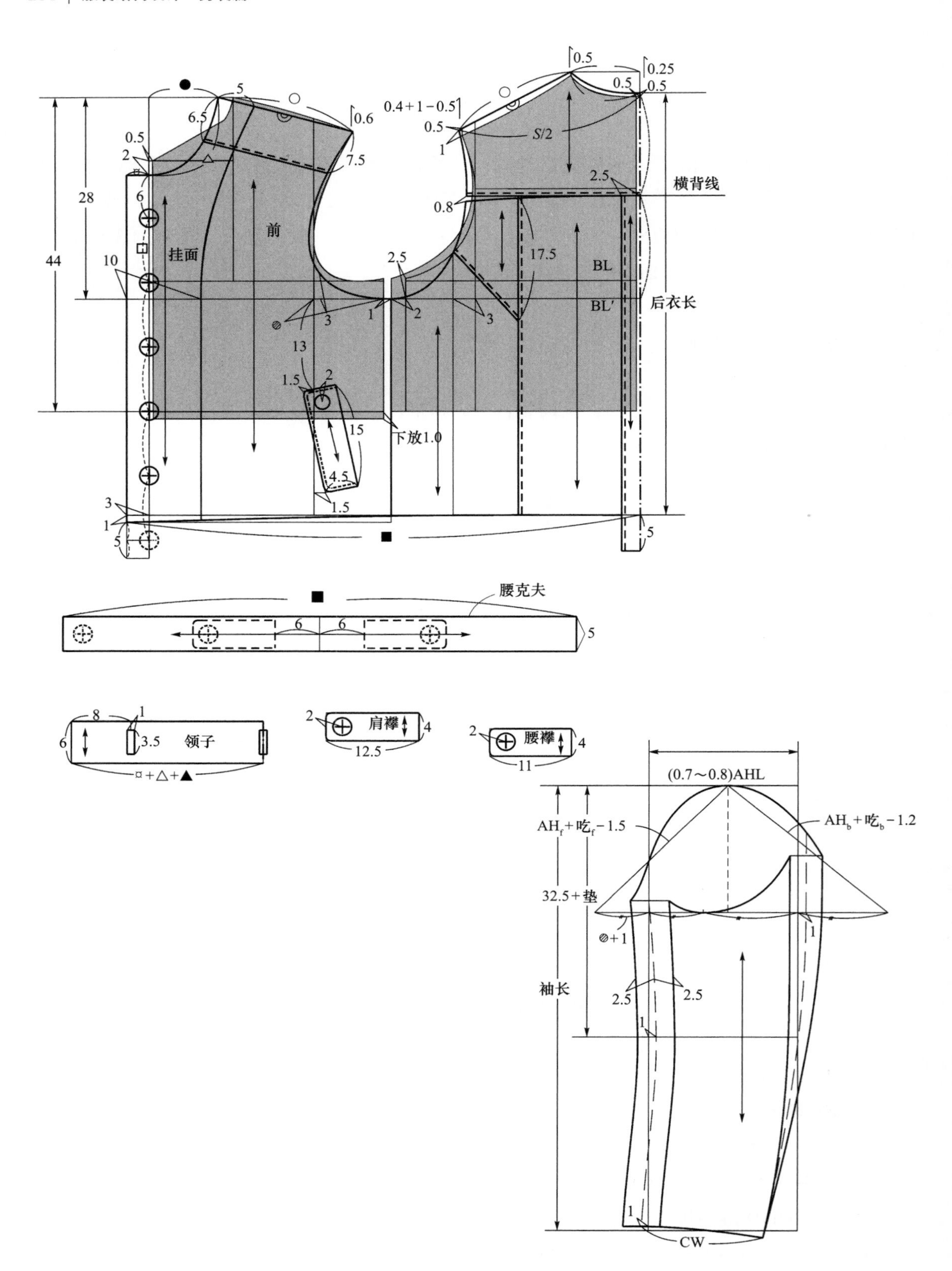

图 9-102 较合体夹克结构图

$S=44cm+2cm=46cm$

$n_b=n_f=6cm$

$\alpha_b=95°$

CW＝13.5cm

3. **结构处理**

衣身平衡采用箱形—梯形平衡的方法。实际前浮余量＝2.3cm，其中 1.0cm 以下放形式消除，余下的 1.3cm 以撇胸形式消除。实际后浮余量＝2.0cm，其中 1.0cm 肩缝缩消除，余下的 1.0cm 放入分割缝。前、后内衣厚影响差取 0.5cm，故 SNP 处上抬 0.5cm，SP 处上抬 0.4cm，BNP 处上抬 0.25cm。衣领按 $\alpha_b=95°$ 设计，领窝宽不需开大，领下口线长＝实际领窝弧长＋0.3cm。衣袖按袖山高取（0.7 ～ 0.8）AHL，袖身弯度取 2.0cm。

十六、牛仔夹克

1. **款式风格**

本款式为翻折领、单排四粒扣，直身一片袖，分割衣身，底边装克夫的牛仔夹克（图 9–103）。

2. **规格设计**（图 9–104）

WLL＝44cm＋1cm＝45cm

$L=45cm\times7.6/5\approx68cm$

BLL＝45cm × 3.2/5 ≈ 29cm

SL＝0.3 × 170cm＋11cm＝62cm

$B=(92cm+2cm+5cm)+(10\sim15)cm\Rightarrow 99cm+15cm=114cm$

$N=39cm+4cm=43cm$

$S=44cm+4cm=48cm$

CW＝13cm

$n_b=3.5cm$

$m_b=5cm$

$n_f=3cm$

$m_f=6cm$

$\alpha_b=110°$

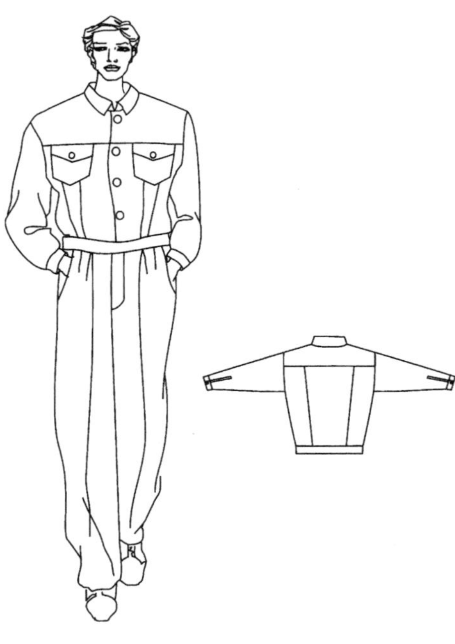

图 9–103　牛仔夹克款式图

3. **结构处理**

衣身平衡采用箱形平衡的方法。实际前浮余量＝2.3cm，其中 1.3cm 以撇胸的形式消除，余下的 1.0cm 放入分割缝。实际后浮余量＝2.0cm，其中 1.0cm 后肩缝缝缩，余下的 1.0cm 放入分割缝。前、后内衣厚影响差取 0.8cm，故 SNP 处上抬 0.5cm，SP 处上抬 0.35cm，BNP 处上抬 0.25cm。衣领按 $\alpha_b=110°$ 设计，领窝宽开大 0.6cm，领下口线长＝实际领窝弧长－1.0cm。衣袖按袖山高取 0.6AHL，袖身为直身一片袖，袖口开衩。

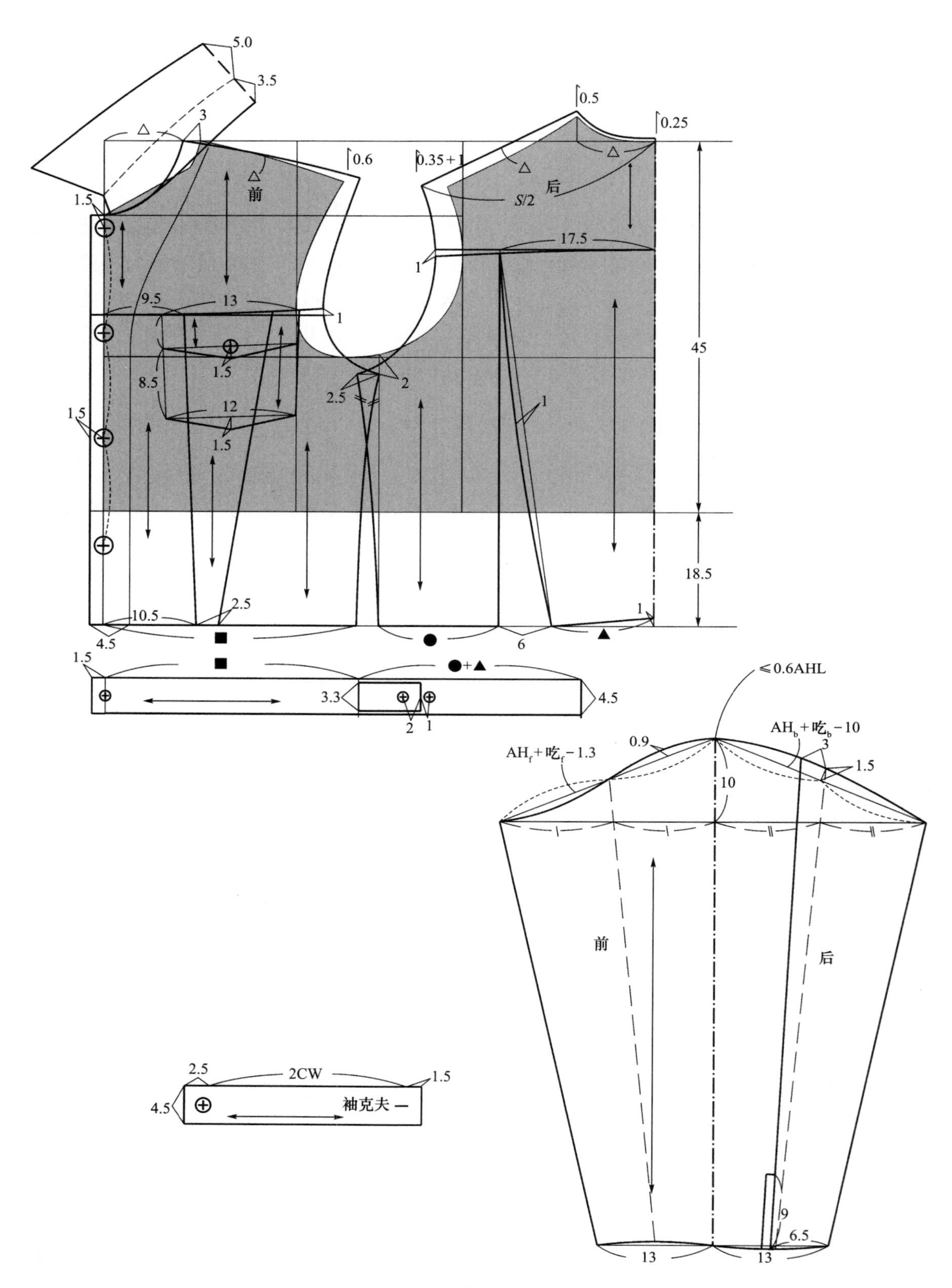

图 9-104 牛仔夹克结构图

十七、外穿式衬衫

1. 款式风格

本款式为翻立领、翻门襟、直身一片袖，较合体的外穿式衬衫（图 9–105）。

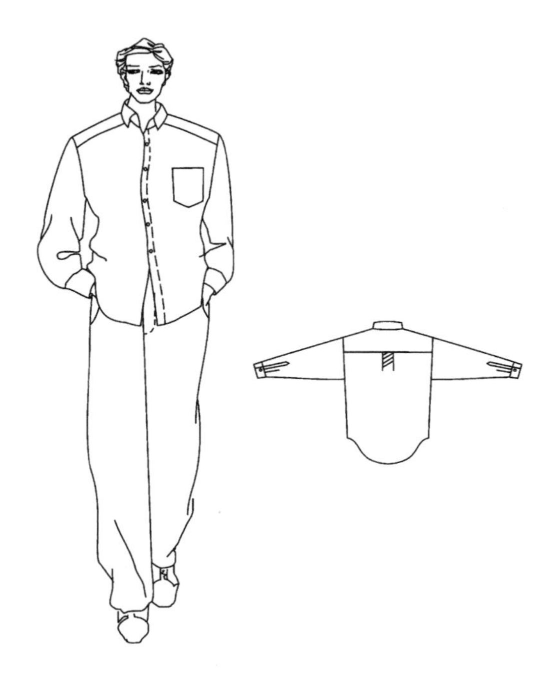

图 9–105　外穿式衬衫款式图

2. 规格设计（图 9–106）

WLL=44cm

L=44cm × 8.3/5 ≈ 73cm

BLL=44cm × 3.1/5 ≈ 27cm

SL=0.3 × 170cm+10cm=61cm

B=（92cm+2cm）+（10 ~ 15）cm ⇒ 94cm+14cm=108cm

N=39cm+2.5cm=41.5cm

S=44cm+5cm=49cm

（$H-B$）/2=−4cm

CW=12cm

n_b=3.3cm

n_f=2.8cm

m_b=4.5cm

m_f=7cm

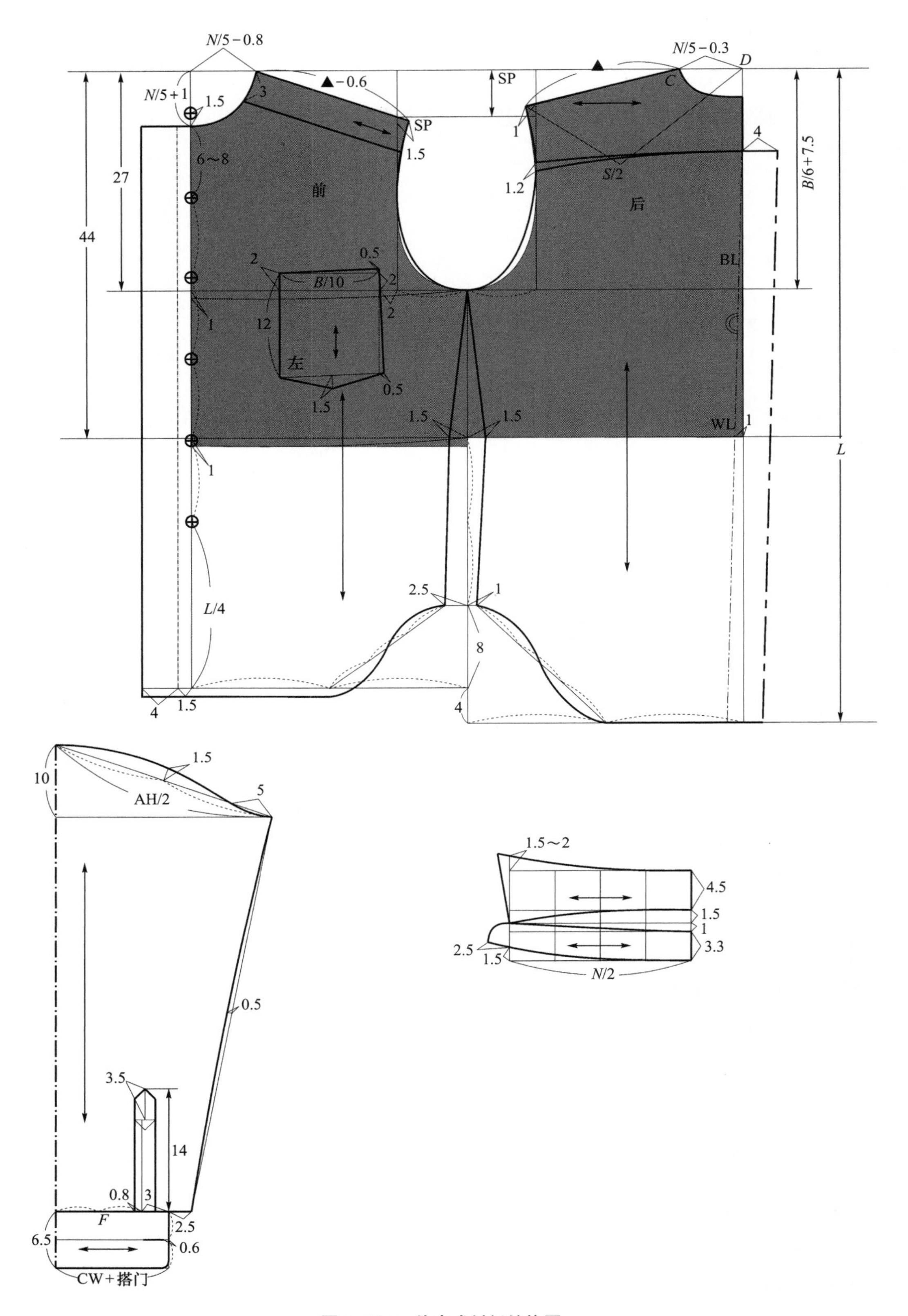

图 9-106 外穿式衬衫结构图

3. **结构处理**

衣身平衡采用梯形平衡的方法。实际前浮余量=2.3cm，其中1.5cm下放，余下的0.8cm浮于袖窿。实际后浮余量=2.0cm，其中1cm转入后肩缝，0.7cm转入分割缝，余下的0.3cm浮于袖窿。袖山高取0.7 ~ 0.8AHL，衣领按翻立领结构制图。

十八、骑马装

1. **款式风格**

本款式为平驳翻折领、单排四粒扣、弯身两片圆袖，分割式衣身，运动舒适性要求较高的男上装（图9–107）。

图9–107　骑马装款式图

2. **规格设计**（图9–108）

WLL=44cm

L=44cm×8.9/5 ≈ 78cm

BLL=44cm×3.1/5 ≈ 27cm

SL=0.3×170cm+9cm+1cm=61cm

B=（92cm+2cm）+（10 ~ 15）cm ⇒ 94cm+14cm=108cm

N=39cm+3cm=42cm

S=44cm+2.5cm=46.5cm

CW=13.5cm

（B–W）/2=8cm

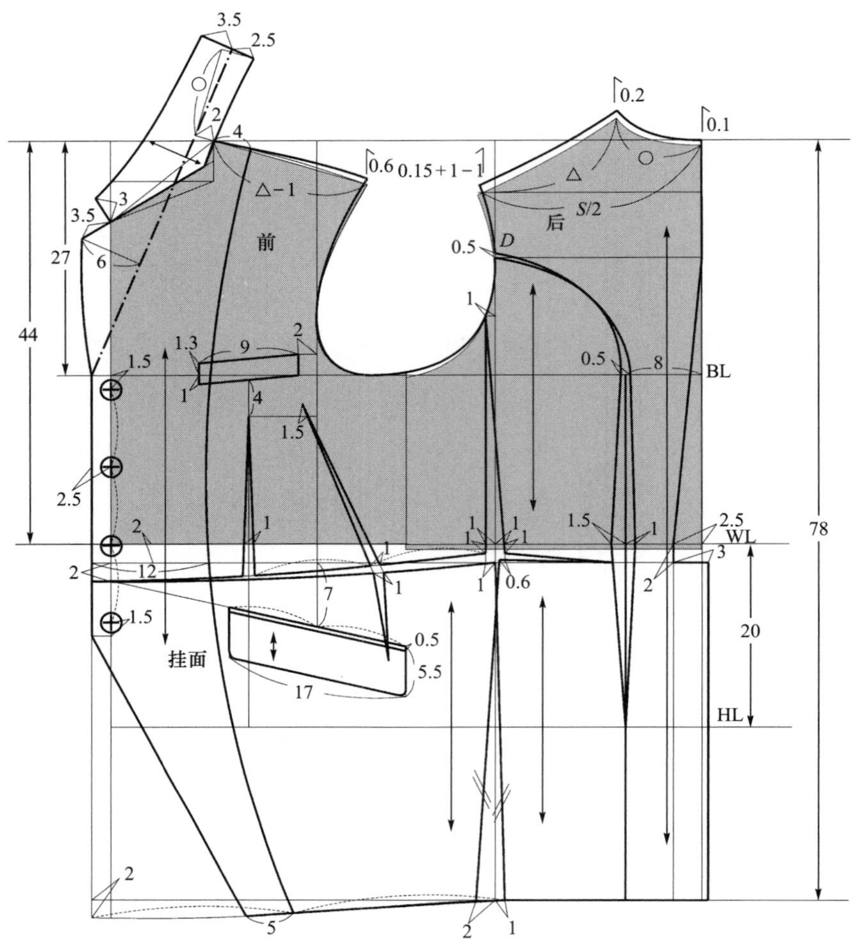

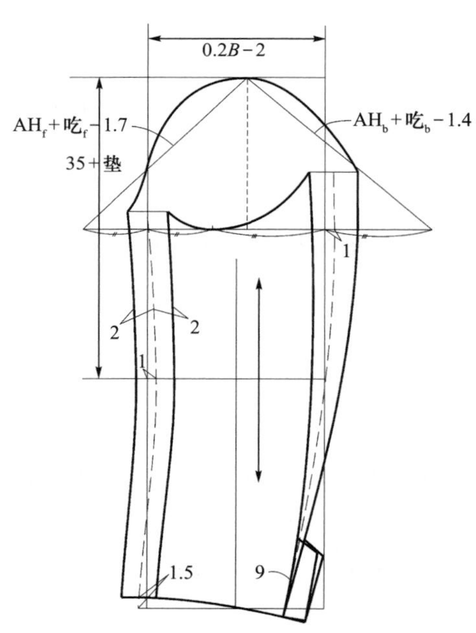

图 9-108 骑马装结构图

$(H-B)/2=-2\text{cm}$

$n_b=2.5\text{cm}$

$m_b=3.5\text{cm}$

$\alpha_b=120°$

3. **结构处理**

衣身平衡采用箱形平衡的方法。实际前浮余量=2.3cm−1.0cm=1.3cm，全部转入撇势消除。实际后浮余量=2.0cm−0.7×1.0cm=1.3cm，其中1cm以肩缝缩形式消除，余下的0.3cm转入分割缝中消除。前、后内衣厚影响差为0.2cm，SNP处上抬0.2cm，SP处上抬0.15cm，BNP处上抬0.1cm。衣领按$\alpha_b=120°$设计，领窝宽开大1.0cm，领下口线长=实际领窝弧长−1.2cm。圆袖袖肥按$0.2B-2\text{cm}$处理，袖山前后总吃势为=4.5～5.0cm，袖身弯度取2.5cm。

十九、新唐装

1. **款式风格**

本款式为单立领、直门襟布盘扣，弯身两片圆袖，是具有中式服装特色的较合体的外衣（图9−109）。

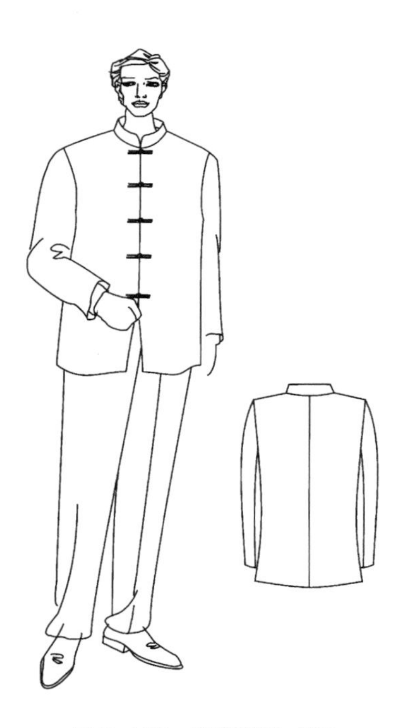

图9−109　新唐装款式图

2. **规格设计（图9−110）**

WLL=44cm

$L=44\text{cm}\times8.3/5\approx73\text{cm}$

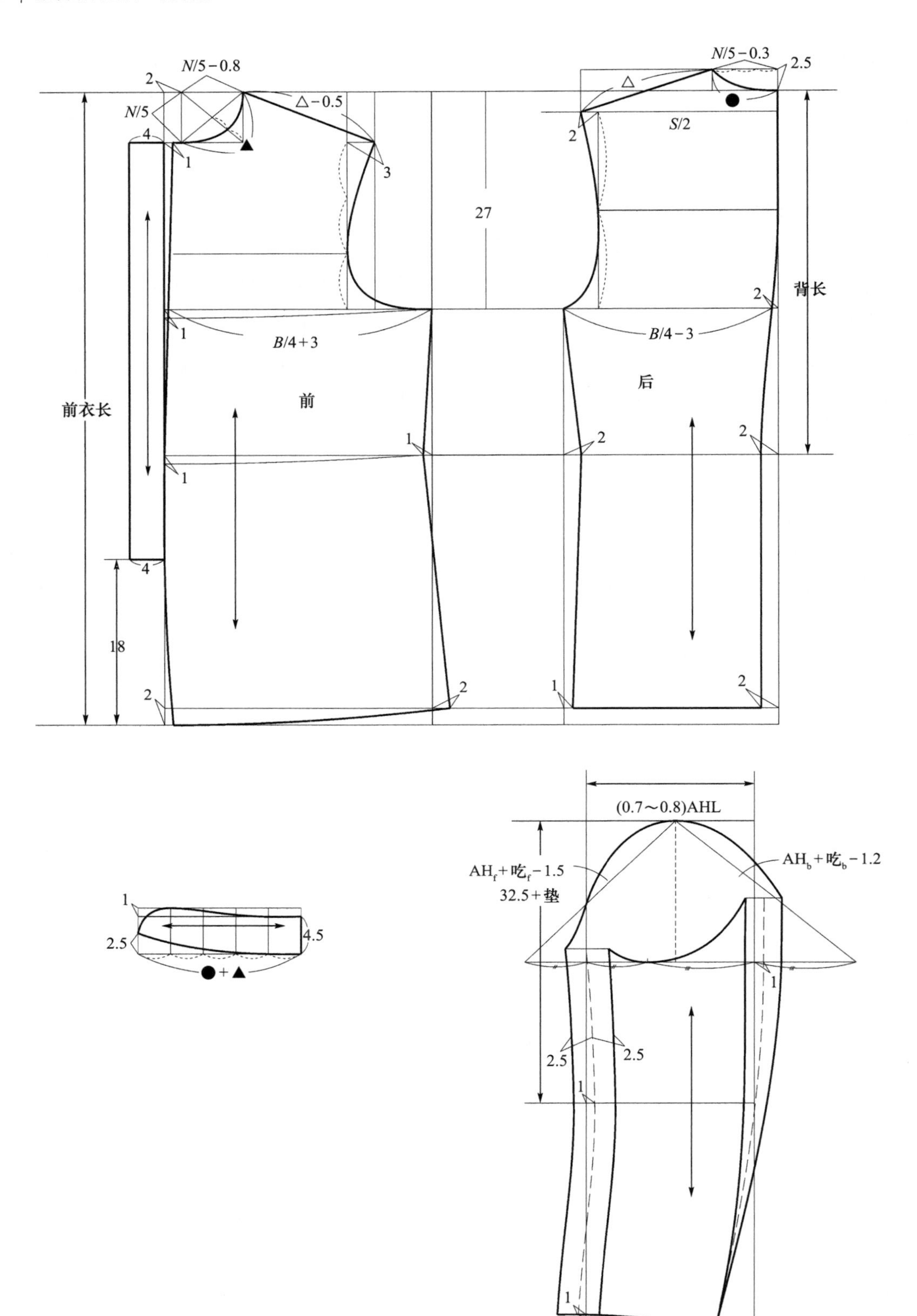

图 9-110 新唐装结构图

$BLL = 44cm \times 3.1/5 \approx 27cm$

$SL = 0.3 \times 170cm + 10cm = 61cm$

$B =（92cm + 2cm）+（10 \sim 15）cm \Rightarrow 94cm + 14cm = 108cm$

$N = 39cm + 2.5cm = 41.5cm$

$S = 44cm + 2cm = 46cm$

$CW = 14cm$

$n_b = 4.5cm$

$n_f = 3cm$

$\alpha_b = 95°$

3. 结构处理

衣身平衡采用箱形—梯形平衡的方法。实际前浮余量=2.3cm，其中1.3cm以撇胸形式消除，余下的1.0cm下放。实际后浮余量=2.0cm，其中1.0cm以肩缝缩形式消除，0.5cm褶量放入背缝，余下的0.5cm在前肩缝处改低。衣领按$\alpha_b = 95°$设计，故领窝宽不需开大，领下口线长=实际领窝弧长+0.3cm。衣袖袖山取0.7 ~ 0.8AHL，袖山前后总吃势取3 ~ 3.5cm，袖身弯度取2.0cm。

二十、中式便装

1. 款式风格

本款式为单立领、直门襟7粒布扣、连袖，是具有中式服装特色的较合体的短外衣（图9–111）。

图9–111　中式便装款式图

2. 规格设计（图 9–112）

WLL＝44cm

L＝44cm × 8.5/5 ≈ 75cm

BLL＝44cm × 3.2/5 ≈ 28cm

SL＝0.3 × 170cm＋10cm＝61cm

B＝（92cm＋2cm）＋（10 ～ 15）cm ⟹ 94cm＋14cm＝108cm

N＝39cm＋2.5cm＝41.5cm

S＝44cm＋1.5cm＝45.5cm

CW＝14.5cm

n_b＝5cm

α_b＝95°

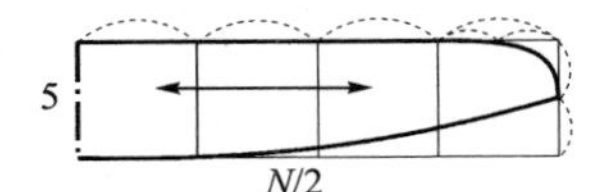

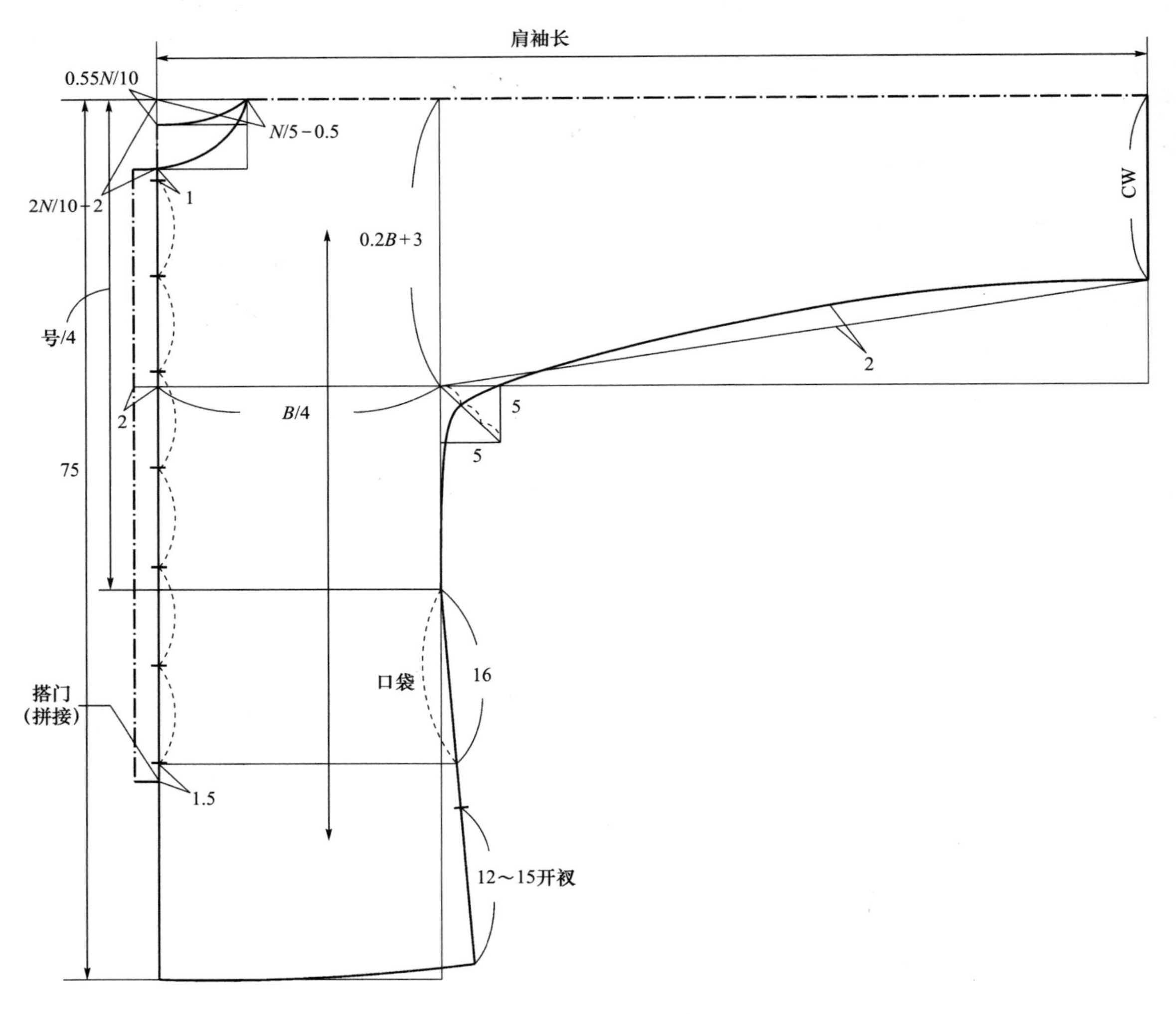

图 9–112 中式便装结构图

3. **结构处理**

衣身平衡采用梯形平衡的方法。实际前浮余量=2.3cm，其中1.0cm下放处理，余下的1.3cm浮于袖窿。实际后浮余量=2.0cm，全部浮于袖窿处理。衣领按α_b=95°设计，领窝宽不需开大，领下口线长=实际领窝弧长+0.3cm。衣袖袖中线与肩线都按水平线划齐，且先与后袖中线相连，由于布料幅宽有限，可在袖中作拼接。

二十一、一字襟马甲

1. **款式风格**

本款式为无领、无袖、横开襟较合体或较宽松衣身的具中式风格的马甲（图9-113）。

2. **规格设计（图9-114）**

WLL=44cm+1cm=45cm

图9-113　一字襟马甲款式图

L=45cm×6.7/5 ≈ 60cm

BLL=45cm×3.4/5 ≈ 30cm

B=（92cm+2cm+3.5cm）+（10 ~ 15）cm ⇒ 97.5cm+14.5cm=112cm

N=39cm+3.5cm=42.5cm

S=44cm+2cm=46cm

3. **结构处理**

衣身平衡采用梯形平衡的方法。实际前浮余量=2.3cm，其中1.0cm下放处理，余下的

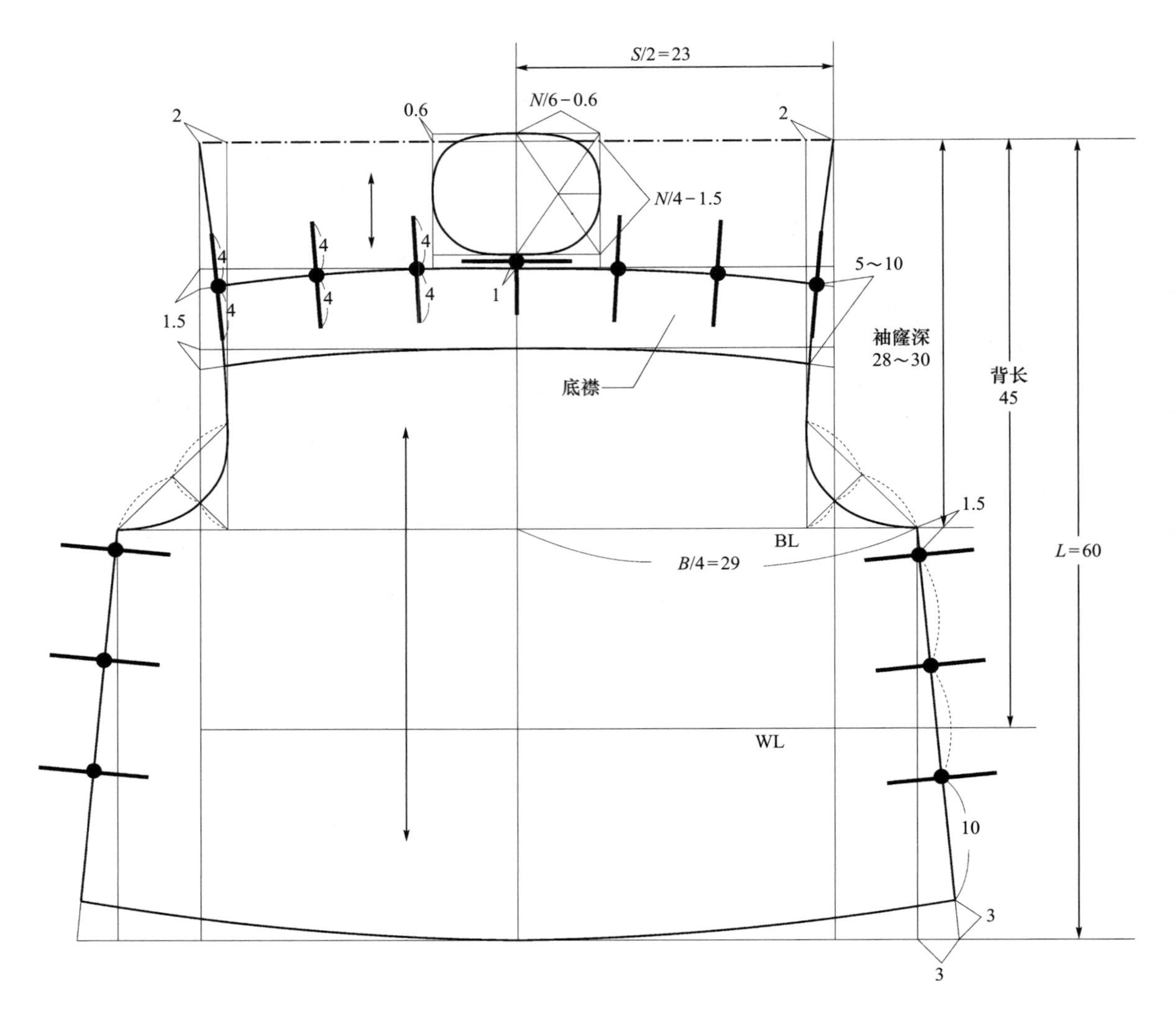

图 9-114 一字襟马甲结构图

1.3cm 浮于袖窿。实际后浮余量=2.0cm，全部浮于袖窿。前、后肩线相连。

二十二、较合体皮夹克

1．款式风格

本款式为平驳领，双贴袋、双拉链上斜插袋，弯身两片袖，衣身较合体的夹克（图 9-115）。

2．规格设计（图 9-116）

WLL=44cm+1cm=45cm

L=45cm×8.3/5 ≈ 75cm

BLL=45cm×3/5=27cm

SL=0.3×170cm+8.2cm+0.8cm=60cm

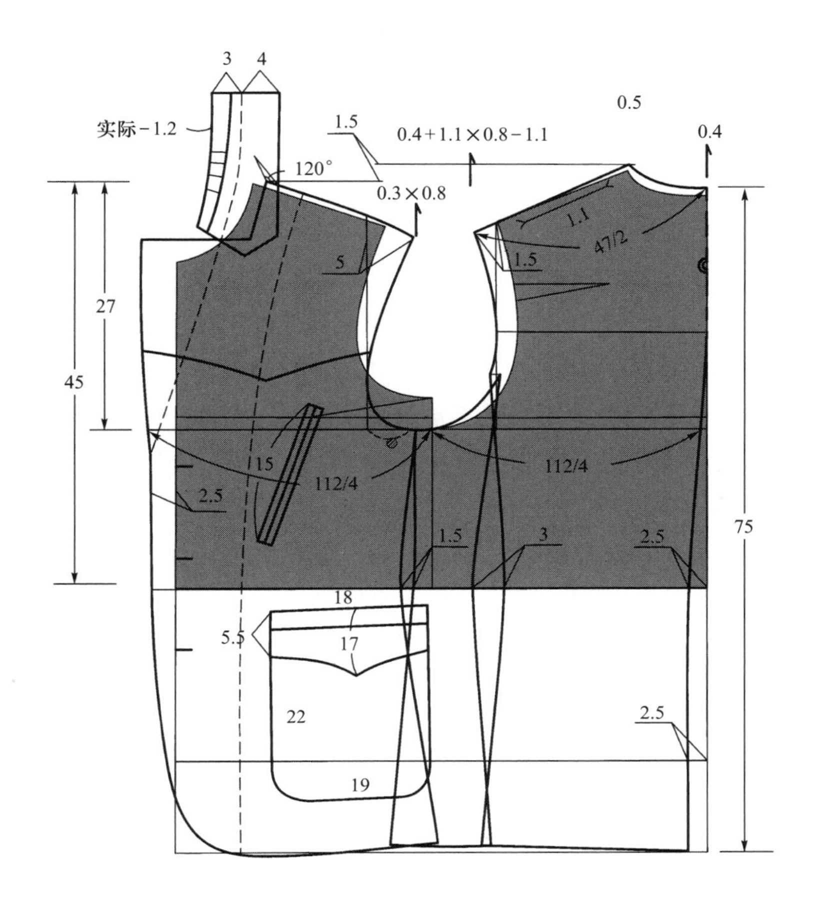

图 9-115　较合体皮夹克款式图

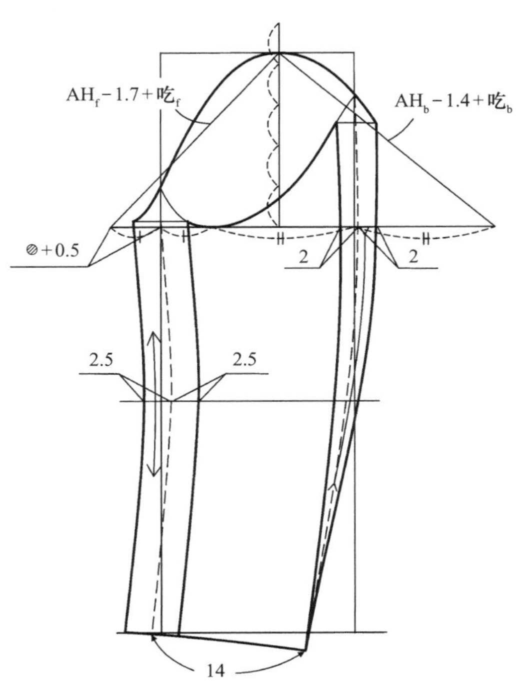

图 9-116　较合体皮夹克结构图

$B=(92cm+2cm+3cm)+(10\sim15)cm \Rightarrow 97cm+15cm=112cm$

$N=39cm+3cm=42cm$

$S=44cm+3cm=47cm$

CW=14cm

$n_b=3cm$

$m_b=4cm$

$\alpha_b=120°$

3．结构处理

衣身平衡采用箱形平衡的方法。实际前浮余量=2.3cm－0.8cm=1.5cm，全部采用撇胸的形式消除。实际后浮余量=2.0cm－0.7×0.8cm ≈ 1.45cm，其中以分割线形式消除 1.0cm，余下的 0.45cm 在肩缝上改低消除。前、后内衣厚影响差为 0.6cm，衣领按 $\alpha_b=120°$ 设计，领窝宽开大 1.0cm，领下口线长=实际领窝弧长－1.2cm。袖山高取 0.8（SP′ ~ BL），袖山前后总吃势取 2.0 ~ 2.5cm，（皮革料不易收拢）袖身弯度取≤ 2.0cm，前偏袖量取 1.5 ~ 2.0cm。

第四节　合体风格

一、燕尾服

1．款式风格

本款式为最合体的戗驳翻折领和弯身两片圆袖、单排一粒扣，衣身后部呈燕尾状的合体礼服（图 9–117）。

2．规格设计（图 9–118）

WLL=44cm–1cm=43cm

$L=43cm\times2.5\approx108cm$

$BLL=43cm\times3/5\approx26cm$

$SL=0.3\times170cm+8.2cm+0.8cm=60cm$

$B=(92cm+2cm)+10cm \Rightarrow 94cm+10cm=104cm$

$N=39cm+2.5cm=41.5cm$

$S=44cm+2cm=46cm$

CW=13.8cm

$(B-W)/2=8cm$

$(H-B)/2=0$

$n_b=2.7cm$

$m_b=3.5cm$

$\alpha_b=130°$

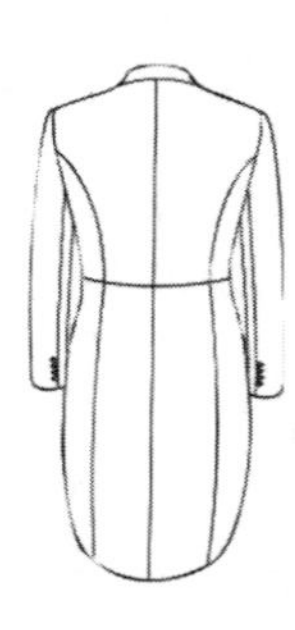

图 9–117　燕尾服款式图

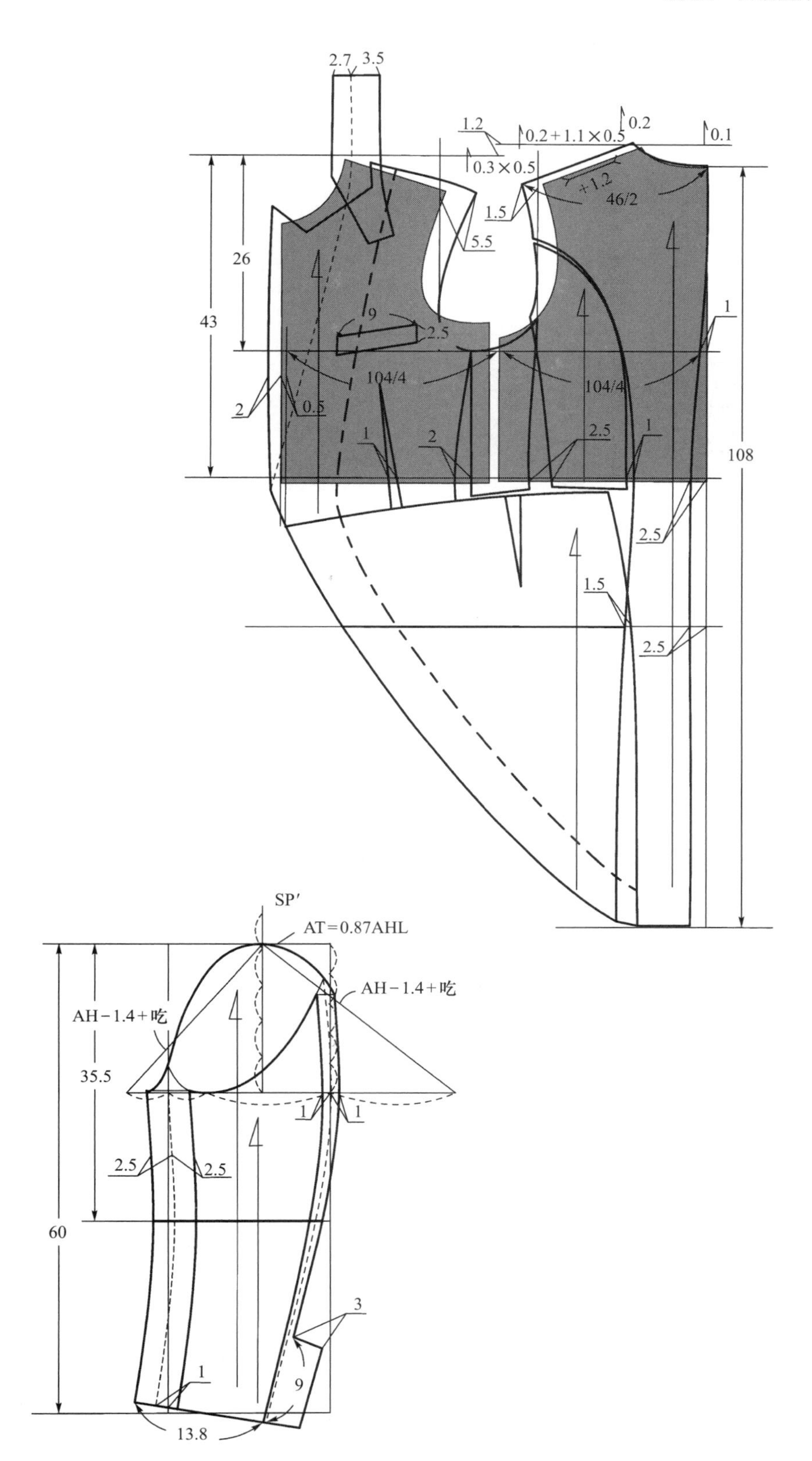

图 9-118 燕尾服结构图

3. **结构处理**（图 9–119）

衣身平衡采用箱形平衡的方法。实际前浮余量=2.3cm–0.8cm=1.5cm，全部采用撇胸的形式消除。实际后浮余量=2.0cm–0.7×0.8cm ≈ 1.45cm，其中肩缝缩 1.1cm，再在分割缝处消除 0.35cm。前、后内衣厚影响差取 0.2cm，衣领按 α_b=130° 设计，领窝宽开大（130° –95°）/5×0.2=1.4（cm），领下口线长=实际领窝弧长 –1.5cm。衣袖袖山高取最高袖山值=0.87AHL，袖身弯度取 2.5cm。

图 9–119 燕尾服成衣效果

二、西装马甲

1. **款式风格**

本款式为单排六粒扣、三挖袋、后部有低领、无袖，典型的合体西装马甲（图 9–120）。

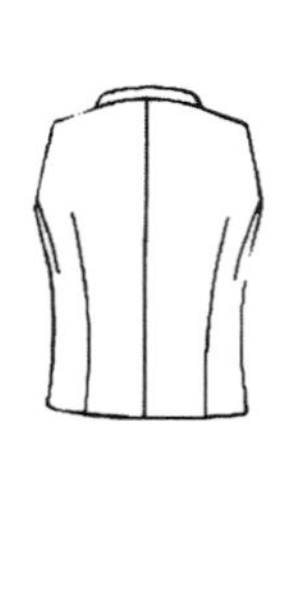

图 9–120 西装马甲款式图

2. **规格设计**（图 9–121）

WLL=44cm–1cm=43cm

L=43cm×5/4 ≈ 54cm

BLL=43cm×3.3/5 ≈ 28cm

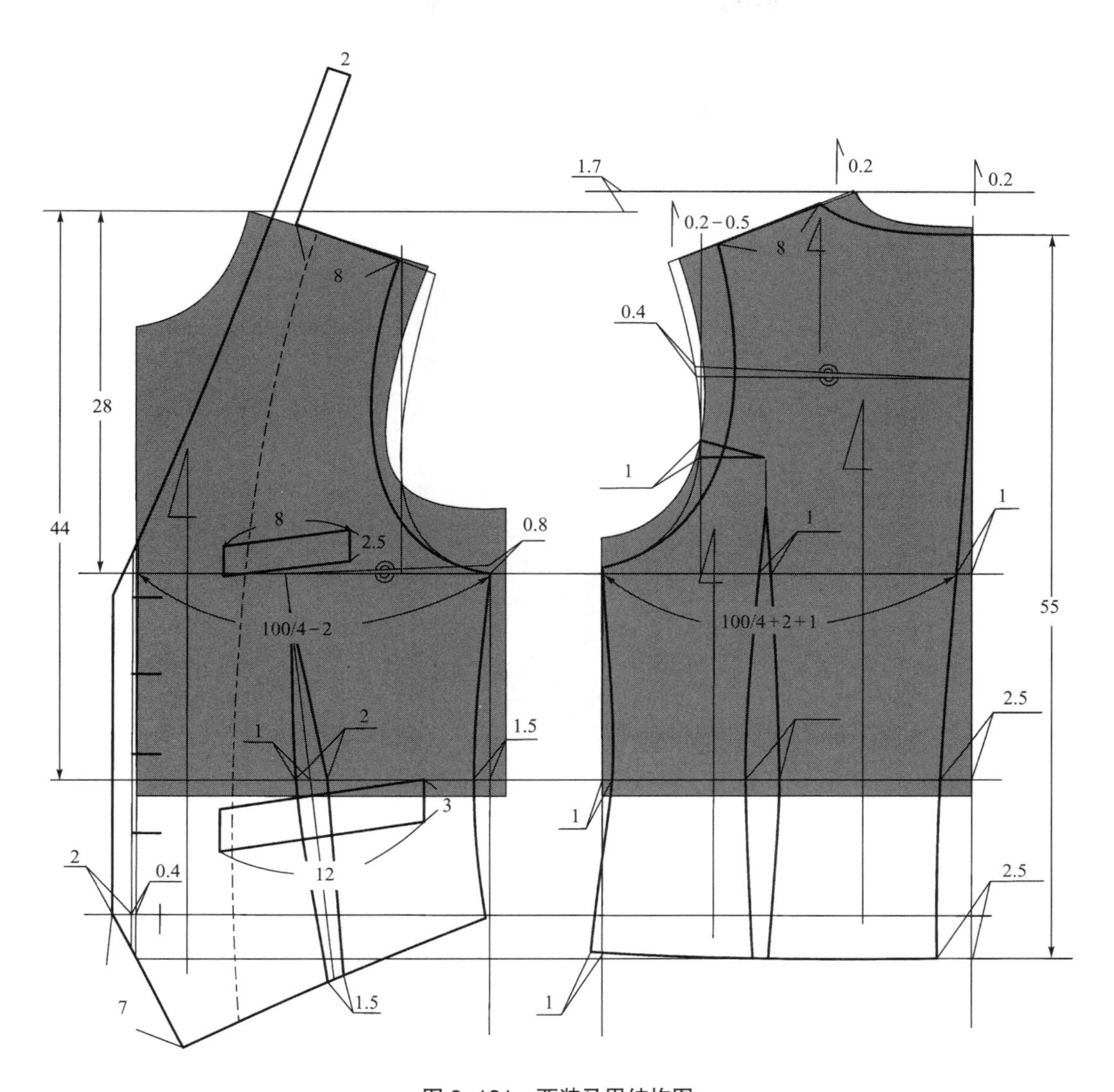

图 9–121 西装马甲结构图

$B=(92\text{cm}+2\text{cm})+(5\sim10)\text{cm}\Rightarrow 94\text{cm}+6\text{cm}=100\text{cm}$

$N=39\text{cm}+2.5\text{cm}=41.5\text{cm}$

$(B-W)/2=7.5\text{cm}$

$n_b=2\text{cm}$

3. **结构处理**（图 9–122）

衣身平衡采用箱形平衡的方法。实际前浮余量=2.3cm，其中 1.5cm 以撇胸的形式消除，余下的 0.8cm 转入腰背。实际后浮余量=2.0cm，其中 1.0cm 以肩缝缩的方式消除，余下的 1.0cm 转入腰背。前肩近领窝处放出 1.0cm，画直线长=后领窝长，作为后领。

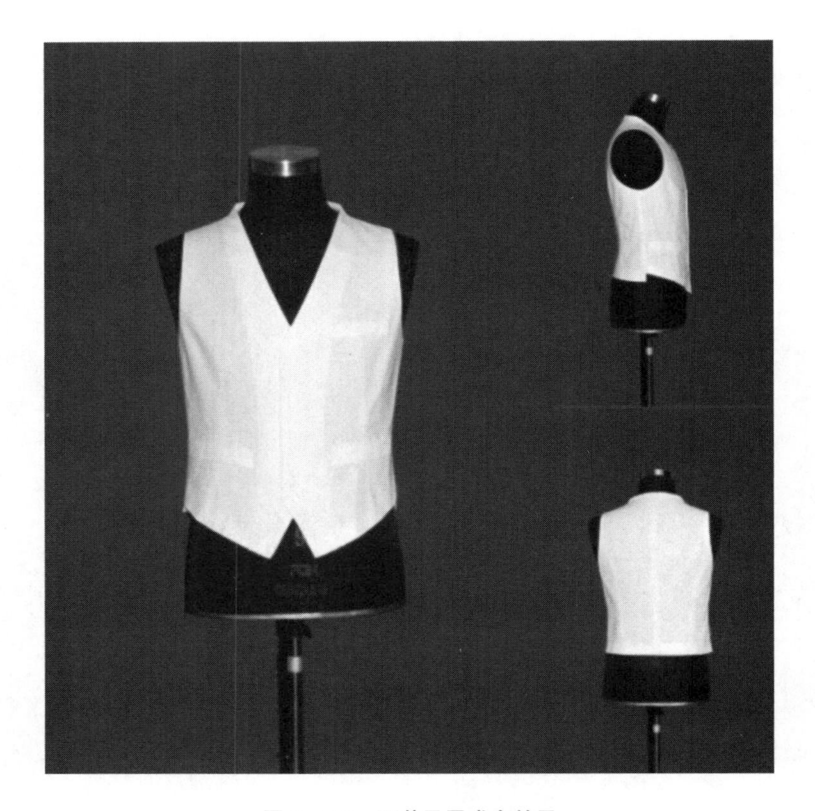

图 9-122 西装马甲成衣效果

三、夜礼服

1. 款式风格

本款式为最合体的戗驳翻折领和弯身两片圆袖，无搭门两排三粒装饰扣，衣身为后部有燕尾的极合体的夜间礼服（图 9-123）。

图 9-123 夜礼服款式图

2. 规格设计（图 9-124）

WLL＝44cm－1cm＝43cm

L＝43cm × 2.5 ≈ 108cm

BLL＝43cm × 3.1/5 ≈ 27cm

SL＝0.3 × 170cm＋8cm＋1cm＝60cm

B＝（92cm＋2cm）＋（6 ～ 10）cm ⇒ 94cm＋8cm＝102cm

N＝39cm＋2.5cm＝41.5cm

S＝44cm＋2cm＝46cm

n_b＝2.5cm

m_b＝3.2cm

α_b＝130°

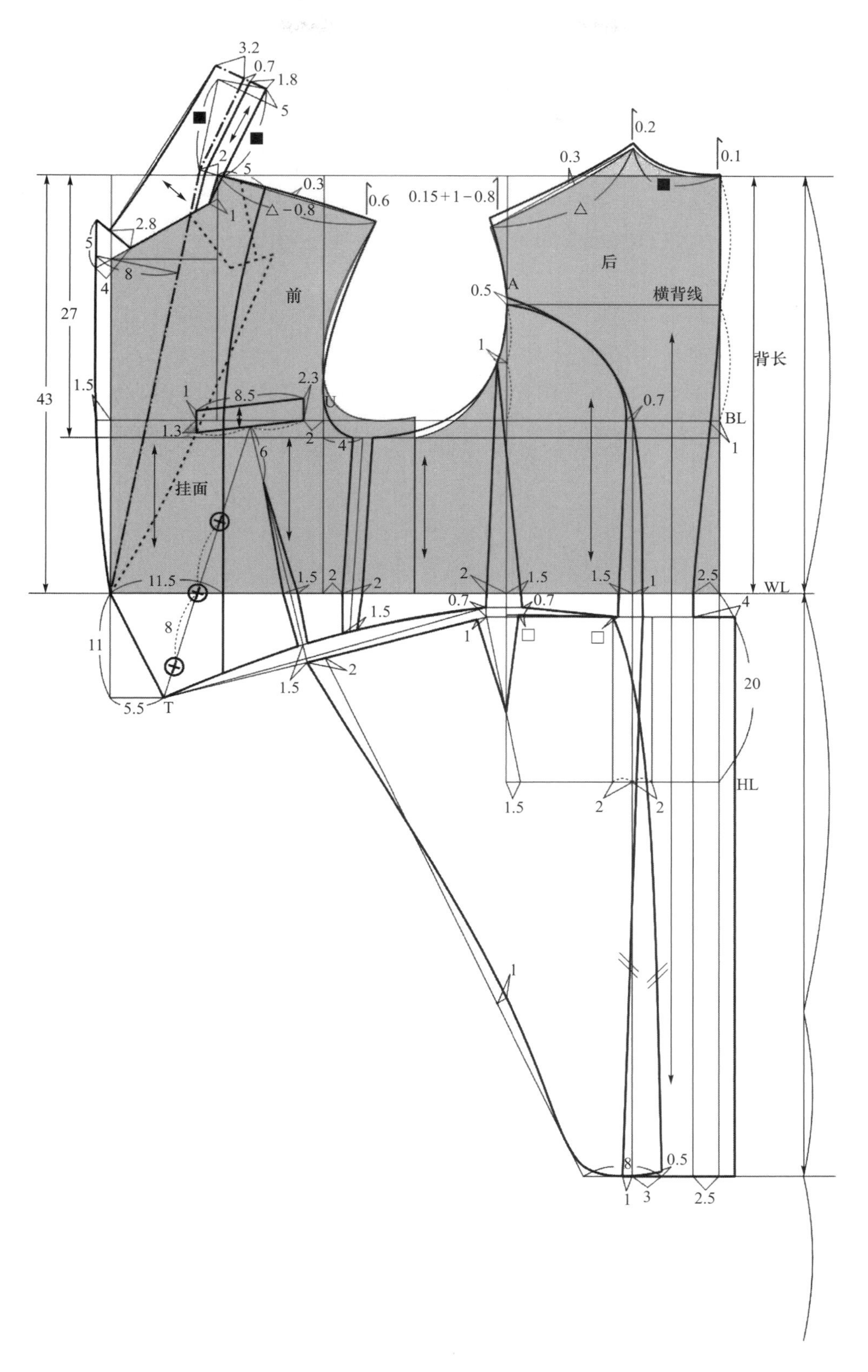

图 9-124　夜礼服结构图

（圆袖参见图 9–118 袖子图）

3. **结构处理**

衣身平衡采用箱形平衡的方法。实际前浮余量 = 2.3cm – 1.0cm = 1.3cm，全部转撇胸消除。实际后浮余量 = 2.0cm – 0.7 × 1.0cm = 1.3cm，其中肩缝缩 0.8cm，余下的 0.5cm 转入分割缝。前、后内衣厚影响差取 0.2cm，衣领按 α_b = 130° 设计，领窝宽开大 1.4cm，领下口线长 = 实际领窝弧长 –1.5cm。衣袖袖山高取最高袖山值 = 0.87AHL，袖身弯度取 2.5cm。

四、小礼服

1. **款式风格**

本款式为极合体戗驳领、弯身两片圆袖、单排一粒扣合体西装（图 9–125）。

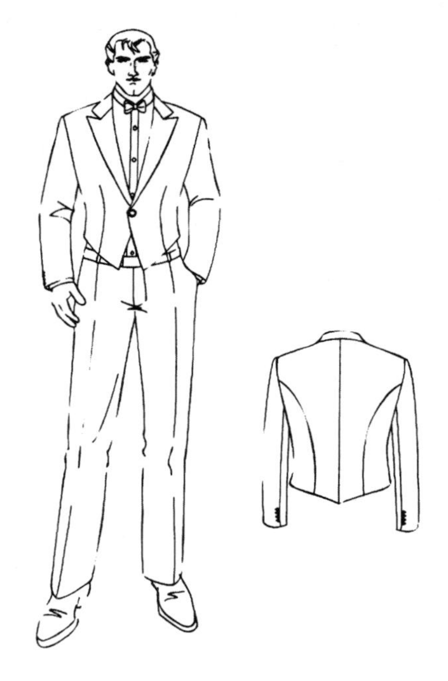

图 9–125 小礼服款式图

2. **规格设计**（图 9–126）

WLL = 44cm–1cm = 43cm

L = 43cm × 1.25 ≈ 54cm

BLL = 43cm × 3.2/5 ≈ 27cm

SL = 0.3 × 170cm + 8.2cm + 0.8cm = 60cm

B =（92cm + 2cm）+（6 ~ 12）cm ⟹ 94cm + 8cm = 102cm

N = 39cm + 3cm = 42cm

S = 44cm + 2cm = 46cm

CW = 14.3cm

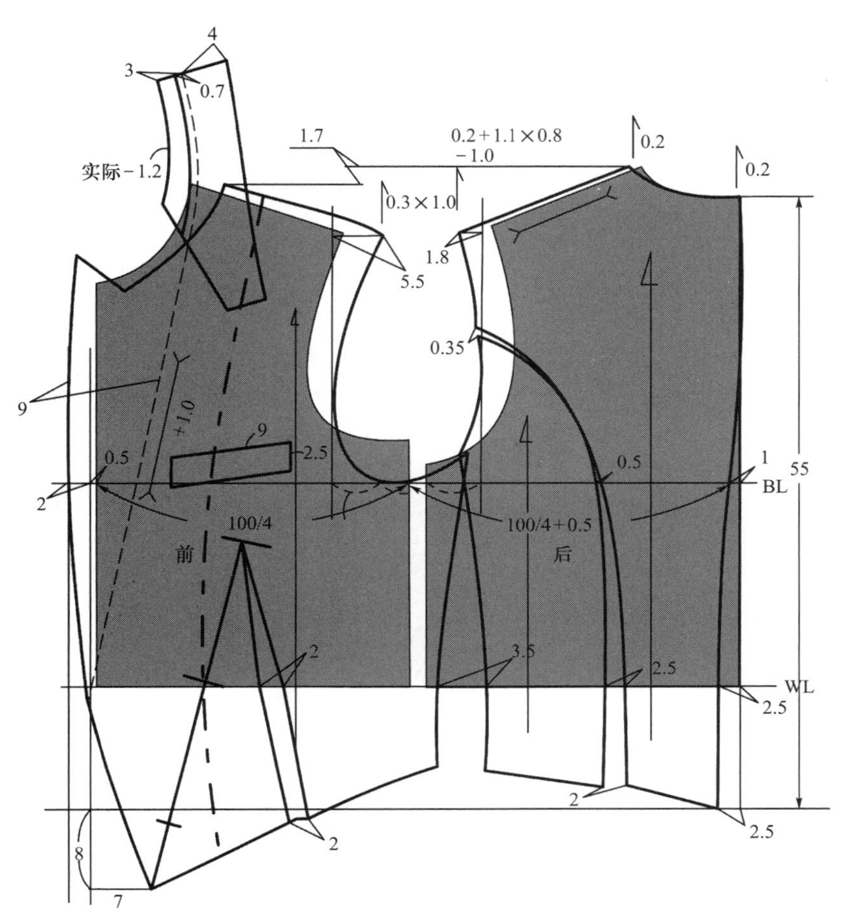

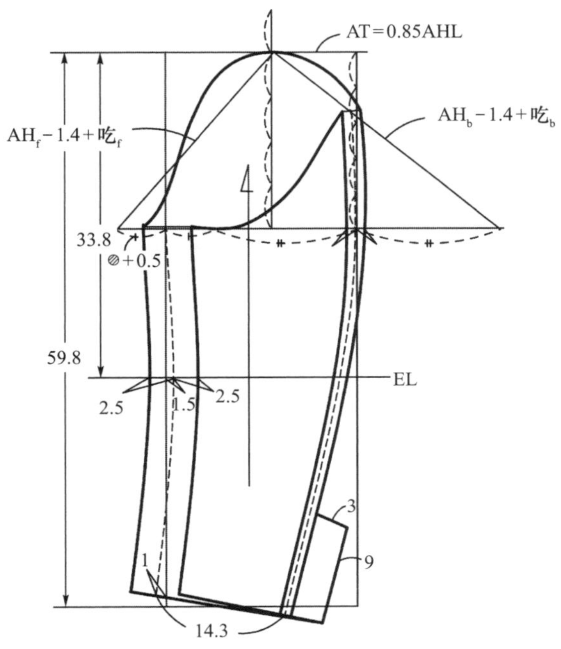

图 9-126　小礼服结构图

$(B-W)/2=9\text{cm}$

$n_b=3\text{cm}$

$m_b=4\text{cm}$

$\alpha_b=125°$

3. **结构处理**（图 9–127）

衣身平衡采用箱形平衡的方法。实际前浮余量 = 2.3cm－0.8cm = 1.5cm，全部采用撇胸的形式消除。实际后浮余量 = 2.0cm－0.7 × 0.8cm ≈ 1.45cm，其中采用肩缝缩消除 1cm，在分割缝处消除 0.45cm。前、后内衣厚影响差取 0.2cm，衣领按 $\alpha_b=125°$ 设计，领窝宽开大 1.2cm，领下口线长 = 实际领窝弧长 －1.2cm。衣袖袖山高取 0.87AHL，袖山前后总吃势 4 ～ 4.5cm，袖身弯度取 2.5cm。

图 9–127 小礼服成衣效果

五、青果领礼服马甲

1. **款式风格**

本款式为青果形翻折领、双排扣、无袖、合体马甲（图 9–128）。

图 9–128 青果领礼服马甲款式图

2. **规格设计**（图 9–129）

WLL = 44cm–1cm = 43cm

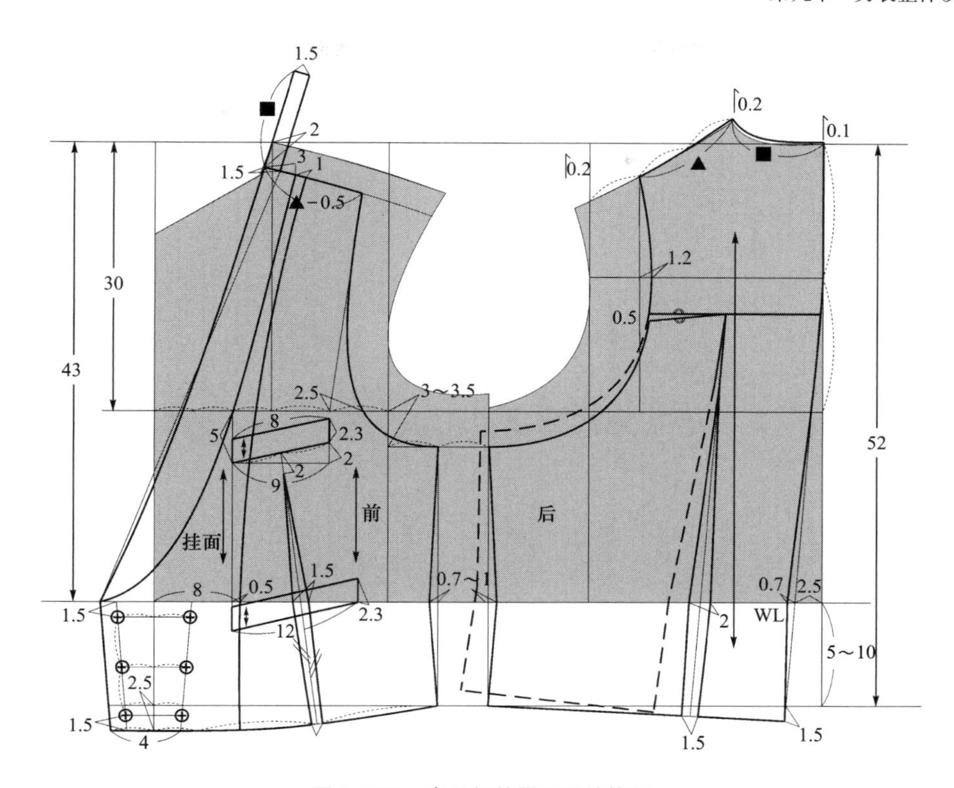

图 9–129　青果领礼服马甲结构图

L=43cm × 1.2 ≈ 52cm

BLL=43cm × 2.1/3 ≈ 30cm

B=（92cm+2cm）+（6 ～ 10）cm ⟹ 94cm+6cm=100cm

N=39cm+3cm=42cm

（$B-W$）/2=8cm

n_b=1.5cm

3. **结构处理**

衣身平衡采用箱形平衡的方法。实际前浮余量=2.3cm，其中 1.5cm 以撇胸形式消除，余下的 0.8cm 转入腰背。实际后浮余量=2.0cm，其中 1.0cm 转入肩缝缩，余下的 1.0cm 转入腰背。前、后内衣厚影响差取 0.2cm。

六、方领礼服马甲

1. **款式风格**

本款式为方形翻折领、单排三粒扣的合体风格马甲，后衣身的连腰部分仅宽 4cm（图 9–130）。

2. **规格设计**（图 9–131）

WLL=44cm−1cm=43cm

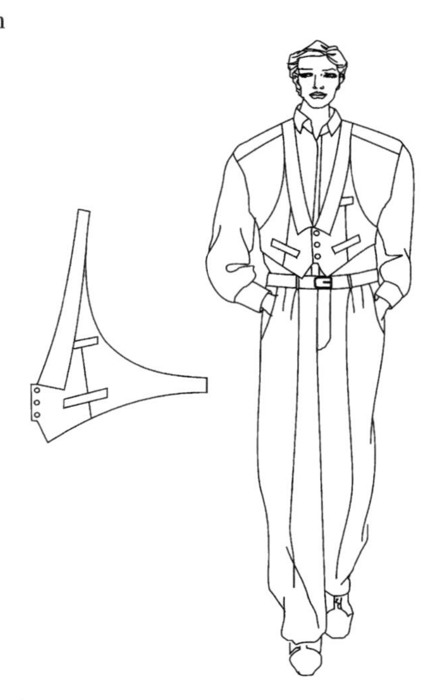

图 9–130　方领礼服马甲款式图

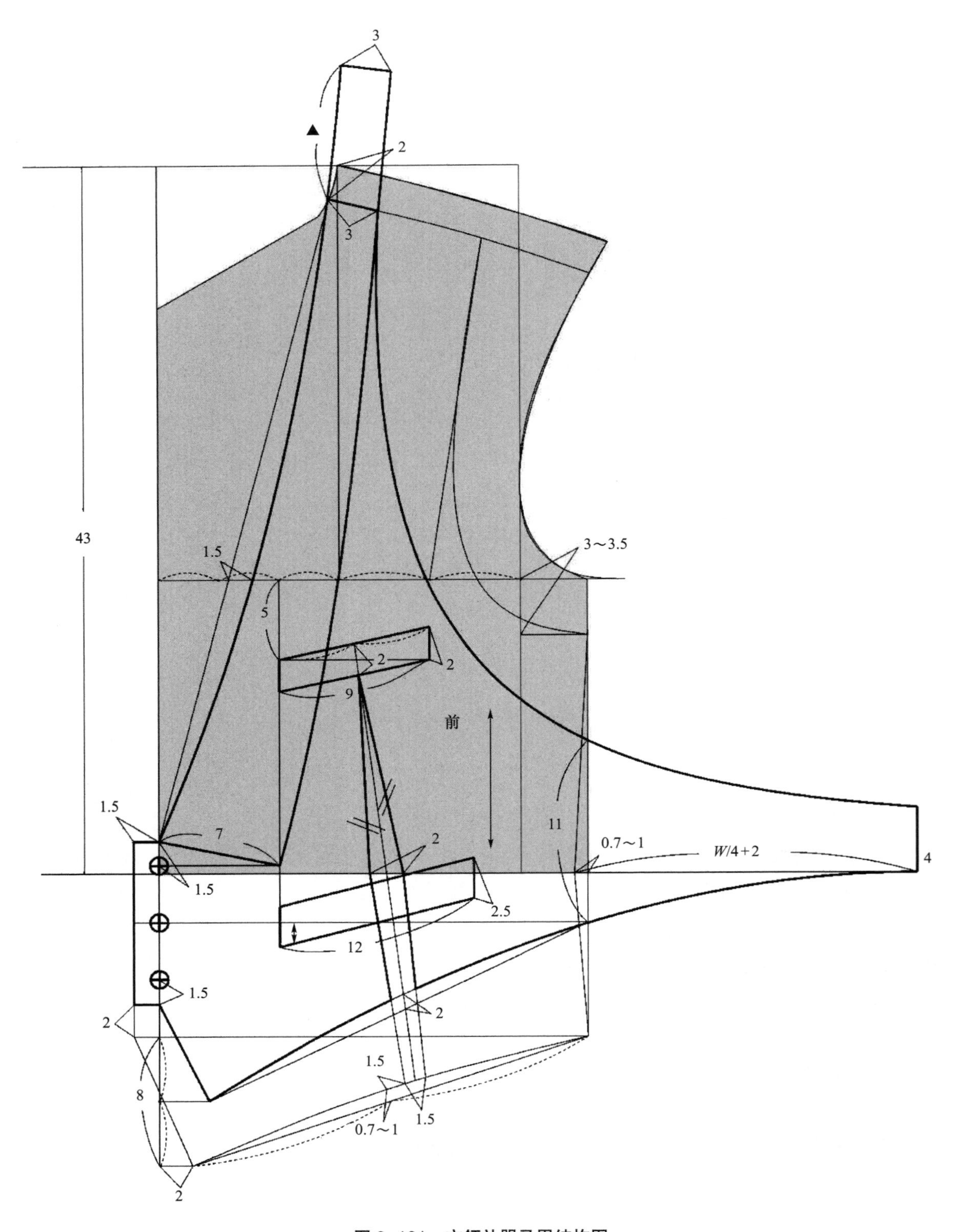

图 9-131 方领礼服马甲结构图

L=43cm+11cm=54cm

BLL=35cm

B=（92cm+2cm）+（4 ~ 10）cm ⇒ 94cm+4cm=98cm

n_b=3cm

3. **结构处理**

前衣身按箱形结构处理。实际前浮余量=2.3cm，全部转入撇胸消除。实际后浮余量=2.0cm，其中 1.2cm 转入肩缝缩，余下的 0.8cm 转入腰省或背缝。

七、燕尾服衬衫

1. **款式风格**

本款式为翼领、单排六粒扣、宽松袖山直身一片袖，前衣身有胸挡的合体礼服衬衫（图 9-132）。

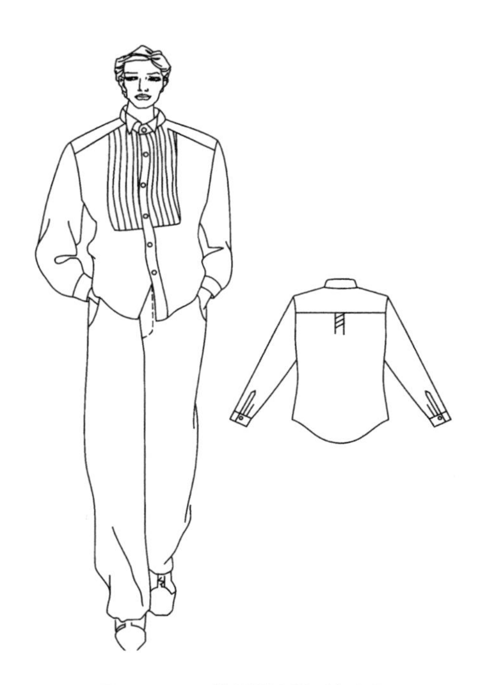

图 9-132 燕尾服衬衫款式图

2. **规格设计**（图 9-133）

WLL=44cm

L=44cm × 8.5/5 ≈ 74cm

BLL=44cm × 3.1/5 ≈ 27cm

SL=0.3 × 170cm+10cm=61cm

B=（92cm+2cm）+（6 ~ 10）cm ⇒ 94cm+8cm=102cm

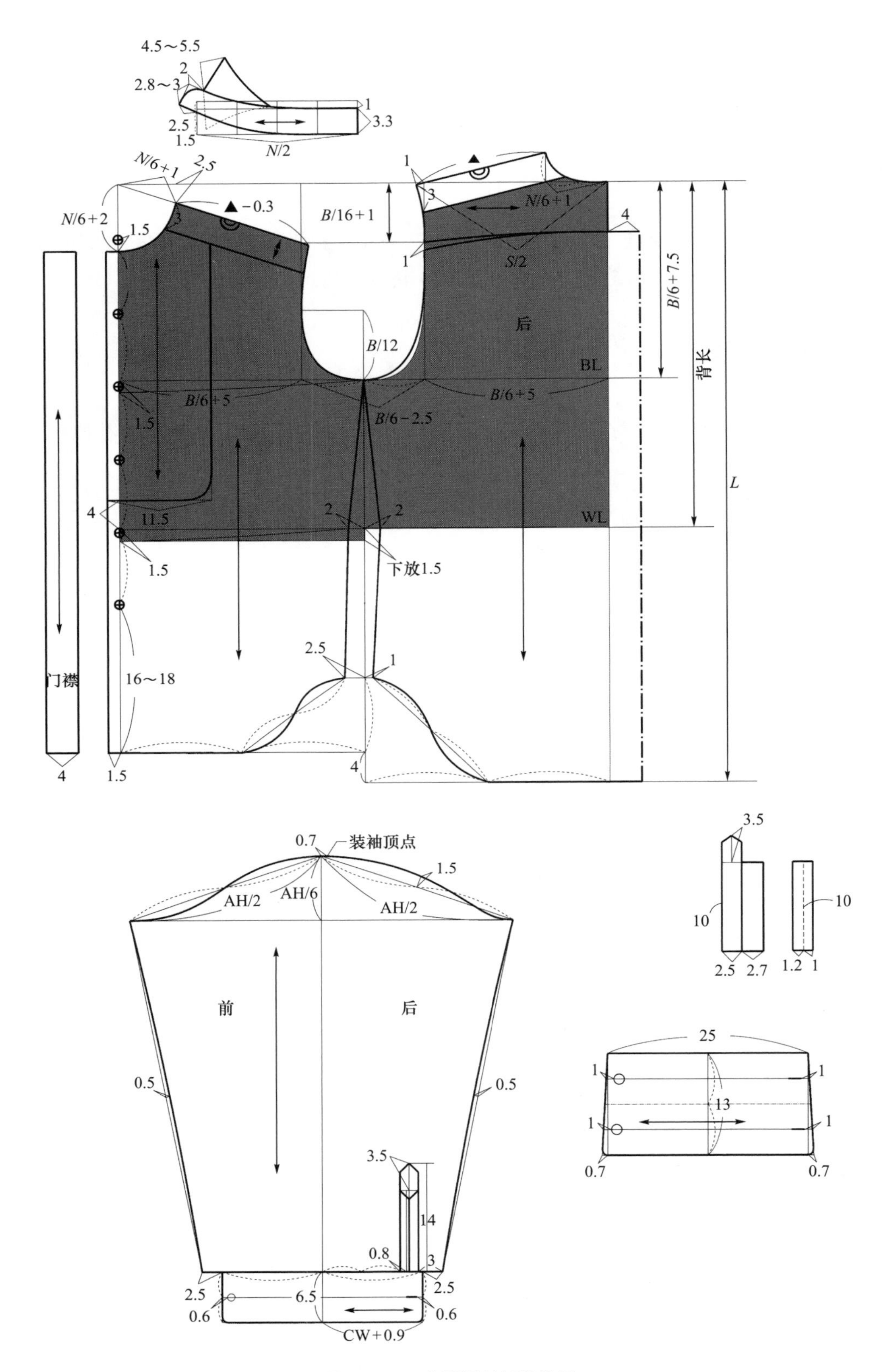

图 9-133　燕尾服衬衫结构图

N=39cm+2cm=41cm

S=44cm+2cm=46cm

CW=12cm

n_b=3.3cm

α_b=95°

3. **结构处理**

衣身平衡采用箱形平衡的方法。实际前浮余量=2.3cm，其中1.5cm下放，余下的0.8cm放入肩分割缝内。实际后浮余量=2.0cm，其中1.0cm以肩缝缩形式消除，余下的1.0cm放入后背分割缝内。衣领按α_b=95°设计，领身按单立领设计，领下口线长=实际领窝弧长+0.3cm。衣袖袖山高取≤0.6AHL，袖山前后总吃势1.0～1.5cm，袖身作直身袖。

思考题

1. 男式衬衫的规格设计与结构制图原理。
2. 男式西装的规格设计与结构制图原理。
3. 男式中山装的规格设计与结构制图原理。
4. 以170/92为例，画一款男士休闲立领衬衫的结构图，要求如下：

（1）以原型为基准绘制该款结构图；

（2）领设计为立领，下摆为圆摆；

（3）设计规格尺寸；

（4）标注必要的尺寸，线条要合乎要求。

5. 以170/92为例，画出平驳领和戗驳领男西装的结构图。要求如下：

（1）以原型为基准绘制该款式结构图；

（2）细部规格尺寸的设计；

（3）标注必要的尺寸；

（4）线条要粗细分明。

参考文献

［1］文化女子大学被服构成学研究室．被服构成学理论篇［M］．东京：文化出版局，1996：164～175.

［2］中泽愈．衣服解剖学［M］．东京：文化出版局，1996：82～90.

［3］中屋典子，三吉满智子．服装造型学技术篇Ⅲ［M］．刘美华，等译．北京：中国纺织出版社，2006：18～21.

［4］杨明山，等．中国便装［M］．武汉：湖北科学技术出版社，1985：56～60.

［5］刘瑞璞，张宁．男装款式和纸样系列设计与训练手册［M］．北京：中国纺织出版社，2010：118～124.

［6］杉山，等．男西装技术手册［M］．王澄，译．北京：中国纺织出版社，2002：40～55.

［7］刘琏君．男装裁剪与缝纫技术［M］．北京：中国纺织出版社，2003：71～78.

［8］张文斌．服装结构设计与疵病补正技术［M］．北京：中国纺织出版，1995：60～70.

［9］张文斌．服装制版提高篇［M］．上海：东华大学出版社，2012：150～162.